THEORIE UND BAU
VON
TURBINEN-SCHNELLÄUFERN

VON PROFESSOR DR. ING. DR. TECHN. H. C.
VIKTOR KAPLAN
BRÜNN

UND PROFESSOR DR. TECHN.
ALFRED LECHNER
WIEN

MÜNCHEN UND BERLIN 1931
VERLAG VON R. OLDENBOURG

Druck von R. Oldenbourg, München und Berlin

Vorwort zur zweiten Auflage.

Als die erste Auflage vergriffen war, trat die Verlagsbuchhandlung R. Oldenbourg an mich mit dem Ersuchen heran, für die zweite Auflage meines Buches »Bau rationeller Francisturbinen-Laufräder« Sorge zu tragen. Da infolge Arbeitsüberbürdung mein Gesundheitszustand viel zu wünschen übrigließ, fand meine Anregung, die Ausarbeitung des theoretischen Teiles meinem Kollegen, Herrn Professor Dr. A. Lechner, zu überlassen, verständnisvolle Würdigung. Auf keinem Gebiete des Maschinenbaues zeigt sich die Notwendigkeit einer gemeinsamen Zusammenarbeit von Theorie und Praxis so deutlich, wie auf dem des Turbinenbaues. Meine langjährige Tätigkeit im Turbinenlaboratorium der Deutschen Technischen Hochschule in Brünn hat mich zum Baue einer neuen Wasserturbine (Kaplanturbine) geführt, die befruchtend auf den Turbinenbau zurückwirkte. Diese Versuchserfahrungen gaben mir im Verein mit meiner praktischen Tätigkeit den Mut, an eine Neubearbeitung der ersten Auflage meines Werkes zu schreiten.

Die Neuauflage ist auf den Grundlagen der neuen mehrdimensionalen Strömungslehre aufgebaut, welche eine befriedigende Erklärung der praktischen Ergebnisse ermöglicht. Ich habe mich dabei von der Erwägung leiten lassen, daß der Schnelläufer den allgemeinsten Fall einer Wasserturbine vorstellt und daß in der Literatur nur spärliche Angaben über den Entwurf von Schaufelplänen für Schnelläufer zu finden sind.

Um hervorzuheben, daß sich die Neuauflage mit dem Entwurf von Schnelläufern beschäftigt und für Studierende auch eine Erklärung der Konstruktion derselben enthält, wurde der Titel in »Theorie und Bau von Turbinenschnelläufern« abgeändert. Den theoretischen Ausführungen ist in der Neuauflage im Abschnitt C »Theoretische Grundlagen« ein breiter Raum gewidmet, welche Herr Professor Dr. A. Lechner bearbeitet hat. Im übrigen gelten für die Neuauflage die Leitsätze, welche in der ersten Auflage angeführt sind.

Der aufmerksame Leser wird beim Studium des Werkes erkennen, daß ich mir einige Beschränkungen in den Mitteilungen über Höchstschnelläufer auferlegt habe. Es war vor allem die Befürchtung, daß allzu große Ausführlichkeit meinen Lizenznehmern durch Auftreten von Nachahmungen Nachteile bringen könnte, die mich zu den erwähnten

Beschränkungen veranlaßten. Doch habe ich mich bemüht, insbesondere dem Studierenden so viel an die Hand zu geben, als es für seine Zwecke notwendig war.

Inwieweit es mir gelungen ist, in meinem Werke wenigstens die Richtung anzuzeigen, welche begangen werden muß, muß ich dem Urteil der Fachwelt überlassen.

Der Verlagsbuchhandlung R. Oldenbourg sei schließlich für die gute Ausstattung der neuen Auflage und nicht minder meinen Lizenzfirmen für die freundliche Überlassung zahlreicher Abbildungen und sonstigen Angaben aus der Praxis der beste Dank des Verfassers ausgesprochen. Dieser Dank gebührt im besonderen auch meinem Kollegen, Herrn Prof. Dr. Lechner, der in selbstloser Weise mir seine ausgezeichneten Ausführungen zur Verfügung stellte, sowie meinem Assistenten, Herrn Ing. J. Slavik, der die Leitung der Korrekturen und die Ausfertigung der Zeichnungen besorgte.

Möge auch die zweite Auflage in der Fachwelt freundliche Aufnahme finden und sowohl dem Studierenden als auch dem in der Praxis stehenden Ingenieur ein zuverlässiger Berater werden!

Brünn, im Juni 1929.

Prof. Dr. Viktor Kaplan.

Vorwort des Mitarbeiters.

Die zahlreichen Veröffentlichungen Professor Kaplans in den Jahren 1909 bis 1914 geben Zeugnis von seinen Bemühungen, auf theoretischem als auch auf experimentellem Wege wohlbegründete Unterlagen für eine Schaufelkonstruktion zu finden, welche eine erhöhte Schnelläufigkeit gewährleistet. Kaplan fand, daß mit der Francisturbine eine wesentliche Erhöhung der Schnelläufigkeit bei allen Verbesserungen der Schaufelkonstruktion nicht zu erreichen sei und bezeichnete die Energieverluste zufolge der Reibung, welche durch die große Schaufelzahl bedingt ist, als den Hauptgrund hierfür.

Bei vielen Erfindungen mag ein »glücklicher Zufall« dem Erfinder zu Hilfe gekommen sein; die Erfindung der Kaplanturbine verdankt ihre Entstehung aber einzig und allein den planmäßigen Arbeiten Kaplans. Mit restloser Hingabe, unter Außerachtlassung jeder Rücksicht auf seine Gesundheit, mußte sich Kaplan selbst die Unterlagen für seine Turbine schaffen, für deren Behandlungen die übliche Stromfadentheorie nicht mehr hinreichte.

Als seine Turbine, wie wohl jede neue Erfindung, eine Krisis durchzumachen hatte, welche durch die schädlichen Wirkungen der im Turbinenbau wohl kaum je beachteten Kavitation hervorgerufen war, erkrankte Professor Kaplan.

Allein, die Grundlagen waren bereits von ihm gegeben worden, weder die Kavitation, deren schädliches Auftreten die ausführenden Turbinenfirmen bald beseitigt hatten, noch die verschiedenartigst begründeten Patenteinsprüche und Nichtigkeitsklagen vermochten den Siegeslauf der Kaplanturbine zu verhindern.

Als im Jahre 1924 die Aufforderung an mich erging, an dem theoretischen Teil der Neuauflage des Buches von Prof. Kaplan mitzuarbeiten, habe ich dieser ehrenvollen Aufforderung natürlich gerne entsprochen. Die Aufgabe, welche mir zufiel, ergab sich aus der Geschichte der Kaplanturbine von selbst; nämlich alle jene hydromechanischen Untersuchungen, welche den Bereich der elementaren Hydraulik übersteigen und welche für den ausübenden Turbineningenieur von Nutzen sein werden, besonders wenn er in die mathematische Literatur über diesen Gegenstand eindringen will, geordnet und logisch entwickelt darzustellen. Es ist aber die von mir behandelte Strömungslehre nicht als ein Lehrbuch der

Hydromechanik anzusehen, sondern als eine Zusammenfassung jener Strömungsvorgänge, welche für den Turbinenbau in Betracht kommen.

Der Kaplanturbine kommt aber nicht nur eine große wirtschaftliche, sondern auch eine hohe wissenschaftliche Bedeutung zu. Sie gab Veranlassung, die Methoden der Tragflügelkonstruktion (über Vorschlag von Prof. Prandtl) auf die der Schaufel der Turbine zu übertragen. Als der bekannte Forscher Bjerknes auf der Hydraulikertagung in Innsbruck Vorträge über Tragflügel und Turbinenschaufeln hörte, äußerte er in der Arbeit: »Zur Berechnung der auf Tragflächen wirkenden Kräfte« sich dahingehend, daß ihm dieses Gebiet zunächst fremdartig vorgekommen sei. Aber bei näherer Vertiefung erkannte er bald zwischen Tragflächen, Turbinenschaufeln und Wirbeln die alten Analogien zwischen Hydromechanik und Elektrizitätslehre.

Und diese wissenschaftliche Bedeutung der Kaplanturbine, deren theoretische Untersuchung noch keineswegs als abgeschlossen anzusehen ist, entsprechend hervorzuheben, betrachte ich ebenfalls als eine Hauptaufgabe des vorliegenden Buches.

Zum Schluß möchte ich an dieser Stelle Herrn Ing. Slavík sowohl für die Anfertigung der Zeichnungen als auch für die Hilfe bei der Korrektur, Herrn Dr.-Ing. Robert Zimmermann für seine Mühewaltung bei der Abfassung der Arbeit — der Abschnitt VII c ist ein Originalauszug aus seiner Dissertation — und Herrn Ing. Fritz Söchting für seine emsige Mithilfe bei den Korrekturen, meinen besonderen Dank aussprechen.

Wien, Januar 1930.

Prof. Dr. Alfred Lechner.

Inhalt.

A. Einleitung.

Um die Wende dieses Jahrhunderts tauchten in Europa amerikanische Schnellläuferturbinen auf, die sich von den sog. »Normalläufern« durch ihre höhere spezifische Drehzahl (vgl. S. 3) unterschieden. Diese Bauweisen entwickelten sich aus der Francisturbine in der Weise, daß sich die äußere Laufradbegrenzung erweiterte und so die Schaffung eines unerheblichen axialen Laufradschaufelraumes ermöglichte. Auch schien die Zweckmäßigkeit einer Verkleinerung der Schaufelwinkel schon erkannt worden zu sein. Diese Winkelverkleinerung bewirkte nach der eindimensionalen Turbinentheorie eine Erhöhung der Drehzahl, wenn von den vermehrten Widerständen abgesehen wird. Aus dem Gesagten folgt zweifellos, daß diese Schnelläufer auf der Francisturbine aufgebaut sind.

Wir leben heute in einem Zeitalter, in welchem nicht nur die Güte eines Erzeugnisses, sondern auch die Geschwindigkeit, mit welcher dasselbe geschaffen wurde, von ausschlaggebender Bedeutung ist. Wir treten in einen neuen Zeitabschnitt ein, in welchem das Geschehen durch die Funktion der Zeit ausgedrückt ist und werden es daher begreiflich finden, wenn dem Schnelläufer eine besondere Bedeutung zukommt. Um die bisher gebauten schnellaufenden Wasserturbinen richtig einzuschätzen, dem Leser ein selbständiges Urteil zu schaffen, scheint es zweckmäßig, zunächst die allgemeinen Grundlagen zum Entwurfe von Schnelläufern kennenzulernen, um den späteren Entwurf von Schnellläuferschaufelplänen leichter übersehen zu können. Das Schnelläuferproblem ist und bleibt ein Reibungsproblem, es muß daher den Reibungs- und Widerstandsverlusten erhöhte Aufmerksamkeit geschenkt werden.

Die am Anfange des Jahrhunderts in Europa bekanntgewordenen amerikanischen »Schnelläufer« konnten durch ihre Versuchsergebnisse den wirtschaftlichen Anforderungen nicht entsprechen[1]. Aber auch der europäische Turbinenbau war um diese Zeit auf einem Totpunkt angelangt, da alle Versuche, aus der Francisturbine einen guten Schnellläufer herauszuholen, erfolglos blieben. Zum Einbau in Niederdruck-

[1] Vgl. die Bremsberichte von Ob.-Ing. Schmitthenner, Zeitschr. d. V. d. I., Jahrg. 1903, Heft 24 u. 25.

anlagen sind aus wirtschaftlichen Gründen hohe Schnelläufer besonders geeignet, da hohe Drehzahlen nicht nur die Kraftmaschinen, sondern auch die Arbeitsmaschinen verbilligen. Dazu kommen noch die Herstellungs- und Transportschwierigkeiten der langsamlaufenden Francisschnelläufer sowie der Einbau derartiger schwerer Räder in das Kraftwerk. Was die Theorie der Turbinenschnelläufer anbelangt, so läßt sich eine mehrdimensionale Behandlung der Strömungserscheinungen nicht umgehen, wenn auf eine Bestätigung der theoretisch vorausgesagten Ergebnisse durch die praktischen Versuche Gewicht gelegt wird. Auf den überragenden Reibungseinfluß einer Naturströmung sei hier noch besonders aufmerksam gemacht. Man kann das Reibungsproblem so auffassen, daß die benetzte Schaufelfläche einen Mindestwert an Reibungsfläche aufweisen muß. Dieser Wert soll aber groß genug sein, um einesteils eine gute Wasserführung zu ermöglichen, anderseits die schädlichen Hohlraumbildungen zu verhindern.

Führt man den Entwurf der Schaufelfläche mit Hilfe der zweidimensionalen Reibungstheorie (vgl. Abschnitt D) unter Beobachtung der angeführten Gesichtspunkte beharrlich durch, so gelangt man zu Schaufelformen, die dem Höchstwert des theoretisch erreichbaren Wirkungsgrades ($\eta \doteq 95\%$) nahekommen.

Als Nachteil dieser Höchstschnelläufer ist ihre schlechte Regulierfähigkeit anzusehen. Es ist eine durch mannigfache Versuche erhärtete Tatsache, daß der Wirkungsgrad bei Teilbeaufschlagung mit wachsender Schnelläufigkeit abnimmt. So kann der Fall eintreten, daß der Wirkungsgrad bei kleiner Wassermenge schon auf Null herabsinkt, also die Turbine keine Leistung mehr abgibt. Anderseits läßt sich ein Francisschnelläufer nur wenig überlasten. Soll also die Turbine mehr leisten, als sie durch Verarbeitung der normalen Wassermenge leisten kann, so versagt sie ihren Dienst, weil das Laufrad eine größere Wassermenge nicht verbrauchen kann. Diese Nachteile, welche im praktischen Betriebe viel schärfer hervortreten, als es durch diese Zeilen geschehen ist, lassen sich durch die vom Verfasser erfundene Laufschaufelregelung (DRP. Nr. 289667) vermeiden. Im Abschnitt E sind neben theoretischen Begründungen auch jene baulichen Maßnahmen angeführt, welche zu einer Wirkungsgradsteigerung bei Teilbeaufschlagung führen und im Abschnitt J sind die Lichtbilder derartiger regelbarer Laufräder dargestellt. Bevor aber diese Maßnahmen besprochen werden, möge zur leichteren Übersicht noch die Einteilung der Turbinenlaufräder vorgenommen werden.

B. Einteilung der Turbinen.

Man kann die Turbinen nach ihren baulichen oder nach ihren hydraulischen Eigenschaften einteilen. Hier, wo es sich um die Schnelläufigkeit der Laufräder handelt, wird eine Einteilung nach der Größe der spezifischen Drehzahl empfehlenswert sein. Der folgende Abschnitt wird sich daher mit der spezifischen Drehzahl zu beschäftigen haben.

Die spezifische Drehzahl.

Von einer Wasserturbine wird nicht nur verlangt, daß dieselbe bei gegebenem Q und H eine entsprechende Leistung vollbringt, sondern sie muß diese Leistung auch mit einer bestimmten Geschwindigkeit ausführen. Um die Geschwindigkeit zu beurteilen, hat Prof. Dr. Camerer[1]) das Maß der »spezifischen Drehzahl« eingeführt. Darunter ist die Drehzahl jenes Laufrades zu verstehen, welches bei 1 m Gefälle 1 PS leistet. Die Drehzahl n einer Turbine ergibt sich zu

$$n = \frac{60\,u_1}{D_1\,\pi} \quad \ldots\ldots\ldots\ldots (1)$$

wobei u_1 die Umfangsgeschwindigkeit des Laufrades und D_1 den Laufraddurchmesser bedeutet. Dem Entwurfe einer Turbine sind gewöhnlich die verfügbare Wassermenge Q und das Gefälle H zugrunde gelegt. Sind diese beiden Bestimmungsgrößen gegeben, so läßt sich zunächst die ideelle Leistung und bei Abschätzung des Wirkungsgrades η die effektive Leistung in PS bestimmen. Es wird sich nun darum handeln müssen, die für den Turbinenentwurf noch unbekannte Laufradumfangsgeschwindigkeit u_1 und den Laufraddurchmesser D_1 in Formel (1) durch H bzw. durch die Leistung auszudrücken. Wir wissen aus der allgemeinen Turbinentheorie[2]), daß

$$u = f(H) = k_1 \sqrt{H} \quad \ldots\ldots\ldots\ldots (2)$$

bzw. $D_1 = f(N)$ ist.

Die effektive Leistung einer Wasserkraft N ist bestimmt durch

$$N = \frac{1000\,Q\,\eta\,H}{75} \quad \ldots\ldots\ldots\ldots (3)$$

[1]) Siehe auch Prof. Dr. Camerers Ausführungen in Wilh. Müller »Die Francisturbine«, 2. Aufl., S. 176 u. 113.

[2]) Vergl. die Abschnitte C und D.

Die geschluckte Wassermenge hängt von der Größe des Saugrohr- bzw. Laufraddurchmessers D_s bzw. D_1 und von der Durchflußgeschwindigkeit c_s ab. Es ist allgemein

$$Q = F_s \cdot c_s = \frac{D_s^2 \pi}{4} k_2 \sqrt{H} = k_3 D_s^2 k_2 \sqrt{H} \quad . \; . \; . \; . \; . \; (4)$$

Setzt man den Wert für Q aus Gleichung (4) in Formel (3) ein, so erhält man

$$N = \frac{1000 \, k_3 D_s^2 k_2 \sqrt{H} \, \eta \, H}{75} \quad . \; . \; . \; . \; . \; . \; . \; . \; (3\text{a})$$

Daraus folgt:

$$D_s = \left(\frac{75 \, N}{1000 \, k_3 k_2 \sqrt{H} \, \eta \, H} \right)^{1/2} = \left(\frac{75 \, N}{1000 \, k_4 \sqrt{H} \, \eta \, H} \right)^{1/2} \quad . \; . \; . \; (5)$$

Ebenso folgt bei ähnlichen Laufradausführungen ein Zusammenhang zwischen D_1 und D_s, den wir ausdrücken können durch

$$D_1 = k_5 D_s \quad . \; . \; . \; . \; . \; . \; . \; . \; . \; . \; . \; . \; . \; (6)$$

Bei Berücksichtigung der Formeln (2) und (6) geht daher Formel (1) über in

$$n = \frac{60 \, k_1 \sqrt{H}}{\pi k_5 \left(\frac{75 \, N}{1000 \, k_4 \sqrt{H} \, \eta \, H} \right)^{1/2}} \quad . \; . \; . \; . \; . \; . \; . \; . \; . \; (7)$$

Setzt man für $H = 1$, so wird $n = n_1$ und $N = N_1$, und man erhält

$$n_1 = \frac{60 \, k_1}{\pi k_5 \left(\frac{75 \, N_1}{1000 \, k_4 \, \eta} \right)^{1/2}} \quad . \; . \; . \; . \; . \; . \; . \; . \; . \; (7\text{a})$$

Setzt man im Sinne der Definition von n_s für $N_1 = 1$, so ergibt sich

$$n_s = \frac{60 \, k_1}{\pi k_5 \left(\frac{75}{1000 \, k_4 \, \eta} \right)^{1/2}} \quad . \; . \; . \; . \; . \; . \; . \; . \; . \; (7\text{b})$$

und schließlich durch Division von (7b) und (7a)

$$\frac{n_s}{n_1} = \frac{60 \, k_1}{\pi k_5 \left(\frac{75}{1000 \, k_4 \, \eta} \right)^{1/2}} \cdot \frac{\pi k_5 \left(\frac{75 \, N_1}{1000 \, k_4 \, \eta} \right)^{1/2}}{60 \, k_1} = \sqrt{N_1}$$

und daher

$$n_s = n_1 \sqrt{N_1} \quad . \; . \; . \; . \; . \; . \; . \; . \; . \; . \; . \; . \; (8)$$

N_1 ist die sog. Einheitsleistung, das ist also die Leistung der Turbine, die unter einem Gefälle von $H = 1$ m arbeitet. Die Einheitsdrehzahl n_1 wird durch die Drehzahl eines Laufrades, das unter $H = 1$ m arbeitet, ausgedrückt. Das durch Formel (8) gewonnene Produkt ergibt die gewünschte spezifische Drehzahl n_s. Fällt der numerische Wert derselben in eine der angeführten Ziffernserien, so ist dadurch die Wahl der Laufradgruppe festgelegt. Neuzeitliche Überdruckturbinen werden daher eingeteilt in:

Langsamläufer mit einem n_s von	50— 150
Normalläufer mit einem n_s von	150— 250
Mittelschnelläufer (Francisschnelläufer) mit einem n_s von	250— 350
Hochschnelläufer (Kaplanpropeller) mit einem n_s von . .	350— 600
Höchstschnelläufer (Kaplanturbinen) mit einem n_s von . .	600—1000 und darüber.

Hat man für einen Sonderfall Q, H und n gegeben, so läßt sich aus Formel (8) die spezifische Drehzahl bestimmen. Ein Vergleich dieser Drehzahl mit jenen der oben angegebenen Laufradgruppen läßt die Zugehörigkeit zu einer derselben erkennen. Immerhin ist einige Vorsicht geboten. Obwohl wir es in allen diesen Gruppen mit vollbeaufschlagten Preßstrahlturbinen zu tun haben, so läßt sich doch die Ausbildung erheblicher Unterdruckzonen (besonders am Schaufelrücken) nicht vermeiden. Dieser Unterdruck kann bei großer Wassergeschwindigkeit so erheblich werden, daß sich Luftausscheidungen und Dampfbildungen einstellen. Derartige Hohlraumbildungen[1]) zerstören nicht nur den natürlichen Strömungsvorgang sondern auch den Baustoff der Schaufel (Korrosionen und Erosionen). Wird das Gefälle sehr klein, und ist mit stark schwankender Wassermenge zu rechnen, so ist eine Teilung der Aggregate vorzusehen, wenn der wirtschaftliche Ausbau der Niederdruckwasserkräfte nicht den Ausbau mit gut regelbaren Kaplanturbinen verlangen sollte.

Nicht immer sind hydraulische Erwägungen zur Bestimmung der Laufradgruppe maßgebend. Es können auch wirtschaftliche Rücksichten bei der Wahl der Laufradgruppe eine Rolle spielen. Weicht beispielsweise die Drehzahl einer projektierten Anlage von jener einer ausgeführten Sonderanlage nur wenig ab, so wird man sich entschließen, zu der ausgeführten Sonderanlage zu greifen, weil über diese Anlage Betriebserfahrungen vorliegen und weil die Erzeugung der gleichen Anlage mit geringeren Kosten verbunden ist. Es kann dem angehenden Turbinenbauer nicht eindringlich genug die Wirtschaftlichkeit der Anlage eingeschärft werden. Was nützt eine technisch vollkommene Lösung, wenn sie zu teuer, also unwirtschaftlich ist. So wird sich wohl mancher Leser die Frage vorgelegt haben, warum die Energie der Gezeiten (Ebbe und Flut) oder die Wellenenergie noch nicht ausgenützt

[1]) Näheres darüber im Wasserkraft-Jahrbuch 1924, S. 421 u. f.

sind. Es gibt über diese Art der Energiegewinnung eine Unzahl von Patenten, die aber zumeist wertlos sind, weil sie die Wirtschaftlichkeit der Anlage nicht berücksichtigten. Bevor wir an den Ausbau einer Wasserkraft schreiten, haben wir uns immer die Frage vorzulegen: Was kostet die ausgebaute Pferdekraftstunde? Ist dieselbe billiger als jene aus der Dampfkraft oder aus irgendeiner anderen Naturkraft erzeugte, dann bedarf es keiner Erwägungen, um die Anlage auszuführen. Ist sie aber teurer, dann bedarf es reiflicher Überlegung in der Wahl der Laufradgruppe und der Arbeitsmaschine. Heute ist der Vorteil der Geschwindigkeit schon überall bekannt. Durch Erhöhung der Geschwindigkeit können wir die Erzeugungskosten der Anlage verringern. Wir werden daher dort Schnelläufer verwenden, wo wir wegen des kleinen Gefälles nur niedrige Drehzahlen erreichen. Dadurch erhalten sowohl die Kraftmaschinen als auch die Arbeitsmaschinen kleine Abmessungen, die mit einer Verringerung der Anlagekosten verbunden sind. Ähnliche Überlegungen wären auch bei der Turbinenregelung anzustellen. Im vorliegenden Falle müßte untersucht werden, ob bei halber Wassermenge auch die halbe Leistung erzielt werden kann, also ob die Lösung des Regelproblems nicht nur technisch sondern auch wirtschaftlich möglich ist. So wertvoll es auch wäre, derartige Rentabilitätsberechnungen in vorliegendes Buch aufzunehmen, so muß der Verfasser doch davon absehen, im Hinblick auf den Umfang des Buches und auf die schwankenden Preiszusammenstellungen[1]). Da sich das vorliegende Werk hauptsächlich mit Turbinenschnelläufern zu befassen hat, so fallen die beiden ersten Laufradgruppen (Langsamläufer und Normalläufer) aus der Betrachtung heraus. Wir haben uns also mit dem Entwurfe von Schaufelplänen von Schnelläufern zu beschäftigen. Dies hat auch eine Änderung der Betrachtungsweise des Strömungsproblems zur Folge. Während zum Entwurf von Schaufelplänen für Normal- und Langsamläufer die Stromfadentheorie genügte, reicht dieselbe für die verwickelte Bauweise von Schnelläuferschaufelflächen nicht aus. Es muß daher auf eine mehrdimensionale Betrachtungsweise der Strömungserscheinungen Rücksicht genommen werden. Im Gegensatze zu den früheren Anschauungen werden hier die Schaufelpläne auf mehrdimensionaler Weise aufgebaut, und ist es daher erforderlich, die theoretischen Grundlagen kennenzulernen. Diese zerfallen in mathematisch-hydraulische und in mathematisch-geometrische Grundlagen. Beide lassen sich durch Näherungsverfahren in solcher Weise vereinfachen, daß sie zum Entwurfe der Schnelläuferschaufelpläne verwendbar sind.

---

[1]) Die Turbinenpreise bilden ein streng gehütetes Geheimnis der Turbinenfabriken. Im übrigen vergleiche Veröffentlichung des Verfassers »Kaplanturbine oder Francisturbine?«. Zeitschr. f. d. ges. Turbinenwesen, Jahrg. 1919, Heft 32.

C. Theoretische Grundlagen.

a) Mathematisch-hydraulische Grundlagen.

Diese haben den Zweck, jene Radwinkel zu bestimmen, die für ein bestimmtes Q und n zur geordneten Strömung in einem Laufrad erforderlich sind. Es soll unter den berechneten Winkeln die Turbine den größten Wirkungsgrad haben. Ob dies zutrifft, hängt davon ab, ob das Strömungsproblem ein- oder mehrdimensional aufgefaßt wird. Verwendet man, wie es heute in der Praxis noch geschieht, zur Bestimmung der Schaufelwinkel die eindimensionale Turbinentheorie, d. h. macht man von der üblichen Stromfadentheorie Gebrauch, so unterschätzt man die gegenseitige Beeinflussung der Stromfäden. Bei ungekrümmten Kanälen mit gerader Mittellinie findet eine gegenseitige Beeinflussung der Stromlinien ebensowenig statt, wie bei gekrümmten Kanälen mit unendlich kleinem Querschnitt. In solchen Fällen wäre es gerechtfertigt, die Stromfadentheorie zu verwenden, wenn derartige Kanäle bei Turbinenlaufrädern wirklich vorhanden wären. Dies trifft aber in der Praxis nicht zu, da aus hydraulischen Gründen die Kanäle gekrümmt (Reaktion) und von endlichem Querschnitt (Reibung) sein müssen. In neuerer Zeit hat die Erfahrung gelehrt, daß es wegen der Reibungswiderstände zweckmäßig ist, die bisher übliche »Zellenform« der Laufräder zu verlassen und derartige Zellenräder durch Räder mit »flügelartigen« Schaufeln zu ersetzen. Hat die eindimensionale Winkelberechnung bei Zellenrädern noch ihre Berechtigung, so kann diese den Flügelrädern nicht zugesprochen werden. Da die Führung des Wassers in zellenförmigen Schaufelräumen entfällt, kann auch der an der Schaufel befindliche Austrittswinkel mit jenem des mittleren Stromfadens nicht übereinstimmen. In solchen Fällen helfen mehrdimensionale Betrachtungen über die auftretenden Schwierigkeiten hinweg. Wir wollen zunächst die Grundlagen der höheren Strömungslehre in Betracht ziehen, um aus dieser die mehrdimensionale Turbinentheorie abzuleiten und zu vereinfachen.

(Mehrdimensionale Strömungslehre.)

I. Die zähen Flüssigkeiten.

1. Die Stokes-Navierschen Grundgleichungen.

Für die Bewegung[1]) des Volumselementes eines deformablen Körpers gelten folgende Gleichungen:

$$\left.\begin{aligned}\mu b_x &= \mu X + \frac{\partial \sigma_x}{\partial x} + \frac{\partial \tau_{yx}}{\partial y} + \frac{\partial \tau_{zx}}{\partial z}\\ \mu b_y &= \mu Y + \frac{\partial \tau_{xy}}{\partial x} + \frac{\partial \sigma_y}{\partial y} + \frac{\partial \tau_{zy}}{\partial z}\\ \mu b_z &= \mu Z + \frac{\partial \tau_{xz}}{\partial x} + \frac{\partial \tau_{yz}}{\partial y} + \frac{\partial \sigma_z}{\partial z}\end{aligned}\right\} \quad \ldots\ldots \quad \text{(I)}$$

Dabei bedeuten: μ die spezifische Masse X, Y, Z die Komponenten der eingeprägten Kraft pro Masseneinheit, σ_x, σ_y, σ_z die Komponenten der Normalspannung, τ_{yx}, τ_{zy} usw. die der Schubspannung. Unter Voraussetzung des Boltzmannschen Gesetzes über die Symmetrie der Schubspannungen, wonach $\tau_{yx} = \tau_{xy}$, $\tau_{xz} = \tau_{zx}$, $\tau_{yz} = \tau_{zy}$ ist, reduzieren sich die neun unbekannten Spannungskomponenten auf sechs.

Die Elastizitätstheorie benützt für die Spannungen das verallgemeinerte Hookesche Gesetz, welches die Beziehungen zwischen Spannungen und Deformationen angibt und setzt diese Relationen in die Gleichungen (I) ein. Für unzusammendrückbare Flüssigkeiten kann der Ansatz[2])

$$\left.\begin{aligned}\sigma_x &= -p + 2\varkappa \frac{\partial v_x}{\partial x}\\ \sigma_y &= -p + 2\varkappa \frac{\partial v_y}{\partial y}\\ \sigma_z &= -p + 2\varkappa \frac{\partial v_z}{\partial z}\\ \tau_{yz} = \tau_{zy} &= \varkappa\left(\frac{\partial v_y}{\partial z} + \frac{\partial v_z}{\partial y}\right)\\ \tau_{yx} = \tau_{xy} &= \varkappa\left(\frac{\partial v_x}{\partial y} + \frac{\partial v_y}{\partial x}\right)\\ \tau_{zx} = \tau_{xz} &= \varkappa\left(\frac{\partial v_x}{\partial z} + \frac{\partial v_z}{\partial x}\right).\end{aligned}\right\} \quad \ldots\ldots\ldots \quad \text{(II)}$$

[1]) Über die Herleitung dieser Gleichungen, welche wir für den Ingenieur aus der Festigkeitslehre als bekannt ansehen dürfen, vgl. Föppl, »Technische Mechanik«, Bd. III.

[2]) Über die verschiedenen Herleitungen der Stockesschen Gleichungen vgl. Kirchhoff, Vorlesungen über theoretische Physik, Bd. I, Lorenz, Technische Physik, Bd. III, S. 403 und Lamb, Hydrodynamics, S. 532.

als durch die Erfahrung hinreichend bestätigt, verwendet werden. Hierbei bedeuten v_x, v_y, v_z die orthogonalen Komponenten der Geschwindigkeit $\bar{v}$, p den hydraulischen Druck und $\varkappa$ den Reibungskoeffizienten der inneren Reibung.

Durch Einsetzen der Gleichungen (II) in das Gleichungssystem (I) erhalten wir die Gleichung:

$$\mu b_x = \mu X - \frac{\partial p}{\partial x} + 2\varkappa \frac{\partial^2 v_x}{\partial x^2} + \varkappa \frac{\partial^2 v_x}{\partial y^2} + \varkappa \frac{\partial^2 v_y}{\partial x \partial y} + \varkappa \frac{\partial^2 v_z}{\partial z \partial x} + \varkappa \frac{\partial^2 v_x}{\partial z^2}$$

und zwei analoge Gleichungen für μb_y und μb_z. Setzt man zur Abkürzung

$$\frac{\partial v_x}{\partial x} + \frac{\partial v_y}{\partial y} + \frac{\partial v_z}{\partial z} = \operatorname{div} v$$

und

$$\frac{\partial^2 v_x}{\partial x^2} + \frac{\partial^2 v_x}{\partial y^2} + \frac{\partial^2 v_x}{\partial z^2} = \Delta v_x,$$

wobei Δ den Laplaceschen Operator bedeutet, so erhält man die Gleichungen

$$\mu b_x = \mu X - \frac{\partial p}{\partial x} + \varkappa \frac{\partial (\operatorname{div} v)}{\partial x} + \varkappa \Delta v_x$$

und analog

$$\left.\begin{aligned} \mu b_y &= \mu Y - \frac{\partial p}{\partial y} + \varkappa \frac{\partial (\operatorname{div} v)}{\partial y} + \varkappa \Delta v_y \\ \mu b_z &= \mu Z - \frac{\partial p}{\partial z} + \varkappa \frac{\partial (\operatorname{div} \bar{v})}{\partial z} + \varkappa \Delta v_z \end{aligned}\right\} \quad \ldots\ldots \text{(III)}$$

welche die Stokes-Navierschen Gleichungen genannt werden.

Die Bedeutung des Reibungskoeffizienten ergibt sich am besten aus der Betrachtung der Strömungsverhältnisse bei der Parallel- oder Laminarströmung. Falls die Flüssigkeitsbewegung in einem System paralleler Schichten vor sich geht[1]), wird eine Flüssigkeitsschicht auf die benachbarte mit einer Kraft pro Flächeneinheit wirken, deren Größe das $\varkappa$fache des Geschwindigkeitsgefälles senkrecht zur Strömungsebene beträgt. Daher ist $\frac{\text{Kraft}}{\text{Fläche}} = \varkappa \cdot$ Geschwindigkeitsgefälle. Falls im cm-, gramm-, sec-System (l, m, t) gerechnet wird, ergibt sich die Dimension von $\varkappa$

$$[\varkappa] = m \cdot l^{-1} t^{-1}.$$

Der Ausdruck $\nu = \frac{\varkappa}{\mu}$ wird als kinematischer Reibungskoeffizient bezeichnet. Die experimentellen Untersuchungen ergaben für Wasser

[1]) **Hopf**, Zähe Flüssigkeiten im Handbuch der Physik, Springer 1927, S. 102. Dort findet sich die Schichtenströmung definiert als jene Strömung, bei welcher die Trägheitsglieder verschwinden.

$$\varkappa = \frac{0{,}0178}{1 + 0{,}0337 \cdot t + 0{,}000221 \cdot t^2},$$

wobei t die Temperatur in Celsiusgraden bedeutet. Erwähnt sei noch, daß bei tropfbaren Flüssigkeiten der Reibungskoeffizient mit steigender Temperatur abnimmt. Daß die Glieder der rechten Seite der Stokesschen Gleichungen die Geschwindigkeiten enthalten, ergibt sich aus folgender Überlegung.

Sämtliche Glieder der rechten Seite stellen Kraftgrößen vor, welche auf ein unendlich klein gedachtes Parallelepiped im Innern einer Flüssigkeit wirken. Bei einem elastischen Körper hängt erfahrungsgemäß der Deformationswiderstand von der Gestalt der Deformation selbst ab, bei Flüssigkeiten dagegen von der Geschwindigkeit, mit welcher die Deformation vor sich geht.

Im Falle wir die Flüssigkeit als unzusammendrückbar ansehen wollen, was im nachfolgenden durchwegs geschehen wird, ist bei stationärer Strömung, zufolge der Kontinuitätsgleichung,

$$\operatorname{div} v = \frac{\partial v_x}{\partial x} + \frac{\partial v_y}{\partial y} + \frac{\partial v_z}{\partial z} = 0 \quad \ldots\ldots \quad \text{(III a)}$$

Daher nehmen die Gleichungen folgende einfache Gestalt an:

$$\left.\begin{aligned} \mu \cdot \frac{dv_x}{dt} &= \mu X - \frac{\partial p}{\partial x} + \varkappa \cdot \Delta v_x \\ \mu \cdot \frac{dv_y}{dt} &= \mu Y - \frac{\partial p}{\partial y} + \varkappa \cdot \Delta v_y \\ \mu \cdot \frac{dv_z}{dt} &= \mu Z - \frac{\partial p}{\partial z} + \varkappa \cdot \Delta v_z \end{aligned}\right\} \quad \ldots\ldots \quad \text{(IV)}$$

Hierbei bedeutet $\frac{dv_x}{dt}$ das Symbol für den Ausdruck

$$\frac{dv_x}{dt} = \frac{\partial v_x}{\partial t} + v_x \frac{\partial v_x}{\partial x} + v_y \frac{\partial v_x}{\partial y} + v_z \frac{\partial v_x}{\partial z}.$$

Für stationäre Bewegungen verschwindet in obiger Gleichung das Glied $\frac{\partial v_x}{\partial t}$ und ebenso alle partiellen Differentialquotienten der andern Geschwindigkeitskomponenten nach der Zeit. Die gewöhnlichen Bewegungsgleichungen der idealen (reibungslosen) Flüssigkeiten, die sog. Eulerschen Gleichungen, folgen aus (I) oder (IV), wenn der Koeffizient $\varkappa$ null gesetzt wird. Die Gleichungen (IV) haben eine ähnliche Form wie das Temperaturgesetz der Wärmeleitung, wenn von den Gliedern $X - \frac{1}{\mu}\frac{\partial p}{\partial x}$ abgesehen wird[1]).

[1]) Diesen Zusammenhang hat Prof. Kaplan in der Arbeit: »Die Gesetze der Flüssigkeitsströmung bei Berücksichtigung der Flüssigkeits- und Wandreibung«, Zeitschr. d. V. d. I. 1912, S. 1578, verwendet.

2. Transformation der Stokesschen Gleichungen.

In der theoretischen Hydromechanik werden die Ausdrücke

$$\left.\begin{aligned} \xi &= \frac{1}{2}(\operatorname{rot} v)_x = \frac{1}{2}\left(\frac{\partial v_z}{\partial y} - \frac{\partial v_y}{\partial z}\right) \\ \eta &= \frac{1}{2}(\operatorname{rot} v)_y = \frac{1}{2}\left(\frac{\partial v_x}{\partial z} - \frac{\partial v_z}{\partial x}\right) \\ \zeta &= \frac{1}{2}(\operatorname{rot} v)_z = \frac{1}{2}\left(\frac{\partial v_y}{\partial x} - \frac{\partial v_x}{\partial y}\right) \end{aligned}\right\} \quad \ldots \ldots \ldots \text{(V)}$$

als Wirbelkomponenten bezeichnet. Mit Hilfe dieser Wirbelkomponenten lassen sich die Gleichungen (IV) wie folgt darstellen. Aus Gleichung (V) folgt:

$$\frac{\partial v_x}{\partial y} = -2\zeta + \frac{\partial v_y}{\partial x}$$

$$\frac{\partial v_x}{\partial z} = +2\eta + \frac{\partial v_z}{\partial x}.$$

Setzt man diese Werte in die erste der Gleichungen (IV) ein, so nimmt diese die Form an

$$\mu\left(\frac{\partial v_x}{\partial t} + v_x \frac{\partial v_x}{\partial x} + v_y \frac{\partial v_y}{\partial x} + v_z \frac{\partial v_z}{\partial x}\right) + 2(\eta v_z - \zeta \cdot v_y) =$$

$$= \mu X - \frac{\partial p}{\partial x} + \varkappa \Delta v_x.$$

Weil ferner

$$\frac{1}{2}\frac{\partial (v^2)}{\partial x} = v_x \frac{\partial v_x}{\partial x} + v_y \frac{\partial v_y}{\partial x} + v_z \cdot \frac{\partial v_z}{\partial x},$$

so folgt, falls die eingeprägten Kräfte ein Potential V haben und der Ausdruck

$$\frac{v^2}{2} + \frac{p}{\mu} + V = U$$

gesetzt wird, daß

$$\frac{\partial v_x}{\partial t} - 2 v_y \cdot \zeta + 2 v_z \cdot \eta = -\frac{\partial U}{\partial x} + \nu \cdot \Delta v_x \quad \ldots \ldots \text{(1)}$$

ebenso erhält man

$$\frac{\partial v_y}{\partial t} - 2 v_z \cdot \xi + 2 v_x \cdot \zeta = -\frac{\partial U}{\partial y} + \nu \cdot \Delta v_y \quad \ldots \ldots \text{(2)}$$

$$\frac{\partial v_z}{\partial t} - 2 v_x \cdot \eta + 2 v_y \cdot \xi = -\frac{\partial U}{\partial z} + \nu \cdot \Delta v_z, \quad \ldots \ldots \text{(3)}$$

wobei $\nu = \frac{\varkappa}{\mu}$ den kinematischen Reibungskoeffizienten bedeutet. Differentiert man (1) nach y und (2) partiell nach x, so folgt:

$$\frac{\partial^2 v_x}{\partial t\,\partial y} - 2\frac{\partial v_y}{\partial y}\cdot\zeta - 2v_y\cdot\frac{\partial\zeta}{\partial y} + 2\frac{\partial v_z}{\partial y}\cdot\eta + 2v_z\cdot\frac{\partial\eta}{\partial y} =$$
$$= -\frac{\partial^2 U}{\partial x\,\partial y} + \nu\cdot\frac{\partial}{\partial y}\left(\frac{\partial^2 v_x}{\partial x^2} + \frac{\partial^2 v_x}{\partial y^2} + \frac{\partial^2 v_x}{\partial z^2}\right)$$

$$\frac{\partial^2 v_y}{\partial t\,\partial x} - 2\frac{\partial v_z}{\partial x}\cdot\xi - 2v_z\frac{\partial\xi}{\partial x} + 2\frac{\partial v_x}{\partial x}\zeta + 2v_x\frac{\partial\zeta}{\partial x} =$$
$$= -\frac{\partial^2 U}{\partial x\,\partial y} + \nu\cdot\frac{\partial}{\partial x}\left(\frac{\partial^2 v_y}{\partial x^2} + \frac{\partial^2 v_y}{\partial y^2} + \frac{\partial^2 v_y}{\partial z^2}\right).$$

Subtrahiert man die beiden Gleichungen voneinander, beachtet die Beziehung (V), addiert und subtrahiert den Ausdruck $2v_z\cdot\frac{\partial\zeta}{\partial z}$, so ergibt sich:

$$2\frac{\partial\zeta}{\partial t} + 2v_y\cdot\frac{\partial\zeta}{\partial y} + 2v_x\cdot\frac{\partial\zeta}{\partial x} + 2v_z\cdot\frac{\partial\zeta}{\partial z} - 2v_z\left(\frac{\partial\xi}{\partial x} + \frac{\partial\eta}{\partial y} + \frac{\partial\zeta}{\partial z}\right) =$$
$$= 2\left(\xi\frac{\partial v_z}{\partial x} + \eta\frac{\partial v_z}{\partial y}\right) - 2\zeta\left(\frac{\partial v_x}{\partial x} + \frac{\partial v_y}{\partial y}\right) +$$
$$+ \nu\left[\frac{\partial^2\left(\frac{\partial v_y}{\partial x} - \frac{\partial v_x}{\partial y}\right)}{\partial x^2} + \frac{\partial^2\left(\frac{\partial v_y}{\partial x} - \frac{\partial v_x}{\partial y}\right)}{\partial y^2} + \frac{\partial^2\left(\frac{\partial v_y}{\partial x} - \frac{\partial v_x}{\partial y}\right)}{\partial z^2}\right] \qquad (4)$$

Aus Gleichung (V) folgt durch partielle Differentiation nach x, y, z, daß

$$\frac{\partial\xi}{\partial x} + \frac{\partial\eta}{\partial y} + \frac{\partial\zeta}{\partial z} = 0 \quad \ldots\ldots\ldots\ldots \quad (5)$$

Mit Hilfe dieser Gleichung folgt aus (4)

$$\frac{\partial\zeta}{\partial t} + v_x\cdot\frac{\partial\zeta}{\partial x} + v_y\cdot\frac{\partial\zeta}{\partial y} + v_z\cdot\frac{\partial\zeta}{\partial z} =$$
$$= \xi\cdot\frac{\partial v_z}{\partial x} + \eta\frac{\partial v_z}{\partial y} + \zeta\frac{\partial v_z}{\partial z} - \zeta\,\mathrm{div}\,v + \nu\cdot\Delta\zeta.$$

Bezeichnet man die linke Seite der Gleichung mit $\frac{d\zeta}{dt}$ und beachtet die Kontinuitätsgleichung, so folgt:

$$\frac{d\zeta}{dt} = \xi\frac{\partial v_z}{\partial x} + \eta\frac{\partial v_z}{\partial y} + \zeta\cdot\frac{\partial v_z}{\partial z} + \nu\cdot\Delta\zeta, \quad \ldots\ldots \quad (6)$$

wobei

$$\Delta\zeta = \frac{\partial^2\zeta}{\partial x^2} + \frac{\partial^2\zeta}{\partial y^2} + \frac{\partial^2\zeta}{\partial z^2}.$$

Auf ganz analogem Wege erhält man aus den Gleichungen (2) und (3), sowie durch Verknüpfung von (1) mit (3) die Gleichungen:

$$\frac{d\xi}{dt} = \xi \frac{\partial v_x}{\partial x} + \eta \frac{\partial v_x}{\partial y} + \zeta \frac{\partial v_x}{\partial z} + \nu \Delta \xi \quad \ldots\ldots \quad (7)$$

$$\frac{d\eta}{dt} = \xi \frac{\partial v_y}{\partial x} + \eta \frac{\partial v_y}{\partial y} + \zeta \frac{\partial v_y}{\partial z} + \nu \cdot \Delta \eta \quad \ldots\ldots \quad (8)$$

Wenn die Flüssigkeit reibungslos ist, also $\nu = 0$, so geben die ersten drei Glieder jeder der Gleichungen (6—8) die Änderung der Wirbelkomponenten für ein Flüssigkeitselement an. Daraus folgt der von Helmholtz angegebene Satz, daß, falls zu einer Zeit die Glieder ξ, η und ζ null sind, auch zu einer andern Zeit die Bewegung wirbelfrei ist, also in einer idealen Flüssigkeit keine Wirbel entstehen können. Für zähe Flüssigkeiten gilt dieser Satz nicht, denn es treten hier zu den ersten drei Gliedern, welche, wie eben erwähnt, die Änderungen der Wirbelkomponenten in idealen Flüssigkeiten angeben, noch die Glieder $\nu \Delta \xi$, $\nu \Delta \eta$, $\nu \Delta \zeta$ hinzu, diese Änderungen gleichen aber völlig den Gesetzen der Wärmeleitung. Es ist noch hervorzuheben, daß die Gleichungen (6), (7) und (8) für ein ruhendes (taugliches) Koordinatensystem unter der Voraussetzung, daß die eingeprägten Kräfte ein Potential besitzen, abgeleitet worden sind. Corioliskräfte und Zentrifugalkräfte sind als Scheinkräfte nicht zu den eingeprägten Kräften zu rechnen.

Aus der Analogie der Zusatzglieder in den Gleichungen (6—8) mit den Ausdrücken für die Wärmeleitung schließt Lamb[1]), daß eine Wirbelbewegung nie im Innern einer Flüssigkeit selbst entstehen kann, sondern von der Begrenzungsfläche ihren Ausgang nehmen muß, denn die vorstehend abgeleiteten Gleichungen gelten im ganzen Innern der Flüssigkeit. Wenn also an irgendeiner Stelle im Innern einer zähen Flüssigkeit kein Wirbel existiert, so kann eine Wirbelbildung zufolge der örtlichen Änderung der Wirbelkomponenten eintreten. Ist aber die ganze Flüssigkeit im Innern zu einer Zeit wirbelfrei, so verschwinden zwar die Ausdrücke $\Delta \xi$, $\Delta \eta$, $\Delta \zeta$, aber nur im Innern, nicht an der Oberfläche. Daraus folgt, daß die Wirbel in einer ursprünglich wirbellosen zähen Flüssigkeit nur von der Begrenzungswand ausgehen können.

3. Beispiele zu den Stokesschen Gleichungen bei Vernachlässigung der Beschleunigungsglieder.

1. Die Strömung zwischen zwei parallelen horizontalen Ebenen.

Wir legen die x-Achse in die Mittelebene der beiden gegebenen Ebenen (Abb. 1). Die Bewegungsgleichungen lauten dann, da v_y und v_z null sind und auch $\frac{\partial v_y}{\partial y} = \frac{\partial v_z}{\partial z} = 0$, somit der Kontinuitätsgleichung entsprechend auch

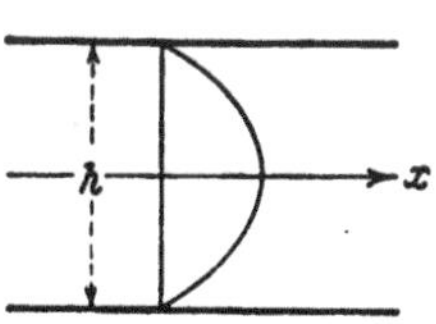

Abb. 1.

[1]) Lamb, Lehrbuch der Hydrodynamik, S. 667.

$\frac{\partial v_x}{\partial x} = 0$ und unter Voraussetzung der stationären Strömung (vgl. Gl. (IV))

$$0 = -\frac{\partial p}{\partial x} + \varkappa \frac{\partial^2 v_x}{\partial z^2} \quad \ldots\ldots\ldots\ldots \quad (1)$$

$$0 = -\frac{\partial p}{\partial y} \quad \ldots\ldots\ldots\ldots\ldots\ldots \quad (2)$$

$$0 = -g - \frac{\partial p}{\partial z} \quad \ldots\ldots\ldots\ldots\ldots \quad (3)$$

Aus Gleichung (1) folgt durch partielle Differentiation nach z

$$\frac{\partial^2 p}{\partial x\, \partial z} = \varkappa \frac{\partial^3 v_x}{\partial z^3}.$$

Aus Gleichung (2) ergibt sich, daß der Druck p nur von x und z abhängen kann und aus Gleichung (3) folgt $\frac{\partial^2 p}{\partial x\, \partial z} = 0$. Daher ist auch $\frac{\partial^3 v_x}{\partial z^3} = 0$. Die Integration dieser Gleichung liefert:

$$\frac{\partial^2 v_x}{\partial z^2} = f(x),$$

wobei $f(x)$ noch eine näher zu bestimmende Funktion von x bedeutet. Ferner ist

$$\frac{\partial v_x}{\partial z} = f(x) \cdot z + b \quad \text{und} \quad v_x = f(x) \frac{z^2}{2} + b \cdot z + c,$$

wobei b und z noch näher zu bestimmende Integrationskonstante bedeuten. Wird der senkrechte Abstand der beiden Begrenzungsebenen mit h bezeichnet, so ist für $z = +\frac{h}{2}$, da die Flüssigkeit an der Wand haften soll, die Geschwindigkeit v_x daselbst null; daher ist

$$0 = f(x) \frac{h^2}{8} + b \cdot \frac{h}{2} + c.$$

Ferner ist für $z = -\frac{h}{2}$ ebenfalls $v_x = 0$, daher

$$0 = f(x) \frac{h^2}{8} - \frac{b\,h}{2} + c.$$

Somit lassen sich b und c berechnen. Man erhält $b = 0$ und $c = -f(x) \cdot \frac{h^2}{8}$. Mithin ist

$$v_x = f(x) \left\{ \frac{z^2}{2} - \frac{h^2}{8} \right\}.$$

Die mittlere Stromgeschwindigkeit berechnet sich aus

$$v_m = \frac{1}{h}\int_{-\frac{h}{2}}^{+\frac{h}{2}} v_x \cdot dz = \frac{f(x)}{h}\int_{-\frac{h}{2}}^{+\frac{h}{2}}\left(\frac{z^2}{2} - \frac{h^2}{8}\right) dz$$

$$v_m = -f(x)\cdot\frac{h^2}{12}.$$

Da v_x notwendig positiv ist, so ist $f(x)$ negativ. Ferner ist, zufolge (1) $\frac{\partial p}{\partial x} = \varkappa f(x)$, also

$$f(x) = \frac{1}{\varkappa}\frac{\partial p}{\partial x}, \text{ daher } -\frac{1}{\varkappa}\frac{\partial p}{\partial x} = \frac{12 v_m}{h^2}.$$

Weil v_x in diesem Beispiele aber nur eine Funktion von z allein sein soll, so ist $f(x)$ konstant, und daher ist auch das Druckgefälle in der x-Richtung konstant, d. h. $\frac{\partial p}{\partial x} = -a$. Aus der Gleichung für v_x folgt, daß die Geschwindigkeit über den Querschnitt sich parabolisch verteilt. (Vgl. Abb. 1.)

2. Die laminare Strömung in engen Röhren (Poiseuillesche Strömung).

Die x-Achse des Koordinatensystems werde in die Mittelachse des kreiszylindrischen Rohres gelegt (Abb. 2). Aus Gleichung (IV) folgt, wenn von der Schwere abgesehen wird und wie im vorhergehenden Beispiele auch hier $v_y = v_z = 0$,

$\frac{\partial v_x}{\partial x} = 0$ sein sollen,

$$\frac{\partial p}{\partial x} = \varkappa \cdot \Delta v_x, \quad \frac{\partial p}{\partial y} = \frac{\partial p}{\partial z} = 0.$$

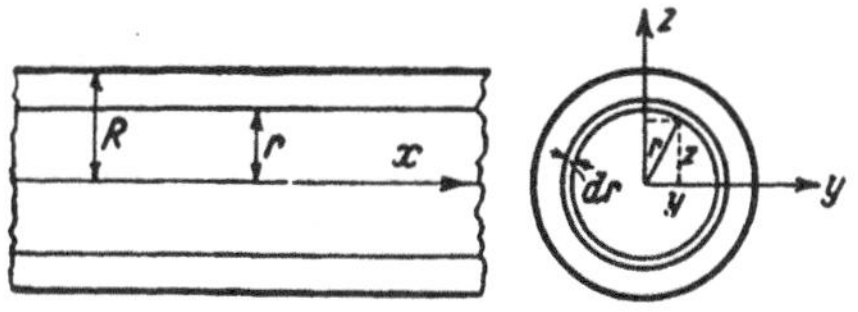

Abb. 2.

Da v_x in einem Punkte eines Querschnittes, der Voraussetzung einer parallelen Strömung gemäß, nur von der Entfernung r des Punktes von der Mittelachse abhängig sein kann, so erhält man, weil $r^2 = y^2 + z^2$, folgende Gleichungen:

$$\frac{\partial r}{\partial y} = \frac{y}{r}, \quad \frac{\partial r}{\partial z} = \frac{z}{r}, \quad \frac{\partial v_x}{\partial y} = \frac{\partial v_x}{\partial r}\cdot\frac{\partial r}{\partial y} = \frac{\partial v_x}{\partial r}\cdot\frac{y}{r},$$

$$\frac{\partial^2 v_x}{\partial y^2} = \frac{\partial^2 v_x}{\partial r^2}\cdot\frac{y^2}{r^2} + \frac{\partial v_x}{\partial r}\cdot\frac{1}{r} - \frac{\partial v_x}{\partial r}\cdot\frac{y^2}{r^3}.$$

Ebenso erhält man

$$\frac{\partial^2 v_x}{\partial z^2} = \frac{\partial^2 v_x}{\partial r^2}\cdot\frac{z^2}{r^2} + \frac{\partial v_x}{\partial r}\cdot\frac{1}{r} - \frac{\partial v_x}{\partial r}\cdot\frac{z^2}{r^3}.$$

Daher

$$\Delta v_x = \frac{\partial^2 v_x}{\partial r^2} + \frac{\partial v_x}{\partial r} \cdot \frac{1}{r}$$

und

$$\varkappa \left(\frac{\partial^2 v_x}{\partial r^2} + \frac{\partial v_x}{\partial r} \cdot \frac{1}{r} \right) = \frac{\partial p}{\partial x}.$$

Weil p nur von x, v_x nur von r abhängt, muß $\frac{\partial p}{\partial x}$ konstant sein. Diese Konstante sei mit a bezeichnet. Daher ist

$$\varkappa \left(\frac{\partial^2 v_x}{\partial r^2} + \frac{\partial v_x}{\partial r} \cdot \frac{1}{r} \right) = \frac{\partial p}{\partial x} = a.$$

Die linke Seite dieser Gleichung läßt sich aber auf einen einfachen Differentialausdruck zurückführen. Es ist

$$\frac{\partial^2 v_x}{\partial r^2} + \frac{\partial v_x}{\partial r} \cdot \frac{1}{r} = \frac{1}{r} \frac{\partial}{\partial r} \left(\frac{\partial v_x}{\partial r} \cdot r \right).$$

Die Integration ergibt:

$$\frac{\partial v_x}{\partial r} \cdot r = \frac{a r^2}{2 \varkappa} + b,$$

somit

$$v_x = \frac{a}{2\varkappa} \cdot \frac{r^2}{2} + b \cdot \lg_{\text{nat}} r + c.$$

Für $r = R$, wobei R den Radius des Rohres bedeutet, soll die Flüssigkeit an der Wand haften, daher ist dort $v_x = 0$. Also besteht die Gleichung:

$$0 = \frac{a}{2\varkappa} \cdot \frac{R^2}{2} + b \cdot \lg_{\text{nat}} R + C.$$

Für $r = 0$ würde, der logarithmischen Funktion zufolge, v unendlich werden; daher muß, einer endlichen Geschwindigkeit entsprechend, b überhaupt null sein. Für C ergibt sich der Wert:

$$C = -\frac{a}{4\varkappa} \cdot R^2.$$

Somit lautet das Geschwindigkeitsgesetz

$$v_x = \frac{a}{4\varkappa} \cdot r^2 - \frac{a}{4\varkappa} \cdot R^2.$$

Da v_x positiv ist, so ergibt sich, daß $a = \frac{\partial p}{\partial x}$ negativ sein muß. Die mittlere Geschwindigkeit berechnet sich aus

$$v_m = \frac{1}{R^2 \pi} \int_0^R -\frac{a}{4\varkappa} (R^2 - r^2)\, dr \cdot 2 r \pi = -\frac{a R^2}{8 \varkappa}.$$

Die sekundlich durch den Querschnitt strömende Wassermenge Q ist durch

$$Q = v_m R^2 \pi = -a \frac{R^4 \pi}{8 \varkappa}$$

gegeben.

Beträgt an der Stelle $x = 0$ der Druck p_1 Atm, an der Stelle $x = l$ der Druck p_2 Atm, so ist

$$a = \frac{p_2 - p_1}{l},$$

daher

$$Q = \frac{p_1 - p_2}{l} \cdot \frac{R^4 \pi}{8 \varkappa}.$$

Dieses Gesetz hat Poiseuille einer experimentellen Prüfung unterzogen und es bestätigt gefunden. Daraus folgt aber die Richtigkeit der Annahme, daß bei dieser Strömung die Flüssigkeit an der Rohrwand hafte. Weiters folgt aus dem Geschwindigkeitsgesetz für v_x, durch Bildung der nachstehenden Differentialquotienten,

$$\frac{\partial v_x}{\partial y} = \frac{a}{2 \varkappa} \cdot y, \quad \frac{\partial v_x}{\partial z} = \frac{a}{2 \varkappa} \cdot z,$$

daß

$$\xi = 0, \quad \eta = \frac{1}{4} \frac{a}{\varkappa} \cdot z, \quad \zeta = -\frac{1}{4} \frac{a}{\varkappa} \cdot y$$

und somit der resultierende Wirbel

$$w = \sqrt{\xi^2 + \eta^2 + \zeta^2} = \frac{a}{4 \varkappa} \cdot r$$

ist. Der Wirbel nimmt also mit dem Abstand r von der Rohrachse zu und wird an der Berandung am größten. Das Gesetz von Poiseuille gilt aber nur so lange, als laminare Strömung vorhanden ist; diese hört bei einer bestimmten Geschwindigkeit, der »kritischen«, zu bestehen auf, die Strömung wird turbulent. (Näheres darüber im 2. Abschnitt.)

4. Wärmeproduktion in zähen Flüssigkeiten[1]).

Wir denken uns ein Parallelepiped mit den Kantenlängen dx, dy, dz in einer zähen Flüssigkeit (Abb. 3) und berechnen die Arbeiten, welche von den angreifenden Oberflächenkräften pro Zeiteinheit geleistet werden. Dabei haben wir zu beachten, daß in der Fläche $dx\,dy$ durch O (d. i. im Parallelogramm $OABC$) die Normalkraft σ_z und die Schubspannungen τ_{zy} und τ_{zx} angreifen; in der Fläche, welche von dieser um dz absteht, d. i. im Parallelogramm $O'A'B'C'$, greifen die

[1]) Jaumann, Die Grundlagen der Bewegungslehre. Leipzig 1905, S. 397.

Spannungen σ_z', τ_{zy}' und τ_{zx}' an. Für die übrigen Flächen sind die Spannungen in analoger Weise in der Abb. 3 angegeben. σ_z', τ_{zy}' und τ_{zx}' lassen sich aber nach dem Taylorschen Lehrsatz durch die Span-

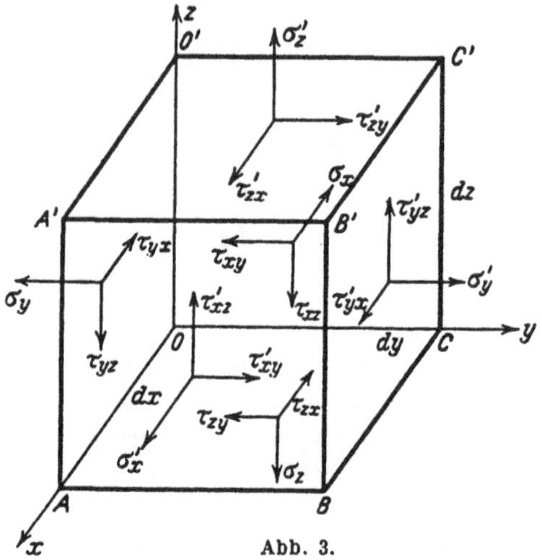

Abb. 3.

nungen σ_z, τ_{zy}, τ_{zx} und deren Ableitungen nach den Koordinaten ausdrücken. Man erhält:

$$\sigma_z' = \sigma_z + \frac{\partial \sigma_z}{\partial z} dz, \quad \tau_{zy}' = \tau_{zy} + \frac{\partial \tau_{zy}}{\partial z} dz, \quad \tau_{zx}' = \tau_{zx} + \frac{\partial \tau_{zx}}{\partial z} dz.$$

$$\sigma_x' = \sigma_x + \frac{\partial \sigma_x}{\partial x} dx, \quad \tau_{xy}' = \tau_{xy} + \frac{\partial \tau_{xy}}{\partial x} dx, \quad \tau_{xz}' = \tau_{xz} + \frac{\partial \tau_{xz}}{\partial x} dx.$$

$$\sigma_y' = \sigma_y + \frac{\partial \sigma_y}{\partial y} dy, \quad \tau_{yx}' = \tau_{yx} + \frac{\partial \tau_{yx}}{\partial y} dy, \quad \tau_{yz}' = \tau_{yz} + \frac{\partial \tau_{yz}}{\partial z} dz.$$

Auch die Geschwindigkeit der Flüssigkeitsströmung in der Ebene $O'A'B'C'$ wird von jener in der Ebene $OABC$ verschieden sein. So ergibt sich z. B.

$$v_x' = v_x + \frac{\partial v_x}{\partial z} dz.$$

Die Arbeit in der Zeiteinheit für das Element $dx\,dy\,dz$ läßt sich also darstellen durch:

$$\delta A = \left\{ \frac{\partial}{\partial x}(\sigma_x v_x) + \frac{\partial}{\partial y}(\tau_{xy} \cdot v_x) + \frac{\partial}{\partial z}(v_x \cdot \tau_{zx}) + \frac{\partial}{\partial y}(\sigma_y \cdot v_y) + \right.$$

$$+ \frac{\partial}{\partial x}(\tau_{xy} \cdot v_y) + \frac{\partial}{\partial z}(\tau_{zy} \cdot v_y) + \frac{\partial}{\partial z}(\sigma_z \cdot v_z) + \frac{\partial}{\partial y}(\tau_{yz} \cdot v_z) +$$

$$\left. + \frac{\partial}{\partial x}(\tau_{xz} \cdot v_z) \right\} dx\,dy\,dz$$

oder

$$\delta A = \left\{\frac{\partial}{\partial x}(\sigma_x \cdot v_x + \tau_{xz} \cdot v_z + \tau_{xy} \cdot v_y) + \frac{\partial}{\partial y}(\tau_{yx} \cdot v_x + \sigma_y \cdot v_y + \tau_{yz} \cdot v_z) + \right.$$
$$\left. + \frac{\partial}{\partial z}(\sigma_z v_z + \tau_{zy} v_y + \tau_{zx} v_x)\right\} dx\,dy\,dz.$$

Hierin sind die einzelnen Produkte in diesen Klammerausdrücken nach den angegebenen Koordinaten zu differentieren, und erhält man somit je zwei Teilprodukte..

Der dabei gefundene Ausdruck

$$\delta A_1 = \left\{\left(\frac{\partial \sigma_x}{\partial x} + \frac{\partial \tau_{yx}}{\partial y} + \frac{\partial \tau_{zx}}{\partial z}\right) v_x + \left(\frac{\partial \sigma_y}{\partial y} + \frac{\partial \tau_{xy}}{\partial x} + \frac{\partial \tau_{zy}}{\partial z}\right) v_y + \right.$$
$$\left. + \left(\frac{\partial \sigma_z}{\partial z} + \frac{\partial \tau_{xz}}{\partial x} + \frac{\partial \tau_{yz}}{\partial y}\right) v_z \right\} dx\,dy\,dz$$

gibt die Arbeit an, welche die Spannungen, falls das Element als starrer Körper betrachtet wird, leisten, während der Ausdruck

$$\delta A_2 = \left\{\sigma_x \frac{\partial v_x}{\partial x} + \tau_{xz} \frac{\partial v_z}{\partial x} + \tau_{xy} \frac{\partial v_y}{\partial x} + \tau_{yx} \frac{\partial v_x}{\partial y} + \sigma_y \frac{\partial v_y}{\partial y} + \tau_{yz} \frac{\partial v_z}{\partial y} + \right.$$
$$\left. + \sigma_z \frac{\partial v_z}{\partial z} + \tau_{zy} \frac{\partial v_y}{\partial z} + \tau_{zx} \frac{\partial v_x}{\partial z}\right\} dx\,dy\,dz$$

die Arbeit angibt, welche sich auf die Gestaltsänderung bezieht.

Mit Rücksicht auf die Gleichungen (II), S. 8, erhält man

$$\delta A_2 = \left\{-p\left(\frac{\partial v_x}{\partial x} + \frac{\partial v_y}{\partial y} + \frac{\partial v_z}{\partial z}\right) + 2\varkappa\left[\left(\frac{\partial v_x}{\partial x}\right)^2 + \left(\frac{\partial v_y}{\partial y}\right)^2 + \left(\frac{\partial v_z}{\partial z}\right)^2\right] + \right.$$
$$\left. + \varkappa\left(\frac{\partial v_x}{\partial y} + \frac{\partial v_y}{\partial x}\right)^2 + \varkappa\left(\frac{\partial v_y}{\partial z} + \frac{\partial v_z}{\partial y}\right)^2 + \varkappa\left(\frac{\partial v_x}{\partial z} + \frac{\partial v_z}{\partial x}\right)^2\right\} dx\,dy\,dz.$$

Zufolge der Kontinuitätsgleichung (IIIa), S. 10, verschwindet der erste Klammerausdruck und nach Abzug des Ausdruckes

$$2\varkappa\left(\frac{\partial v_x}{\partial x} + \frac{\partial v_y}{\partial y} + \frac{\partial v_z}{\partial z}\right)^2,$$

welcher der Kontinuitätsgleichung zufolge selbst null ist, erhält man

$$\delta A_2 = \left\{2\varkappa\left(\frac{\partial v_x}{\partial x}\right)^2 + 2\varkappa\left(\frac{\partial v_y}{\partial y}\right)^2 + 2\varkappa\left(\frac{\partial v_z}{\partial z}\right)^2 + \varkappa\left(\frac{\partial v_x}{\partial y}\right)^2 + 2\varkappa\frac{\partial v_x}{\partial y}\cdot\frac{\partial v_y}{\partial x}\right.$$
$$+ \varkappa\left(\frac{\partial v_y}{\partial x}\right)^2 + \varkappa\left(\frac{\partial v_y}{\partial z}\right)^2 + 2\varkappa\frac{\partial v_y}{\partial z}\cdot\frac{\partial v_z}{\partial y} + \varkappa\left(\frac{\partial v_z}{\partial y}\right)^2 + \varkappa\left(\frac{\partial v_x}{\partial z}\right)^2$$
$$+ 2\varkappa\frac{\partial v_x}{\partial z}\cdot\frac{\partial v_z}{\partial x} + \varkappa\left(\frac{\partial v_z}{\partial x}\right)^2 - 2\varkappa\left(\frac{\partial v_x}{\partial x}\right)^2 - 2\varkappa\left(\frac{\partial v_y}{\partial y}\right)^2 - 2\varkappa\left(\frac{\partial v_z}{\partial z}\right)^2$$
$$\left. - 4\varkappa\frac{\partial v_x}{\partial x}\cdot\frac{\partial v_y}{\partial y} - 4\varkappa\frac{\partial v_x}{\partial x}\cdot\frac{\partial v_z}{\partial z} - 4\varkappa\frac{\partial v_y}{\partial y}\cdot\frac{\partial v_z}{\partial z}\right\} dx\,dy\,dz.$$

Nach einer leichten Reduktion ergibt sich

$$\delta A_2 = \left\{ \varkappa \left[\left(\frac{\partial v_x}{\partial y}\right)^2 + 2\frac{\partial v_x}{\partial y}\cdot\frac{\partial v_y}{\partial x} + \left(\frac{\partial v_y}{\partial x}\right)^2 + \left(\frac{\partial v_y}{\partial z}\right)^2 + 2\frac{\partial v_y}{\partial z}\cdot\frac{\partial v_z}{\partial y} + \right.\right.$$

$$+ \left(\frac{\partial v_z}{\partial y}\right)^2 + \left(\frac{\partial v_x}{\partial z}\right)^2 + 2\frac{\partial v_x}{\partial z}\cdot\frac{\partial v_z}{\partial x} + \left.\left(\frac{\partial v_z}{\partial x}\right)^2\right] -$$

$$\left. - 4\varkappa\left(\frac{\partial v_x}{\partial x}\cdot\frac{\partial v_y}{\partial y} + \frac{\partial v_x}{\partial x}\cdot\frac{\partial v_z}{\partial z} + \frac{\partial v_y}{\partial y}\cdot\frac{\partial v_z}{\partial z}\right)\right\} dx\,dy\,dz.$$

Durch Subtraktion und Addition der folgenden Glieder

$$4\varkappa\frac{\partial v_x}{\partial y}\cdot\frac{\partial v_y}{\partial x}, \quad 4\varkappa\frac{\partial v_y}{\partial z}\cdot\frac{\partial v_z}{\partial y}, \quad 4\varkappa\frac{\partial v_x}{\partial z}\cdot\frac{\partial v_z}{\partial x}$$

erhält man schließlich für δA_2 den Ausdruck

$$\delta A_2 = \varkappa\left\{\left(\frac{\partial v_x}{\partial y} - \frac{\partial v_y}{\partial x}\right)^2 + \left(\frac{\partial v_y}{\partial z} - \frac{\partial v_z}{\partial y}\right)^2 + \left(\frac{\partial v_z}{\partial x} - \frac{\partial v_x}{\partial z}\right)^2 - \right.$$

$$- 4\left(-\frac{\partial v_x}{\partial y}\cdot\frac{\partial v_y}{\partial x} + \frac{\partial v_x}{\partial x}\cdot\frac{\partial v_y}{\partial y} - \frac{\partial v_z}{\partial x}\cdot\frac{\partial v_x}{\partial z} + \right.$$

$$\left.\left. + \frac{\partial v_z}{\partial z}\cdot\frac{\partial v_x}{\partial x} + \frac{\partial v_y}{\partial y}\cdot\frac{\partial v_z}{\partial z} - \frac{\partial v_y}{\partial z}\cdot\frac{\partial v_z}{\partial y}\right)\right\} dx\,dy\,dz.$$

Nehmen wir zunächst den einfachsten Fall an, daß die strömende Flüssigkeit von festen Wänden begrenzt werde und sie an diesen Wänden hafte, so sind die Geschwindigkeiten daselbst null, und die Integration über δA_2 ergibt mit Berücksichtigung von Gleichung (V), S. 11

$$A_2 = 4k\left[\iiint(\xi^2 + \eta^2 + \zeta^2)\,dx\,dy\,dz + \iint v_x\frac{\partial v_y}{\partial x}\cos yn\cdot dO - \right.$$

$$- \iiint v_x\frac{\partial^2 v_y}{\partial x\,\partial y}\,dx\,dy\,dz - \iint v_x\cdot\frac{\partial v_y}{\partial x}\cos xn\,dO +$$

$$\left. + \iiint v_x\frac{\partial^2 v_y}{\partial x\,\partial y}\,dx\,dy\,dz + \text{analoge Integrale}\right].$$

Wie man sieht, fallen die Volumsintegrale zum Teil paarweise fort und die Oberflächenintegrale sind, weil die Geschwindigkeiten an den Begrenzungswänden null sind, ebenfalls null.

Daher ist in diesem Falle die Arbeit, welche zur Gestaltsänderung verwendet wird und welche sich in Wärme umsetzt, also eine verlorene Energie bedeutet, pro Zeiteinheit gegeben durch

$$A_2 = 4\varkappa\iiint(\xi^2 + \eta^2 + \zeta^2)\,dx\cdot dy\cdot dz,$$

wobei ξ, η, ζ die Wirbelkomponenten bedeuten. Umgekehrt kann man schließen, daß das Auftreten von Wirbeln in einer zähen Flüssigkeit einen Energieverlust der Strömung bedingt. Wenn die Bedingung des vollkommenen Haftens nicht erfüllt ist, wird die sekundliche Wärmeproduktion nach der auf S. 19 abgeleiteten Formel

$$A_2 = \iiint \Big\{ 2\varkappa \Big[\Big(\frac{\partial v_x}{\partial x}\Big)^2 + \Big(\frac{\partial v_y}{\partial y}\Big)^2 + \Big(\frac{\partial v_z}{\partial z}\Big)^2 + \varkappa\Big(\frac{\partial v_x}{\partial y} + \frac{\partial v_y}{\partial x}\Big)^2 + \\ + \varkappa\Big(\frac{\partial v_y}{\partial z} + \frac{\partial v_z}{\partial y}\Big)^2 + \varkappa\Big(\frac{\partial v_x}{\partial z} + \frac{\partial v_z}{\partial x}\Big)^2 \Big]\Big\} \, dx\,dy\,dz$$

berechnet. Es sei auch erwähnt, daß nach der im Sonderfall angedeuteten Umwandlung eines Volumsintegrals in ein Oberflächenintegral die Transformation des obigen Ausdruckes A_2 im allgemeinsten Fall ausgeführt werden kann. Nach G. Jaumann[1]) erhält man

$$A_2 = 4\varkappa \iiint (\xi^2 + \eta^2 + \zeta^2)\, dx\,dy\,dz + 2\varkappa \iint \frac{d\mathfrak{v}}{dt} \cdot dO - \frac{d}{dt}\int 2\varkappa \cdot v \cdot d\bar{O}.$$

5. Beispiele zur Wärmeproduktion.

1. Berechnung der Wärmeproduktion bei der Poiseuille-Strömung.

Das Geschwindigkeitsgesetz bei dieser Strömung lautet

$$v_x = \frac{a}{4\varkappa} r^2 - \frac{a}{4\varkappa} \cdot R^2 \text{ (vgl. S. 16).}$$

Daher ist

$$\frac{\partial v_x}{\partial y} = \frac{a}{2\varkappa} \cdot y \text{ und } \frac{\partial v_x}{\partial z} = \frac{a}{2\varkappa} \cdot z.$$

Ferner ist

$$\frac{\partial v_x}{\partial x} = \frac{\partial v_y}{\partial y} = \frac{\partial v_z}{\partial z} = 0.$$

Demnach

$$A_2 = \iiint \varkappa \Big(\frac{a^2}{4\varkappa^2} y^2 + \frac{a^2}{4\varkappa^2} z^2 \Big) dx\,dy\,dz$$

$$A_2 = \int_0^x \int_0^R \frac{a^2}{4\varkappa} r^2 \cdot 2 r \pi \, dr\, dx.$$

Die Integration liefert

$$A_2 = \frac{a^2 \pi}{8\varkappa} \cdot R^4 \cdot x.$$

Weil hier die Bedingung erfüllt ist, daß die Flüssigkeit an der Wand haftet, hätte man die sekundliche Wärmeproduktion direkt nach der Formel

$$A_2 = 4k \iiint (\xi^2 + \eta^2 + \zeta^2)\, dx\,dy\,dz$$

berechnen können.

---

[1]) Jaumann, Über Wärmeproduktion in zähen Flüssigkeiten. Wr. Ber. LXI, 1902, S. 215.

Es ist

$$\xi = 0, \quad \eta = \frac{1}{2}\frac{a}{2\varkappa}\cdot z, \quad \zeta = -\frac{1}{2}\frac{a}{2\varkappa}\cdot y,$$

daher

$$A_2 = 4\varkappa \iiint \frac{a^2}{16\varkappa^2}(z^2 + y^2)\, 2\pi r\, dr\, dx,$$

woraus sich der früher berechnete Wert ergibt.

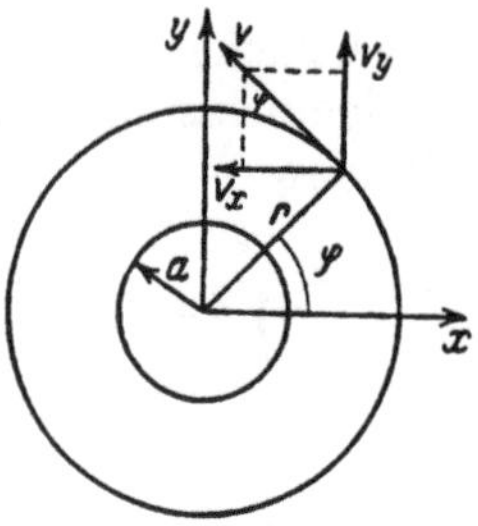

Abb. 4.

2. Wärmeproduktion eines rotierenden Zylinders.

Ein Kreiszylinder rotiere in einer zähen Flüssigkeit mit der Winkelgeschwindigkeit ω_0 um seine Achse. Die Flüssigkeitsbewegung sei stationär. Wir setzen nach Abb. 4

$$v_x = -\omega \cdot y, \quad v_y = \omega \cdot x,$$

wobei ω eine noch unbekannte Funktion von r sei. Man erhält, weil $r^2 = x^2 + y^2$, folgende Gleichungen:

$$\frac{\partial v_x}{\partial x} = -\frac{d\omega}{dr}\frac{x}{r}\cdot y, \quad \frac{\partial v_x}{\partial y} = -\omega - \frac{d\omega}{dr}\cdot\frac{y^2}{r}, \quad \frac{\partial v_y}{\partial x} = +\omega + \frac{d\omega}{dr}\cdot\frac{x^2}{r},$$

$$\frac{\partial v_y}{\partial y} = \frac{d\omega}{dr}\cdot\frac{yx}{r}, \quad \frac{\partial^2 v_x}{\partial x^2} = -\frac{d^2\omega}{dr^2}\cdot\frac{x^2 y}{r^2} - \frac{d\omega}{dr}\frac{y}{r} + \frac{d\omega}{dr}\frac{x^2}{r^3}y$$

und

$$\frac{\partial^2 v_x}{\partial y^2} = -\frac{d\omega}{dr}\frac{y}{r} - \frac{d^2\omega}{dr^2}\cdot\frac{y^3}{r^2} - 2\frac{d\omega}{dr}\frac{y}{r} + \frac{d\omega}{dr}\frac{y^3}{r^3},$$

daher

$$\Delta v_x = \frac{\partial^2 v_x}{\partial x^2} + \frac{\partial^2 v_x}{\partial y^2} = -y\left(\frac{d^2\omega}{dr^2} + \frac{3}{r}\frac{d\omega}{dr}\right),$$

ebenso

$$\Delta v_y = \frac{\partial^2 v_y}{\partial x^2} + \frac{\partial^2 v_y}{\partial y^2} = x\cdot\left(\frac{d^2\omega}{dr^2} + \frac{3}{r}\frac{d\omega}{dr}\right).$$

Weil

$$\frac{\partial p}{\partial x} = \frac{dp}{dr}\cdot\frac{\partial r}{\partial x} = \frac{dp}{dr}\cdot\frac{x}{r}$$

und die Beschleunigungskomponenten

$$b_x = \frac{dv_x}{dt} = -\omega^2 x, \quad b_y = -\omega^2 y$$

sind, so folgt aus der Hauptgleichung (III), S. 9

$$-\omega^2 x + \nu\cdot y\left(\frac{d^2\omega}{dr^2} + \frac{3}{r}\frac{d\omega}{dr}\right) = -\frac{1}{\mu}\frac{x}{r}\cdot\frac{dp}{dr} \quad \ldots\ldots (1)$$

$$-\omega^2 y - \nu\cdot x\left(\frac{d^2\omega}{dr^2} + \frac{3}{r}\frac{d\omega}{dr}\right) = -\frac{1}{\mu}\frac{y}{r}\frac{dp}{dr} \quad \ldots\ldots (2)$$

Aus diesen beiden Gleichungen folgt durch Elimination von $\frac{dp}{dr}$ die Differentialgleichung

$$\frac{d^2\omega}{dr^2} + \frac{3}{r}\frac{d\omega}{dr} = 0,$$

deren Integral $\omega = \frac{c_1}{r^2} + c_2$ ist.

Zur Bestimmung der Integrationskonstanten c_1 und c_2 dienen folgende Grenzbedingungen: in unendlicher Entfernung vom Zylinder, also für $r = \infty$, sei $\omega = 0$ und am Zylinder, also für $r = a$, sei $\omega = \omega_0$. Daraus folgt $c_2 = 0$ und $c_1 = a^2\omega_0$. Mithin ist $\omega = \frac{a^2\omega_0}{r^2}$. Der Druck berechnet sich aus Gleichung (1) und (2). Man erhält $\mu\omega^2 r = \frac{dp}{dr}$.

Ferner ergibt sich

$$\frac{1}{2}\left(\frac{\partial v_y}{\partial x} - \frac{\partial v_x}{\partial y}\right) = 2\omega + \frac{d\omega}{dr}\cdot r = \frac{2\omega_0 a^2}{r^2} - \frac{2\omega_0 a^2 r}{r^3} = 0,$$

weil $\frac{d\omega}{dr} = -\frac{2\omega_0 a^2}{r^3}$ ist, d. h. es verschwindet bei dieser kreisenden Bewegung der Wirbel, und es besteht eine Bewegung mit Geschwindigkeitspotential.

Zur Berechnung der Wärmeproduktion benötigt man noch folgende Größen:

$$\left(\frac{\partial v_x}{\partial x}\right)^2 = \left(\frac{d\omega}{dr}\right)^2 \cdot \frac{x^2 y^2}{r^2}, \quad \left(\frac{\partial v_y}{\partial y}\right)^2 = \left(\frac{d\omega}{dr}\right)^2 \cdot \frac{y^2 x^2}{r^2},$$

$$\left(\frac{\partial v_y}{\partial x} + \frac{\partial v_x}{\partial y}\right)^2 = \left(\frac{d\omega}{dr}\right)^2 \left(\frac{x^2}{r} - \frac{y^2}{r}\right)^2 = \left(\frac{d\omega}{dr}\right)^2 \cdot \frac{x^4 + y^4}{r^2} - 2\left(\frac{d\omega}{dr}\right)^2 \frac{x^2 y^2}{r^2}.$$

Nach Einsetzen dieser Werte in die Formel für die Wärmeproduktion, welche sich hier vereinfacht,

$$A_2 = \iiint \left\{2\varkappa\left[\left(\frac{\partial v_x}{\partial x}\right)^2 + \left(\frac{\partial v_y}{\partial y}\right)^2\right] + \varkappa\left(\frac{\partial v_x}{\partial y} + \frac{\partial v_y}{\partial x}\right)^2\right\} dx\,dy\,dz,$$

erhält man

$$A_2 = \iiint \left\{2\varkappa\cdot 2\left(\frac{d\omega}{dr}\right)^2 \frac{x^2 y^2}{r^2} + \varkappa\left(\frac{d\omega}{dr}\right)^2 \frac{x^4 + y^4}{r^2} - \right.$$
$$\left. - 2\varkappa\left(\frac{d\omega}{dr}\right)^2 \frac{x^2 y^2}{r^2}\right\} dx\,dy\,dz$$

$$A_2 = \int_0^l \int_a^\infty \left(\frac{d\omega}{dr}\right)^2 \frac{(x^2 + y^2)^2}{r^2} \cdot 2\,dr \cdot r\pi\,dl = 4\varkappa a^2 \omega_0^2 \pi \cdot l,$$

wobei l die Länge des Zylinders bedeutet.

Wir vermögen jetzt auch leicht das Kräftepaar M zu bestimmen, welches auf den Zylinder wirken muß. Dieses ergibt sich aus

$$M\omega_0 = 4\varkappa a^2 \omega_0{}^2 \pi l, \quad \text{daher } M = 4\varkappa a^2 \omega_0 \pi l.$$

6. Druck strömender zäher Flüssigkeiten auf feste Körper.

1. Die allgemeine Methode.

Unter der Voraussetzung kleiner Strömungsgeschwindigkeiten, welche Voraussetzung auch für das Vorhandensein laminarer Bewegung notwendig ist, folgt aus den Gleichungen (IV), S. 10 für stationäre Bewegung das Gleichungssystem

$$\left.\begin{aligned} \varkappa \cdot \Delta v_x &= \frac{\partial p}{\partial x} \\ \varkappa \cdot \Delta v_y &= \frac{\partial p}{\partial y} \\ \varkappa \cdot \Delta v_z &= \frac{\partial p}{\partial z} \end{aligned}\right\}$$

Denn die Glieder $v_x \cdot \frac{\partial v_x}{\partial x}$, $v_y \cdot \frac{\partial v_z}{\partial y}$ usw. können als Glieder höherer Ordnung vernachlässigt werden. Wir machen analog den verwandten Problemen in der Elastizitätstheorie und Elektrizitätslehre[1]) den Ansatz:

$$\left.\begin{aligned} v_x &= \frac{\partial \varphi}{\partial x} \\ v_y &= \frac{\partial \varphi}{\partial y} \\ v_z &= \frac{\partial \varphi}{\partial z} + f(xyz) \end{aligned}\right\} \quad \ldots \ldots \ldots \ldots (1)$$

wobei angenommen wird, daß die Bewegung des Körpers (Kugel, Ellipsoid) in der Richtung der positiven z-Achse erfolge. Dieser Ansatz, in welchem φ und f Funktionen der Koordinaten sind, hat die Kontinuitätsgleichung und die Grenzbedingungen zu befriedigen. Für den Widerstand einer Kugel, eines Ellipsoides, mit dem Sonderfall einer kreisförmigen Platte läßt sich die Funktion f durch das Integral

$$f = e \cdot \int_u^\infty \frac{1 - \left(\frac{x^2}{a^2+\lambda} + \frac{y^2}{b^2+\lambda} + \frac{z^2}{c^2+\lambda}\right)}{\sqrt{(a^2+\lambda)(b^2+\lambda)(c^2+\lambda)}} \cdot d\lambda \quad \ldots \ldots (2)$$

darstellen.

---

[1]) Hertz, Ges. Werke. Bd. I, S. 174, »Über die Berührung fester elastischer Körper«.

Dabei bedeutet e eine noch näher zu bestimmende konstante Größe, u die positive Wurzel von

$$\frac{x^2}{a^2+u}+\frac{y^2}{b^2+u}+\frac{z^2}{c^2+u}=1 \quad \ldots \ldots \quad (2a)$$

und a, b, c die Halbachsen des Ellipsoides. Durch Bildung der Differentialquotienten $\frac{\partial^2 f}{\partial x^2}$, $\frac{\partial^2 f}{\partial y^2}$, $\frac{\partial^2 f}{\partial z^2}$ findet man, daß $\Delta f=0$ ist. Wir werden für den Sonderfall einer Kugel, für welchen $a=b=c$ ist, den Nachweis hierfür erbringen. Aus der Kontinuitätsgleichung folgt, daß

$$\Delta\varphi=-\frac{\partial f}{\partial z} \quad \ldots \ldots \ldots \ldots \quad (3)$$

Die Gleichungen lauten mit Berücksichtigung unseres Ansatzes:

$$\varkappa\Delta v_x=\varkappa\frac{\partial}{\partial x}\left(\frac{\partial^2\varphi}{\partial x^2}+\frac{\partial^2\varphi}{\partial y^2}+\frac{\partial^2\varphi}{\partial z^2}\right)=\frac{\partial p}{\partial x}$$

$$\varkappa\frac{\partial\Delta\varphi}{\partial y}=\frac{\partial p}{\partial y}$$

$$\varkappa\frac{\partial\Delta\varphi}{\partial z}+\Delta f=\frac{\partial p}{\partial z}.$$

Hieraus folgt, weil f der Laplaceschen Gleichung $\Delta f=0$ genügen soll, daß $\varkappa\Delta\varphi=p+C$, wobei C eine Integrationskonstante bedeutet. Die Funktion f steht übrigens in einer einfachen Beziehung zu rot v. Denn bildet man

$$\frac{\partial v_z}{\partial y}-\frac{\partial v_y}{\partial z}=\frac{\partial^2\varphi}{\partial z\,\partial y}-\frac{\partial^2\varphi}{\partial y\,\partial z}+\frac{\partial f}{\partial y}=\frac{\partial f}{\partial y},$$

$$\frac{\partial v_x}{\partial z}-\frac{\partial v_z}{\partial x}=-\frac{\partial f}{\partial x}, \qquad \frac{\partial v_y}{\partial x}-\frac{\partial v_x}{\partial y}=0,$$

so folgt, daß

$$\text{rot}^2 v=\left(\frac{\partial f}{\partial y}\right)^2+\left(\frac{\partial f}{\partial x}\right)^2.$$

Diesen Gleichungen müssen die Funktionen φ und f bei einer möglichen Strömung genügen. Dazu treten noch die Grenzbedingungen, nämlich, daß in unendlicher Entfernung vom Mittelpunkte des Körpers Parallelströmung herrsche und an der Berandung des Körpers die Flüssigkeit hafte, also die Geschwindigkeit null sei.

2. Die gleichförmige Bewegung einer Kugel[1]**.**

Für die Bewegung einer Kugel vom Radius a nimmt f den Wert

$$f = e\int_u^\infty \frac{1 - \dfrac{x^2+y^2+z^2}{a^2+\lambda}}{\sqrt{(a^2+\lambda)^3}}\,d\lambda$$

an. Bezeichnet

$$r^2 = x^2+y^2+z^2,$$

so folgt aus (2a)

$$\frac{x^2+y^2+z^2}{a^2+u} = 1, \quad r^2 = a^2+u.$$

Demnach

$$f = e\int_u^\infty \frac{d\lambda}{\sqrt{(a^2+\lambda)^3}} - e\int_u^\infty \frac{r^2\,d\lambda}{\sqrt{(a^2+\lambda)^5}}.$$

Weil

$$\int_u^\infty \frac{d\lambda}{\sqrt{(a^2+\lambda)^3}} = \frac{2}{r} \quad (\text{denn } u = r^2 - a^2)$$

$$\int_u^\infty \frac{r^2\,d\lambda}{\sqrt{(a^2+\lambda)^5}} = \frac{2}{3r},$$

so ist

$$f = \frac{4}{3}\,\frac{e}{r}.$$

Bildet man hier den Laplaceschen Operator, so findet man, daß $\Delta f = 0$ ist.

Somit ist nach S. 25

$$\operatorname{rot}^2 v = \frac{16}{9}\,e\,\frac{x^2+y^2}{r^6}.$$

Für φ wollen wir den Ansatz

$$\varphi = z\left(v_0 + \frac{b}{r} + \frac{c}{r^2} + \frac{d}{r^3}\right)$$

benützen, wobei v_0, b, c, d noch näher zu bestimmende Größen bedeuten. Bildet man $\Delta\varphi$, so erhält man

$$\Delta\varphi = z\left(-\frac{2b}{r^3} - \frac{2c}{r^4}\right)$$

und wegen der Beziehung

$$\Delta\varphi = -\frac{\partial f}{\partial z}$$

[1] G. Stokes, On the effect of the internal friction of fluids on the motion of pendulums. Cambr. Trans. Vol. 9. 1851.

ergibt sich

$$-z\left(\frac{2b}{r^3}+\frac{2c}{r^4}\right)=\frac{4}{3}\frac{e}{r^3}z.$$

Durch Gleichsetzen der Glieder von $\frac{1}{r^3}$ folgt $c=0$, $b=-\frac{2}{3}e$. Zur weiteren Bestimmung der Konstanten b, d, c dienen die Grenzbedingungen an der Kugel. An der Oberfläche derselben muß $v_x = v_y = v_z = 0$ sein, also auch

$$\frac{\partial\varphi}{\partial x}=\frac{\partial\varphi}{\partial y}=\frac{\partial\varphi}{\partial z}+f=0.$$

Daher ist

$$\frac{b}{a^3}+\frac{3d}{a^5}=0,\quad \text{somit } d=\frac{2}{9}a^2 e$$

und

$$\left(v_0+\frac{b}{a}+\frac{d}{a^3}\right)-z^2\left(\frac{b}{a^3}+\frac{3d}{a^5}\right)+\frac{4}{3}\frac{e}{a}=0,$$

woraus

$$e=-\frac{9}{8}v_0\cdot a$$

folgt. Man erhält somit für die Geschwindigkeitskomponenten:

$$v_x=\frac{3}{4}v_0\frac{axz}{r^3}\left(\frac{a^2}{r^2}-1\right)$$

$$v_y=\frac{3}{4}v_0\frac{ayz}{r^3}\left(\frac{a^2}{r^2}-1\right)$$

$$v_z=\frac{3}{4}v_0\frac{az^2}{r^3}\left(\frac{a^2}{r^2}-1\right)+$$

$$+v_0-v_0\frac{a}{4r}\left(\frac{a^2}{r^2}+3\right).$$

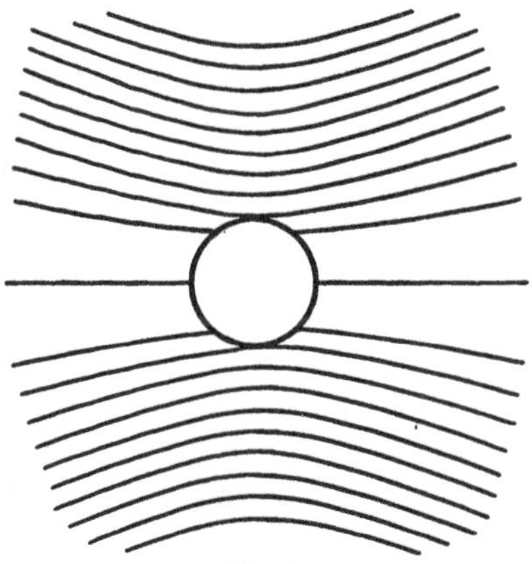

Abb. 5.

Das Strömungsbild ist in Abb. 5 wiedergegeben.

Aus diesen Gleichungen erhellt jetzt auch die Bedeutung der Konstanten v_0; selbe stellt die Geschwindigkeit der Flüssigkeitsströmung im Unendlichen vor; setzt man $r=\infty$, so verschwinden v_x und v_y, v_z wird mit v_0 identisch. Für den Druck p an irgendeiner Stelle erhält man

$$p=p_0-\frac{3}{2}v_0\varkappa\cdot a\frac{z}{r^3}.$$

Die in der Sekunde bei der Bewegung der Kugel produzierte Wärmemenge ist gegeben durch

$$A_2 = 2\varkappa \int \frac{1}{2} \operatorname{rot}^2 v \cdot d\tau,$$

wobei $d\tau$ das Volumselement bedeutet. Im polaren System ist $d\tau = r^2 \sin\vartheta \cdot dr \cdot d\varphi \cdot d\vartheta$, wobei r den Radiusvektor, ϑ den Winkel von r gegen die y-Achse und φ den Azimutwinkel bedeutet. Das Integral für die Wärmemenge berechnet sich daher, weil

$$\operatorname{rot}^2 v = \frac{9}{4} v_0^2 \frac{a^2}{r^6} (x^2 + y^2)$$

$$y = r \cos\vartheta$$

$$x = r \sin\vartheta \cos\varphi$$

ist, aus

$$A_2 = \frac{9}{4} \varkappa v_0^2 a^2 \int_a^\infty \frac{dr}{r^2} \left[\int_0^\pi \sin^3\vartheta \, d\vartheta \int_0^{2\pi} \cos^2\varphi \, d\varphi + \int_0^\pi \cos^2\vartheta \sin\vartheta \, d\vartheta \int_0^{2\pi} d\varphi \right].$$

Weil

$$\int_0^\pi \sin^3\vartheta \, d\vartheta = \frac{4}{3}, \quad \int_0^{2\pi} \cos^2\varphi \, d\varphi = \pi \quad \text{und} \quad \int_0^\pi \cos^2\vartheta \sin\vartheta \, d\vartheta = \frac{2}{3},$$

so ist

$$A_2 = 6 a \varkappa \pi \cdot v_0^2.$$

Die in der Sekunde entwickelte und im mechanischen Maß gemessene Wärmemenge ist somit dem Quadrat der Geschwindigkeit proportional. Nach dem Energiesatz muß nun die Leistung der auf die Kugel wirkenden Kraft P dieser produzierten Wärmemenge gleichkommen[1]). Daher ist

$$P = 6\pi\varkappa a v_0.$$

Diese Formel wurde zuerst von Stokes gefunden. Bei Anwendung dieser Formel hat man zu beachten, daß der Teil des Druckgefälles, welcher zur Beschleunigung erforderlich ist, gegen den, welcher zur Überwindung der Reibung benötigt wird, gering ist. Für im Wasser bewegte Kugeln ist daher obige Formel nur für kleine Geschwindigkeiten anwendbar, weswegen die technische Verwertung obiger Formel sehr gering ist.

---

[1]) Für ein Gas hat nach diesem Prinzip G. Jäger den Reibungskoeffizienten bereits in Winkelmanns Handbuch, I. Aufl. III, S. 577, abgeleitet. — Vgl. auch Lechner, Über Bewegungswiderstände in zähen Medien, Sitzungsbericht der Akademie der Wissensch. Wien, 127. Bd., S. 1630.

II. Die turbulente Bewegung.

1. Mathematischer Ansatz der Turbulenz.

Im Jahre 1883 hatte Osborne Reynolds experimentell festgestellt, daß die Poiseuillesche oder laminare Bewegung zu bestehen aufhört, sobald die Geschwindigkeit der Flüssigkeitsbewegung einen gewissen kritischen Wert überschreitet[1]). Reynolds leitete in die Achsenrichtung eines von einer Flüssigkeit durchströmten Rohres einen gefärbten Strahl (Abb. 6) und konnte feststellen, daß bei kleinen Geschwindigkeiten der gefärbte Strahl gerade blieb, dagegen bei größeren Geschwindigkeiten der Strahl sich in Schlieren auflöste; die Bewegung war somit nicht mehr laminar, sondern »turbulent«. Man spricht auch vielfach in diesem Falle von einer unregelmäßig wirbelnden Bewegung im Gegensatze zu der geordneten oder gesetzmäßigen Wirbelbewegung. Nach H. A. Lorentz[2]) kann man sich das Wesen der turbulenten Bewegung wie folgt vorstellen. Danach setzt sich die Flüssigkeitsbewegung in einem Rohre aus zwei Teilen zusammen: 1. Aus der Grundbewegung, welche geradlinig, gleichförmig und parallel zur Rohrachse mit der Geschwindigkeit v verläuft, und 2. aus einer unregelmäßigen Schlieren- oder Pulsationsbewegung, welche dadurch gekennzeichnet ist, daß die Mittelwerte der Geschwindigkeitskomponenten über die Zylinderlänge verschwinden. Diese Aussage ist mit jener, daß die Geschwindigkeit v den Mittelwert aller Strömungsgeschwindigkeiten angibt, identisch. Der Poiseuillesche Ansatz wird zufolge dieser Darstellung eine Änderung erfahren müssen[3]). Denken wir uns einen Flüssigkeitszylinder im Innern einer zähen Flüssigkeit abbegrenzt (Abb. 7), so wird der Poiseuillesche Ansatz für laminare Bewegung lauten:

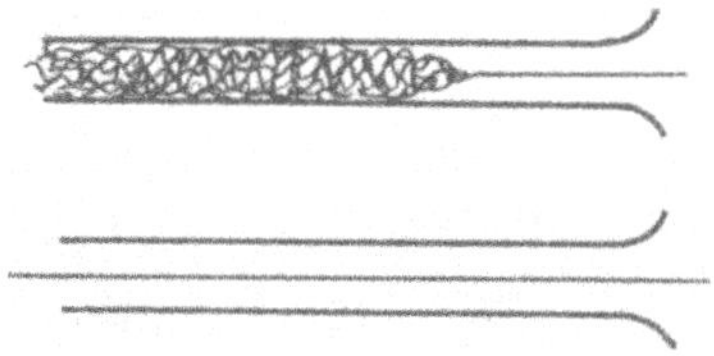

Abb. 6.

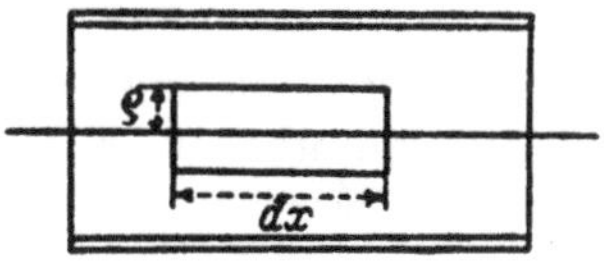

Abb. 7.

$$\varrho^2 \pi\, dx \frac{\partial p}{\partial x} + 2\pi \varrho\, dx \varkappa \frac{\partial v}{\partial \varrho} = 0.$$

Für turbulente Bewegung muß dagegen der Ansatz wie folgt lauten:

$$\frac{d}{dt}(\text{Masse und Geschwindigkeit}) = \varrho^2 \pi\, dx \frac{\partial p}{\partial x} + 2\pi \varrho\, dx\, \varkappa \frac{dv}{d\varrho},$$

[1]) Reynolds, An Experimental Investignation of the Circumstances which determine whether the Motion of Water shall be Direct or Sinuous and of the Law of Resistance in Parallel Channels. Phil. Trans. t. CLXXIV. S. 935. 1883.

[2]) Vgl. Lamb, l. c. S. 600.

[3]) Vgl. v. Mises, Elemente der technischen Hydromechanik, 1914, S. 36.

denn die Gleichung für die turbulente Bewegung muß auch die Massenbeschleunigungsglieder enthalten.

Bedeuten u_x und u_ϱ die Komponenten der Zusatzbewegung, so tritt durch das Flächenelement dF des Zylinders die Menge $\mu \cdot u_\varrho dF$ in der Zeiteinheit ein; zufolge der Geschwindigkeit u_x ist die Bewegungsgröße $\mu \cdot u_\varrho \cdot u_x dF$. Dabei ist zu beachten, daß u_ϱ nach außen positiv zu zählen ist, mithin stellt die eben berechnete Größe eine Verminderung der Bewegungsgröße, auch »Impuls« oder »Schwung« genannt, vor; in der Zeit dt ist der Gesamtimpuls $= -\int \mu u_\varrho \cdot u_x dF \cdot dt$, somit die Änderung in der Zeiteinheit $= -\int \mu u_\varrho u_x dF$. Die geänderte Grundgleichung lautet:

$$-\int \mu u_\varrho \cdot u_x dF = \varrho^2 \pi \, dx \frac{dp}{dx} + 2\pi \varrho \, dx \cdot \varkappa \frac{dv}{d\varrho}.$$

Bezeichnet $-u_m^2$ den Mittelwert des Produktes $u_\varrho \cdot u_x$ über die ganze Mantelfläche, so ist

$$2 \mu u_m^2 = \varrho \cdot \frac{dp}{dx} + 2 \varkappa \cdot \frac{dv}{d\varrho}.$$

Die Turbulenz $2 \mu u_m^2$ hat also die Bedeutung einer zusätzlichen Reibung. Würde u_m gegeben sein, d. h. wäre u_m als Funktion von v und ϱ bekannt, so wäre die obige Gleichung nur zu integrieren, um die Geschwindigkeitsverteilung zu ermitteln.

Die Untersuchungen, welche wir jetzt vorzunehmen haben, müssen daher sich auf jene Umstände beziehen, von welchen die kritische Geschwindigkeit überhaupt abhängt. Hierzu sollen aber einige Bemerkungen über mechanisch-ähnliche Flüssigkeitsbewegungen vorausgeschickt werden.

2. Prinzip der mechanischen Ähnlichkeit[1]).

In den Dialogen Galileis findet man die Frage vor, warum zwei geometrisch ähnliche Maschinen nicht auch ähnliche Bewegungen haben? Die Beantwortung dieser Frage ist von großem Wert, da es auch heutzutage noch sehr oft vorkommt, daß die Leistung einer Maschine, welche im Modelle befriedigend war, im Großbetriebe weit unter dem erwarteten Betrag geblieben ist. Trotz der geometrischen Ähnlichkeit braucht die mechanische Ähnlichkeit noch nicht erfüllt zu sein.

Die Bedingung, unter welcher zwei geometrisch ähnliche Systeme auch mechanisch ähnlich sind, wurde von Newton in seinen Principien Bd. II, propos 32 untersucht.

---

[1]) Vgl. Schell, Geometrie der Kräfte und der Bewegungen. Bd. II, S. 512. — Routh, Dynamics. Bd. I, S. 328.

Man kann nämlich zwei Systeme geometrisch einander so zuordnen, daß jedem Punkt des einen Systeme ein Punkt des andern Systems entspricht, und sagt dann, daß zwischen beiden Systemen geometrische Verwandtschaft bestehe. Diese geometrische Verwandtschaft kann verschiedener Art sein. Die Gebilde können z. B. geometrisch ähnlich oder auch projektiv aufeinander bezogen sein. Ordnet man jedem Punkt zweier Systeme noch eine Zahl, seine Masse, zu, so kann auch zwischen den Massenpunkten eine Zuordnung getroffen werden; ebenso können Kräfte und Geschwindigkeiten in zwei Systemen einander zugeordnet sein. Zwischen solchen Systemen kann also auch mechanische Verwandtschaft bestehen. Die Frage, welche bei der mechanischen Ähnlichkeit zu beantworten ist, lautet: Wenn zu irgendeiner Zeit zwei Systeme von Massenpunkten geometrisch ähnlich sind, unter welcher Bedingung sind zur Zeit t_1 die Lagen der Massenpunkte des einen Systems den Lagen des anderen Systems zur Zeit t_2 ähnlich, vorausgesetzt, daß das Verhältnis $t_2 : t_1$ konstant gehalten wird.

Wendet man das Lagrangesche Prinzip (d. i. die Vereinigung des d'Alembertschen Prinzips mit dem Prinzip der virtuellen Verschiebungen) an, so gilt für das eine System

$$\Sigma\left(\bar{P}_1 - m_1 \frac{d^2 \bar{r}_1}{d t_1^2}\right) \cdot \delta \bar{r}_1 = 0,$$

und für das andere

$$\Sigma\left(\bar{P}_2 - m_2 \frac{d^2 \bar{r}_2}{d t^2}\right) \cdot \delta \bar{r}_2 = 0.$$

Dabei bedeuten $\bar{P}_1$ und $\bar{P}_2$ die eingeprägten Kräfte, m_1 und m_2 Massenpunkte, $\bar{r}_1$ und $\bar{r}_2$ Ortsrektoren, t_1 und t_2 die Zeiten in den einzelnen Systemen.

Aus den Gleichungen folgt, daß eine Gleichung mit der andern identisch wird, wenn folgende Beziehungen bestehen:

$$P_2 = k P_1, \quad m_2 = \mu \cdot m_1, \quad r_2 = \lambda \cdot r_1, \quad t_2 = \tau \cdot t_1,$$

wobei k, μ, λ und τ bloße Proportionalitätsfaktoren, also Zahlen, bedeuten. Da die Dimension der Kraft $[P] = \frac{\text{Masse} \times \text{Länge}}{\text{Zeit}^2}$ ist, so werden die Systeme sich ähnlich bewegen, wenn das Verhältnis der Kräfte $\frac{P_2}{P_1}$ = konstant = k ist, oder wenn

$$\left[\frac{m_2 r_2}{t_2^2}\right] \cdot \left[\frac{t_1^2}{m_1 \cdot r_1}\right] = k,$$

also

$$\frac{\mu m_1 \cdot \lambda r_1}{\tau^2 t_1^2} \cdot \frac{t_1^2}{m_1 r_1} = \frac{\mu \lambda}{\tau^2} = k \quad \text{. . . . . (1)}$$

d. h. wenn die Verhältniszahlen von Masse, Länge und Zeit die Beziehung $\frac{\mu\lambda}{\tau^2}$ konstant befolgen. Die Geschwindigkeiten $v_1 = \frac{d r_1}{d t}$, $v_2 = \frac{d r_2}{d t}$ müssen dann so beschaffen sein, daß $\frac{[v_2]}{[v_1]}$ ebenfalls konstant ist, oder daß

$$\frac{\lambda r_1}{\tau t_1} \cdot \frac{t_1}{r_1} = \frac{\lambda}{\tau} = \text{konstant} = c_1 \quad \ldots \ldots \ldots \quad (2)$$

ist. Dabei bedeutet c_1 das Verhältnis der beiden Geschwindigkeiten. Aus (1) und (2) folgt durch Elimination der Zeit

$$\frac{\mu}{\lambda} c_1 = \text{konstant} = k \quad \text{oder} \quad \frac{\mu}{\lambda} \cdot \left(\frac{v_2}{v_1}\right)^2 = \varkappa.$$

3. Beispiele.

1. Unter welcher Bedingung sind die Bewegungen zweier mathematischer Pendel einander ähnlich?

Nach obigem muß $\frac{\mu\lambda}{\tau^2} = \varkappa$ sein. Bezeichnen G_1 und G_2 die Gewichte, m_1 und m_2 die Massen, l_1 und l_2 die Längen, so muß

$$\frac{\frac{m_1}{m_2} \cdot \frac{l_1}{l_2}}{\frac{T_1^2}{T_2^2}} = \frac{G_1}{G_2} \quad \text{oder} \quad T_1 : T_2 = \sqrt{\frac{m_1 l_1}{G_1}} : \sqrt{\frac{m_2 l_2}{G_2}}.$$

2. Ein anderes historisches Beispiel wäre die Berechnung der Zentripetalkraft nach Huyghens. Zwei Punkte mit den Massen m_1 und m_2 bewegen sich in konzentrischen Kreisen mit den Radien r_1 und r_2. Die Bahnen sind also geometrisch ähnlich; wie lautet die Bedingung für die mechanische Ähnlichkeit? Diese Bedingung ist bereits in Gleichung (2) angegeben. Es muß

$$\frac{\frac{m_2}{m_1}}{\frac{r_2}{r_1}} \cdot \frac{v_2^2}{v_1^2} = \frac{P_2}{P_1} \quad \text{oder} \quad P_2 : P_1 = \frac{m_2 v_2^2}{r_2} : \frac{m_1 v_1^2}{r_1}.$$

4. Zur Theorie der Dimensionen.

Die obigen Resultate können auch mit Hilfe der Dimensionen direkt gefunden werden; es müssen nämlich in den mechanischen Grundgleichungen die Längen, Zeiten und Massen auf beiden Seiten der Gleichung in der nämlichen Potenz enthalten sein. Z. B. ein Pendel habe die Länge l, die Masse m und P sei die bewegende Kraft, ferner α die Amplitude. Es ist die Schwingungsdauer T zu suchen.

Dieselbe muß eine Funktion von l, m, P und α sein. Man entwickle diese Funktion in eine Potenzreihe.

Es ist

$$T = \Sigma f(\alpha) \cdot P^p \cdot m^q \cdot l^r,$$

wobei p, q, r noch zu suchende Exponenten bedeuten. Weil

$$[P] = m l t^{-2},$$

so ist

$$[T] = \Sigma f(\alpha) \cdot [m]^{p+q} [l]^{p+r} \cdot t^{-2p},$$

d. h. es muß, damit die Dimension der Zeit auf beiden Seiten übereinstimmt,

$$1 = -2p$$

und weil links keine Masse und Länge vorhanden ist, $p + q = 0$ und $p + r = 0$ sein. Daraus folgt

$$p = -\frac{1}{2}, \quad q = \frac{1}{2}, \quad r = \frac{1}{2},$$

also

$$T = f(\alpha) \cdot P^{-\frac{1}{2}} m^{\frac{1}{2}} \cdot l^{\frac{1}{2}} \quad \text{oder} \quad T = f(\alpha) \cdot \sqrt{\frac{m l}{P}}$$

sein. $f(\alpha)$ bedeutet eine reine Zahl, über deren Größe unsere Betrachtung nichts aussagt. Wir werden sehen, daß die klassischen Untersuchungen von Osborne Reynolds über die kritischen Geschwindigkeiten, sowie die Untersuchungen Kaplans über die Schaufellänge auf ganz ähnlichen Dimensionsbetrachtungen beruhen, wie die eben angeführten.

5. Helmholtzsche Untersuchung über Ähnlichkeitsgesetze.

Wir lernten auf S. 10 die Differentialgleichungen der Bewegung zäher Flüssigkeiten kennen. Für die x-Richtung gilt:

$$\frac{\partial v_x}{\partial t} + v_x \cdot \frac{\partial v_x}{\partial x} + v_y \cdot \frac{\partial v_x}{\partial y} + v_z \frac{\partial v_x}{\partial z} = -\frac{1}{\mu} \frac{\partial p}{\partial x} + \nu \cdot \Delta v_x \quad . \quad . \quad (I)$$

Dazu kommen noch zwei analoge Gleichungen für die y- und z-Richtung und die Kontinuitätsgleichung in der einfachen Form:

$$\frac{\partial v_x}{\partial x} + \frac{\partial v_y}{\partial y} + \frac{\partial v_z}{\partial z} = 0 \quad . \quad . \quad . \quad . \quad . \quad . \quad . \quad . \quad . \quad . \quad (II)$$

Es sei nun für irgendeine Flüssigkeitsbewegung die Geschwindigkeitsverteilung v_x, v_y und v_z entweder theoretisch oder experimentell gefunden. Eine andere Flüssigkeit habe die Dichte μ_1, den kinematischen Reibungskoeffizienten ν_1, die Koordinaten seien für diese Flüssigkeit mit $\bar{x}$, $\bar{y}$ und $\bar{z}$, die Zeit mit $\bar{t}$, ferner die Geschwindigkeitskomponenten mit v_x', v_y' und v_z' und der hydraulische Druck mit p' bezeichnet. Es seien ferner die Gleichungen erfüllt:

$$\nu_1 = \alpha\nu, \quad \mu_1 = \beta\mu, \quad v_x' = n v_x, \quad v_y' = n v_y, \quad v_z' = n v_z,$$

$$\bar{x} = \frac{\alpha}{n} x, \quad \bar{y} = \frac{\alpha}{n} y, \quad z = \frac{\alpha}{n} z, \quad p' = n^2\beta, \quad \tau' = \frac{\alpha}{n^2} t,$$

wobei α, β, n konstante Faktoren (Zahlen) bedeuten mögen. Es läßt sich zeigen, daß die Größen v_x', v_y', v_z' usw. ebenfalls die Gleichungen (I) und (II) erfüllen müssen. Denn

$$\frac{\partial v_x'}{\partial \bar{x}} = n \frac{\partial v_x}{\partial x} \frac{\partial x}{\partial \bar{x}} = n \frac{\partial v_x}{\partial x} \cdot \frac{n}{\alpha} = \frac{n^2}{\alpha} \frac{\partial v_x}{\partial x}.$$

Mithin

$$v_x' \frac{\partial v_x'}{\partial \bar{x}} = n v_x \cdot \frac{n^2}{\alpha} \cdot \frac{\partial v_x}{\partial x} = \frac{n^3}{\alpha} \cdot v_x \cdot \frac{\partial v_x}{\partial x}.$$

Ferner ist

$$\frac{\partial v_x'}{\partial t} = \frac{n^3}{\alpha} \cdot \frac{\partial v_x}{\partial t}.$$

Also erscheinen alle Glieder der linken Seite der Gleichung (I) im Verhältnis $\frac{n^3}{\alpha}$ vergrößert. Aber auch die Glieder auf der rechten Seite sind im Verhältnisse $\frac{n^3}{\alpha}$ vergrößert. Denn

$$\frac{1}{\mu_1} \cdot \frac{\partial p'}{\partial \bar{x}} = \frac{1}{\beta \cdot \mu} n^2 \beta \frac{\partial p}{\partial x} \frac{n}{\alpha} = \frac{n^3}{\alpha} \cdot \frac{1}{\mu} \cdot \frac{\partial p}{\partial x}$$

und

$$\nu_1 \cdot \Delta v_x' = \alpha\nu \cdot \frac{\partial}{\partial \bar{x}} \left(\frac{\partial v_x'}{\partial \bar{x}} \right) = \alpha\nu \frac{\partial}{\partial x} \left(\frac{n^2}{\alpha} \cdot \frac{\partial v_x}{\partial x} \right) \frac{\partial x}{\partial \bar{x}} = n^2 \nu \cdot \frac{\partial^2 v_x}{\partial x^2} \cdot \frac{n}{\alpha} =$$

$$= \frac{n^3}{\alpha} \cdot \nu \cdot \frac{\partial^2 v_x}{\partial x^2}.$$

Es wird daher, weil alle Glieder im Verhältnis $\frac{n^3}{\alpha}$ vergrößert sind, das Gleichungssystem (I) erfüllt. Auch das System (II) ist erfüllt. Denn die darin vorkommenden Glieder sind für die zweite Flüssigkeit im Verhältnis $\frac{n^2}{\alpha}$ vergrößert, weil $\frac{\partial v_x'}{\partial \bar{x}} = \frac{n^2}{\alpha} \cdot \frac{\partial v_x}{\partial x}$. Die Wände, welche die Flüssigkeit begrenzen, sind im Verhältnis $\frac{\alpha^2}{n^2}$ vergrößert, weil $\bar{x} \cdot \bar{y} = \frac{\alpha^2}{n^2} x \cdot y$, der spezifische Druck ändert sich im Verhältnis $n^2 \cdot \beta$. Daher wächst der gesamte Druck P' auf eine Fläche im Verhältnis $\frac{\alpha^2}{n^2} \cdot n^2\beta = \alpha^2\beta$ und das Verhältnis der Arbeitsleistung erhält man durch $\alpha^2\beta \cdot n$. Die Untersuchung liefert das qualitativ wichtige Gesetz, daß der Gesamtdruck der strömenden Flüssigkeit auf eine Fläche im quadratischen Verhältnis der Geschwindigkeit wächst.

6. Allgemeine Untersuchungen über ähnliche Bewegungen zäher Flüssigkeiten. Reynoldsche Zahl.

Im Gleichungssystem (I), S. 33 haben die Glieder links die Dimension $\frac{v^2}{l} = \frac{(\text{Geschwindigkeit})^2}{\text{Länge}}$ und das Glied $\nu \cdot \Delta v_x$ auf der rechten Seite hat die Dimension $\nu \cdot \frac{v}{l^2} = \nu \cdot \frac{\text{Geschwindigkeit}}{(\text{Länge})^2}$. Links und rechts müssen natürlich Glieder von derselben Dimension stehen. Deswegen muß das Verhältnis der Trägheitsglieder und der Zähigkeitsglieder eine bloße Zahl $\mathfrak{R}$ sein. Also muß

$$\mathfrak{R} = \frac{\frac{v^2}{l}}{\nu \cdot \frac{v}{l^2}} = \frac{v \cdot l}{\nu}$$

sein. Diese Zahl heißt die Reynoldsche Zahl.

Es werden also zwei geometrisch ähnliche Flüssigkeitsbewegungen auch mechanisch ähnlich sein, wenn die Reynoldschen Zahlen für diese übereinstimmen. Dies trifft natürlich auch für den von Helmholtz in Nr. 3 untersuchten Fall zu. Für die eine Strömung wäre $\mathfrak{R} = \frac{v \cdot l}{\nu}$, für die andere $\mathfrak{R}' = \frac{v' l'}{\nu'}$. Setzt man die in Nr. 3 für v', l' und ν' genannten Beziehungen ein, so wird

$$\mathfrak{R}' = \frac{n v \frac{\alpha}{n} l}{\alpha \cdot \nu} = \frac{v \cdot l}{\nu},$$

also $\mathfrak{R} = \mathfrak{R}'$. Handelt es sich um Bewegung derselben Flüssigkeit, so werden, wegen der Gleichheit der Werte von ν, die Bewegungen mechanisch ähnlich sein, wenn die Zahl $v \cdot l$ die gleiche ist.

7. Widerstandsgesetz der turbulenten Strömung. Kritische Geschwindigkeit.

Für die laminare Bewegung in einem Kreisrohr vom Radius r erhielten wir (vgl. S. 17)

$$v_m = \frac{1}{8} \frac{\partial p}{\partial x} \frac{r^2}{\varkappa} = \frac{\mu}{8} \frac{dp}{dx} \frac{r^2}{\nu} = \frac{\mu}{32} \frac{p_1 - p_2}{l} \cdot \frac{D^2}{\nu},$$

wobei D den Durchmesser des Rohres bedeutet. Bezeichnet man $\frac{dp}{dx} = \frac{p_1 - p_2}{l} = J$ als das Druckgefälle, so ist für die laminare Strömung

$$J = \frac{32 v_m \cdot \nu}{\mu D^2}.$$

Für Turbulenz macht Reynolds den Ansatz

$$J_T = \frac{\varepsilon}{\mu} \frac{v_m^\alpha}{D^\beta},$$

wobei α und β noch zu bestimmende Exponenten und ε eine Zahl sein möge.

Beim Übergang von der laminaren in die turbulente Bewegung müßten beide Gesetze für J übereinstimmen, d. h. es muß

$$\frac{32\, v_m \cdot \nu}{\mu\, D^2} = \frac{\varepsilon}{\mu} \frac{v_m^\alpha}{D^\beta}$$

sein. Mithin ist

$$\frac{v_m^{\alpha-1} \cdot D^{2-\beta}}{\nu} = \frac{32}{\varepsilon} = \mathfrak{R} = \frac{v \cdot D}{\nu},$$

d. h. es muß $\alpha = 2$, $\beta = 1$ sein, damit das linksstehende Verhältnis eine bloße Zahl $\mathfrak{R}$ sei. Dann folgt aber für das Widerstandsgesetz die Form

$$J_T = \frac{\varepsilon}{\mu} \frac{v^2}{D}.$$

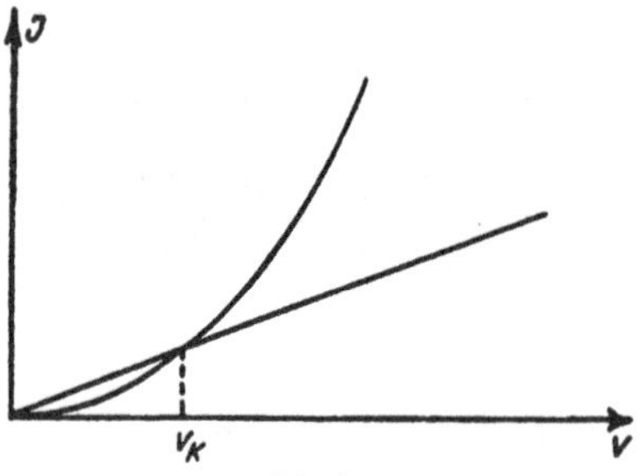

Abb. 8.

Die Größe ε selbst kann aber eine Funktion der Reynoldschen Zahl sein.

Tragen wir die gefundenen Beziehungen graphisch auf (Abb. 8), indem wir als Abszissen die Geschwindigkeiten, als Ordinaten das Druckgefälle wählen, so ergibt sich als geometrisches Bild der vJ-Kurve im Falle der laminaren Strömung eine Gerade, im Falle der turbulenten Strömung eine Parabel[1]). Der Schnittpunkt der beiden Kurven besitzt eine Abszisse $v = v_\varkappa$, welche der kritischen Geschwindigkeit entspricht; über die Größe derselben sagt unsere theoretische Überlegung nichts aus. Reynolds hat experimentell gefunden, wenn der Wert $\frac{v \cdot D}{\nu} < 1000$ ist, bleibt die Wasserströmung laminar, im Falle $\frac{v D}{\nu} > 1000$ wird, ist die Strömung turbulent. Dieser Zahl 1000 kommt indessen keine absolute Bedeutung zu. Es schwankt der kritische Wert für $\frac{v \cdot D}{\nu}$ in der Regel zwischen 1000 und 2000, wobei v in cm/sec, D in cm und $\nu = 0{,}01$ für 20° C zu nehmen ist und hängt von der Be-

[1]) Vgl. Lorenz, Technische Physik, Bd. III, S. 68. Verlag Oldenbourg. — Pöschl, Technische Mechanik, Bd. II, S. 103. — Lorenz, Strömung und Turbulenz. Handb. der phys. u. techn. Mechanik, Bd. V, S. 157. — Hopf, Zähe Flüssigkeiten, Handb. der Physik, S. 127.

schaffenheit (Rauhigkeit) der Rohrwände und von den Einströmverhältnissen ab. Z. B. bei der Strömung von Wasser durch ein Glasrohr von $D = 0{,}2$ cm, bei $v = 0{,}4$ m/sec, ist

$$\frac{v\,D}{\nu} = \frac{40 \cdot 0{,}2}{0{,}01} = 800,$$

also kleiner als 1000, ist die Strömung laminar; dagegen wird bei einem Durchmesser $D = 1$ cm und $v = 0{,}4$ m/sec,

$$\frac{v\,D}{\nu} = \frac{40 \cdot 1}{0{,}01} = 4000,$$

die Strömung ist daher turbulent.

8. Empirische Formeln über die turbulente Bewegung[1]).

Über die Größe der kritischen Geschwindigkeit bzw. über die auf S. 36 besprochene Größe ε sagt die Theorie der mechanischen Ähnlichkeit nichts aus. Eine theoretisch befriedigende Lösung ist bis jetzt überhaupt nicht gegeben worden, wenn auch sehr beachtenswerte Ansätze hierzu vorliegen[2]). Namentlich ist es nicht gelungen, die Geschwindigkeitsverteilung über den Querschnitt exakt zu ermitteln. Versuche haben ergeben, daß bei turbulenter Strömung in Röhren die Geschwindigkeitsverteilung über den Querschnitt viel gleichmäßiger ist als bei laminarer Strömung. Ein starker Geschwindigkeitsabfall tritt erst in der Nähe der Rohrwand ein. Die Strömungsverhältnisse in dieser Grenzschicht sind vor allem durch die innere Reibung bedingt, welche die Bildung von Wirbeln verursacht, die in das Innere der Flüssigkeit wandern.

Bei Berührung mit der Rohrwand wird eine Schichte des strömenden Wassers mehr zurückgehalten werden als die darunter befindliche Schicht. Die einzelnen Teilchen der ersten Schicht werden durch das schneller vorbeiströmende Wasser in rotierende Bewegung geraten,

---

[1]) Vgl. Ludwig Schiller und Herb. Kirsten, Die Entwicklung der Geschwindigkeitsverteilung bei der turbulenten Bewegung. Zeitschr. f. techn. Phys. 1929, S. 268.

[2]) Boussinesq, Theorie de l'écoulement tourbillonnant et tumultueux des liquides dans les lits rectilignes à grande section Paris 1897. — Vgl. Forchheimer, Enzyklop. der math. Wissensch., Bd. IV, Heft 3 und dessen Hydraulik, 1914, S. 26. — v. Mises, Elemente der technischen Hydromechanik, S. 34. — S. Mohorovičić, Hydrodynamische Grundgleichungen für die turbulente Bewegung und ihre Anwendung bei der Bewegung im Kreisrohr. Zeitschr. f. techn. Physik, 1925, S. 68. — H. Lorenz, Das Turbulenzproblem für das gerade Kreisrohr. Phys. Zeitschr. 1925. — v. Karman, Über die Stabilität der Laminar-Strömung und die Theorie der Turbulenz. Verh. d. Intern. Kongr. f. angew. Mechanik, Delft 1924. — Pröll, Betrachtungen zur Theorie der turbulenten Strömung in Röhren. Zeitschr. f. techn. Physik 1926, S. 429. — H. Lorenz, Widerstände der turbulenten und laminaren Strömung. Zeitschr. f. techn. Phys. 1929. — R. Winkel, Hydromechanik der Druckrohrleitungen, Verlag Oldenbourg, 1919.

wodurch »Wirbel« hervorgerufen werden. Diese Wirbel werden dann, von der Strömung beschleunigt, mitgerissen. Nach den Ausführungen auf S. 20 ist aber mit dem Auftreten von Wirbeln in zähen Flüssigkeiten eine Wärmeproduktion verbunden. Für die Grenzschicht selbst, wo der Einfluß der inneren Reibung eben vorherrscht, können die Gleichungen der zähen Flüssigkeiten angewendet werden. Aus diesen Betrachtungen aber geht hervor, daß zu der oben angegebenen Strömung Energie verbraucht wird. Aus den Versuchen über den Druckhöhenverlust in geraden Rohrleitungen kann geschlossen werden, daß derselbe der Länge l der Rohrleitung proportional ist; aus den früher angestellten Dimensionsbetrachtungen aber wissen wir, daß der Druckhöhenverlust dem Quadrate der mittleren Geschwindigkeit proportional ist. Der Druckhöhenverlust erweist sich aber noch abhängig vom Umfang U der benetzten Fläche und von der Größe F derselben. Man versuchte daher mit dem Ansatz:

$$\frac{\Delta p}{\gamma} = h = \zeta \frac{U}{F} l \cdot \frac{v^2}{2g}$$

auszukommen. Für ein kreisrundes Rohr ist $U = d\pi$, wobei d = Durchmesser, daher

$$h = \frac{4\zeta l}{d} \cdot \frac{v^2}{2g}, \quad h = \lambda \frac{l}{d} \frac{v^2}{2g},$$

d. i. aber die gleiche Formel, die aus den Dimensionsbetrachtungen gewonnen wurde. Der Koeffizient $\lambda = 4\zeta$ muß empirisch ermittelt werden. Aus den Versuchen muß geschlossen werden, daß λ nicht konstant ist. λ hängt von der Rauhigkeit der Rohrwand, von der mittleren Geschwindigkeit und der Rohrweite ab.

Die gebräuchlichsten Formeln für λ sind[1]):

1. Von Weißbach:

$$\lambda = \alpha + \frac{\beta}{\sqrt{v}},$$

wobei v in m/sec anzugeben ist, $\alpha = 0{,}01439$ und β zwischen 0,00947 bis 0,01692 schwankt. Ganz von derselben Bauart ist auch die Formel von Zeuner.

2. Von Lang:

$$\lambda = \alpha_1 + \frac{\beta_1}{\sqrt{v \cdot d}}$$

Für gußeiserne Rohre ist $\lambda = 0{,}02 + \dfrac{0{,}0018}{\sqrt{vd}}$.

---

[1]) Vgl. Christen, Das Gesetz der Translation des Wassers. Leipzig 1903. — Biel, Über den Druckhöhenverlust bei der Fortleitung tropfbarer und gasförmiger Flüssigkeiten, Forschungsarb. V. d. I., Heft 44. — Biel, Strömungswiderstand in Rohrleitungen, Berlin 1925. — Blasius, Das Ähnlichkeitsgesetz bei Reibungsvorgängen, Forschungsarb. V. d. I., Heft 31.

3. Von Darcy:

$$\lambda = \alpha' + \frac{\beta'}{d},$$

wobei für Geschwindigkeiten über 0,2 m/sec die Werte $\alpha' = 0{,}01989$, $\beta' = 0{,}0005078$ gelten.

4. Die jetzt vielfach in Gebrauch stehende Formel ist die von Biel. Danach ist $h = k\frac{lv^2}{R}$, wobei R den hydraulischen Radius $= \frac{F}{U}$ und

$$k = a + \frac{f}{\sqrt{R}} + \frac{b}{v\sqrt{R}} \cdot \frac{\eta'}{\gamma}.$$

Die einzelnen Größen haben folgende Bedeutung: a = Grundfaktor = 0,12, f = Rauhigkeitsfaktor. Für gußeiserne Rohre ist f = 0,036 b = »ein« Zähigkeitsfaktor. Für gußeiserne Rohre ist $b = 0{,}46$.

$$\eta' = 98{,}1\,\eta = 9{,}81 \cdot \frac{0{,}0001817}{1 + 0{,}0336 \cdot t + 0{,}000221 \cdot t^2},$$

wobei t = Temperatur des Wassers in C° bedeutet. Für Wasser von 12° C wäre in gußeisernen Rohren $\frac{b \cdot \eta'}{\gamma} = 0{,}0057$. Die Bielsche Formel ist neuerdings verbessert worden. Vgl. darüber Beiträge zur techn. Mechanik. V. d. I.-Verlag 1925, S. 39. Für die theoretische Untersuchung ist folgende empirisch festgestellte Tatsache von besonderem Wert. In der Nähe der Wand herrscht der Einfluß der inneren Reibung vor. Dies stimmt auch mit der Voraussetzung überein, unter welcher die Stokesschen Gleichungen (ohne die Beschleunigungsglieder) mit Erfolg angewendet werden können, nämlich der kleiner Geschwindigkeiten. In einiger Entfernung von der Wand tritt dagegen der Einfluß der Reibung gegenüber den Beschleunigungsgliedern zurück[1]).

III. Dreidimensionale Theorie idealer Flüssigkeiten[2]).

1. Die Eulerschen Gleichungen.

Wir haben auf S. 37 bereits der experimentell feststehenden Tatsache Erwähnung getan, daß in geringer Entfernung von den Begrenzungswänden der Einfluß der Zähigkeit bereits zurücktritt. Es sollen daher jene Strömungen näher untersucht werden, bei welchen die innere Reibung gegenüber den Beschleunigungsgliedern vernachlässigt werden

---

[1]) Vgl. auch Kaplan, Die Gesetze der Flüssigkeitsströmung mit Reibung. Zeitschr. d. V. d. I. 1912.

[2]) Webster, The Dynamics of particles and of rigid, elastic und fluid bodies. S. 497. — Lagally, Ideale Flüssigkeiten. Handb. d. Physik. 1927, Bd. VII, S. 2ff. — Auerbach, Hydrodynamik, Handb. d. phys. u. techn. Mechanik. 1927, S. 66.

kann. Die Differentialgleichungen dieser Bewegung erhält man sofort aus Gleichung (IV), S. 10, wenn man $\varkappa = 0$ setzt. Die sich ergebenden Gleichungen heißen Eulersche Gleichungen; sie lauten in orthogonalen Koordinaten:

$$\left.\begin{aligned}\frac{\partial v_x}{\partial t} + v_x \cdot \frac{\partial v_x}{\partial x} + v_y \cdot \frac{\partial v_x}{\partial y} + v_z \cdot \frac{\partial v_x}{\partial z} &= X - \frac{1}{\mu}\frac{\partial p}{\partial x} \\ \frac{\partial v_y}{\partial t} + v_x \cdot \frac{\partial v_y}{\partial x} + v_y \cdot \frac{\partial v_y}{\partial y} + v_z \cdot \frac{\partial v_y}{\partial z} &= Y - \frac{1}{\mu}\frac{\partial p}{\partial y} \\ \frac{\partial v_z}{\partial t} + v_x \cdot \frac{\partial v_z}{\partial x} + v_y \cdot \frac{\partial v_z}{\partial y} + v_z \cdot \frac{\partial v_z}{\partial z} &= Z - \frac{1}{\mu}\frac{\partial p}{\partial z}\end{aligned}\right\} \quad \ldots \quad (1)$$

Zu diesen Gleichungen tritt noch die Kontinuitätsgleichung hinzu, welche für unzusammendrückbare Flüssigkeiten lautet:

$$\frac{\partial v_x}{\partial x} + \frac{\partial v_y}{\partial y} + \frac{\partial v_z}{\partial z} = 0 \quad \ldots \ldots \ldots \ldots \quad (2)$$

Unter Voraussetzung, daß die Rotor- oder Wirbelkomponenten verschwinden, also

$$\frac{\partial v_z}{\partial y} = \frac{\partial v_y}{\partial z}, \quad \frac{\partial v_x}{\partial z} = \frac{\partial v_z}{\partial x}, \quad \frac{\partial v_y}{\partial z} = \frac{\partial v_z}{\partial y} \quad \ldots \ldots \quad (3)$$

besteht ein Geschwindigkeitspotential, d. h. eine Funktion, die so beschaffen ist, daß

$$v_x = -\frac{\partial \varphi}{\partial x}, \quad v_y = -\frac{\partial \varphi}{\partial y}, \quad v_z = -\frac{\partial \varphi}{\partial z} \quad \ldots \ldots \quad (4)$$

Durch Einsetzen der Werte von Gleichung (4) in Gleichung (3) ergibt sich, daß

$$\frac{\partial^2 \varphi}{\partial y\, \partial z} = \frac{\partial^2 \varphi}{\partial z\, \partial y}, \quad \frac{\partial^2 \varphi}{\partial z\, \partial x} = \frac{\partial^2 \varphi}{\partial x\, \partial z} \ldots \text{usw.}$$

Weil die Reihenfolge der Differentiation gleichgültig ist, so kann aus dem Verschwinden des Rotors umgekehrt auf die Existenz eines Geschwindigkeitspotential geschlossen werden. Besteht aber ein solches, dann folgt durch Einsetzen der Werte aus Gleichung (3) in (1)

$$\frac{\partial v_x}{\partial t} + v_x \cdot \frac{\partial v_x}{\partial x} + v_y \cdot \frac{\partial v_y}{\partial x} + v_z \cdot \frac{\partial v_z}{\partial x} = X - \frac{1}{\mu}\frac{\partial p}{\partial x}.$$

Die linke Seite dieser Gleichung läßt sich aber, weil $v_x^2 + v_y^2 + v_z^2 = v^2$ auch darstellen durch:

$$\frac{\partial v_x}{\partial t} + \frac{\partial}{\partial x}\frac{(v_x^2 + v_y^2 + v_z^2)}{2} = -\frac{\partial^2 \varphi}{\partial t\, \partial x} + \frac{1}{2}\frac{\partial v^2}{\partial x}.$$

Man erhält somit folgende Gleichungen:

$$\frac{\partial}{\partial x}\left(-\frac{\partial \varphi}{\partial t}+\frac{v^2}{2}+\frac{p}{\mu}\right)=X$$

$$\frac{\partial}{\partial y}\left(-\frac{\partial \varphi}{\partial t}+\frac{v^2}{2}+\frac{p}{\mu}\right)=Y$$

$$\frac{\partial}{\partial z}\left(-\frac{\partial \varphi}{\partial t}+\frac{v^2}{2}+\frac{p}{\mu}\right)=Z.$$

Besitzen die äußeren Kräfte pro Masseneinheit ein Potential U, d. h. ist

$$X=-\frac{\partial U}{\partial x},\quad Y=-\frac{\partial U}{\partial x},\quad Z=-\frac{\partial U}{\partial z},$$

so ist

$$\frac{1}{2}v^2+\frac{p}{\mu}-\frac{\partial \varphi}{\partial t}=-U+C,$$

wobei C eine Konstante bedeutet.

Umgekehrt, wenn eine Strömung mit Geschwindigkeitspotential besteht, so haben die eingeprägten Kräfte pro Masseneinheit ebenfalls ein Potential. Dieser Satz stammt von Lagrange. Im Falle der stationären.Strömung ist $\frac{\partial \varphi}{\partial t}=0$, und man erhält als Integral der Eulerschen Gleichung:

$$\frac{v^2}{2}+\frac{p}{\mu}+U=C.$$

Falls die eingeprägte Kraft nur die Schwerkraft ist, die z-Achse positiv nach oben und die xy-Ebene horizontal gelegt wird, ist $U=g\,z$, daher

$$\frac{v^2}{2}+\frac{p}{\mu}+gz=C$$

oder

$$\frac{v^2}{2g}+\frac{p}{\gamma}+z=\text{konstant}\;.\;.\;.\;.\;.\;.\;.\;.\;.\;.\quad (\mathrm{I})$$

Diese Gleichung ist nicht mit der Bernoullischen Gleichung, welche längs eines Stromfadens gilt, zu verwechseln. Die Konstante in obiger Gleichung ist im ganzen Innern der Flüssigkeit eine unveränderliche Größe. Die Gleichung (I) muß in jedem Punkte der Flüssigkeit erfüllt sein, ist aber an die Bedingung geknüpft, daß nirgends ein Wirbel vorhanden ist.

2. Zirkulation.

Für eine stationäre Flüssigkeitsbewegung ist

$$d\varphi=\frac{\partial \varphi}{\partial x}dx+\frac{\partial \varphi}{\partial y}dy+\frac{\partial \varphi}{\partial z}dz$$

oder

$$d\varphi=-(v_x\,dx+v_y\,dy+v_z\,dz).$$

Bilden wir das Integral über eine Kurve von 0 bis s,

$$\int_0^s v_x\,dx + v_y\,dy + v_z\,dz$$

unter der Annahme, daß φ eine eindeutige Funktion der Koordinaten sei, so erhält man

$$-\int_0^s v_x\,dx + v_y\,dy + v_z\,dz = \int_{\varphi_0}^{\varphi} d\varphi = \varphi - \varphi_0.$$

Wenn die Kurve, über welche das obige Integral zu erstrecken ist, ganz auf einer Potentialfläche gelegen ist, so wird $d\varphi = 0$ (weil φ konstant), also auch

$$\int_0^s v_x\,dx + v_y\,dy + v_z\,dz = 0.$$

Wenn man zum selben Ausgangspunkt zurückkehrt, so ist, falls eindeutiges Geschwindigkeitspotential vorausgesetzt wird,

$$\int_0^s v_x\,dx + v_y\,dy + v_z\,dz$$

ebenfalls null. Man nennt das obige Integral ein Linien- oder Kurvenintegral.

Sind zwei Vektoren gegeben, z. B. ein Vektor v und ein Vektor $d\bar{s}$ und bedeuten α, β, γ die Richtungswinkel von $\bar{v}$ und α', β', γ' die Winkel von ds gegen die Koordinatenachsen, so ist

$$\cos\vartheta = \cos\alpha \cdot \cos\alpha' + \cos\beta \cdot \cos\beta' + \cos\gamma \cdot \cos\gamma',$$

so folgt

$$\int \bar{v} \cdot d\bar{s} = \int v \cdot ds \cos(ds\, v) = \int_0^s v_x\,dx + v_y\,dy + v_z\,dz.$$

Wird das Linienintegral der Geschwindigkeit über eine geschlossene Kurve genommen, so heißt dieses Integral die Zirkulation. Im Falle einer Potentialbewegung mit eindeutigem Geschwindigkeitspotential ist also die Zirkulation null.

Dieser Satz kann auch in seiner Allgemeinheit aus dem Stokesschen Satz hergeleitet werden[1]). Nach diesem ist das Integral

$$\int v_x\,dx + v_y\,dy + v_z\,dz$$

längs der Berandung eines beliebigen Flächenstückes, dessen Element mit dO bezeichnet wird, erstreckt, gleich dem Oberflächenintegral

[1]) Über die Herleitung des Stokesschen Satzes, vgl. Schaefer, Theoretische Physik, Bd. I, S. 781 oder Hort, Differentialgleichungen des Ingenieurs, S. 452.

$$\iint\left[\left(\frac{\partial v_z}{\partial y}-\frac{\partial v_y}{\partial z}\right)\cos(xn)+\left(\frac{\partial v_x}{\partial z}-\frac{\partial v_z}{\partial x}\right)\cos yn+\left(\frac{\partial v_y}{\partial x}-\frac{\partial v_x}{\partial y}\right)\cos zn\right]dO$$

erstreckt über die Fläche.

(xn), (yn), (zn) bedeuten die Neigungswinkel der Flächennormalen gegen die Koordinatenachsen. Vektoranalytisch läßt sich dieser Satz auch ausdrücken durch:

$$\int \bar{v}\, d\bar{s} = \iint \operatorname{rot} v \cdot dO = \iint (\operatorname{rot} v)_n \cdot dO = 2\iint w_n \cdot dO,$$

wobei w_n die Normalkomponente des Wirbels bedeutet, denn die Klammerausdrücke in dem vorhergehenden Oberflächenintegral stellen nämlich die doppelten Wirbelkomponenten vor. Wenn nun im ganzen Bereiche der Flüssigkeit die Wirbelkomponenten verschwinden, so ist die Zirkulation über die geschlossene Kurve gleich null. Umgekehrt gilt auch der Satz: wenn in einer Strömung die Zirkulation über jede geschlossene Kurve null ist, so ist die Strömung in diesem Gebiete wirbelfrei. Umschließt die Kurve aber einen Bereich, in welchem die Wirbelkomponenten nicht überall verschwinden, so ist die Zirkulation $\oint \bar{v} \cdot ds$ nicht null, sondern gleich dem Integral $2\iint w_n \cdot dO$.

3. Einfach zusammenhängender Raum und Geschwindigkeitspotential.

Wir wollen nun zeigen, daß diese merkwürdigen Eigenschaften der Zirkulation mit der Gestalt des Raumes zusammenhängen. Der Raum für welchen an jeder Stelle die Strömung ein Geschwindigkeitspotential besitzt, heißt Potentialraum. In diesem Potentialraum wählen wir irgend zwei Punkte A und B und denken uns diese Punkte durch zwei beliebige Kurven miteinander verbunden (Abb. 9). Dann können wir diese Kurven entweder ineinander überführen (durch Deformation), ohne den Potentialraum zu verlassen oder wir können dies nicht. Ist diese »Überführung« möglich, so heißt der Raum einfach zusammenhängend. Weil die Kurve ACB mit der Kurve ADB auch zu einer geschlossenen Kurve vereinbar ist, so sieht man, daß in einem einfach zusammenhängenden Raum die Kurven zu einem Punkt reduzierbar sind, ohne den Raum zu verlassen. Treffen diese Eigenschaften für einen Raum nicht zu, so ist der Raum mehrfach zusammenhängend. Es läßt sich nun der wichtige Satz beweisen, daß für einen einfach zusammenhängenden Raum und nur für diesen das Geschwindigkeitspotential stets eine eindeutige Funktion der Koordinaten ist.

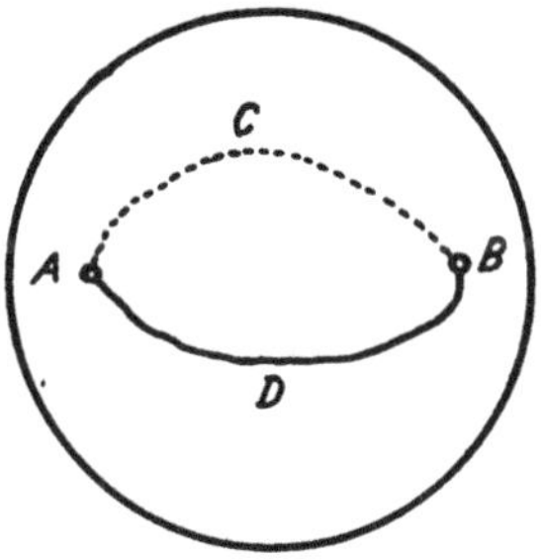

Abb. 9.

Denn denken wir uns in einen einfach zusammenhängenden Potentialraum eine geschlossene Kurve s gelegt, so läßt sich durch diese eine Fläche O legen, welche ganz im Potentialraum gelegen ist. Nach dem Stokesschen Satz muß dann $\oint \bar{v}\, d\bar{s} = 0$ sein, weil nirgends ein Wirbel vorhanden ist. Daher ist

$$\oint \bar{v} \cdot d\bar{s} = \oint \frac{\partial \varphi}{\partial s}\, ds = \oint d\varphi = 0.$$

Zerlegt man wieder die geschlossene Kurve in zwei Teile ACB und BDA, so ist

$$\int\limits_{ACB} d\varphi + \int\limits_{BDA} d\varphi = 0 \text{ oder } \int\limits_{ACB} d\varphi - \int\limits_{ADB} d\varphi = 0,$$

also

$$\int\limits_{ACB} d\varphi = \int\limits_{ADB} d\varphi = \varphi_B - \varphi_A.$$

Der Wert des Integrals hängt also nicht vom Weg ab, sondern nur von der oberen und unteren Grenze. Der Wert von φ ist also in jedem Punkte unabhängig vom Integrationsweg, also eindeutig. Ein Beispiel eines zweifach zusammenhängenden Bereiches ist ein Kreisring. In dem kleinen Kreis um O (Abb. 10) sei kein Geschwindigkeitspotential vorhanden. Außerhalb dieses Kreises sei ein Geschwindigkeitspotential vorhanden. Zwischen zwei Punkten A und B ziehen wir eine Kurve ACB. Es sei AB aber noch durch eine andere Kurve ADB verbunden. Man sieht nun, daß die Kurve ADB nicht in die Kurve ACB über führbar ist, ohne den Potentialraum zu verlassen oder den Wirbelraum zu schneiden. Weiters sehen wir, daß in diesem Falle unendlich viele Kurven im Potentialraum auf die Kurve ACB zurückgeführt werden können und ebenso auch andere Kurven auf die Kurve ADB. Aber stets lassen sich in diesem Raum alle Kurven auf zwei zurückführen, die nicht mehr ineinander überführbar sind, ohne den Potentialraum zu verlassen. Wegen dieser Eigenschaft heißt der Raum ein zweifach zusammenhängender.

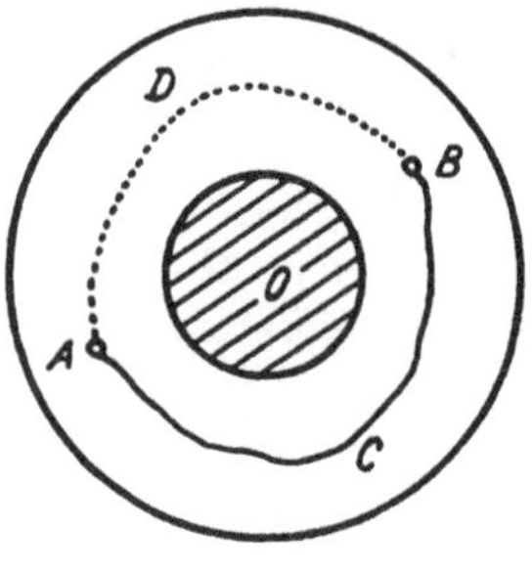

Abb. 10.

4. Helmholtzsche Wirbelsätze[1]).

Die auf S. 11 in Gleichung (V) ausgedrückten Größen ξ, η, ζ sind die sog. Wirbelkomponenten und geben die Drehungsgeschwindigkeiten eines Flüssigkeitselementes um die x, y, z-Achse eines orthogonalen Koordinatensystems an. Denn denken wir uns im Punkte O die Ge-

[1]) Helmholtz, Über die Integrale der hydrodynamischen Gleichungen, welche Wirbelbewegungen entsprechen. Crelle Journ., Bd. LV, S. 25.

schwindigkeitskomponenten v_x und v_y vorhanden, so wird ein Punkt C mit derselben Abszisse wie O, aber mit der Ordinate dy die Geschwindigkeitskomponenten $v_x' = v_x + \frac{\partial v_x}{\partial y} dy$ besitzen. Dieser Punkt C wird daher dem Punkte O um den Betrag $\frac{\partial v_x}{\partial y} dy$ in der x-Richtung vorauseilen, derart, daß die Strecke $\overline{OC'}$, wobei C' die neue Lage von C angibt, gegen $\overline{OC}$ um den Winkel $\gamma_1 = \operatorname{tg} \gamma_1 = \frac{\partial v_x}{\partial y}$ geneigt ist. Für den von O um den Betrag dx in der x-Achse entfernt gelegenen Punkt A ergibt sich analog eine Verschiebung in der y-Richtung um den Betrag $\frac{\partial v_y}{\partial x} dx$ und daher eine Neigung des relativen Ortsvektors von $\overline{OA'}$ gegenüber der x-Achse $\gamma_2 = \operatorname{tg} \gamma_2 = \frac{\partial v_y}{\partial x}$. Aus einem ursprünglichen Rechteck wird also ein Parallelogramm geworden sein, dessen Diagonale nur dann die Richtung der Diagonale des Rechteckes beibehalten hat, falls $\frac{\partial v_y}{\partial x} = \frac{\partial v_x}{\partial y}$; sind aber diese Größen voneinander verschieden, so wird die Diagonale eine andere geworden sein, deren mittlere Drehung, weil $\frac{\partial v_y}{\partial x}$ eine positive, $\frac{\partial v_x}{\partial y}$ eine negative Drehung bedeutet, gegeben ist durch

$$\zeta = \frac{1}{2}\left(\frac{\partial v_y}{\partial x} - \frac{\partial v_x}{\partial y}\right) \quad \ldots \ldots \ldots \quad (5)$$

Analoge Ausdrücke ergeben sich für die yz- und xz-Ebene. Die resultierende Drehgeschwindigkeit ist $w^2 = \xi^2 + \eta^2 + \zeta^2$ und die zugehörige Drehachse heißt Wirbelachse.

Aus der Definitionsgleichung für die Wirbelkomponenten folgt:

$$\frac{\partial \xi}{\partial x} + \frac{\partial \eta}{\partial y} + \frac{\partial \zeta}{\partial z} = 0 \quad \ldots \ldots \ldots \quad (6)$$

d. h. $\operatorname{div} w = 0$.

Im allgemeinen wird für ein bestimmtes Teilchen ξ, η, ζ sowohl von der Zeit als auch vom Orte abhängig sein, d. h. $\xi = f(t, x, y, z)$. Daher ist

$$\frac{d\xi}{dt} = \frac{\partial \xi}{\partial t} + \frac{\partial \xi}{\partial x} \cdot \frac{dx}{dt} + \frac{\partial \xi}{\partial y} \cdot \frac{dy}{dt} + \frac{\partial \xi}{\partial z} \cdot \frac{dz}{dt}$$

oder

$$\frac{d\xi}{dt} = \frac{\partial \xi}{\partial t} + v_x \cdot \frac{\partial \xi}{\partial x} + v_y \cdot \frac{\partial \xi}{\partial y} + v_z \cdot \frac{\partial \xi}{\partial z},$$

ebenso erhält man:

$$\frac{d\eta}{dt} = \frac{\partial \eta}{\partial t} + v_x \cdot \frac{\partial \eta}{\partial x} + v_y \cdot \frac{\partial \eta}{\partial y} + v_z \cdot \frac{\partial \eta}{\partial z}$$

$$\frac{d\zeta}{dt} = \frac{\partial \zeta}{\partial t} + v_x \cdot \frac{\partial \zeta}{\partial x} + v_y \cdot \frac{\partial \zeta}{\partial y} + v_z \cdot \frac{\partial \zeta}{\partial z}.$$

Aus den Gleichungen (5) folgt

$$\frac{\partial v_x}{\partial z} = 2\eta + \frac{\partial v_z}{\partial x}, \quad \frac{\partial v_x}{\partial y} = \frac{\partial v_y}{\partial x} - 2\zeta.$$

Setzen wir diese Beziehungen in die Eulerschen Gleichungen ein, so erhält man:

$$\frac{\partial v_x}{\partial t} + v_x \cdot \frac{\partial v_x}{\partial x} + v_y \cdot \frac{\partial v_y}{\partial x} + v_z \cdot \frac{\partial v_z}{\partial x} + 2(\eta v_z - \zeta v_y) = X - \frac{1}{\mu}\frac{\partial p}{\partial x}$$

und ebenso auch analoge Gleichungen für die y- und z-Achse. Mit Berücksichtigung der schon auf S. 11 verwendeten Beziehung

$$\frac{1}{2}\frac{\partial}{\partial x}(v^2) = v_x \cdot \frac{\partial v_x}{\partial x} + v_y \cdot \frac{\partial v_y}{\partial x} + v_z \cdot \frac{\partial v_z}{\partial x}$$

ergibt sich

$$\frac{\partial v_x}{\partial t} + 2(\eta v_z - \zeta v_y) = X - \frac{1}{\mu}\frac{\partial p}{\partial x} - \frac{1}{2}\frac{\partial v^2}{\partial x} \quad \ldots \text{(a)}$$

$$\frac{\partial v_y}{\partial t} + 2(\zeta v_x - \xi v_z) = Y - \frac{1}{\mu}\frac{\partial p}{\partial y} - \frac{1}{2}\frac{\partial v^2}{\partial y} \quad \ldots \text{(b)}$$

$$\frac{\partial v_z}{\partial t} + 2(\xi v_y - \eta v_x) = Z - \frac{1}{\mu}\frac{\partial p}{\partial z} - \frac{1}{2}\frac{\partial v^2}{\partial z} \quad \ldots \text{(c)}$$

Aus der Wirbelgleichung (5) folgt

$$2\frac{\partial \xi}{\partial t} = \frac{\partial}{\partial t}\left(\frac{\partial v_z}{\partial y} - \frac{\partial v_y}{\partial z}\right) \text{ usw.}$$

Durch Differentiation der Gleichung (a) nach y, der Gleichung (b) nach x und Subtraktion erhält man

$$\frac{\partial^2 v_x}{\partial t\,\partial y} - \frac{\partial^2 v_y}{\partial t\,\partial x} + 2\frac{\partial}{\partial y}(\eta v_z - \zeta v_y) - 2\frac{\partial}{\partial x}(\zeta v_x - \xi v_z) = \frac{\partial X}{\partial y} - \frac{\partial Y}{\partial x}.$$

Also

$$-\frac{\partial \zeta}{\partial t} + \frac{\partial}{\partial y}(\eta v_z - \zeta v_y) - \frac{\partial}{\partial x}(\zeta v_x - \xi v_z) = \frac{1}{2}\left(\frac{\partial X}{\partial y} - \frac{\partial Y}{\partial x}\right)$$

$$-\frac{\partial \zeta}{\partial t} + v_z\frac{\partial \eta}{\partial y} + \eta\frac{\partial v_z}{\partial y} - v_y\frac{\partial \zeta}{\partial y} - \zeta\frac{\partial v_y}{\partial y} - \zeta\frac{\partial v_x}{\partial x} - v_x\frac{\partial \zeta}{\partial x} +$$
$$+ \xi\frac{\partial v_z}{\partial x} + v_z\frac{\partial \xi}{\partial x} = \frac{1}{2}\left(\frac{\partial X}{\partial y} - \frac{\partial Y}{\partial x}\right).$$

Mit Berücksichtigung der Gleichung (6) und der Kontinuitätsgleichung ergibt sich hieraus:

$$\frac{\partial \zeta}{\partial t} + v_x\frac{\partial \zeta}{\partial x} + v_y\frac{\partial \zeta}{\partial y} + v_z\frac{\partial \zeta}{\partial z} - \xi\frac{\partial v_z}{\partial x} - \eta\frac{\partial v_z}{\partial y} - \zeta\frac{\partial v_z}{\partial z} = \frac{1}{2}\left(\frac{\partial Y}{\partial x} - \frac{\partial X}{\partial y}\right)$$

oder

$$\frac{d\zeta}{dt} = \xi\frac{\partial v_z}{\partial x} + \eta\frac{\partial v_z}{\partial y} + \zeta\frac{\partial v_z}{\partial z} + \frac{1}{2}\left(\frac{\partial Y}{\partial x} - \frac{\partial X}{\partial y}\right).$$

Ebenso erhält man zwei analoge Gleichungen für $\frac{d\eta}{dt}$ und $\frac{d\xi}{dt}$. Im Falle die eingeprägten Kräfte ein Potential haben und zu irgendeiner Zeit t $\xi = \eta = \zeta = 0$, ist

$$\frac{d\zeta}{dt} = \frac{d\eta}{dt} = \frac{d\zeta}{dt} = 0.$$

Daraus folgt, daß bei dieser Voraussetzung keine Wirbelbewegung entstehen, aber auch eine vorhandene Wirbelbewegung nicht vernichtet werden kann. Aus

$$\frac{\partial\xi}{\partial x} + \frac{\partial\eta}{\partial y} + \frac{\partial\zeta}{\partial z} = 0, \text{ folgt } \iiint\left(\frac{\partial\xi}{\partial x} + \frac{\partial\eta}{\partial y} + \frac{\partial\zeta}{\partial z}\right) dx\, dy\, dz = 0,$$

wobei dieses Raumintegral über einen geschlossenen Raum zu erstrecken ist. Daraus ergibt sich

$$\iint(\xi\, dy\, dz + \eta\, dx\, dz + \zeta\, dx\, dy) = 0;$$

weil $dydz$, $dxdz$, $dxdy$ als Projektionen des Oberflächenelementes dO aufgefaßt werden können, so ist obiges Oberflächenintegral =

$$\iint [\xi \cos(xn) + \eta \cos(yn) + \zeta \cos(zn)]\, dO = 0$$

oder $\iint w_n \cdot dO = 0$, wobei w_n die Normalkomponente des resultierenden Wirbels vorstellt.

Denkt man sich die Wirbelachsen stetig ineinander übergeführt, so erhält man eine Wirbellinie, d. i. also eine Kurve, welche von den Wirbelachsen eingehüllt wird. Für eine unendlich kleine Fläche denken wir uns die Wirbellinien gezeichnet. Dann umhüllen diese ein Gebilde, das Wirbelfaden oder Wirbelkanal genannt wird. Für einen solchen Raum mit den Endflächen f_1 und f_2 wenden wir den vorstehenden Integralsatz an und erhalten

$$\iint w \cdot \cos(wn)\, dO = 0$$

oder, weil an der Stelle f_1, $\cos(wn) = +1$, an der Stelle f_2 $\cos(wn_2) = -1$ und für alle Stellen der Mantelfläche des Wirbelfadens $\cos(wn) = 0$, so ist $w_1 f_1 - w_2 f_2 = 0$. Das Produkt $w_1 \cdot f_1$ nennt Helmholtz die Wirbelintensität und wir erhalten den Satz, daß die Wirbelintensität längs eines Wirbelfadens konstant ist.

5. Anwendung auf zweifach zusammenhängende Räume.

Für den in Nr. 3 gekennzeichneten zweifach zusammenhängenden Potentialraum ist

$$\oint v \cdot ds = \oint d\varphi = \iint 2\, w_n \cdot dF.$$

Zerlegt man die geschlossene Kurve (Abb. 10) in zwei Teile ACB und BDA, so erhält man für die Zirkulation

$$\int_{ACB} d\varphi + \int_{BDA} d\varphi = 2\iint w_n\, dF \quad \text{oder} \quad \int_{ACB} d\varphi - \int_{ADB} d\varphi = 2\iint w_n\, dF,$$

daher

$$\int_{ACB} d\varphi = \int_{ADB} d\varphi + 2\iint w_n\, dF,$$

d. h. der Wert des Potentials an der Stelle B hängt von dem Integrationsweg ab, oder das Potential ist in diesem Falle keine eindeutige Funktion. Dies widerspricht unserem früheren Satze (S. 42) keineswegs; denn man muß beachten, daß eben durch den kleinen Kreis, in welchem kein Potential besteht, der also einen Wirbelbereich vorstellt, der Potentialraum zweifach zusammenhängend wird. Auch ist eben nicht an jeder Stelle des gesamten Strömungsbereiches rot $\bar{v} = 0$, sondern nur im Gebiete des Potentialraumes selbst. Beschreibt man also einen Umlauf um den Wirbelraum, so hat sich der Potentialwert an der Stelle A um den Wert $2\iint w_n \cdot dF$ geändert. Diese Größe heißt zyklische Konstante, und aus dem Helmholtzschen Satz folgt, daß dieselbe eine wirkliche Konstante ist.

6. Die Stromfadentheorie.

Es sei stationäre Strömung vorausgesetzt. An einer Stelle der Strömung herrsche die Geschwindigkeit v. Schreitet man in der Richtung von $\bar{v}$ um das Stück ds fort, so kommt man zu einer Stelle, an welcher die Geschwindigkeit v' ist. Die Kurven, welche von den Geschwindigkeiten eingehüllt werden, heißen Stromlinien. Im Falle der stationären Strömung sind die Stromlinien auch gleichzeitig die Strombahnen. Für diese muß die Beziehung gelten:

$$\frac{dx}{v_x} = \frac{dy}{v_y} = \frac{dz}{v_z},$$

weil $dx = v_x \cdot dt$, $dy = v_y \cdot dt$ und $dz = v_z \cdot dt$.

Im Falle ein Geschwindigkeitspotential φ besteht, ist die Komponente der Strömungsgeschwindigkeit an einer Stelle normal zur Potentialfläche gegeben durch

$$v_n = -\frac{\partial \varphi}{\partial n} = -\left(\frac{\partial \varphi}{\partial x} \cdot \frac{dx}{dn} + \frac{\partial \varphi}{\partial y} \cdot \frac{dy}{dn} + \frac{\partial \varphi}{\partial z} \cdot \frac{dz}{dn}\right)$$

oder

$$v_n = -\left(\frac{\partial \varphi}{\partial x} \cos(xn) + \frac{\partial \varphi}{\partial y} \cos(yn) + \frac{\partial \varphi}{\partial z} \cos(zn)\right).$$

Da aber die resultierende Geschwindigkeit

$$v = v_x \cdot \cos(xn) + v_y \cos(yn) + v_z \cos(zn),$$

so folgt $v = v_n$, d. h. die resultierende Geschwindigkeit ist zur Potentialfläche normal gerichtet. Denken wir uns an einer Stelle, wo die Geschwindigkeit $\bar{v}$ herrschen möge, eine unendlich kleine Fläche df normal zur Geschwindigkeit $\bar{v}$ gelegt und für jeden Punkt der Berandung die Stromlinien konstruiert, so umhüllen diese Stromlinien einen Raum, welcher als Stromfaden (bei endlicher Fläche f auch als Stromröhre) bezeichnet wird. Aus der Kontinuitätsgleichung

$$\frac{\partial v_x}{\partial x} + \frac{\partial v_y}{\partial y} + \frac{\partial v_z}{\partial z} = 0$$

folgt dann, daß $\iiint \left(\frac{\partial v_x}{\partial x} + \frac{\partial v_y}{\partial y} + \frac{\partial v_z}{\partial z} \right) dx\,dy\,dz = 0.$

Nach Umwandlung dieses Volumsintegrales in ein Oberflächenintegral erhält man:

$$\iint v_x\,dy\,dz + v_y\,dx\,dz + v_z\,dx\,dy) = 0$$

oder $$\iint [v_x \cos(xn) + v_y \cos(yn) + v_z \cos(zn)]\,dF = 0,$$

wobei dF ein Oberflächenelement bedeutet; daraus folgt

$$\iint v_n\,dF = 0.$$

Wird dieses Integral über die Oberfläche einer Stromröhre erstreckt, welche durch die Flächen f_1 und f_2 begrenzt sein möge, so ist, weil der Richtungskoeffizient von $\sphericalangle (nv)$ an der Stelle f_1, $\cos(vn) = +1$, an der Stelle f_2, $\cos(vn) = -1$ und an der Mantelfläche des ganzen Stromfadens, $\cos(vn) = 0$ ist, $f_1 v_1 - f_2 v_2 = 0$ oder $f_1 v_1 = f_2 v_2$. Dies ist die einfache Form der Kontinuitätsgleichung für eine unzusammendrückbare Flüssigkeit bei stationärer Bewegung. Wir denken uns die Stromröhre (Abb. 11) jetzt von festen Wänden begrenzt und wenden auf den Stromfaden $ABCD$ Schwerpunkt und Momentensatz der allgemeinen Mechanik an. Diesen Sätzen zufolge ist:

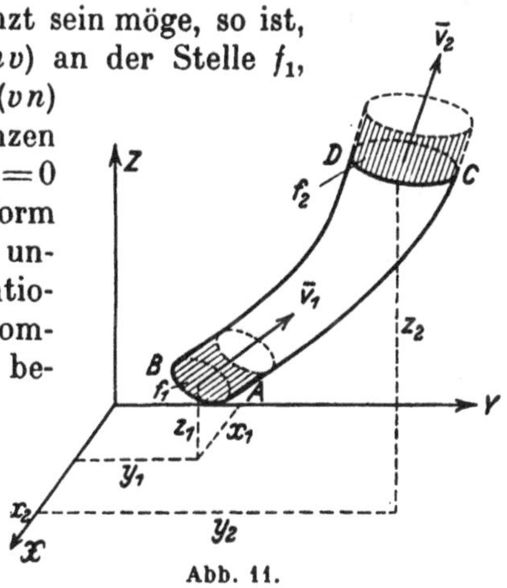

Abb. 11.

1. Die zeitliche Änderung der vektoriellen Summe der Massengeschwindigkeiten gleich der vektoriellen Summe der äußeren Kräfte und
2. Die zeitliche Änderung der vektoriellen Summe der Momente der Massengeschwindigkeiten in bezug auf eine feste Achse ist gleich dem Moment der äußeren Kräfte in bezug auf dieselbe feste Achse.

Aus dem Satze 1 folgt: Strömt in der Zeit dt durch die Fläche AB die Wassermenge $f_1 v_1 dt = Q dt$ ein, durch die Fläche CD die Menge $f_2 v_2 dt = Q dt$ aus, so ist die Änderung der Bewegungsgröße der Masse $ABCD$ in der Zeit dt gegeben durch:

$$\frac{\gamma}{g}(Q\bar{v}_2 - Q\bar{v}_1)\,dt.$$

Daher ist die Änderung der Bewegungsgröße in der Zeiteinheit

$$\frac{\gamma}{g}Q(\bar{v}_2 - \bar{v}_1) = \bar{P} + \bar{R} + \overline{p_1 f_1} - \overline{p_2 f_2},$$

wobei R die Kraft der Gefäßwände auf die Flüssigkeitsmasse, P die resultierende eingeprägte Kraft, p_1, p_2 die Drücke an den Flächenelementen f_1 und f_2, γ das spezifische Gewicht der Flüssigkeit und $g = 9{,}81$ m/sec² bedeuten. Die Kraft des strömenden Wassers auf die Gefäßwände (die sog. Reaktion) ist somit

$$-R = \frac{\gamma}{g}Q(\bar{v}_1 - \bar{v}_2) + P + \overline{p_1 f_1} - \overline{p_2 f_2},$$

welche Gleichung in Koordinaten lautet:

$$-R_x = \frac{\gamma}{g}Q(v_{1x} - v_{2x}) + P_x + p_1 f_1 \cos(xn_1) - p_2 f_2 \cos(xn_2)$$

$$-R_y = \frac{\gamma}{g}Q(v_{1y} - v_{2y}) + P_y + p_1 f_1 \cos(yn_1) - p_2 f_2 \cos(yn_2)$$

$$-R_z = \frac{\gamma}{g}Q(v_{1z} - v_{2z}) + P_z + p_1 f_1 \cos(zn_1) - p_2 f_2 \cos(zn_2).$$

(xn_1), (yn_1), (zn_1) sind die Neigungswinkel der Flächennormalen von f_1 gegen die x, y und z-Achse. Analoges gilt von (xn_2) usw. Das Moment der Massengeschwindigkeiten der Flüssigkeitsmenge, die in der Zeit dt bei f_1 eintritt, ist für die x-Achse $= \frac{\gamma}{g}Q(y_1 v_{z1} - z_1 v_{y1})\,dt$, das der bei f_2 austretenden Masse $= \frac{\gamma Q}{g}(y_2 v_{z2} - z_2 v_{y2})\,dt$. Hierbei sind y_1, z_1, y_2, z_2 die Koordinaten der Mittelpunkte der Flächen f_1 und f_2. Daher ist die Änderung des Momentes der Massengeschwindigkeiten, in der Zeiteinheit um die x-Achse:

$$\frac{\gamma Q}{g}[(y_2 v_{2z} - z_2 v_{2y}) - (y_1 v_{1z} - z_1 v_{1y})] = M_x + M_{Rx} + y_1 p_1 f_1 \cos(zn_1) - \\ - z_1 p_1 f_1 \cos(yn_1) - [y_2 p_2 f_2 \cos(zn_2) - z_2 p_2 f_2 \cos(yn_2)].$$

Dabei bedeuten: M_x das Moment der eingeprägten Kräfte um die x-Achse, M_{Rx} das Moment der Reaktionskräfte von seiten der Gefäßwände. Daher ergibt sich das Reaktionsmoment des strömenden Wassers auf die Gefäßwände:

$$-M_{Rx} = M_x - Q\frac{\gamma}{g}[(y_2 v_{2z} - z_2 v_{2y}) - (y_1 v_{1z} - z_1 v_{1y})] + \text{Moment der Druckkräfte um die } x\text{-Achse.}$$

Analoge Gleichungen bestehen für die y- und z-Achse.

Die wichtigsten Ergebnisse dieser Untersuchung sind die folgenden:

1. Ob die Flüssigkeit ideal ist oder nicht, die Gleichung für die Reaktionskraft und für das Reaktionsmoment bleibt unverändert[1]).
2. Stets sind für die Reaktionskraft und das Reaktionsmoment nur die Geschwindigkeits- und Druckverhältnisse am Ein- und Austritt der Stromröhre maßgebend. Die übrige Form der Stromröhre ist für die Größe der Reaktion belanglos[2]). Vorausgesetzt wird hierbei, daß das Gefäß selbst in Ruhe bleibt.
3. Bei der räumlich gewundenen Stromröhre tritt im allgemeinsten Falle nie eine resultierende Reaktionseinzelkraft allein auf, sondern stets noch ein Reaktionsmoment. Dies entspricht den Lehren der Statik, nach welcher ein räumliches Kraftsystem sich auf eine Reduktionseinzelkraft und ein Reduktionskräftepaar zurückführen läßt.

Der früher abgeleiteten Gleichung für das Reaktionsmoment um eine feste Achse kann eine einfache Gestalt gegeben werden, wenn man die Bildung des Momentes eines Vektors in bezug auf eine Achse in Betracht zieht. Nach dieser Definition wird das Moment eines Vektors $\bar{v}$ in bezug auf die Achse $\bar{a}$ gefunden, indem man (Abb. 12) durch den Angriffspunkt des Vektors die Normalebene E zur Achse a zieht, den Vektor v auf diese Ebene projiziert und das Moment der projizierten Komponente v_b in bezug auf den Durchstoßpunkt der Ebene E mit der Achse a bildet. Daher ist:

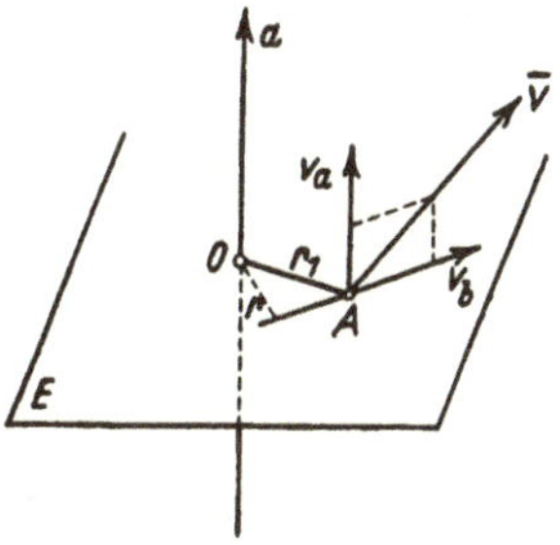

Abb. 12.

$$\bar{M}_a^{v} = \bar{M}_0^{v_b}.$$

Bedeutet r den Normalabstand des Punktes 0 von der Komponente v_b, so ist

$$M_a^{v} = v_b \cdot r.$$

---

[1]) Einen ausführlichen Beweis hierfür, bei welchem in den Gleichungen ein spezielles Reibungsgesetz eingeführt wird, welches Reibungsgesetz aber im Endresultat nicht vorkommt, hat Lorenz in Techn. Physik, Bd. III, S. 128, gegeben.

[2]) Sehr schön lassen sich diese Erscheinungen mit einem von E. Mach angegebenen Apparate demonstrieren. Vgl. E. Mach, Die Entwicklung der Mechanik. 1912, S. 307.

Daraus folgt, daß das Moment eines Vektors in bezug auf eine Achse verschwindet, wenn

1. der Vektor die Achse schneidet,

oder

2. der Vektor zur Achse parallel ist.

Um jetzt das Moment der Geschwindigkeit $\bar{v}_1$ in bezug auf die Achse a zu bilden, zerlege man $\bar{v}_1$ in die Komponenten v_{1e} und v_{1a}. Weiters zerlege man (Abb. 13) v_{1e} in eine Komponente v_{1n}, welche normal zum Radiusvektor r_1 steht und in eine Komponente v_{1r}, welche in die Richtung des Radiusvektors fällt. Für das Moment erhält man $M_a^{v_1} = v_{1n} \cdot r_1$. Ebenso verfahre man mit der Geschwindigkeit v_2. Es ist $M_a^{v_2} = v_{2n} \cdot r_2$. Daher ist das Reaktionsmoment

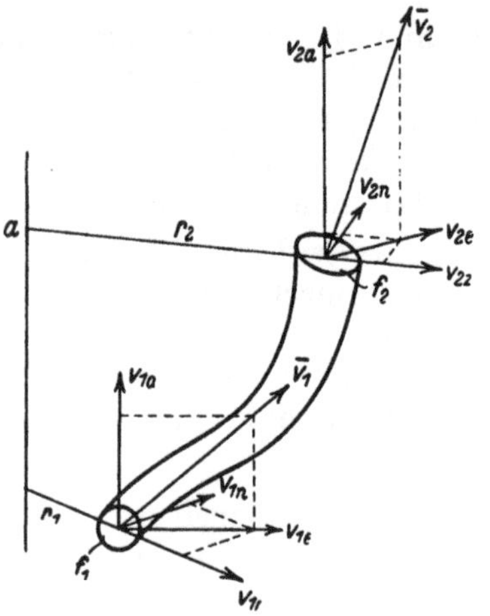

Abb. 13.

$$- M_{R_a} = \frac{\gamma Q}{g} (v_{1n} \cdot r_1 - v_{2n} \cdot r_2) +$$
$$+ M_{P_a} + (p_1 f_1)_{1n} \cdot r_1 - (p_2 f_2)_{2n} r_2,$$

wobei Q die sekundliche Wassermenge, M_{P_a} das Moment der äußeren Kräfte in bezug auf die Achse a, $(p_1 f_1)_{1n}$ die Komponente der Druckkraft an der Fläche f_1 in Richtung der Normalen zu r_1 und $(p_2 f_2)_{2n}$ die Komponente der Druckkraft in der Richtung der Normalen zu r_2 bedeuten.

Man beachte, daß die obige Formel zunächst nur für ruhende Kanäle mit kleinem Querschnitt bei stationärer Strömung abgeleitet wurde, denn nur für solche Kanäle ist die Annahme gestattet, daß eine gleichmäßige Geschwindigkeitsverteilung über den Querschnitt bestehe. $\bar{v}_1$ und $\bar{v}_2$ bedeuten absolute Geschwindigkeiten.

IV. Ebene Potentialströmung.

1. Sätze aus der Theorie der komplexen Funktionen[1]).

Die komplexe Zahl ist definiert durch

$$z = x + i\,y, \text{ wobei } i = \sqrt{-1} \quad \ldots\ldots\ldots \quad (1)$$

Von dieser Größe z bestehe eine Funktion $F(z)$ derart, daß

$$F(z) = F(x + i\,y) = \varphi(xy) + i\,\psi(xy), \quad \ldots\ldots \quad (2)$$

[1]) Lagally, l. c. S. 53. — Müller, Strömungslehre. — Kirchhoff, Mechanik, 21. u. 22. Vorlesung. Auch in Crelles Journ., Bd. 70.

wobei φ und ψ reelle Funktionen von x und y sein mögen. Dann ist:

$$\frac{\partial F(z)}{\partial x} = \frac{\partial \varphi}{\partial x} + i \frac{\partial \psi}{\partial x} = \frac{\partial F}{\partial z} \cdot \frac{\partial z}{\partial x}.$$

Aus (1) folgt

$$\frac{\partial z}{\partial x} = 1 \quad \text{und} \quad \frac{\partial z}{\partial y} = i,$$

daher

$$\frac{\partial F}{\partial x} = \frac{\partial F}{\partial z} = \frac{\partial \varphi}{\partial x} + i \frac{\partial \psi}{\partial x}; \quad \ldots \ldots \ldots (3)$$

ebenso erhält man

$$\frac{\partial F}{\partial y} = \frac{\partial \varphi}{\partial y} + i \frac{\partial \psi}{\partial y} = \frac{\partial F}{\partial z} \cdot \frac{\partial z}{\partial y}$$

oder

$$\frac{\partial F}{\partial y} = i \frac{\partial F}{\partial z} = \frac{\partial \varphi}{\partial y} + i \frac{\partial \psi}{\partial y} \quad \ldots \ldots \ldots (4)$$

Es ist also

$$\frac{\partial F}{\partial z} = \frac{\partial F}{\partial x} = \frac{1}{i} \frac{\partial F}{\partial y} = -i \frac{\partial F}{\partial y},$$

daher

$$\frac{\partial \varphi}{\partial x} + i \frac{\partial \psi}{\partial x} = -i \frac{\partial \varphi}{\partial y} + \frac{\partial \psi}{\partial y} \quad \ldots \ldots \ldots (5)$$

Durch Vergleich der reellen und imaginären Glieder links und rechts folgt:

$$\left.\begin{aligned} \frac{\partial \varphi}{\partial x} &= \frac{\partial \psi}{\partial y} \\ \text{und} \quad \frac{\partial \psi}{\partial x} &= -\frac{\partial \varphi}{\partial y} \end{aligned}\right\} \quad \ldots \ldots \ldots \ldots (6)$$

Damit also $F(x)$ sich als Funktion von z durch $\varphi(xy) + i\psi(xy)$ darstellen lasse, ist das Bestehen der Cauchy-Riemannschen Differentialgleichungen (6) erforderlich.

Denken wir uns zwei Kurven $\varphi(x, y)$ und $\psi(x, y)$, die einander orthogonal schneiden, gegeben, so ist der Richtungskoeffizient der Tangente in einem Punkte der Kurve $\varphi(x, y)$ gegeben durch

$$y_1' = -\frac{\dfrac{\partial \varphi}{\partial x}}{\dfrac{\partial \varphi}{\partial y}} \quad \ldots \ldots \ldots \ldots (7)$$

Der Richtungskoeffizient der Kurve $\psi(xy)$ ist gegeben durch

$$y_2' = -\frac{\frac{\partial \psi}{\partial x}}{\frac{\partial \psi}{\partial y}} \quad \ldots\ldots\ldots\ldots \quad (8)$$

Da die beiden Kurven einander orthogonal schneiden sollen, so ist

$$y_2' = -\frac{1}{y_1'};$$

daher

$$-\frac{\frac{\partial \psi}{\partial x}}{\frac{\partial \psi}{\partial y}} = +\frac{\frac{\partial \varphi}{\partial y}}{\frac{\partial \varphi}{\partial x}}$$

oder

$$\frac{\partial \varphi}{\partial x} \cdot \frac{\partial \psi}{\partial x} + \frac{\partial \varphi}{\partial y} \cdot \frac{\partial \psi}{\partial y} = 0 \quad \ldots\ldots\ldots\ldots \quad (9)$$

Wenn also zwei Kurven $\varphi(xy)$ und $\psi(xy)$ die Gleichung (9) erfüllen, so schneiden sie sich orthogonal.

Aus den Cauchy-Riemannschen Differentialgleichungen aber folgt:

$$\frac{\partial \varphi}{\partial x} \cdot \frac{\partial \psi}{\partial x} + \frac{\partial \varphi}{\partial y} \cdot \frac{\partial \psi}{\partial y} = 0,$$

d. h. die beiden Kurvensysteme bilden ein System orthogonaler Trajektorien. Aus den Cauchy-Riemannschen Gleichungen folgt ferner durch Differentiation und Addition:

$$\frac{\partial^2 \varphi}{\partial x^2} = \frac{\partial^2 \psi}{\partial x \partial y}, \quad \frac{\partial^2 \psi}{\partial x \partial y} = -\frac{\partial^2 \varphi}{\partial y^2},$$

also

$$\frac{\partial^2 \varphi}{\partial x^2} + \frac{\partial^2 \varphi}{\partial y^2} = \Delta \varphi = 0$$

und ebenso

$$\frac{\partial^2 \psi}{\partial x^2} + \frac{\partial^2 \psi}{\partial y^2} = \Delta \psi = 0 \quad \ldots\ldots\ldots\ldots \quad (10)$$

Aus $F(z) = F(x + iy) = \varphi + i\psi$ folgt

$$\frac{dF(z)}{dz} = \frac{\frac{\partial \varphi}{\partial x} dx + \frac{\partial \varphi}{\partial y} dy + i\left(\frac{\partial \psi}{\partial x} dx + \frac{\partial \psi}{\partial y} dy\right)}{dx + i\,dy}.$$

Mit Berücksichtigung der Cauchy-Riemannschen Differentialgleichungen erhält man

$$\frac{dF(z)}{dz} = \frac{\frac{\partial \varphi}{\partial x} + i\frac{\partial \psi}{\partial x} + \left(\frac{\partial \varphi}{\partial y} + i\frac{\partial \psi}{\partial y}\right) y'}{1 + i y'}$$

$$\frac{dF(z)}{dz} = \frac{\frac{\partial \varphi}{\partial x} - i\frac{\partial \varphi}{\partial y} + \left(\frac{\partial \varphi}{\partial y} + i\frac{\partial \varphi}{\partial x}\right) y'}{1 + i y'}$$

$$\frac{dF(z)}{dz} = \frac{\frac{\partial \varphi}{\partial x} - i\frac{\partial \varphi}{\partial y} + i\left(\frac{\partial \varphi}{\partial x} - i\frac{\partial \varphi}{\partial y}\right) y'}{1 + i y'},$$

somit

$$\frac{dF(z)}{dz} = \frac{\partial \varphi}{\partial x} - i\frac{\partial \varphi}{\partial y} = \frac{\partial \varphi}{\partial x} + i\frac{\partial \psi}{\partial x} = \frac{\partial F}{\partial x}.$$

Wie man sieht, ist also der Differentialquotient der Funktion F nach z unabhängig von y'. In der xy-Ebene entspricht jedem Punkte dieser Ebene eine komplexe Größe z.

Werden φ und ψ, die selbst Funktionen von x und y sind, als orthogonale Koordinaten eines neuen Systems aufgetragen, so entspricht

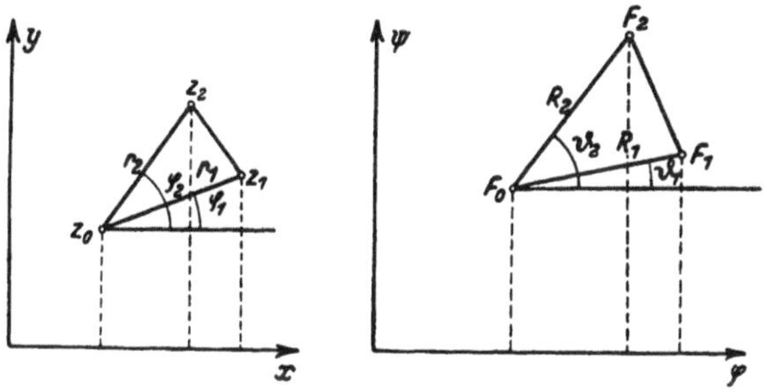

Abb. 14.

(Abb. 14) jedem Punkte z der xy-Ebene ein ganz bestimmter Punkt in der φ, ψ-Ebene, oder man sagt auch, daß durch die Funktion $F(z)$ eine Kurve in der xy-Ebene auf die $\varphi\psi$-Ebene abgebildet wird. Von dieser Abbildung können wir nachweisen, daß sie in den kleinsten Teilen konform ist, d. h. die Winkel bleiben bei der Abbildung erhalten, und die Seiten von unendlich kleinen Begrenzungen sind in den Abbildungen einander proportional. Also herrscht in den Elementen Ähnlichkeit. Denn dem Punkte z in der xy-Ebene wird durch Bildung der Funktion $F(z)$ ein ganz bestimmter Punkt in der $\varphi\psi$-Ebene zugeordnet; so entsprechen den Punkten z_0, z_1 und z_2 die Punkte F_0, F_1 und F_2. Von diesen Punkten wollen wir annehmen, daß sie unendlich benachbart sind.

Dann muß nach dem vorherstehenden Satz, weil $\frac{dF}{dz}$ unabhängig von y' ist,

$$\frac{F(z_2)-F(z_0)}{z_2-z_0}=\frac{F(z_1)-F(z_0)}{z_1-z_0},$$

mithin

$$\frac{F(z_2)-F(z_0)}{F(z_1)-F(z_0)}=\frac{z_2-z_1}{z_1-z_0}$$

sein. Weil

$$z_1-z_0=r_1\cdot e^{i\varphi_1}, \text{ so ist } F(z_1)-F(z_0)=R_1 e^{i\vartheta_1}$$

und

$$z_2-z_1=r_2\cdot e^{i\varphi}, \text{ daher } F(z_2)-F(z_1)=R_2 e^{i\vartheta_2},$$

woraus folgt

$$\frac{R_2}{R_1}\cdot e^{i(\vartheta_2-\vartheta_1)}=\frac{r_2}{r_1}\cdot e^{i(\varphi_2-\varphi_1)},$$

also

$$\frac{R_2}{R_1}=\frac{r_2}{r_1} \text{ und } \vartheta_2-\vartheta_1=\varphi_2-\varphi_1.$$

Damit ist aber die Ähnlichkeit unendlicher kleiner Dreiecke und damit auch von beliebigen, unendlich kleinen Figuren bewiesen.

2. Zusammenhang der Theorie komplexer Funktionen mit der Theorie der ebenen Potentialströmung.

Die Kontinuitätsgleichung für die ebene Strömung lautet:

$$\frac{\partial v_x}{\partial x}+\frac{\partial v_y}{\partial y}=0 \quad \text{(I)}$$

Ist die Bewegung wirbelfrei, so muß

$$\frac{\partial v_x}{\partial y}-\frac{\partial v_y}{\partial x}=0 \quad \text{(II)}$$

Die Gleichung (I) wird durch den Ansatz

$$v_x=-\frac{\partial\psi}{\partial y},\quad v_y=+\frac{\partial\psi}{\partial x} \quad (1)$$

befriedigt. Vermöge Gleichung (II) besteht eine Funktion φ der Koordinaten, die so beschaffen ist, daß

$$v_x=-\frac{\partial\varphi}{\partial x},\quad v_y=-\frac{\partial\varphi}{\partial y} \quad (2)$$

Die Gleichung (I) nimmt dann die Form

$$\frac{\partial^2\varphi}{\partial x^2}+\frac{\partial^2\varphi}{\partial y}=\Delta\varphi=0$$

an, und die Gleichung (II) läßt sich auch darstellen durch

$$\frac{\partial^2 \psi}{\partial x^2} + \frac{\partial^2 \psi}{\partial y^2} = \Delta \psi = 0.$$

Das sind aber dieselben Gleichungen, wie sie in Gleichung (10) auf S. 54 entwickelt worden sind. Die Gleichung einer Stromlinie lautet:

$$\frac{dx}{v_x} = \frac{dy}{v_y}$$

oder

$$v_y \cdot dx - v_x \cdot dy = 0 \quad \ldots \ldots \ldots \quad \text{(III)}$$

Mit Berücksichtigung von (1) folgt aus (III)

$$\frac{\partial \psi}{\partial x} dx + \frac{\partial \psi}{\partial y} dy = 0,$$

d. h.

$$d\psi = 0$$

oder für ein und dieselbe Stromlinie hat ψ einen konstanten Wert $\psi = C$.

Man nennt ψ die Stromfunktion.

Aus (1) und (2) folgt

$$\frac{\partial \varphi}{\partial x} = + \frac{\partial \psi}{\partial y}, \quad - \frac{\partial \varphi}{\partial y} = \frac{\partial \psi}{\partial x} \quad \ldots \ldots \ldots \quad \text{(IV)}$$

Das sind dieselben Gleichungen, welche wir in der Theorie der komplexen Funktionen als Cauchy-Riemannsche Differentialgleichungen bezeichnet haben. Aus Gleichung (IV) folgt:

$$\frac{\partial \varphi}{\partial x} \cdot \frac{\partial \psi}{\partial x} + \frac{\partial \varphi}{\partial y} \cdot \frac{\partial \psi}{\partial x} = 0, \quad \ldots \ldots \ldots \quad \text{(V)}$$

d. h. die Stromlinien und die Linien gleichen Geschwindigkeitspotentials schneiden einander unter rechten Winkeln.

Jede Funktion $F(z)$ einer komplexen Größe ist daher so beschaffen, daß ihr reeller Bestandteil die Potentialfunktion und der imaginäre Bestandteil die »Stromfunktion« ψ angibt. Die Funktion selbst wird durch die Grenzbedingungen näher bestimmt. Auch kann umgekehrt die Funktion φ als Stromfunktion und ψ als Potentialfunktion angesehen werden.

3. Beispiele.

1. Es sei $F(z) = z = x + iy = \varphi + i\psi$, d. h. $x = \varphi$, $y = \psi$. Wird ψ als Stromfunktion angesehen, so sind die Stromlinien parallele Gerade zur x-Achse.

2. Die Funktion $F(z) = \varphi + i\psi = z^2 = (x + iy)^2$ liefert $\varphi = x^2 - y^2$, $\psi = 2xy$. D. h. wird ψ als Stromfunktion gewählt, so sind die Stromlinien Hyperbeln.

3. Es sei $F(z) = a\left(z + \frac{b^2}{z}\right)$, also

$$\varphi + i\psi = ax + aiy + \frac{b^2 a}{x + iy}$$

$$\varphi + i\psi = ax + aiy + \frac{b^2 a (x - iy)}{x^2 + y^2}.$$

Daraus folgt

$$\varphi = ax + \frac{a b^2 x}{x^2 + y^2}$$

$$\psi = -\frac{b^2 y a}{x^2 + y^2} + ay,$$

mithin

$$v_x = -\frac{\partial \varphi}{\partial x} = -a\left[1 + \frac{b^2 (y^2 - x^2)}{(x^2 + y^2)^2}\right]$$

$$v_y = -\frac{\partial \varphi}{\partial y} = + b^2 a \frac{2yx}{(x^2 + y^2)^2}.$$

Für $y = 0$, wird $\psi = 0$; aber auch für $r = b$, wobei $x^2 + y^2 = r^2$, wird ψ null. Daher besteht die Stromlinie $\psi = 0$ zum Teil aus der x-Achse, zum Teil aus dem Kreis mit dem Radius b. Wir haben es also mit der Strömung um einen Kreiszylinder zu tun. (Abb. 15.) Denn bei einer solchen muß die Komponente der Geschwindigkeit normal zur Zylinderfläche an derselben, also für $r = b$ null sein. Berechnet man $v_n = -\frac{\partial \varphi}{\partial n} = 0$, so erhält man mit Berücksichtigung, daß

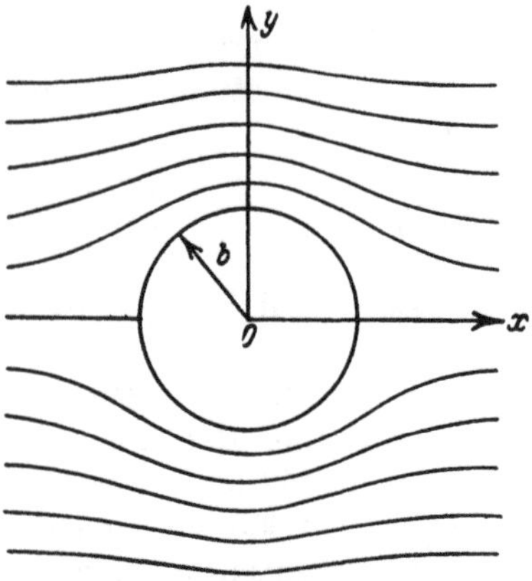

Abb. 15.

$$\frac{\partial r}{\partial n} = 1 \text{ und } \frac{dx}{dn} = \frac{x}{r} \text{ ist,}$$

$$\frac{\partial \varphi}{\partial n} = a\frac{x}{r} + \frac{ab^2}{r^2} \cdot \frac{x}{r} - 2\frac{ab^2 x}{r^3} = 0$$

und daraus

$$a + \frac{ab^2}{r^2} - 2\frac{ab^2}{r^2} = a - \frac{ab^2}{r^2} = 0,$$

welche Gleichung für $r = b$ tatsächlich sich auf Null reduziert.

4. Es sei $F(z) = ki \lg_{nat} z = kil(x + iy) = \varphi + i\psi$.

Wenn man berücksichtigt[1]), daß $z = r(\cos\vartheta + i\sin\vartheta)$ und $z = re^{i\vartheta}$ ist, so ist $lz = lr + i\vartheta$. Also $\varphi + i\psi = (lr + i\vartheta)ki = kilr - k\vartheta$ und daraus $\varphi = -k\vartheta$ und $\psi = klr$.

[1]) Im Folgenden wird $\log_{nat}$ kurzweg mit l bezeichnet.

Für ψ konstant ist r auch konstant. (Abb. 16.) Die Stromlinien sind daher Kreise. Die Geschwindigkeit ergibt sich aus

$$v = -\frac{d\varphi}{ds} = k \cdot \frac{1}{r},$$

weil $ds = r\,d\vartheta$. Also auch diese Strömung stellt die ebene Flüssigkeitsbewegung um einen Zylinder vor. Nur besteht hier kein eindeutiges Geschwindigkeitspotential. (Vgl. S. 42.)

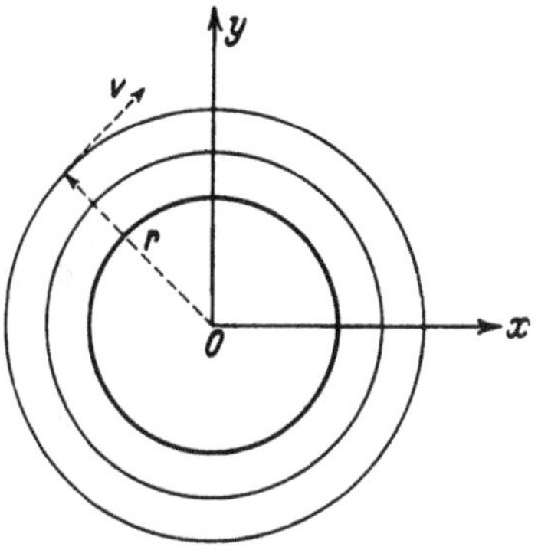

Abb. 16.

5. Aus den Strömungen (3) und (4) läßt sich eine neue Strömung herleiten, bei welcher, dem Additionstheorem komplexer Größen gemäß,

$$F(z) = \varphi + i\psi = a\left(z + \frac{b^2}{z}\right) + k\,i\,l\,z$$

ist. Wir werden später die unter (4) gekennzeichnete Strömung als Zirkulationsströmung um den Zylinder kennenlernen. (Vgl. auch S. 76.) Die Strömung (5) kann aus der Überlagerung einer Zirkulationsströmung über der gewöhnlichen Potentialströmung um den Zylinder erzeugt werden.

4. Fortsetzung der Theorie komplexer Funktionen.

Wenn $z = x + iy$, so bildeten wir eine Funktion von z, $F(z) = \varphi + i\psi$ und konnten dann durch Gleichsetzen der reellen und der imaginären Glieder auf beiden Seiten der Gleichung die Funktionen φ und ψ als Funktionen von x und y bestimmen. Die Rechnung kann nun höchst kompliziert werden, wenn z als Funktion von φ und ψ gegeben ist. In diesem Falle hilft man sich wie folgt. Weil φ eine Funktion von x und y ist, so ist

$$d\varphi = \frac{\partial\varphi}{\partial x}dx + \frac{\partial\varphi}{\partial y}dy$$

und ebenso

$$d\psi = \frac{\partial\psi}{\partial x}dx + \frac{\partial\psi}{\partial y}dy.$$

Daher ist

$$dx = \frac{\begin{vmatrix} d\varphi & \frac{\partial\varphi}{\partial y} \\ d\psi & \frac{\partial\psi}{\partial y} \end{vmatrix}}{\begin{vmatrix} \frac{\partial\varphi}{\partial x} & \frac{\partial\varphi}{\partial y} \\ \frac{\partial\psi}{\partial x} & \frac{\partial\psi}{\partial y} \end{vmatrix}} = \frac{\frac{\partial\psi}{\partial y}\cdot d\varphi - \frac{\partial\varphi}{\partial y}\cdot d\psi}{\frac{\partial\varphi}{\partial x}\cdot\frac{\partial\psi}{\partial y} - \frac{\partial\varphi}{\partial y}\cdot\frac{\partial\psi}{\partial x}} \quad \ldots\ldots \text{(a)}$$

ebenso

$$dy = \frac{\frac{\partial \varphi}{\partial x} \cdot d\psi - \frac{\partial \psi}{\partial x} \cdot d\varphi}{\frac{\partial \varphi}{\partial x} \cdot \frac{\partial \psi}{\partial y} - \frac{\partial \varphi}{\partial y} \cdot \frac{\partial \psi}{\partial x}} \quad \ldots \ldots \ldots \quad \text{(b)}$$

Zufolge der Cauchyschen Differentialgleichungen ist

$$\frac{\partial \varphi}{\partial x} \cdot \frac{\partial \psi}{\partial y} - \frac{\partial \varphi}{\partial y} \cdot \frac{\partial \psi}{\partial x} = \left(\frac{\partial \varphi}{\partial x}\right)^2 + \left(\frac{\partial \varphi}{\partial y}\right)^2.$$

Soll anderseits x als Funktion von φ und ψ dargestellt werden, so muß

$$dx = \frac{\partial x}{\partial \varphi} d\varphi + \frac{\partial x}{\partial \psi} d\psi$$

und

$$dy = \frac{\partial y}{\partial \varphi} d\varphi + \frac{\partial y}{\partial \psi} d\psi$$

sein. Durch Vergleich dieser Ausdrücke mit den Formeln (a) und (b) folgt:

$$\frac{\partial x}{\partial \varphi} = \frac{\frac{\partial \psi}{\partial y}}{\left(\frac{\partial \varphi}{\partial x}\right)^2 + \left(\frac{\partial \varphi}{\partial y}\right)^2}, \quad \frac{\partial y}{\partial \varphi} = \frac{-\frac{\partial \psi}{\partial x}}{\left(\frac{\partial \varphi}{\partial x}\right)^2 + \left(\frac{\partial \varphi}{\partial y}\right)^2}.$$

Aus den Cauchyschen Formeln und der Beziehung

$$v^2 = v_x^2 + v_y^2 = \left(\frac{\partial \varphi}{\partial x}\right)^2 + \left(\frac{\partial \varphi}{\partial y}\right)^2,$$

folgt

$$\frac{\partial x}{\partial \varphi} = \frac{\frac{\partial \varphi}{\partial x}}{v^2}, \quad \frac{\partial y}{\partial \varphi} = \frac{\frac{\partial \varphi}{\partial y}}{v^2} \quad \ldots \ldots \ldots \ldots \quad \text{(c)}$$

Mithin

$$\left(\frac{\partial x}{\partial \varphi}\right)^2 + \left(\frac{\partial y}{\partial \varphi}\right)^2 = \frac{1}{v^2} \quad \ldots \ldots \ldots \ldots \quad \text{(I)}$$

Aus den Gleichungen (c) kann durch Integration x und y als Funktion von φ dargestellt werden. Für die freie Oberfläche muß der Druck konstant sein. Da $\frac{v^2}{2g} + \frac{p}{\gamma} = c$, so muß für die freie Oberfläche, also auch für die Trennungsfläche von strömender Flüssigkeit und Totwasser $v^2 =$ konstant sein. Weiters folgt aus Vergleich von (a) und (b)

$$\frac{\partial x}{\partial \psi} = -\frac{\frac{\partial \varphi}{\partial y}}{v^2} \quad \text{und} \quad \frac{\partial y}{\partial \psi} = \frac{\frac{\partial \varphi}{\partial x}}{v^2}$$

und ferner wegen der Cauchyschen Formel

$$\frac{\partial x}{\partial \varphi} = \frac{\partial y}{\partial \psi} \quad \text{und} \quad \frac{\partial y}{\partial \varphi} = -\frac{\partial x}{\partial \psi}.$$

Wird jetzt z als Funktion von φ und ψ dargestellt, also $w = \varphi + i\psi$ und ist $F(w) = z$, so ist

$$\frac{dz}{dw} = \frac{\frac{\partial z}{\partial \varphi} d\varphi + \frac{\partial z}{\partial \psi} d\psi}{d\varphi + i d\psi}$$

oder

$$\frac{dz}{dw} = \frac{\left(\frac{\partial x}{\partial \varphi} + i \frac{\partial y}{\partial \varphi}\right) d\varphi + \left(\frac{\partial x}{\partial \psi} + i \frac{\partial y}{\partial \psi}\right) d\psi}{d\varphi + i d\psi},$$

woraus mit Benützung der eben gefundenen Resultate folgt

$$\frac{dz}{dw} = \frac{\frac{\partial x}{\partial \varphi}(d\varphi + i d\psi) + i \frac{\partial y}{\partial \varphi}\left(d\varphi - \frac{1}{i}\partial \psi\right)}{d\varphi + i d\psi}$$

oder

$$\frac{dz}{dw} = \frac{\partial x}{\partial \varphi} + i \frac{\partial y}{\partial \varphi}.$$

Beispiel[1]). Es sei

$$\frac{dz}{dw} = \frac{1}{\sqrt{\varphi + i\psi}} + \sqrt{\frac{1}{\varphi + i\psi} - \frac{1}{c^2}},$$

Dieser Ausdruck ist für $\psi = 0$ reell, wenn $\frac{1}{\varphi} > \frac{1}{c^2}$.

Daher

$$\frac{\partial x}{\partial \varphi} + i \frac{\partial y}{\partial \varphi} = \frac{1}{\sqrt{\varphi}} + \sqrt{\frac{1}{\varphi} - \frac{1}{c^2}},$$

mithin

$$\frac{\partial x}{\partial \varphi} = \frac{1}{\sqrt{\varphi}} + \sqrt{\frac{1}{\varphi} - \frac{1}{c^2}} \quad \text{und} \quad \frac{\partial y}{\partial \varphi} = 0,$$

wenn $\psi = 0$ und $\frac{1}{\varphi} > \frac{1}{c^2}$. Durch Integration erhält man x und y durch φ dargestellt. Die Rechnung gestaltet sich wie folgt:

$$dx = \frac{d\varphi}{\sqrt{\varphi}} + \frac{\sqrt{c^2 - \varphi}}{c\sqrt{\varphi}} \cdot d\varphi.$$

[1]) Vgl. Schaefer, Theor. Physik, S. 820.

Das Integral ist lösbar durch die Substitution $\sqrt{\varphi} = u$. Man erhält

$$\int \frac{\sqrt{c^2 - \varphi}}{c\sqrt{\varphi}} \, d\varphi = c \cdot \arcsin \frac{\sqrt{\varphi}}{c} + \frac{1}{c} \sqrt{\varphi} \sqrt{c^2 - \varphi}.$$

Daher ist, bis auf eine willkürliche Integrationskonstante,

$$x = 2\sqrt{\varphi} + c \arcsin \frac{\sqrt{\varphi}}{c} + \frac{1}{c} \sqrt{\varphi} \cdot \sqrt{c^2 - \varphi}$$

und $y = 0$ bzw. $y =$ konstant.

Die Gleichung für x besteht, wenn $\sqrt{\varphi} < c$, also auch, wenn $\sqrt{\varphi} = + c$ und $\sqrt{\varphi} = - c$ ist.

Für diese Werte ergibt sich:

$$x_1 = \frac{c}{2}(4 + \pi) \quad \text{und} \quad x_2 = -\frac{c}{2}(4 + \pi).$$

Der Teil der Stromlinie $\psi = 0$, zwischen x_2 und x_1 entspricht für $y = 0$ einer geraden Strecke von der Breite $b = c\,(4 + \pi)$.

Im Falle $\frac{1}{\varphi} < \frac{1}{c^2}$ erhält man

$$dx = \frac{d\varphi}{\sqrt{\varphi}}, \quad dy = \sqrt{\frac{1}{c^2} - \frac{1}{\varphi}} \, d\varphi.$$

Das letzte Integral ist wieder lösbar durch die Substitution $\varphi = u^2$ und durch partielle Integration. Man erhält

$$y = \frac{1}{c^2} \sqrt{\varphi} \cdot \sqrt{\varphi - c^2} + l(\sqrt{\varphi} + \sqrt{\varphi - c^2}) + c_2 \quad \ldots\ldots \quad (3)$$

und

$$x = 2\sqrt{\varphi} + c_3 \quad \ldots\ldots\ldots\ldots \quad (4)$$

Aus

$$\frac{\partial x}{\partial \varphi} = \frac{1}{\sqrt{\varphi}} \quad \text{und} \quad \frac{\partial y}{\partial \varphi} = \sqrt{\frac{1}{c^2} - \frac{1}{\varphi}}$$

ergibt sich

$$\left(\frac{\partial x}{\partial \varphi}\right)^2 + \left(\frac{\partial y}{\partial \varphi}\right)^2 = \frac{1}{\varphi} + \frac{1}{c^2} - \frac{1}{\varphi} = \frac{1}{c^2}.$$

Nun stellt nach S. 60 der Ausdruck $\left(\frac{\partial x}{\partial \varphi}\right)^2 + \left(\frac{\partial y}{\partial \varphi}\right)^2$ den reziproken Wert des Quadrates der Geschwindigkeit vor; unsere Rechnung ergab, daß für den Teil der Stromlinie $\psi = 0$, für welchen $\frac{1}{\varphi} < \frac{1}{c^2}$ ist, die Geschwindigkeit konstant ist; dies ist aber nach dem Vorhergehenden nur für die Trennungsfläche zwischen Strömung und Totwasser möglich. Eliminiert man aus den Gleichungen (3) und (4) die Größe φ, so erhält man die Gleichung der Begrenzungslinie. Unser vorgegebener Ansatz behandelt also die Strömung um eine Platte von der Breite $b = (4 + \pi)\, c$. (Abb. 17.) Wir werden bei Berechnung des Druckes auf eine ebene Platte noch auf die Ausführung zurückkommen.

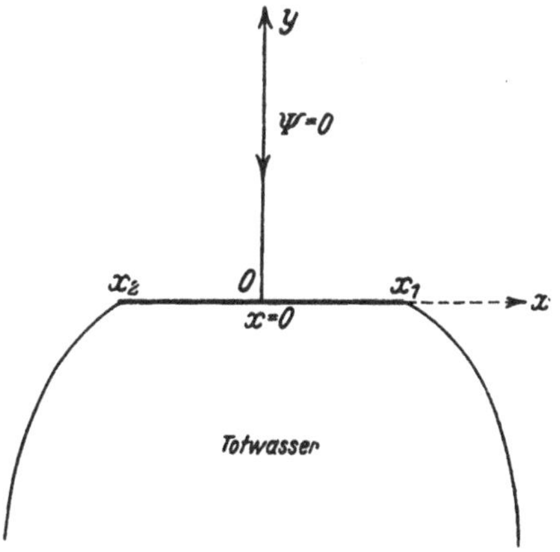

Abb. 17.

Aus $F(z) = \varphi + i\psi$ erhielten wir

$$\frac{dF}{dz} = \frac{\partial \varphi}{\partial x} + i\frac{\partial \psi}{\partial x} =$$

$$= \frac{\partial \varphi}{\partial x} - i\frac{\partial \varphi}{\partial y} = v_x - i v_y.$$

Es bedeutet aber $\bar{v}_x + \bar{v}_y = v$ die Geschwindigkeit an einer Stelle der Strömung und dem Punkte $v_x + iv_y$ entspricht der Endpunkt der Geschwindigkeit $\bar{v}$. Demnach stellt $v_x - iv_y$ die zur x-Achse gespiegelte Geschwindigkeit $\bar{v}$ vor.

Z. B. für die Strömung um einen Zylinder, S. 58, erhielten wir

$$F(z) = kilz,$$

demnach

$$\frac{dF(z)}{dz} = ki\frac{1}{z} = v_x - i v_y,$$

also

$$\frac{ki}{x + iy} = \frac{ki(x - iy)}{x^2 + y^2} = v_x - i v_y,$$

daher

$$v_x = \frac{ky}{x^2 + y^2} = \frac{ky}{r^2} \text{ und } v_y = -\frac{kx}{r^2} \text{ und } v = \frac{k}{r}.$$

In Nr. IV, S. 56 erkannten wir, daß durch Angabe einer Funktion der komplexen Größe z stets eine bestimmte Potentialbewegung gekennzeichnet ist. Die Funktion selbst wird durch die Randbedingungen bestimmt. Wenn man aber die Strömung in der z-Ebene (bzw. x, y-Ebene) kennt, so kann man durch Anwendung der Transformation $\zeta = f(z)$, wobei $\zeta = \xi + i\eta$, neue Strömungen beschreiben, nämlich jene, die durch die gegebene Transformation aus der bekannten Strömung hervorgehen. Durch diese Transformation gehen auch die früheren Randkurven in neue über und an Stelle der Funktion $F(z)$ tritt die Beziehung $F_1(\zeta)$. Der reelle und imaginäre Bestandteil der Funktion $F_1(\zeta)$ gibt das Geschwindigkeitspotential und die Stromfunktion für die neue Strömung an.

Z. B. wir wenden auf die z-Ebene die Transformation $\zeta = z + \frac{a^2}{z}$ an. Weil $z = r e^{i\vartheta}$, so ist

$$\frac{a^2}{z} = \frac{a^2}{r} e^{-i\vartheta}.$$

Der Ausdruck $\zeta = z + \frac{a^2}{z}$ kann aber so gedeutet werden, daß zu z geometrisch $\frac{a^2}{z}$ addiert werde. Ist a der Radius des sog. Grundkreises (Abb. 18), so ist $\frac{a^2}{r} = \overline{OB}$, denn $a^2 = r \cdot \overline{OB}$.

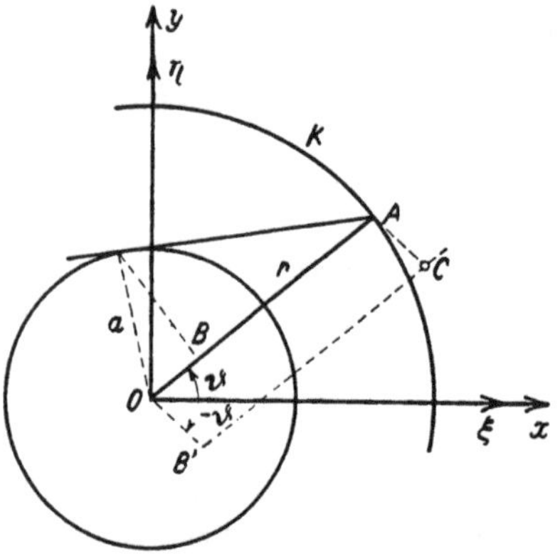

Abb. 18.

Der Ausdruck $\frac{a^2}{r} e^{-i\vartheta}$ wird erhalten, indem man den Punkt B in bezug auf die Achse x spiegelt. Es entspricht dann der Transformation $\xi = z + \frac{a^2}{z}$ der Punkt C. Durch Anwendung dieser Transformation auf den Kreis K in der z-Ebene geht derselbe in eine Ellipse über.

Diese Transformation spielt in der Tragflügeltheorie, zur Konstruktion der Profile eine bedeutende Rolle[1]).

5. Beziehungen zwischen sekundlicher Wassermenge und Stromfunktion.

Die Gleichung

$$\frac{\partial \varphi}{\partial x} \cdot \frac{\partial \psi}{\partial x} + \frac{\partial \varphi}{\partial y} \cdot \frac{\partial \psi}{\partial y} = 0 \text{ (vgl. S. 54)}$$

lautet im natürlichen Koordinatensystem, falls ds das Bogenelement einer Stromlinie und dn das der Potentiallinie bedeutet:

$$\frac{\partial \varphi}{\partial s} \cdot \frac{\partial \psi}{\partial s} + \frac{\partial \varphi}{\partial n} \cdot \frac{\partial \psi}{\partial n} = 0.$$

Ferner ist

$$v = -\frac{\partial \varphi}{\partial s} \text{ und } 0 = \frac{\partial \varphi}{\partial n}, \text{ daher ist } \frac{\partial \psi}{\partial s} = 0.$$

Weiters erhält man, weil

$$\frac{\partial \varphi}{\partial s} = \frac{\partial \psi}{\partial n}, \quad v = -\frac{\partial \psi}{\partial n}$$

[1]) Fuchs u. Hopf, Aerodynamik, Berlin 1922, S. 75 u. S. 115 d. B.

oder $v \cdot dn = d\psi$, daher

$$Q = \int_a^b v \cdot dn = \psi_b - \psi_a,$$

d. h. das in der Zeiteinheit zwischen zwei Stromlinien hindurchfließende Flüssigkeitsvolumen ist der Differenz der Werte der Stromfunktion zwischen beiden Stromlinien äquivalent.

6. Konstruktion des ebenen und des meridionalen Strombildes.

Für eine ebene Strömung (vgl. S. 57) fanden wir, daß die Stromlinien Kurven gleicher Stromfunktion sind und von den Äquipotentiallinien der Geschwindigkeit orthogonal geschnitten werden. Weiters wurde die Beziehung zwischen Stromfunktion und sekundlicher Wassermenge bereits abgeleitet. Zeichnen wir also nur jene Stromlinien ein, zwischen welchen die gleiche Wassermenge ΔQ hindurchfließen soll, so muß $v \Delta n =$ konstant $= \Delta Q$ sein. Bilden wir die Zirkulation (Abb. 19) über das Viereck $abcd$, so erhalten wir

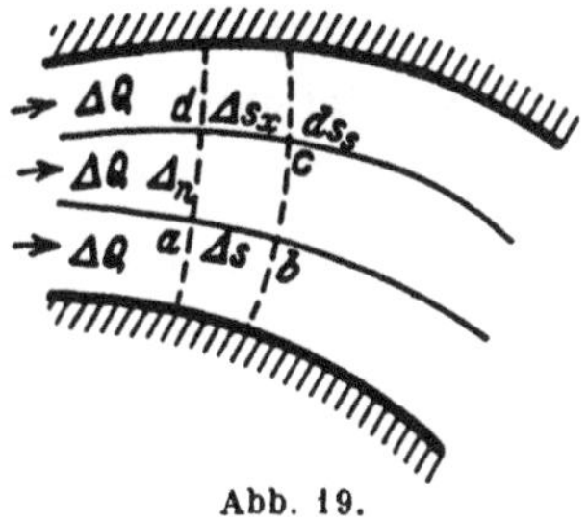

Abb. 19.

$$v \cdot \Delta s + 0 - (v + dv)(\Delta s + d\Delta s) + 0 = dv \cdot \Delta s + v \cdot d\Delta s = d(v \cdot \Delta s),$$

wobei der Ausdruck $dv \cdot d\Delta s$ als Glied von höherer Kleinheitsordnung vernachlässigt wird. Wir erhalten daher den Satz, daß die Zirkulation über die unendlich kleine Fläche $abcd$ unter der gegebenen Voraussetzung gleich $d(v \cdot \Delta s)$ ist. Falls die Bewegung so beschaffen ist, daß keine Wirbel auftreten, so ist $\oint v ds = 0$ und daher auch $d(v \cdot \Delta s) = 0$ oder $v \cdot \Delta s =$ konstant. Weil nun $v = \frac{\Delta Q}{\Delta n}$, so ist $\frac{\Delta Q}{\Delta n} \cdot \Delta s =$ konstant oder, weil ΔQ längs der n-Linie auch konstant ist, so ist das Kurvensystem durch die Beziehung $\frac{\Delta s}{\Delta n} =$ konstant ausgezeichnet. Wir können daher das Strombild zwischen zwei Wandungen annähernd einzeichnen; zu diesem Zwecke teilt man den Eintrittsquerschnitt in eine beliebige Anzahl von Teilkanälen ein, durch welche die gleiche Wassermenge hindurchfließen soll und korrigiert das zunächst willkürlich eingezeichnete Stromlinienbild nebst orthogonalen Trajektorien auf Grund der Beziehung $\frac{\Delta s}{\Delta n} = k$. Selbstverständlich müssen die Berandungen mit Stromlinien zusammenfallen. Auch für die Strömung in einem Rotationshohlraum (meridionales Strombild) läßt sich eine ähnliche Beziehung aufstellen (Abb. 20). Zeichnet man auch hier nur jene Teilkanäle ein, durch welche die gleiche Wassermenge hindurchfließt, so muß bei voller Wirbelfreiheit $v \cdot \Delta s =$ konstant sein. Nun ist

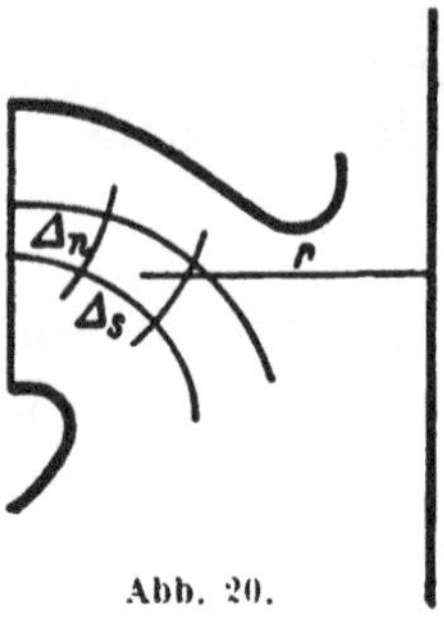

Abb. 20.

$$v \cdot \Delta n \cdot 2 r \pi = \Delta Q,$$

mithin

$$\frac{\Delta Q}{2 r \pi} \cdot \frac{\Delta s}{\Delta n} = \text{konstant}$$

oder

$$r \cdot \frac{\Delta n}{\Delta s} = \text{konstant.}$$

Dabei bedeutet r den Abstand des Schwerpunktes des Flächenelementes von der Drehachse.

V. Stationäre Bewegung fester Körper in einer Flüssigkeit. (Erscheinungen der Kavitation.)

1. Bewegung einer Kugel in einer Flüssigkeit.

Statt die Kugel zu bewegen, wollen wir uns die Kugel festgehalten und die Flüssigkeit bewegt denken. In unendlicher Entfernung vom Kugelmittelpunkte herrsche Parallelströmung. Die Bewegung erfolge in der x-Richtung.

Dirichlet[1]) hat den Ausdruck für das Geschwindigkeitspotential bei der stationären Strömung um eine Kugel in einer idealen Flüssigkeit angegeben. Der Ansatz lautet:

$$\varphi = c \cdot x \cdot \left(\frac{a^3}{2 r^3} + 1 \right).$$

Hierbei bedeutet c die Geschwindigkeit der Flüssigkeit im Unendlichen, a den Radius der Kugel und r den Radiusvektor vom Mittelpunkt der ruhend gedachten Kugel zu einem beliebigen Punkt der Flüssigkeit. (Vgl. Abb. 21.) Man erhält:

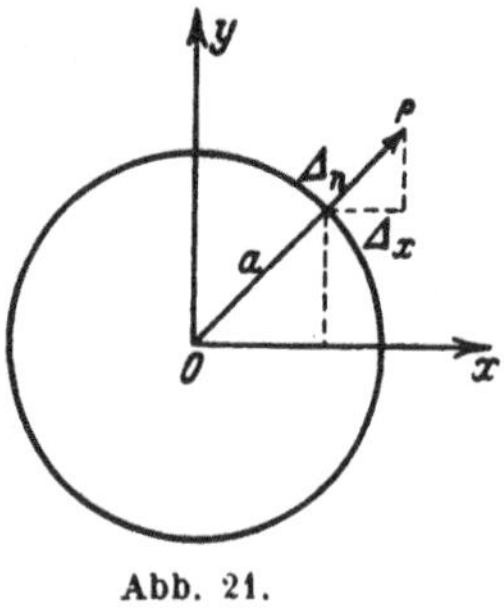

Abb. 21.

$$v_x = -\frac{\partial \varphi}{\partial x} = -c \left(\frac{a^3}{2 r^3} + 1 \right) + \frac{3}{2} c x^2 \frac{a^3}{r^5}$$

$$v_y = -\frac{\partial \varphi}{\partial y} = c x \frac{a^3 y}{2 r^5}$$

$$v_z = -\frac{\partial \varphi}{\partial z} = c x \frac{a^3 z}{2 r^5}.$$

---

[1]) Dirichlet, Berl. Mon. Ber. 1852, S. 12. — Vgl. Auerbach, Bewegung fester Körper in Flüssigkeiten. Handb. der phys. u. techn. Mechanik, S. 262, Bd. V.

Der obige Ansatz muß der Kontinuitätsgleichung $\operatorname{div} v = 0$ und der Laplaceschen Gleichung $\Delta \varphi = 0$ genügen. Durch Differentiation der obigen Ausdrücke kann man sich leicht von der Richtigkeit des Ansatzes überzeugen. An der Oberfläche der Kugel muß die Normalkomponente der Geschwindigkeit null sein. Also $\frac{\partial \varphi}{\partial n} = 0$; nun ist

$$\frac{dr}{dn} = 1, \quad \frac{dx}{dn} = \frac{x}{r}, \text{ daher } \frac{\partial \varphi}{\partial n} = \frac{c x}{r}\left(\frac{a^3}{2 r^3} + 1\right) - \frac{3}{2} c \frac{a^3 x}{r^4}$$

$$\frac{\partial \varphi}{\partial n} = \frac{c x}{r}\left(1 - \frac{a^3}{r^3}\right).$$

Für $r = a$ wird tatsächlich $\frac{\partial \varphi}{\partial n}$ null. Der Druck p ermittelt sich aus der Bernoullischen Gleichung

$$\frac{v^2}{2g} + \frac{p}{\gamma} = C = \frac{c^2}{2g} + \frac{p_0}{\gamma},$$

wobei p_0 den Druck in unendlicher Entfernung von der Kugel bedeutet. Daher ist

$$\frac{p}{\gamma} = \frac{p_0}{\gamma} + \frac{c^2}{2g} - \frac{v^2}{2g}.$$

Nun ist

$$v^2 = v_x^2 + v_y^2 + v_z^2 \text{ und } v_a^2 = \frac{9 c^2}{4}\left(1 - \frac{x^2}{a^2}\right),$$

wobei v_a die Geschwindigkeit an irgendeiner Stelle der Kugeloberfläche bedeutet. Für $x = \pm a$ wird $v_a = 0$ (Spaltungspunkte), für $x = 0$ wird v am größten. Dann ist aber der Bernoullischen Gleichung zufolge der Druck an dieser Stelle am kleinsten.

Es ist

$$\frac{p_{\min}}{\gamma} = \frac{p_0}{\gamma} + \frac{c^2}{2g} - \frac{9}{8}\frac{c^2}{g}$$

$$\frac{p_{\min}}{\gamma} = \frac{p_0}{\gamma} - \frac{5 c^2}{8 g}.$$

Damit kein Hohlraum (Kavitation) eintritt, muß $\frac{p_0}{\gamma} > \frac{5}{8}\frac{c^2}{g}$ sein. Zu bemerken ist, daß hier zum erstenmal durch Dirichlet das Problem der Hohlraumbildung behandelt wurde und auch die Bedingung angegeben wird, unter welcher Kavitation vermieden werden kann[1]). Aus der Gleichung für v_a ist auch ersichtlich, daß es Stellen gibt, für welche die Geschwindigkeit die gleiche ist. Die Stellen sind auch Orte gleichen Druckes. Z. B. für $x = + x_1$ ist $v_1 = \frac{9 c^2}{4}\left(1 - \frac{x_1^2}{a^2}\right)$, für $x = - x_1$,

[1]) Vgl. A. Budau, Lehrbuch der Hydraulik, S. 169. 3. Aufl.

$v_2 = v_1$, daher sind auch an diesen Stellen die spez. Drücke einander gleich. Dies führt zu dem paradoxen Resultat, daß zur gleichförmigen Bewegung einer Kugel in einer idealen Flüssigkeit bzw. zum Festhalten einer Kugel in einer strömenden idealen Flüssigkeit gar keine Kraft notwendig ist.

2. Bewegung eines Zylinders.

Für die Geschwindigkeitsverteilung der Flüssigkeitsströmung um einen ruhenden Zylinder fanden wir auf S. 58 die Gleichung

$$v_x = -c\left(1 + \frac{a^2(y^2 - x^2)}{r^4}\right)$$

und

$$v_y = c \cdot a^2 \cdot \frac{2\,y\,x}{r^4},$$

wobei jetzt a den Radius des Zylinders bedeutet. An der Zylinderoberfläche, wo $r = a$, ist

$$v_{xa} = -2\frac{y^2 c}{a^2} \quad \text{und} \quad v_{ya} = 2\,c\frac{y\,x}{a^2}.$$

Daher

$$v_a^2 = y^2 \cdot \frac{4\,c^2}{a^2} \quad \text{und} \quad \frac{p}{\gamma} = \frac{p_0}{\gamma} + \frac{c^2}{2\,g} - \frac{4\,c^2 y^2}{2\,g\,a^2}.$$

Für $y = a$ wird die Geschwindigkeit am größten, der Druck aber am kleinsten, mithin

$$\frac{p_{\min}}{\gamma} = \frac{p_0}{\gamma} - \frac{3\,c^2}{2\,g}.$$

Damit keine Hohlraumbildung entsteht, muß $\frac{p_0}{\gamma} > \frac{3\,c^2}{2\,g}$ sein. Auch in diesem Falle erfährt der Zylinder keine Kraft.

3. Strömung um eine Platte.

Nach den Methoden von Kirchhoff, Helmholtz und Lord Rayleigh[1]) kann auch der Widerstand von Körpern in einer idealen Flüssigkeit berechnet werden; dies scheint in Widerspruch mit den paradoxen Resultaten der Beispiele 1 und 2 zu stehen; doch kann man sich von der Widerspruchslosigkeit schon am folgenden Beispiel überzeugen. Denken wir uns eine Platte senkrecht gegen die Stromrichtung gestellt (vgl. Abb. 17), so wird die Flüssigkeitsbewegung an den Ecken der Platte unstetig, d. h. es bildet sich hinter der Platte ein Gebiet von Totwasser. Dieses Gebiet ist von jenem der Strömung durch eine Ober-

---

[1]) Helmholtz, Über diskontinuierliche Flüssigkeitsbewegungen. Berl. Ber. 1868. — Kirchhoff, Zur Theorie freier Flüssigkeitsstrahlen. Crelles Journ. 1869. — Lord Rayleigh, On the Resistance of fluids. Sc. Papers, S. 287.

fläche getrennt, in welcher der Druck der gleiche ist wie im Totwasser. Würde eine stetige Bewegung vorhanden sein, so würde die Platte keine Kraft auszuhalten haben; aber an einer scharfen Kante müßte die Geschwindigkeit unendlich groß werden und daher der Druck negativ unendlich sein. Eine stetige Flüssigkeitsbewegung, bei welcher die Stromlinien hinter der Platte — ähnlich wie beim Zylinder — zusammenrücken, ist daher nicht möglich.

Nur die Druckunterschiede vor und hinter der Platte ergeben eine Kraft auf dieselbe. Wie man sieht, wird durch Einführung der Unstetigkeitsfläche das Problem der Berechnung des Druckes auf eine Platte mittels der Strömungstheorie möglich, ohne auf die sonst vielfach gebrauchte »Stoßtheorie« zu greifen. Auf S. 61 haben wir bereits die Strömungsverhältnisse um eine Platte untersucht. Wir wollen, um die daselbst gefundenen Resultate sofort verwerten zu können, annehmen, daß die Breite der Platte $b = (4 + \pi)\, c$ betragen möge. Wir fanden laut S. 61, daß an der Lamelle die Gleichungen bestehen:

$$\frac{\partial x}{\partial \varphi} = \frac{1}{\sqrt{\varphi}} + \sqrt{\frac{1}{\varphi} - \frac{1}{c^2}}, \quad \frac{\partial y}{\partial \varphi} = 0.$$

Weil ferner

$$\left(\frac{\partial x}{\partial \varphi}\right)^2 + \left(\frac{\partial y}{\partial \varphi}\right)^2 = \frac{1}{v^2}, \quad \text{so ist} \quad \left(\frac{\partial x}{\partial \varphi}\right)^2 = \frac{1}{v^2}.$$

Für die Trennungsfläche ist

$$\frac{\partial x}{\partial \varphi} = \frac{1}{\sqrt{\varphi}} \quad \text{und} \quad \frac{\partial y}{\partial \varphi} = \sqrt{\frac{1}{c^2} - \frac{1}{\varphi}}.$$

Ferner

$$\left(\frac{\partial x}{\partial \varphi}\right)^2 + \left(\frac{\partial y}{\partial \varphi}\right)^2 = \frac{1}{c^2},$$

also ist c die konstante Geschwindigkeit in der Trennungsfläche.

Bezeichnet p den veränderlichen spez. Druck an der Platte (Lamelle), p_0 den spez. Druck im Totwasser bzw. an der Unstetigkeitsfläche, so ist

$$\frac{p}{\gamma} = C - \frac{v^2}{2g} \quad \text{und} \quad \frac{p_0}{\gamma} = C - \frac{c^2}{2g},$$

mithin

$$\frac{p - p_0}{\gamma} = \frac{c^2}{2g} - \frac{v^2}{2g}.$$

Für das Breitenelement dx der Platte (Lamelle) ist daher der resultierende Druck gegeben durch

$$dP = (p - p_0) \cdot dx$$

und

$$P = \int (p - p_0) \cdot dx,$$

wobei das Integral über die ganze Platte zu erstrecken ist. Setzt man für v und dx die Werte als Funktionen von φ ein, so erhält man:

$$(p-p_0)\,dx = \frac{\gamma}{2g}(c^2-v^2)\,dx = \frac{\gamma}{2g}(c^2-v^2)\frac{1}{v}\,d\varphi$$

oder

$$(p-p_0)\,dx = \frac{\gamma}{2g}c\left(\frac{c}{v}-\frac{v}{c}\right)d\varphi.$$

Aus

$$\frac{1}{\sqrt{\varphi}}+\sqrt{\frac{1}{\varphi}-\frac{1}{c^2}}=\frac{1}{v}$$

folgt

$$\frac{c}{v}=c\left(\frac{1}{\sqrt{\varphi}}+\sqrt{\frac{1}{\varphi}+\frac{1}{c^2}}\right)$$

und

$$\frac{v}{c}=c\left(\frac{1}{\sqrt{\varphi}}-\sqrt{\frac{1}{\varphi}-\frac{1}{c^2}}\right),$$

daher

$$P=\frac{2\gamma}{2g}\int_0^{c^2}\cdot c\left(2c\sqrt{\frac{1}{\varphi}-\frac{1}{c^2}}\right)d\varphi=\frac{2c}{g}\gamma\cdot\int_0^{c^2}\frac{\sqrt{c^2-\varphi}}{\sqrt{\varphi}}\,d\varphi.$$

Die Grenzen dieses Integrales ergeben sich aus der Überlegung, daß für $\varphi=0$ auch x null ist und für das rechte Ende der Platte, d. i. für $x=2+\frac{\pi}{2}$, $\varphi=c^2$ war. Um den gesamten Druck zu erhalten, mußte daher das Integral doppelt genommen werden.

Weil

$$\int\frac{\sqrt{c^2-\varphi}}{\sqrt{\varphi}}\,d\varphi=\int\frac{c^2\,d\varphi}{\sqrt{\varphi}\sqrt{c^2-\varphi}}-\int\frac{\varphi\,d\varphi}{\sqrt{\varphi}\sqrt{c^2-\varphi}},$$

so erhält man durch die Substitution $\varphi=u^2$ und partielle Integration:

$$\int\frac{\sqrt{c^2-\varphi}}{\sqrt{\varphi}}\,d\varphi=c^2\int\frac{2\,du}{\sqrt{c^2-u^2}}-\int\frac{2u^2\,du}{\sqrt{c^2-u^2}}=$$

$$=2c^2\arcsin\frac{u}{c}+2u\cdot\sqrt{c^2-u^2}-\int\sqrt{c^2-u^2}\,du$$

$$=2c^2\arcsin\frac{\sqrt{\varphi}}{c}+2\sqrt{\varphi}\cdot\sqrt{c^2-\varphi}-\int\frac{\sqrt{c^2-\varphi}}{\sqrt{\varphi}}\,d\varphi.$$

Daher

$$\int\frac{\sqrt{c^2-\varphi}}{\sqrt{\varphi}}\,d\varphi=c^2\cdot\arcsin\frac{\sqrt{\varphi}}{c}+\sqrt{\varphi}\cdot\sqrt{c^2-\varphi}.$$

Mithin

$$P = \frac{\gamma}{g}\, 2c \left[c^2 \arc\sin \frac{\sqrt{\varphi}}{c} + \sqrt{\varphi} \cdot \sqrt{c^2 - \varphi} \right]_0^{c^2} = \frac{\gamma}{g}\, c^3 \pi .$$

Dies ist die ganze Kraft auf die Fläche.

Die Kraft auf die Flächeneinheit ist daher

$$P_0 = \frac{P}{(4+\pi)\,c} = \frac{\gamma}{g} \cdot \frac{c^2 \pi}{4+\pi} .$$

Es ist also hier der Widerstand dem Quadrat der Geschwindigkeit an der Trennungsfläche proportional. Lord Rayleigh hat den Fall behandelt, den Druck auf eine Fläche zu bestimmen, welche mit der Strömung (im ungestörten Zustand) einen Winkel α einschließt. Die Rechnung, welche analog der vorhergehenden ist, liefert für den Druck pro Flächeneinheit den Wert

$$P_0 = \frac{\gamma}{g} \frac{c^2 \pi \sin \alpha}{4 + \pi \sin \alpha} .$$

Für $\alpha = 90^0$ geht die neue Formel in die frühere über. Die gewöhnliche Stoßtheorie liefert in diesem Falle, wenn die Geschwindigkeit hinter der Platte zu $\frac{v}{2}$ angenommen wird,

$$P_0 = \frac{\gamma}{g} \frac{v^2}{2} .$$

Nun ist $\frac{\pi}{4+\pi} = 0{,}45$, also annähernd $\frac{1}{2}$, so daß für diesen Fall die gewöhnliche Stoßtheorie gut mit den genaueren Untersuchungen übereinstimmt. Die Kraft P_0 (für die schiefe Platte) steht senkrecht auf der Platte. Die Komponente in der Strömungsrichtung ist

$$P_s = P_0 \sin \alpha = \frac{\gamma}{g} \frac{c^2 \pi \sin^2 \alpha}{4 + \pi \sin \alpha}$$

und jene senkrecht zur Strömungsrichtung

$$P_n = P_0 \cos \alpha = \frac{\gamma}{g} \frac{c^2 \pi \cdot \sin \alpha \cdot \cos \alpha}{4 + \pi \cdot \sin \alpha} .$$

Für kleine Winkel α ist $\sin \alpha \doteq \alpha$ und kann $\pi\alpha$ gegen 4 vernachlässigt werden. Daher

$$P_0 \doteq \frac{\gamma}{g} \frac{c^2 \pi}{4} \sin \alpha .$$

Diese Formel stimmt mit dem Lößlschen Gesetz überein, dagegen steht die Formel in vollem Widerspruch mit der Newtonschen Formel aus der Stoßtheorie. Lord Kelvin hat auf Grund der Versuche von Dines nachgewiesen, daß die obigen Werte von P_0 zu klein ausfallen; dies hat seinen Grund in dem nicht berücksichtigten Einfluß der Reibung, welche bewirkt, daß die Unstetigkeitsfläche nicht erhalten bleibt und Wirbel auftreten. Deswegen war aber die mühevolle Rechnung doch nicht umsonst. Es muß die Ermittlung der Abhängigkeit des Druckes vom Quadrat der Geschwindigkeit als ein äußerst wertvolles Resultat bezeichnet werden. Die Formel von Rayleigh für kleine Winkel α kann mit einem Koeffizienten k versehen werden, der empirisch zu ermitteln ist. Sie lautet dann $P_0 = kc^2 \sin\alpha$.

4. Kelvins Theorem[1]).

Es bedeute v die Geschwindigkeit eines Flüssigkeitselementes, ds ein Linienelement. Dann ist für eine ebene Strömung

$$\bar{v} \cdot d\bar{s} = v \cdot ds \cdot \cos(dsv) = v_x dx + v_y dy,$$

wobei dx, dy die Projektionen von ds auf die Koordinatenachsen bedeuten. Den Ausdruck $v_x \cdot dx + v_y dy$ bezeichnet Kelvin als die Strömung längs des Elementes ds. Wir wollen die Änderung der »Strömung« mit der Zeit betrachten. Es sei zur Zeit $t = 0$ die Strömung $v_x dx + v_y dy$, dann ist sie zur Zeit dt:

$$\left(v_x + \frac{dv_x}{dt} dt\right)\left(dx + d\frac{dx}{dt} dt\right) + \left(v_y + \frac{dv_y}{dt} dt\right)\left(dy + d\frac{dy}{dt} dt\right).$$

Daher ist die Änderung der Strömung bis auf Glieder von der zweiten Größenordnung =

$$v_x dx + v_y dy + \left(\frac{dv_x}{dt} dx + \frac{dv_y}{dt} dy + v_x d\frac{dx}{dt} + v_y d\frac{dy}{dt}\right) dt - v_x dx - v_y dy$$

$$= \left(\frac{dv_x}{dt} dx + \frac{dv_y}{dt} dy + v_x dv_x + v_y dv_y\right) dt.$$

Demnach ist

$$\frac{d}{dt}(v_x dx + v_y dy) = \frac{dv_x}{dt} dx + \frac{dv_y}{dt} \cdot dy + v\,dv,$$

wobei $v_x^2 + v_y^2 = v^2$ ist.

Wird jetzt die Änderung der Strömung längs einer endlichen in der Flüssigkeit liegenden Kurve s berechnet, so erhält man:

$$\frac{d}{dt}\int_0^s v_x dx + v_y dy = \int_0^s \left(\frac{dv_x}{dt} \cdot dx + \frac{dv_y}{dt} \cdot dy\right) + \frac{1}{2}(v^2 - v_0^2).$$

Diese Gleichung stammt von Kelvin und enthält das nach ihm benannte Theorem. Im Falle die Kurve eine geschlossene ist, wird $v = v_0$ und das Integral

[1]) W. Thomson (Lord Kelvin), On Vortex Motion. Edinburgh Trans., Bd. 25, S. 1869.

$$\int_0^s \frac{dv_x}{dt}dx + \frac{dv_y}{dt}dy$$

verschwindet. In diesem Falle geht die »Strömung« in die Zirkulation über. Aus dem Kelvinschen Theorem folgt daher, daß die Zirkulation im allgemeinen über eine geschlossene Kurve konstant ist. Denn

$$\frac{d}{dt}\oint v_x dx + v_y dy = 0,$$

daher

$$\oint v_x dx + v_y dy = C.$$

Falls die äußeren Kräfte pro Masseneinheit ein Potential U besitzen, ist, den Eulerschen Gleichungen zufolge,

$$\frac{dv_x}{dt}dx + \frac{dv_y}{dt}dy = -\left(\frac{\partial u}{\partial x}dx + \frac{\partial u}{\partial y}dy\right) - \frac{1}{\mu}\frac{\partial p}{\partial x}dx - \frac{1}{\mu}\frac{\partial p}{\partial y}dy.$$

Daraus folgt

$$\oint\left(\frac{dv_x}{dt}\cdot dx + \frac{dv_y}{dt}dy\right) = -U_s + U_0 - \frac{p_s}{\mu} + \frac{p_0}{\mu}.$$

Für die geschlossene Kurve ist $p_s = p_0$, aber U_s nur dann gleich U_0, wenn das Potential eine einwertige Funktion der Koordinaten ist. Für diesen Fall wird

$$\oint\left(\frac{dv_x}{dt}dx + \frac{dv_y}{dt}dy\right) = 0$$

und die Zirkulation ist dann null. Wenn also in einem Augenblick die Zirkulation null war, so bleibt sie dauernd null.

Es ist leicht, den analogen Beweis für drei Koordinaten zu führen.

5. Die Kutta-Joukowskysche Formel[1]).

Das Geschwindigkeitspotential bei einer Strömung sei durch den Ausdruck $\varphi = -cx + f(xy)$ gegeben. Dann ist

$$v_x = -\frac{\partial\varphi}{\partial x} = c - \frac{\partial f}{\partial x}$$

$$v_y = -\frac{\partial\varphi}{\partial y} = -\frac{\partial f}{\partial y}.$$

Also ist die Zirkulation bei dieser Strömung

$$J = \oint \overline{v}\cdot\overline{ds} = \oint\left[\left(c - \frac{\partial f}{\partial x}\right)dx - \frac{\partial f}{\partial y}dy\right].$$

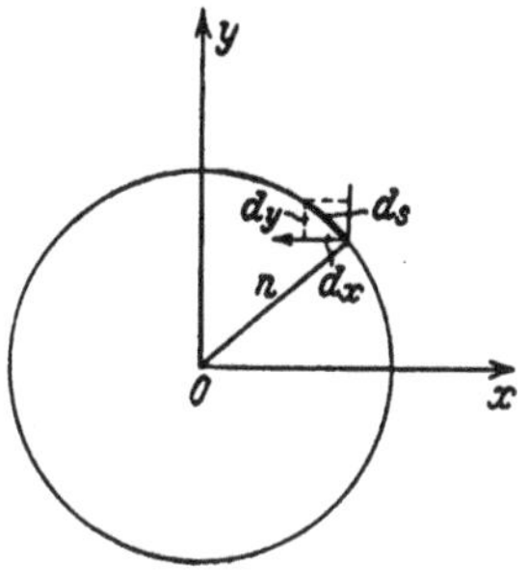

Abb. 22.

[1]) Kutta, Auftriebskräfte in strömenden Flüssigkeiten. Illustr. aeron. Mitt. 1902. — Kutta, Über ebene Zirkulationsströmungen. Münchner Ber. 1910 u. 1911. — Joukowsky, Über die Konturen der Tragflächen der Drachenflieger. Zeitschr. für Flugtechnik und Motorluftschiffahrt. 1910.

Weil $\oint c\,dx$ über eine geschlossene Kurve verschwindet, weil ferner $dx = -ds \cdot \cos(yn)$, $dy = ds \cdot \cos(xn)$, so ist die Zirkulation (Abb. 22)

$$J = \oint \left[\frac{\partial f}{\partial x}\cos(yn) - \frac{\partial f}{\partial y}\cos(xn)\right] ds.$$

Ein zylindrischer Körper vom Querschnitt F befindet sich in einer Strömung, deren Geschwindigkeit im Unendlichen $\bar{c}$ ist. Die x-Achse eines orthogonalen Koordinatensystems legen wir in die Richtung von c (Abb. 23). Es herrsche eine Strömung mit Geschwindigkeitspotential. Dieses habe die Form $\varphi = -cx + f(xy)$. Zufolge der Kontinuitätsgleichung $\Delta\varphi = 0$ (vgl. S. 56) ist auch $\Delta f = 0$, d. h. auch die Funktion f muß der Laplaceschen Gleichung:

$$\frac{\partial^2 f}{\partial x^2} + \frac{\partial^2 f}{\partial y^2} = 0$$

genügen.

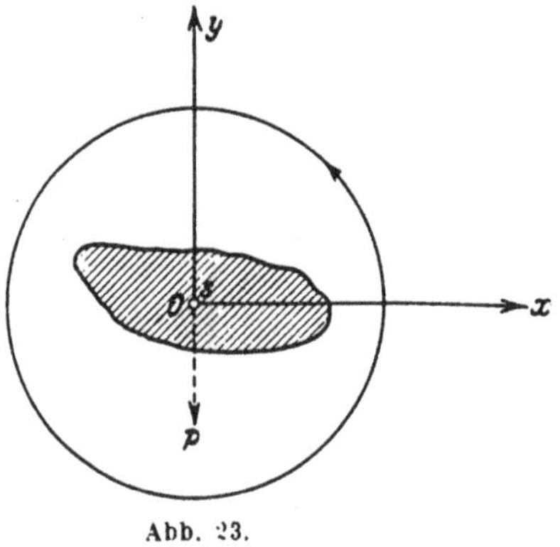

Abb. 23.

Weiters sei für einen Kreis um O mit sehr großem Radius R, $\frac{\partial f}{\partial x}$ und $\frac{\partial f}{\partial y}$ null, d. h. mit wachsender Entfernung R von O nähert sich das Strombild der ungestörten Parallelströmung. Der Schwerpunktsatz (Impulssatz), angewandt auf ein von einem Kreis mit dem Mittelpunkt O begrenztes Flüssigkeitsvolumen, ergibt

$$\Sigma \mu Q \cdot v_x = X - \Sigma p\,ds \cdot \cos(xn)$$
$$\Sigma \mu Q \cdot v_y = Y - \Sigma p\,ds \cdot \cos(yn),$$

wobei X, Y die Komponenten der resultierenden äußeren Kraft auf das Flüssigkeitsvolumen, $\Sigma p\,ds \cos(xn)$ die resultierende Druckkraft, welche von der umgebenden Flüssigkeitsmasse herrührt, in der x-Richtung und Q die sekundliche Wassermenge bedeutet. Da

$$\Sigma \mu Q \cdot v_x = \Sigma \mu v_n\,ds\,v_x = \mu \Sigma\,ds\,[v_x \cdot \cos(xn) + v_y \cos(yn)] \cdot v_x,$$

so ergibt sich nach Einsetzen der Werte für φ

$$\mu \int ds \left(c - \frac{\partial f}{\partial x}\right)\left[\left(c - \frac{\partial f}{\partial x}\right)\cos(xn) - \frac{\partial f}{\partial y}\cos(yn)\right] = X - \int p\,ds \cdot \cos(xn).$$

Ebenso erhält man für die y-Richtung die Gleichung

$$\mu \int ds \left[\left(c - \frac{\partial f}{\partial x}\right)\cos(xn) - \frac{\partial f}{\partial y}\cos(yn)\right]\left(-\frac{\partial f}{\partial y}\right) = Y - \int p\,ds \cdot \cos(yn).$$

Unter der gemachten Voraussetzung besteht aber auch die Gleichung (siehe S. 41) $p = C - \frac{\mu}{2} v^2$. Mit Berücksichtigung des Wertes von φ ist

$$p = C - \frac{\mu}{2}\left[\left(c - \frac{\partial f}{\partial x}\right)^2 + \left(\frac{\partial f}{\partial y}\right)^2\right]$$

und

$$X + \frac{\mu}{2}\int\left[\left(c - \frac{\partial f}{\partial x}\right)^2 + \left(\frac{\partial f}{\partial y}\right)^2\right] ds \cdot \cos(xn) - \int C\, ds \cdot \cos(xn) =$$

$$= \mu \int ds \left[c - \frac{\partial f}{\partial x}\right]\left[\left(c - \frac{\partial f}{\partial x}\right)\cos(xn) - \frac{\partial f}{\partial y}\cos(yn)\right].$$

Bei Ausführung der Rechnung sind die Integrale über die ganze Flüssigkeit zu erstrecken. Mit Rücksicht auf die gemachte Voraussetzung über die Funktion $f(xy)$ verschwinden beim Grenzübergang $\lim R = \infty$ die Integrale, welche die Glieder

$$\left(\frac{\partial f}{\partial x}\right)^2, \left(\frac{\partial f}{\partial y}\right)^2 \text{ und } \left(\frac{\partial f}{\partial x} \cdot \frac{\partial f}{\partial y}\right)$$

enthalten. Ferner ist $\oint ds \cos(xn) = 0$. Daher

$$X + \frac{\mu}{2}\int\left[-2c\frac{\partial f}{\partial x}\cos(xn)\, ds = 2\mu \int -ds \cdot c \cdot \frac{\partial f}{\partial x}\cos(xn) - \right.$$

$$\left. - \int ds \cdot c \cdot \frac{\partial f}{\partial y}\cos(yn)\right]$$

oder

$$X = -\mu c \int\left[\frac{\partial f}{\partial x}\cos(xn) + \frac{\partial f}{\partial y}\cos(yn)\right] ds$$

$$X = \mu c \int [v_x \cos(xn) + v_y \cos(yn)]\, ds.$$

Dieser Ausdruck, über eine geschlossene Kurve erstreckt, ist zufolge der Kontinuitätsgleichung null.

Für die y-Richtung erhält man unter den gleichen Voraussetzungen:

$$Y - \int C\, ds \cos(yn) + \frac{\mu}{2}\int\left[\left(c - \frac{\partial f}{\partial x}\right)^2 + \left(\frac{\partial f}{\partial y}\right)^2\right] ds \cos(yn) =$$

$$= \mu \int ds \left[\left(c - \frac{\partial f}{\partial x}\right)\cos(xn) - \frac{\partial f}{\partial y}\cos(yn)\right] \cdot \left(-\frac{\partial f}{\partial y}\right),$$

daher

$$Y + \frac{\mu}{2}\int -2c\frac{\partial f}{\partial x}\, ds \cos(yn) = \mu \int -c \cdot \frac{\partial f}{\partial y} \cdot \cos(xn)\, ds,$$

also

$$Y = \mu c \int\left[\frac{\partial f}{\partial x}\cos(yn) - \frac{\partial f}{\partial y} \cdot \cos(xn)\right] ds.$$

Nach Abb. 22 und laut Gleichung S. 74 ist das obige Integral aber der Zirkulation um den Zylinder gleich. Wir erhalten daher eine Kraft in der y-Richtung auf die Flüssigkeit wirkend, welche durch

$$Y = \mu \cdot c \cdot J$$

gegeben ist.

Nach dem Gegenwirkungsprinzip muß aber eine dieserKraft eine gleiche und entgegengesetzt gerichtete auf den Körper wirken. Bei der Strömung, deren ursprüngliche Geschwindigkeit in der x-Richtung gelegen ist und einer Zirkulationsbewegung im positiven Sinn, erfährt der Körper eine Kraft in der negativen y-Richtung. Ein Zylinderstück von der Länge l erfährt dann die Kraft

$$-Y = \mu \cdot l \cdot c \oint v \cdot ds.$$

Über die Ermittlung der Angriffslinie des dynamischen Auftriebes, vgl. Mises, Zur Theorie des Tragflügelauftriebes. Z. F. M. 1917, S. 156, und 1920, S. 68.

6. Beispiele zur Joukowskyschen Formel.

Aus der Joukowskyschen Formel folgt, daß der Körper keinen Auftrieb erleidet:

1. Wenn bei einer Strömung um den Körper die Zirkulation null ist und
2. wenn die Zirkulation allein ohne die gewöhnliche Potentialströmung vorhanden ist.

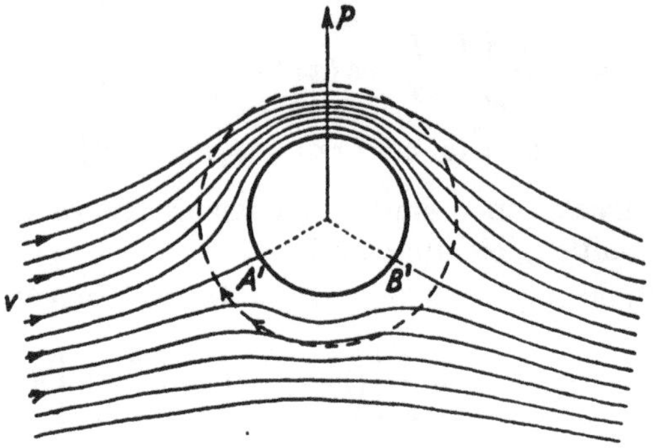

Abb. 24.

A. Denken wir uns einer gewöhnlichen Potentialströmung (vgl. S. 58) um einen Kreiszylinder eine Zirkulationsströmung überlagert, wie eine solche auf S. 59 ausführlich beschrieben worden ist, dann ergibt sich nach dem Additionsgesetz eine neue Potentialströmung, welche in Abb. 24 wiedergegeben ist. Die sog. Spaltpunkte sind jetzt nach A' und B' verschoben.

Erfolgt die Zirkulation im Sinne des eingezeichneten Pfeiles, so erfährt der Zylinder von der Länge l eine Kraft

$$P = \mu l \cdot c \oint v \cdot ds.$$

Da

$$\oint v \cdot ds = \oint \frac{k}{r} ds = \int_0^{2\pi} \frac{k}{r} \cdot r\, d\vartheta = k \cdot 2\pi,$$

so ist die Zirkulation bis auf eine Konstante bestimmt. Über die Konstante k kann zunächst nichts Bestimmtes ausgesagt werden. Hypothetisch kann aber darüber folgende Annahme getroffen werden[1]). Bei kleiner Reibung überwiegen bekanntlich die Beschleunigungsglieder jene der Zähigkeit. Wir können daher für die Strömung um einen ruhenden Zylinder in erster Annäherung die Beziehungen von S. 58 benutzen. Dagegen muß die entstehende Zirkulation unbedingt von der Zähigkeit herrühren, falls eine Zirkulation erst erzeugt werden soll, was nach dem Kelvinschen Satze in einer idealen Flüssigkeit (vgl. S. 73) nicht möglich wäre. Bei einer stationären Rotation eines Zylinders in einer zähen Flüssigkeit haben wir aber einen Bewegungszustand kennengelernt, bei welchem die kreisende Flüssigkeit ein Geschwindigkeitspotential hat, und zwar folgt aus den Komponenten v_x und v_y die resultierende Geschwindigkeit $v = \frac{a^2 \omega_0}{r}$, wobei ω_0 die konstante Rotationsgeschwindigkeit des Zylinders bedeutet. Das ist aber das nämliche Geschwindigkeitsgesetz, wie wir es verwendet haben. Daher ist die Konstante k annähernd $a^2 \omega_0$ zu setzen. Die Kraft ist daher

$$P = \mu l c \cdot 2\pi \cdot a^2 \omega_0.$$

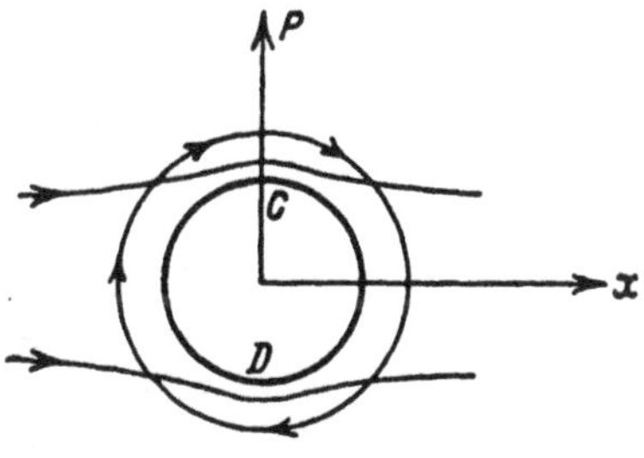

Abb. 25.

Die Entstehung dieses Auftriebes, welcher schon Magnus (1852) bekannt war, können wir uns nach Magnus[2]) qualitativ auf folgende Weise klarmachen (Abb. 25). Es wird, falls die Zirkulation im Sinne des gezeichneten Pfeiles erfolgt, bei C die größere Geschwindigkeit, bei D die kleinere Geschwindigkeit vorhanden sein. Demnach muß in C der Druck kleiner als in D sein, daher muß auf den Zylinder eine Kraft P einwirken. Der dadurch hervorgerufene Effekt wird nach Magnus

[1]) Vgl. Grammel, Die hydrodynamischen Grundlagen des Fluges. 1917.

[2]) Abhandl. d. Kgl. Akademie Berlin 1852. — Über eine ähnliche Erscheinung an Tennisbällen vgl. Lord Rayleigh, On the Irregular Flight of a Tennis Ball. Sc. Papers, S. 344.

benannt. Man kann diesen »Magnuseffekt« anschaulich durch folgende Vorrichtung zeigen (Abb. 26). Auf einem auf Rädern befindlichen Brett steht folgender Apparat. Im Stativ befindet sich eine mit dem Hebel ab fest verbundene Achse cc. Am Hebel ist ein durch die Masse m in bezug auf die Achse cc ausgeglichener Pappzylinder Z befestigt, welcher um die Achse ss drehbar gelagert ist. Wird der Zylinder in Rotation versetzt und das Brett in der Richtung r gezogen, so macht sich der Magnuseffekt durch eine Drehung um die Achse cc geltend[1]). Dieser Magnuseffekt wurde im Jahre 1924 von A. Flettner[2]) praktisch zur Konstruktion des Rotorschiffes ausgenutzt. Daß die Kraftausnutzung bei rotierenden Zylindern mit Zirkulation eine größere ist als beim gewöhnlichen Segel, lehrt schon folgende Überschlagsrechnung. Für eine Segelfläche von der Größe $F = 2\,al$ (a = Radius des entsprechenden Zylinders) wäre die Kraft der strömenden Flüssigkeit $P = \mu \frac{c^2}{2} \cdot 2al$, falls die abströmende Geschwindigkeit hinter dem Segel zu $\frac{c}{2}$ angenommen wird. Unter der Annahme, daß die Drehung des Zylinders so rasch erfolgen möge, daß $a\omega_0 = 2\,c$ sei, ist $P = 4\pi\mu c^2 al$. Mithin ist die Kraft P beinahe 12mal so groß als wie die Kraft auf das entsprechende Segel. Flettner hatte, in Erkenntnis der Bedeutung der Zirkulation um einen Körper für dessen Auftrieb, auch zuerst entsprechend geformte Metallsegel verwendet, ersetzte dann aber dieselben durch rotierende Zylinder. Derartige Versuche wurden im Jahre 1923 am Wansee mit einem Boot und darauf befindlichem Rotor ausgeführt. Das Rotorschiff »Buckau« besitzt zwei Zylinder. Strömt z. B. der Wind in Richtung der Geschwindigkeit c und rotieren die Zylinder im gezeichneten Sinne, so wird das Boot in der Richtung P getrieben (Abb. 27). Es ist unschwer einzusehen, daß bei entsprechender Drehrichtung der Zylinder — beide

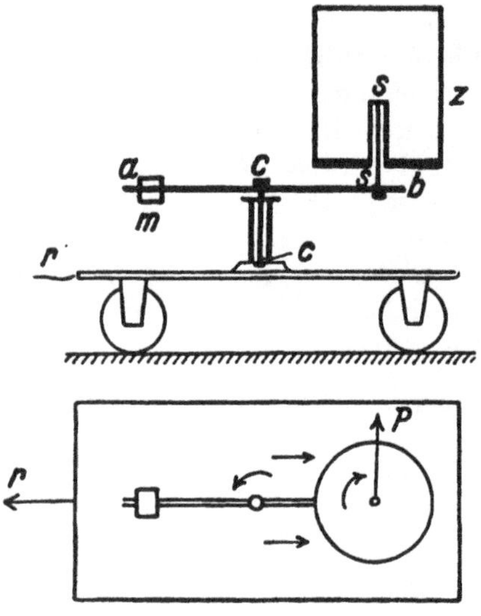

Abb. 26.

[1]) Siehe Wasserkraftjahrb. 1927/28, S. 427.

[2]) Ackeret, Das Rotorschiff und seine physikalischen Grundlagen. Göttingen 1925. — Betz, Der Magnuseffekt die Grundlage der Flettnerwalze. Zeitschr. d. V. d. I. 1925. — Flettner, Die Anwendung der Erkenntnisse der Aerodynamik zum Windantrieb von Schiffen. Schiffbautechn. Ges., 20. Nov. 1924. — C. W. Oseen, Neuere Methoden und Ergebnisse in der Hydrodynamik, 1927, S. 325.

können in verschiedener Richtung mit verschiedener Geschwindigkeit rotieren — auch das Schiff gesteuert werden kann.

Die abgeleitete Formel für den Auftrieb gilt für unendlich lange Zylinder. Bei endlicher Länge muß vorgesehen werden, daß die umgebende Luft an den Enden des Zylinders nicht die geordnete Zirkulationsströmung stört. Dies wird erfahrungsgemäß verhindert, wenn das Ende des Zylinders mit einer horizontalen Platte versehen wird. Man überzeugt sich von der beabsichtigten Wirkung leicht, indem man aus Papier einen Zylinder formt (Abb. 28), um denselben einen Zwirnfaden wickelt, denselben bei A festhält und dann den Zylinder losläßt.

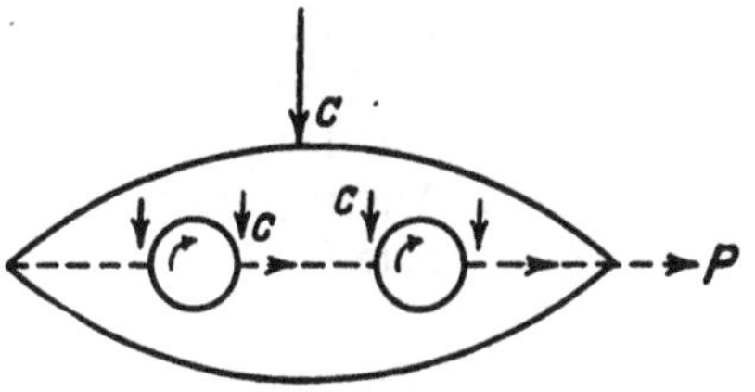

Abb. 27.

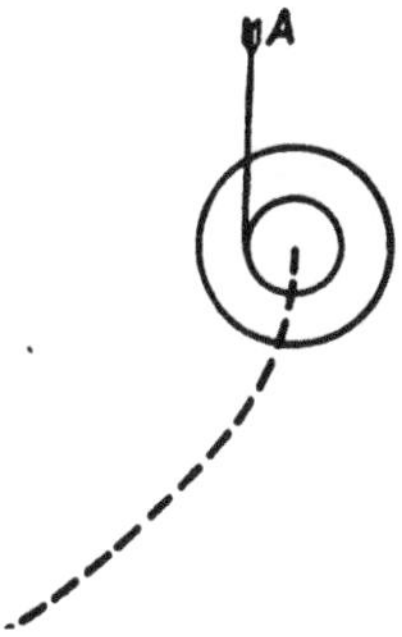

Abb. 28.

In Abb. 28 ist die Bahnkurve annähernd wiedergegeben. Ändert man den Versuch dahin ab, daß man an dem Zylinder noch an jedem Ende eine Scheibe anbringt (Versuch von Prandtl[1])), so wird der Magnuseffekt noch größer als früher werden.

Dieser Magnuseffekt hat auch in der Elektrizitätslehre sein Analogon, wie überhaupt hydrodynamische Analogien vielfach in der Elektrizitätslehre anzutreffen sind. Befindet sich nämlich ein zylindrischer Leiter in einem homogenen magnetischen Feld, so verlaufen die magnetischen Kraftlinien analog wie die Stromlinien um einen Zylinder. Würde durch den Zylinder ein elektrischer Strom gesandt werden und das frühere Magnetfeld nicht vorhanden sein, so würde um den Leiter ein magnetisches Zirkulationsfeld entstehen. Läßt man beide Felder gleichzeitig existieren, so entsteht ein Feld, dessen Kraftlinien ganz analog, denen in Abb. 24 dargestellten verlaufen. Auch tritt eine Kraft senkrecht zu den ungestörten Kraftlinien des ersten Feldes auf, welche den Leiter aus dem Kraftfeld zu treiben sucht; doch hat diese elektrodynamische Kraft den entgegengesetzten Richtungssinn als jene, welche durch den Magnuseffekt gekennzeichnet ist. Dies hat seinen Grund in der willkürlichen Festsetzung der positiven Richtung der magnetischen Kraftlinien. Auf diese elektromagnetische Analogie hat zum erstenmal Prof. Johann Sahulka in seinem noch wenig beachteten

---

[1]) Prandtl, Naturwissensch. 1925, S. 93.

Werke[1]) hingewiesen. Das Interessante der Ausführungen Sahulkas aber ist, daß die Erklärung über das Zustandekommen des elektrodynamischen Effektes so geschieht, daß Übereinstimmung der Richtungen der elektrodynamischen Kraft und des hydrodynamischen Auftriebes erzielt wird. Wir haben über diese Dinge hier ausführlich referiert, weil möglicherweise der Magnuseffekt auch zur Konstruktion eines neuen Turbinentyps verwendet werden könnte. An einer vertikalen Welle befestigte, um horizontale Achsen rotierende Zylinder müßten, in eine Strömung gebracht, welche parallel zur vertikalen Achse erfolgt, durch den auftretenden Magnuseffekt eine Drehung auch um die vertikale Achse ausführen.

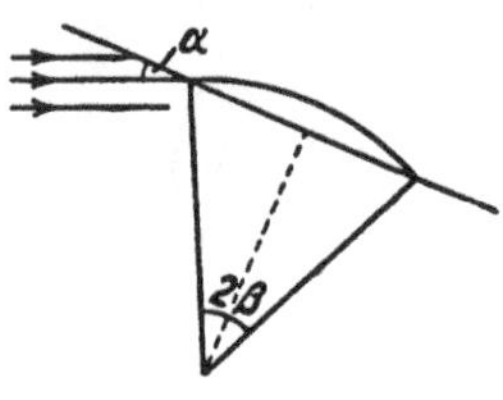

Abb. 29.

B. Die Formel von Joukowsky wurde zur Ermittlung des Auftriebes von Tragflügelflächen verwendet. So berichtet Pröll[2]), daß bei kreisbogenförmig gekrümmten Tragflächen vom Öffnungswinkel $2\,\beta$ und Ansteigwinkel α ein Auftrieb $P = 2\,\pi\mu c^2 r \sin\beta \sin(\alpha + \beta)$ vorhanden ist (Abb. 29).

C. Auch bei Turbinenschaufeln[3]) wird die Kraft nur durch die Zirkulation bedingt. Abb. 30 stellt den abgewickelten Schnitt eines Axialturbinenrades vor. Wir denken die Welle zunächst festgehalten

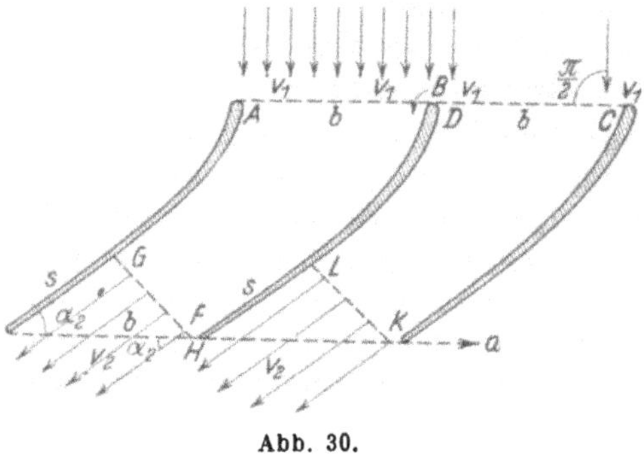

Abb. 30.

und fragen, wie groß ist die Kraft, welche durch die Strömung auf die Schaufel ausgeübt wird. Die Einströmgeschwindigkeit sei v_1. Das zugehörige Geschwindigkeitspotential an den A, B, C sei φ_1. Nachdem

[1]) »Erklärung der Gravitation, der magnetischen und elektrischen Erscheinungen«, Wien 1907, S. 126.

[2]) »Über die zahlenmäßige Ermittlung des Auftriebes gekrümmter Tragflächen bei horizontalem Flug«. Jahrb. der Wissenschaftl. Gesellsch. für Flugtechnik. 1913/14, S. 94.

[3]) Föttinger, Über die physikalischen Grundlagen der Turbinen und Propellerwirkung. Zeitschr. für Flugtechnik und Motorluftschiffahrt. 1912, S. 233.

der Verlauf der Stromlinien in allen Zellen derselbe sein soll, so muß, falls in G und F dasselbe Potential φ_2 bestehen soll, der Punkt H an der hinteren Seite der Schaufel ein anderes Potential besitzen als wie der vordere Punkt F. Denn für die nächste Zelle ist an den Stellen L und K dasselbe Potential vorhanden, daher muß das Potential in H von dem in L verschieden sein. Bildet man die Zirkulation $\oint \bar{v} \cdot d\bar{s}$ über eine Schaufel, so erhält man

$$\oint v \cdot ds = \int_F^B v \cdot ds + \int_B^D v \cdot d\bar{s} + \int_D^L v \cdot d\bar{s} + \int_L^F v \cdot ds.$$

Weil

$$\int_F^B v \cdot ds = -\int_{\varphi_2}^{\varphi_1} \frac{\partial \varphi}{\partial s} \cdot ds = \varphi_2 - \varphi_1,$$

so erhält man

$$\oint \bar{v} \cdot d\bar{s} = \varphi_2 - \varphi_1 + \varphi_1 - \varphi_2 + \int_L^F v_2 \cdot ds.$$

Auf dem Stücke L bis H ist aber die Geschwindigkeit v_2 konstant und die Länge der annähernd geraden Strecke LH sei mit s bezeichnet, daher ist

$$\oint \bar{v} \cdot ds = v_2 \cdot s.$$

Mithin ist der Wert der Kraft $P = \mu \cdot v_1 \cdot l \cdot v_2 \cdot s$.

Dies ist aber bis auf das Vorzeichen derselbe Wert, wie wir ihn auch nach der elementaren Stromfadentheorie erhalten haben. Denn nach dieser wäre (vgl. S. 50)

$$P = \gamma \frac{Q}{g} [v_1 \cos(x v_1) - v_2 \cos(x v_2)].$$

Nun ist im vorliegenden Fall $\cos(x v_2) = -\cos \alpha_2$, daher

$$P = \gamma \cdot \frac{Q}{g} v_2 \cdot \cos \alpha_2 .$$

Zufolge der Kontinuitätsgleichung ist aber

$$Q = b \cdot l \cdot v_1 = b \sin \alpha_2 \cdot l \cdot v_2$$

und

$$P = \frac{\gamma}{g} b \cdot l \cdot v_1 \cdot v_2 \cdot \cos \alpha_2 .$$

Weil $b \cdot \cos \alpha = s$, so ist

$$P = \frac{\gamma}{g} \cdot l \cdot v_1 \cdot v_2 ,$$

d. i. aber derselbe Wert, der aus der Joukowskyschen Formel abgeleitet wurde.

Falls der Eintrittswinkel nicht $\frac{\pi}{2}$ ist, sondern wie in Abb. 31 durch α_1 gegeben ist, erhält man, da

$$\oint \bar{v} \cdot d\bar{s} = \varphi_2 - \varphi_1 + \varphi_3 - \varphi_2 + \int_0^{s_2} \bar{v}_2 \cdot d\bar{s}$$

und
$$\varphi_3 - \varphi_1 = - v_1 \cdot s_1,$$

daher
$$P = \mu v_1 \cdot l\,(- v_1 s_1 + v_2 s_2).$$

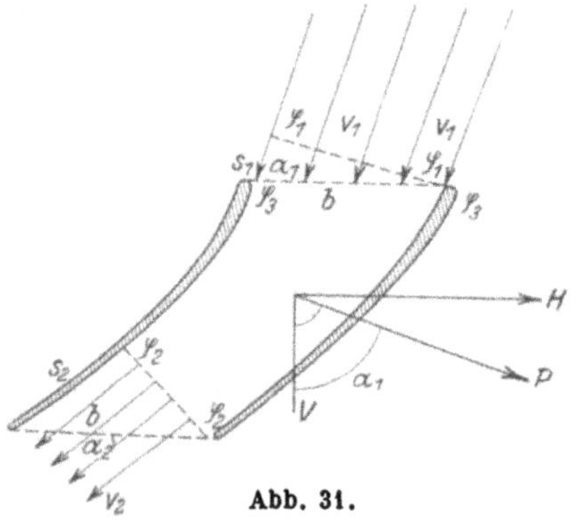

Abb. 31.

Diese Kraft steht auf der Richtung v_1 senkrecht und spaltet sich in zwei Komponenten H und V. Von diesen hat aber nur H ein Moment um die Wellenachse. Man erhält

$$H = P \sin \alpha_1 = \\ = \mu v_1 \cdot l \sin \alpha_1 \cdot [- v_1 s_1 + v_2 s_2],$$

welche Formel aber auch aus der Stromfadentheorie abgeleitet werden könnte. Nach dieser wäre

$$P = \gamma \frac{Q}{g} [v_1 \cdot \cos(x v_1) - v_2 \cos(x v_2)].$$

Weil $Q = b \cdot l \cdot v_1 \sin \alpha_1$ und $\sphericalangle\, x v_1 = \pi - \alpha_1$, ferner

$$b \cos \alpha_1 = s_1, \quad b \cdot \cos \alpha_2 = s_2,$$

so ist

$$H = \frac{\gamma}{g}\, l \cdot v_1 \sin \alpha_1 [- v_1 s_1 + v_2 s_2].$$

Eine Voraussetzung aber ist noch zu erfüllen, nämlich jene, daß die Flüssigkeit den Raum zwischen zwei benachbarten Schaufeln voll einnimmt. Um in dieser Frage wenigstens eine angenähert zutreffende Entscheidung zu treffen, denken wir uns folgende Aufgaben gelöst[1]).

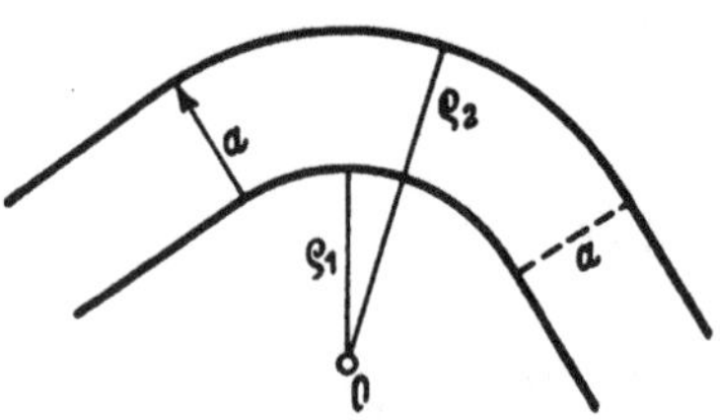

Abb. 32.

1. Durch ein horizontal liegendes gerades Rohr mit dem Querschnitt $a \cdot b$ ströme Flüssigkeit in ein kreisförmig gekrümmtes Rohr über.

Bei welchem Radius ϱ_1 ist die Ablösung möglich? (Abb. 32.)

Man erhält für die Eulerschen Gleichungen im natürlichen Koordinatensystem

[1]) Vgl. Wittenbauer, Aufgabensammlung für Mechanik. Bd. II.

$$\frac{dv}{dt} = P_t - \frac{1}{\mu}\frac{\partial p}{\partial s}$$

und

$$-\frac{v^2}{\varrho} = P_\varrho - \frac{1}{\mu}\frac{\partial p}{\partial n},$$

wobei P_t und P_ϱ die Kraftkomponenten pro Masseneinheit in der tangentiellen und in der zentripetalen Richtung bedeuten. Da hier keine äußeren Kräfte pro Masseneinheit in der t- und ϱ-Richtung vorhanden sind, weil ferner für stationäre Bewegung $\frac{dv}{dt} = v \cdot \frac{dv}{ds}$ ist, so erhält man $v\frac{dv}{ds} = \frac{1}{\mu} \cdot \frac{\partial p}{\partial s}$ und als Integral

$$\frac{v^2}{2g} + \frac{p}{\gamma} = C.$$

Weil dn nach außen positiv gezählt wird, $\frac{v^2}{\varrho}$ aber zentripetal gelegen ist, so erhielt in der zweiten Eulerschen Gleichung $\frac{v^2}{\varrho}$ das negative Zeichen. Da

$$\frac{\partial p}{\partial n} = + \frac{\partial p}{\partial \varrho}, \quad \text{so ist} \quad \frac{v^2}{\varrho} = \frac{1}{\mu}\frac{\partial p}{\partial \varrho}.$$

Aus

$$\frac{p}{\gamma} = C - \frac{v^2}{2g} \quad \text{folgt} \quad \frac{v^2}{\varrho} = -v \cdot \frac{\partial v}{\partial \varrho}$$

und durch Integration

$$\log_{\text{nat}} \varrho v = l_{\text{nat}} k$$

oder

$$\varrho v = \text{konstant} = k.$$

Zufolge der Kontinuitätsgleichung ist, wenn a und b die Seiten des parallelepipedischen Krümmers sind,

$$a \cdot b \cdot v_1 = \iint v \cdot d\varrho \cdot dy = \int_{\varrho_1}^{\varrho_2} \frac{k}{\varrho} d\varrho \int_0^b dy$$

$$a \cdot b \cdot v_1 = b \cdot k \log_{\text{nat}} \frac{\varrho_2}{\varrho_1}$$

und

$$k = \frac{a v_1}{\log_{\text{nat}} \left(\frac{\varrho_2}{\varrho_1}\right)}.$$

Aus der Bernoullischen Gleichung folgt:

$$\frac{v^2}{2g} = \frac{v_1^2}{2g} + \frac{p_1}{\gamma} - \frac{p}{\gamma}.$$

Die Ablösung wird dann eintreten, wenn $p = 0$ wird. Dann ist aber

$$\frac{v^2}{2g} = \frac{v_1^2}{2g} + \frac{p_1}{\gamma},$$

also, weil

$$\varrho v = \frac{a v_1}{\log_{\text{nat}} \frac{\varrho_2}{\varrho_1}}$$

$$\frac{a v_1}{\log \frac{\varrho_2}{\varrho_1}} = \varrho \sqrt{\frac{v_1^2}{2g} + \frac{p_1}{\gamma}}.$$

Nun ist $\varrho_2 = \varrho_1 + a$, folglich

$$\varrho \cdot \sqrt{v_1^2 + 2g\frac{p_1}{\gamma}} = \frac{\sqrt{2g}\, a v_1}{l\left(1 + \frac{a}{\varrho_1}\right)}.$$

Daher tritt für $\varrho = \varrho_1$ eine Ablösung ein, wenn

$$\lg\left(1 + \frac{a}{\varrho_1}\right) = \frac{a v_1 \sqrt{2g}}{\varrho_1 \sqrt{v_1^2 + 2g\frac{p}{\gamma}}}.$$

Setzt man $\frac{a}{\varrho_1} = x$, so erhält man

$$\frac{\lg(1+x)}{x} = \frac{v_1\sqrt{2g}}{\sqrt{v_1^2 + 2g\frac{p_1}{\gamma}}}.$$

Die Reihenentwicklung für die logarithmische Funktion liefert endlich die Gleichung

$$1 - \frac{x}{2} + \frac{x^2}{3} - \ldots\ldots = \frac{v_1\sqrt{2g}}{\sqrt{v_1^2 + 2g\frac{p_1}{\gamma}}}.$$

2. Die Frage nach einem Kriterium der Ablösung für das vorhergehende Beispiel kann auch, wie folgt, beantwortet werden.

Aus $\frac{v^2}{\varrho} = \frac{1}{\mu} \cdot \frac{\partial p}{\partial \varrho}$ folgt unter Zuhilfenahme von $v\varrho = k$

$$\frac{k^2}{\varrho^3} = \frac{1}{\mu} \cdot \frac{\partial p}{\partial \varrho}, \text{ daher } p = -\frac{\mu k^2}{2\varrho^2} + c.$$

Diese Größe soll stets positiv sein:

$$\text{für } \varrho = \varrho_1 \text{ sei } p = p_1, \quad \text{für } \varrho = \varrho_2 \text{ sei } p = p_2,$$

mithin ist

$$p_1 = -\frac{\mu k^2}{2\varrho_1^2} + c$$

$$p_2 = -\frac{\mu k^2}{2\varrho_2^2} + c.$$

p_1 soll auch an der konvexen Seite immer positiv sein. Daher soll

$$-\frac{\mu k^2}{2\varrho_1^2} + \frac{\mu k^2}{2\varrho_2^2} + p_2 \geqq 0$$

oder

$$p_2 \geqq \mu \frac{k^2}{2}\left[\frac{1}{\varrho_1^2} - \frac{1}{\varrho_2^2}\right],$$

weil $\varrho_2 = \varrho_1 + a$, so folgt

$$\frac{p_2}{\gamma} > \frac{v_2^2}{2g}\left[\frac{\varrho_2^2 - \varrho_1^2}{\varrho_1^2}\right] = \frac{v_2^2}{2g}\left[\frac{2a}{\varrho_1} + \frac{a^2}{\varrho_1^2}\right].$$

Für kleine Werte von a, $a \ll \varrho_1$ kann

$$\frac{p_2}{\gamma} > \frac{v_2^2}{g}\frac{a}{\varrho_1}$$

gesetzt werden.

Dieses Resultat ist auch mit Hilfe der Dimensionstheorie ableitbar. Es soll nämlich die Größe p als Funktion von μ, v, ϱ und a dargestellt werden. Dann folgt aus den Darlegungen auf S. 32, daß

$$[p] = \Sigma\, \mu^m \cdot v^n \cdot \varrho^q \cdot a^r$$

ist, falls eine solche Form überhaupt möglich ist. Die unbekannten Exponenten ermitteln sich aus

$$kg \cdot l^{-2} = kg^m \cdot l^{-3m} \cdot l^{-m} \cdot t^{2m} \cdot l^n \cdot t^{-n} \cdot l^q \cdot l^r,$$

woraus folgt, daß

$$m = 1$$
$$-2 = -4 + n + q + r$$
$$o = 2 - n.$$

Diese Beziehungen sind erfüllt für $n = 2$, $r = 1$ und $q = -1$. Mithin

$$p = \mu \cdot v^2 \frac{a}{\varrho} \quad \text{oder} \quad \frac{p}{\gamma} = \frac{v^2}{g}\frac{a}{\varrho}.$$

VI. Prandtls Grenzschichttheorie[1]). Entstehung der Zirkulation.

In großer Entfernung von einem eingetauchten Körper, bzw. in einiger Entfernung von den Wänden, tritt der Einfluß der Zähigkeit gegenüber den Beschleunigungsgliedern zurück. Dagegen ist, zufolge

[1]) Prandtl, Über die Flüssigkeitsbewegungen bei sehr kleiner Reibung. Verhandl. des III. Math. Kongr. in Heidelberg 1904. — Die weitere Literatur findet sich in Hopf, Zähe Flüssigkeiten S. 121 u. 171 angegeben.

der empirisch feststehenden Tatsache, daß in Flüssigkeiten auch bei kleiner Reibung die Flüssigkeit an dem Körper haftet, die Reibung in einer dünnen Grenzschicht um den Körper vorherrschend, und diese Reibung führt den starken Geschwindigkeitsabfall herbei. Diese Grenzschicht gibt auch die Veranlassung zur Wirbelbildung. Es zeigt nämlich der Versuch, daß dort, wo die Flüssigkeitsströmung beschleunigt vor sich geht, auch die Teilchen der Grenzschicht beschleunigt werden; wo aber die Strömung verzögert wird, dort werden auch die Teilchen der Grenzschicht zur Umkehr gezwungen werden.

Diese neue Gegenströmung hat die Entstehung von Wirbeln zur Folge, die in die freie Strömung eindringen und von dieser mitgenommen werden. Z. B. bemerkt man bei dem rotierenden Zylinder in einer Flüssigkeit sehr bald das Auftreten der Grenzschicht und die Bildung von Wirbeln. Wenn nun der Satz von Thomson in der freien Strömung als richtig angenommen wird (vgl. S. 72) und ursprünglich keine Zirkulation vorhanden war, so muß, weil durch die entstehenden Wirbel mit der Zirkulation J_1 und Abwandern derselben in die freie Strömung, jetzt auch eine Zirkulation J_2 um den Zylinder entstehen, derart, daß $J_1 + J_2 = 0$.

Diese Zirkulation bedingt im Verein mit der freien Strömung um den Zylinder den Kutta-Joukowskyschen Effekt.

Daraus folgt aber, daß einen dynamischen Auftrieb nur jene Profile besitzen, bei welchen durch periodisches Ablösen von Wirbeln, deren Gesamtzirkulation nicht null ist, auch eine Zirkulation um die Profile entsteht.

Z. B. erfahren fischförmige Körper, nach Lanchester[1]) »Ichthyoid« (Abb. 33) genannt, wegen der geringen Wirbelbildung gar keinen Auf-

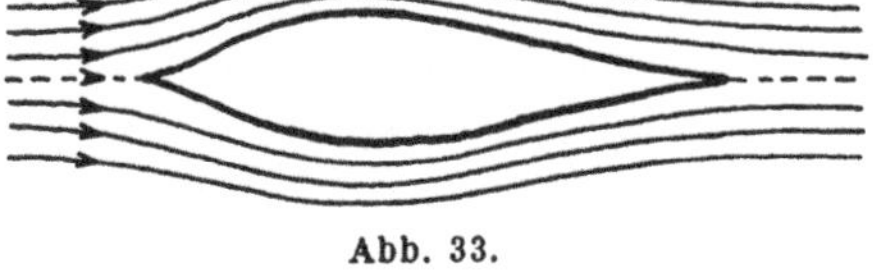

Abb. 33.

trieb, und weil die Stromlinien sich hinter diesem Körper schließen, auch keinen Widerstand. Bei dem Schnelldampfer Bremen ist die Form des unter Wasser tauchenden Buges von tropfenartiger Gestalt, wodurch ebenfalls ein geringer Widerstand bedingt ist.

Wenn aber der rückwärtige Teil des Körpers nicht die entsprechend fischartige Gestalt besitzt, dann treten nach der Grenzschichttheorie von Prandtl Wirbelbildungen auf. Es hat Lanchester dafür einen hübschen Versuch angegeben. In eine mit Zigarettenrauch gefüllte Kugel

[1]) Lanchester, Aerodynamik. Bd. I, S. 20.

(Abb. 34) wird ein Rohr gesteckt und die Vorrichtung so schnell bewegt, daß der Luftdruck den Rauch aus der Öffnung zwischen Kugel und Zylinder herauspreßt. Wir beobachten dann, daß der Zigarettenrauch sich um die Kugelfläche entlang zieht, sich dann aber ablöst und in Wirbeln auflöst. Auch bei Bewegung einer Platte in einer ruhenden Flüssigkeit (vgl. S. 61) wird sich zunächst eine Unstetigkeitsfläche ausgebildet haben; mathematisch kann aber dann nachgewiesen werden[1]):

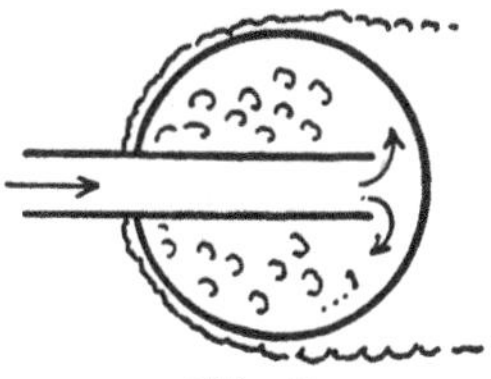

Abb. 34.

1. daß diese Fläche zufolge der Reibung nicht bestehen bleibt und
2. daß diese Diskontinuitätsfläche auch in idealen Flüssigkeiten nicht stabil ist, d. h. durch geringe Störungen löst sich die gesamte Unstetigkeitsfläche in einzelne Wirbel auf, derart, daß die gesamte Wirbelstärke erhalten bleibt.

Experimentell wurde folgende Erscheinung beobachtet. Bei Bewegung einer Platte von der Breite b zeigte sich hinter der Platte das Auftreten von Wirbelpaaren, die aber im entgegengesetzten Sinne rotieren (Abb. 35) und wie die Bäume in einer Allee angeordnet sind.

Auch die eigenartig wellenförmige Gestalt einer im Winde wehenden Fahne ist auf diese Anordnung der Wirbelpaare zurückzuführen. Es zeigte sich ferner, daß diese Wirbelpaare eine Geschwindigkeit c_1 besitzen, welche kleiner als die Geschwindigkeit c der Platte ist, so daß die Paare immer mehr hinter der Platte zurückbleiben. Die mathematische Beschreibung dieser Erscheinung stammt von Kármán[2]). Es wurde auch festgestellt, daß im Falle die Platte sich um eine ganz bestimmte Entfernung λ weiter bewegt hat, bald an der einen, bald an der andern Kante der Platte je ein Wirbel auftritt. Weil an der Rückseite der Platte die Flüssigkeit in bezug auf die Platte sich mit der Geschwindigkeit $c - c_1$ von derselben fortbewegt, so erklärt sich aus der entstehenden Saugwirkung, daß der Druck auf die Platte größer ist, als es nach der Helmholtzschen Theorie der Fall wäre.

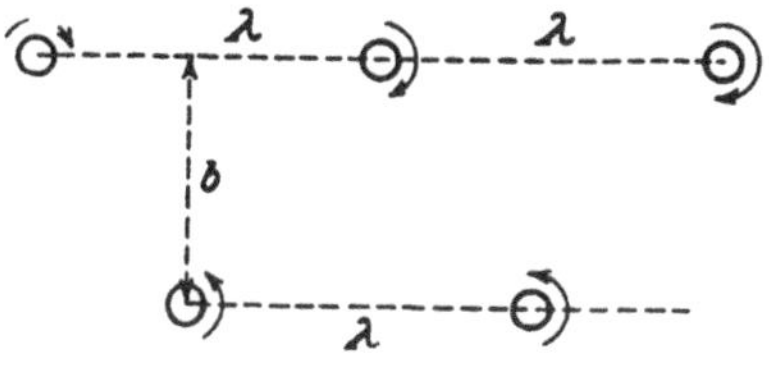

Abb. 35.

Um in die besprochenen Erscheinungen einigermaßen einen theoretischen Einblick zu erlangen, seien folgende elementare Untersuchungen

[1]) Vgl. Lamb, S. 695, Webster, Dynamics, S. 554, und Schaefer, Theoretische Physik, S. 902.

[2]) Kármán und Ruhbach, Über den Mechanismus des Widerstandes den ein bewegter Körper in einer Flüssigkeit erfährt. Phys. Zeitschr. 13, 1912, S. 49. — Forchheimer, Hydraulik, S. 412.

angestellt. Die Flüssigkeitsteilchen mögen (Abb. 36) in einer Ebene um die z-Achse in kreisender Bewegung begriffen sein. Dann ist $v_x = -y\omega$ und $v_y = x \cdot \omega$, wobei ω noch eine Funktion des Ortes sein kann. Dann ist aber

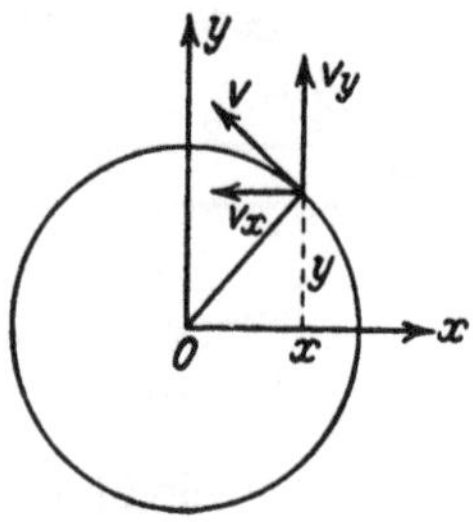

Abb. 36.

$$\frac{\partial v_x}{\partial y} = -\omega - y\frac{\partial \omega}{\partial r} \cdot \frac{\partial r}{\partial y} = -\omega - \frac{y^2}{r} \cdot \frac{\partial \omega}{\partial r}$$

und

$$\frac{\partial v_y}{\partial x} = \omega + x\frac{\partial \omega}{\partial r} \cdot \frac{\partial r}{\partial x} = \omega + \frac{x^2}{r}\frac{\partial \omega}{\partial r}.$$

Daher

$$w_z = (\text{Wirbelstärke}) = \frac{1}{2}\,\text{rot}_z\, v = \omega + \frac{\partial \omega}{\partial r}\frac{r}{2}.$$

Welcher funktioneller Zusammenhang muß nun zwischen ω und r bestehen, damit w_z null sei. Aus

$$\omega + \frac{d\omega}{dr} \cdot \frac{r}{2} = 0,$$

folgt

$$2\frac{dr}{r} + \frac{d\omega}{\omega} = 0$$

und daher ist $r^2\omega =$ konstant. Diese Beziehung gilt, wenn r größer ist als ein gewisser Wert r_0. Denn nach den Ausführungen auf S. 43 und 48 wissen wir, daß der Raum bei dieser Strömung zweifach zusammenhängend ist; daher ist die z-Achse eine Wirbelachse, und die Wirbelröhre erstreckt sich auf einen Kreis vom Radius r_0. Innerhalb dieses Kreises ist ω konstant. Die Flüssigkeit rotiert hier wie ein starrer Körper. Denn setzen wir $w = k$, so erhalten wir nach obigem:

$$k = \omega + \frac{1}{2}r\frac{d\omega}{dr}$$

oder

$$2\frac{dr}{r} = \frac{d\omega}{k - \omega},$$

mithin

$$-\log_{\text{nat}}(k - \omega) + \log_{\text{nat}} c = \log_{\text{nat}} r^2$$

oder

$$r^2(\omega - k) = c,$$

daher

$$\omega = k + \frac{c}{r^2}.$$

Für $r = 0$ würde ω nach dieser Formel unendlich werden, was physikalisch nicht möglich ist. Daher hat die Gleichung nur einen Sinn, wenn $c = 0$ ist, d. h. $\omega = k =$ konstant.

An der Grenze $r = r_0$ muß aber $\omega = \omega_0 = \frac{c}{r_0^2} = k$ sein.

Wenn nun in einer Flüssigkeit zwei parallele Wirbelröhren vorhanden sind, von denen die eine das Wirbelmoment (Wirbelstärke) $w_1 = \omega_1 \cdot f_1$, die andere das Moment $w_2 = \omega_2 f_2$ besitzt und beide Wirbelachsen sich in einer Entfernung b voneinander befinden, so ist die Geschwindigkeit in einem Punkte P gegeben (Abb. 37) durch die geometrische Addition der Geschwindigkeiten zufolge der Strömungen um w_1 und w_2. Weil

$$k = r_0^2 \omega_1, \quad r_0^2 \pi = f_1, \quad v_1 = \frac{k}{r_1},$$

so ist

$$v_1 = \frac{r_0^2 \omega_1}{r_1} = \frac{f_1 \omega_1}{r_1 \pi} = \frac{M_1}{r_1 \pi};$$

ebenso erhält man

$$v_2 = \frac{M_2}{r_2 \pi}.$$

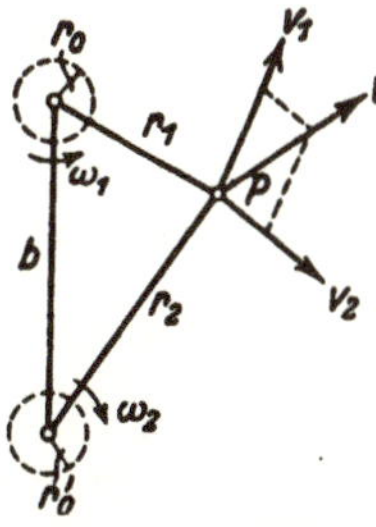

Abb. 37.

Sind die beiden Drehgeschwindigkeiten ω_1 und ω_2 entgegengesetzt gleich, so schreiten beide Wirbel in der Flüssigkeit mit gleich großer Geschwindigkeit fort. Diese ist durch $c_1 = c_2 = \frac{M_1}{b \pi}$ gegeben. Die Flüssigkeit zwischen den beiden Wirbeln erhält dann eine Geschwindigkeit, welche größer ist als die Geschwindigkeit der beiden Wirbel.

Z. B. ist die Geschwindigkeit des mittleren Fadens

$$c_m = \frac{4 M}{b \cdot \pi}.$$

Analoge Untersuchungen lassen sich auch auf die Bewegung von ein oder zwei Wirbelringen anstellen. Diesbezügliche Untersuchungen und auch treffliche Abbildungen finden sich in Bauer, »Die Helmholtzsche Wirbeltheorie« vor[1]).

[1]) Zu diesem Buche wollen wir einige Bemerkungen anfügen. G. Bauer gibt in dieser Schrift zunächst die Helmholtzsche Originalabhandlung wörtlich wieder, fügt aber auch entsprechende Zusätze und Erklärungen hinzu, um die an sich inhaltsreichen Gedankengänge Helmholtz' auch dem wissenschaftlich gebildeten Ingenieur näherzubringen. Wer je Originalwerke gelesen hat — es sei hier z. B. auf die H. Hertzsschen Abhandlungen verwiesen — der weiß wohl zu würdigen, welcher Arbeit es bedarf, solche Originalabhandlungen, die meist in gedrängter Form geschrieben sind, vollständig zu verstehen. Dies wird wohl jeder theoretische Physiker zugeben. Wenn es natürlich zu den Aufgaben des Physikers gehört, zum Studium solcher Originalabhandlungen die notwendige Zeit aufzubringen, so darf doch selbst von dem wissenschaftlichen Ingenieur ein allzu großer Zeitaufwand zum Studium theoretischer Arbeiten nicht verlangt werden, trotzdem dieselben von nicht zu unterschätzendem Wert für die Praxis sind. Es ist daher nur zu begrüßen, wenn es Bauer unternommen hat, in obiger Weise die Untersuchungen Helmholtz zu interpretieren. Das Buch hätte bei seinem Erscheinen eine ihm gebührende anerkennende Kritik mit Recht verdient.

Wir sehen also, daß man durch die Angabe der Wirbel imstande ist, die Bewegung einer Flüssigkeit zu beschreiben. Wenn nun eine Diskontinuitätsfläche sich erfahrungsgemäß in eine Anzahl von Einzelwirbel auflöst, deren Gesamtstärke gleich jener der Diskontinuitätsfläche ist, so erhält man, wenn die Zirkulation (Abb. 38) über den Teil λ der Diskontinuitätsfläche gebildet wird, für die Zirkulation den Wert $c \cdot \lambda$. Ist nun w_1 die Zirkulation über die Wirbel (Wirbelstärke), so muß $c\lambda = w_1$ sein.

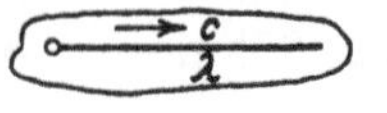

Abb. 38.

Kármán hat nachgewiesen, daß das in Abb. 35 dargestellte Wirbelsystem stabil ist, wenn $\frac{b}{\lambda} = 0{,}283$ ist und fand diesen Wert auch experimentell bestätigt. Kármán berechnete auch die Änderung des gesamten Impulses (Bewegungsgröße) zufolge der Entstehung und Bewegung der Wirbelpaare und weil die Änderung des Impulses gleich dem Widerstand ist, so konnte Kármán diesen auch berechnen. Er fand, daß

$$P = \frac{\sqrt{8} - 1}{\sqrt{8}} \cdot \mu \cdot b \cdot c^2.$$

Also ist der Widerstand auch nach dieser Betrachtung dem Quadrate der Geschwindigkeit proportional.

VII. Turbinentheorien.

1. Die elementare Theorie von Euler.

a) Einleitung.

Der erste, welcher über die Wirkungsweise des Wassers in einer Turbine Berechnungen anstellte, war L. Euler[1]). Eulers Untersuchung ist mit Ausnahme einiger geringer Abänderungen bis heute für den praktischen Maschinenbau üblich geblieben. Sie beruht auf den Ergebnissen der Stromfadentheorie. Die Turbine, auf welche Euler die Untersuchungen anwendete, besteht aus der Welle OO', aus einer Anzahl von Röhren F, durch welche das Wasser ausströmt. Diese Röhren sind in einer Trommel B ein-

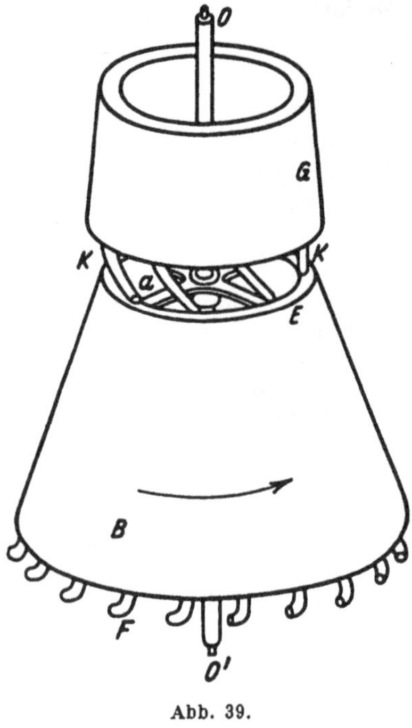

Abb. 39.

[1]) Vgl. E. Brauer, »Eulers Turbinentheorie«. Zeitschr. f. d. ges. Turbinenwesen, 1908, S. 21.

geschlossen, welche mit Armen a an der Welle befestigt sind. Die Eintrittsöffnung E ist ringförmig gestaltet. Über dieser Trommel erhebt sich ein Behälter G durch dessen Kanäle Wasser, in die Trommel B ausfließt. Wie man hieraus ersieht, hat Euler den Leitapparat gekannt. Bevor auf die Eulersche Theorie eingegangen wird, seien noch einige kinematische Untersuchungen vorangestellt.

b) Coriolisbeschleunigung.

Eine punktförmige Masse m bewege sich in einer ebenen Kurve. Bedeutet r den Radiusvektor, φ den Polarwinkel, so lautet die Gleichung der Bahnkurve (Abb. 40):

$$\left.\begin{aligned} x &= r\cos\varphi \\ y &= r\sin\varphi \end{aligned}\right\} \quad \ldots\ldots\ldots \quad (1)$$

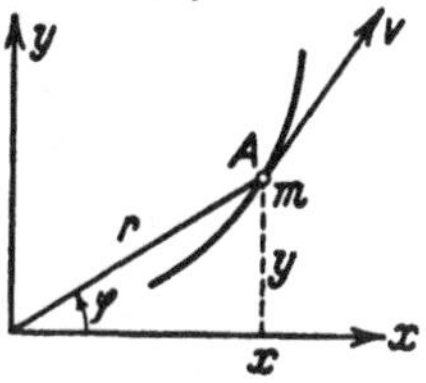

Abb. 40.

Daher erhält man für die Komponenten der Geschwindigkeit

$$v_x = \frac{dx}{dt} = \frac{dr}{dt}\cdot\cos\varphi - r\sin\varphi\cdot\frac{d\varphi}{dt}.$$

Kommen wir jetzt überein, alle Ableitungen nach der Zeit durch Anbringung von Punkten über der Veränderlichen zu bezeichnen, also

$$\frac{dr}{dt} = \dot{r}, \quad \frac{dy}{dt} = \dot{y}, \quad \frac{d^2x}{dt^2} = \ddot{x};$$

setzen wir ferner

$$\frac{d\varphi}{dt} = \dot{\varphi} = \omega,$$

d. i. die Winkelgeschwindigkeit, mit der sich der Fahrstrahl um die z-Achse dreht, so ist

$$\left.\begin{aligned} \dot{x} &= \dot{r}\cos\varphi - r\sin\varphi\cdot\omega \\ \dot{y} &= \dot{r}\sin\varphi + r\cos\varphi\cdot\omega \end{aligned}\right\} \quad \ldots\ldots\ldots \quad (2)$$

Weiters ist $v = \sqrt{v_x^2 + v_y^2}$ oder, falls v_r und v_n die Komponenten der Geschwindigkeit in der Richtung des Radiusvektors und senkrecht hierzu bedeuten,

$$v = \sqrt{v_r^2 + v_n^2}.$$

Aus Abb. 41 folgt

$$\left.\begin{aligned} v_r &= v_x\cos\varphi + v_y\sin\varphi \\ v_n &= v_y\cos\varphi - v_x\sin\varphi \end{aligned}\right\} \quad \ldots \quad (3)$$

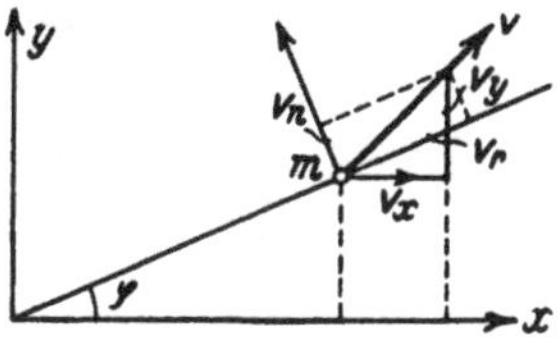

Abb. 41.

Nach Einsetzen der Werte von (2) in Gleichung (3) erhält man

$$v_r = \dot{r} \quad \text{und} \quad v_n = r\omega \quad \ldots\ldots\ldots \quad (4)$$

Bildet man die Beschleunigungskomponenten, so ergibt sich

$$\left.\begin{aligned} \frac{d v_x}{d t} &= b_x = (\ddot{r} - r\omega^2)\cos\varphi - (2\dot{r}\omega + r\dot{\omega})\sin\varphi \\ \frac{d v_y}{d t} &= b_y = (\ddot{r} - r\omega^2)\sin\varphi + (2\dot{r}\omega + r\dot{\omega})\cos\varphi \end{aligned}\right\} \quad . \; . \; . \; (5)$$

Bedeuten b_r und b_n die Beschleunigungskomponenten in der Richtung des Radiusvektors und in der dazu gehörenden senkrechten Richtung, so ist (Abb. 42)

$$\left.\begin{aligned} b_r &= b_x \cos\varphi + b_y \sin\varphi \\ b_n &= b_y \cos\varphi - b_x \sin\varphi \end{aligned}\right\} \quad . \; . \; . \; (6)$$

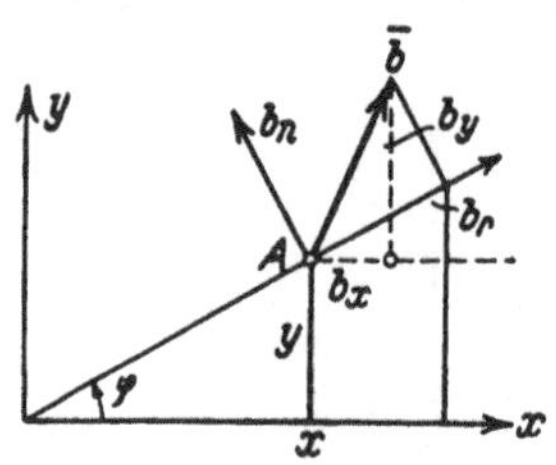

Abb. 42.

Durch Einsetzen des Gleichungssystems (5) in (6) erhält man

$$\left.\begin{aligned} b_r &= \ddot{r} - r\omega^2 \\ b_n &= 2\dot{r}\omega + r\dot{\omega} \end{aligned}\right\} \quad . \; . \; . \; . \; . \; (7)$$

Wir wollen nun die Bewegung eines Punktes auf einer um eine vertikale Achse rotierenden horizontalen Scheibe untersuchen. Wir denken (Abb. 43) uns die Drehachse zur z-Achse eines ruhenden Koordinatensystems gewählt und legen im bewegten Körper ebenfalls ein orthogonales Koordinatensystem ξ, η fest. In bezug auf dieses System hat der bewegliche Punkt die veränderlichen Koordinaten ξ, η, in bezug auf das ruhende Koordinatensystem die Ordinaten x und y. Die Bahn auf dem bewegten Körper heißt die relative Bahn. Ein Beobachter, welcher die Bewegung des Körpers mitmacht, bestimmt die radiale Komponente der relativen Beschleunigung durch

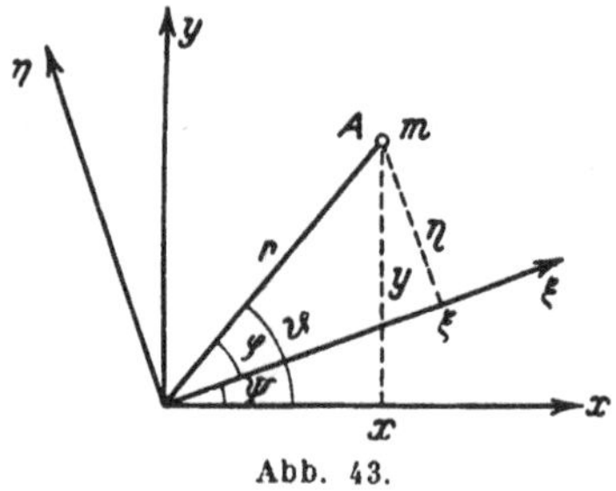

Abb. 43.

$$b_r^r = \ddot{r} - r\left(\frac{d\varphi}{dt}\right)^2$$

und die Normalkomponente durch

$$b_n^r = 2\dot{r}\frac{d\varphi}{dt} + r\frac{d^2\varphi}{dt^2}.$$

Dagegen würde ein Beobachter im ruhenden System, welcher also die Bewegung des Körpers nicht mitmacht, die wirklichen, absoluten Beschleunigungskomponenten bestimmen. Er findet

$$b_r^a = \ddot{r} - r\left(\frac{d\vartheta}{dt}\right)^2$$

und

$$b_n^a = 2\dot{r}\frac{d\vartheta}{dt} + r\cdot\frac{d^2\vartheta}{dt^2}.$$

Weil, wie aus der Abbildung ersichtlich ist, $\vartheta = \varphi + \psi$, so ist

$$\dot{\vartheta} = \dot{\varphi} + \dot{\psi}$$

und daher

$$b_r^a = (\ddot{r} - r\dot{\varphi}^2) - r\dot{\psi}^2 - 2\,\dot{\varphi}\,\dot{\psi}\,r$$

$$b_n^a = (2\,\dot{r}\,\dot{\varphi} + r\,\ddot{\varphi}) + 2\,\dot{r}\,\dot{\psi} + r\,\ddot{\psi}.$$

Die in diesen Gleichungen eingeklammerten Glieder sind aber die Komponenten der relativen Beschleunigung und $-r\,\dot{\psi}^2$ und $r\,\ddot{\varphi}$ lassen ebenfalls eine einfache Deutung zu. Würde der Punkt m nämlich keine relative Bewegung in bezug auf das Koordinatensystem ξ, η ausführen, d. h. wäre ξ und η konstant, so ist $-r\dot{\psi}^2$ die zentripetale und $r\ddot{\psi}$ die tangentielle Beschleunigung des Systempunktes A, mit welchem der bewegte Punkt zur Deckung kommt. Es bedeuten also $-r\dot{\psi}^2$ und $r\ddot{\psi}$ die Komponenten der Führungsbeschleunigung.

Daher ist

$$b_r^a = b_r^r + b_r^f - 2\,r\,\dot{\varphi}\,\dot{\psi}$$

und

$$b_n^a = b_n^r + b_n^f + 2\,\dot{r}\,\dot{\psi}.$$

Aber auch die Glieder $2\,r\,\dot{\varphi}\,\dot{\psi}$ und $2\dot{r}\,\dot{\psi}$ lassen eine einfache Deutung zu, welche Coriolis gegeben hat. Coriolis gelang der Nachweis, daß diese restlichen Glieder die Komponenten eines Beschleunigungsvektors b^c sind, dessen numerischer Wert

$$|b^c| = 2\,v_{\text{rel}} \cdot \omega_f$$

ist, wobei v_{rel} die relative Geschwindigkeit und $\omega_f = \dot{\psi}$ die Drehgeschwindigkeit des führenden Koordinatensystems bedeuten. Dabei ist aber vorausgesetzt, daß der Vektor der Winkelgeschwindigkeit ω_f senkrecht auf der Ebene der relativen Bewegung steht.

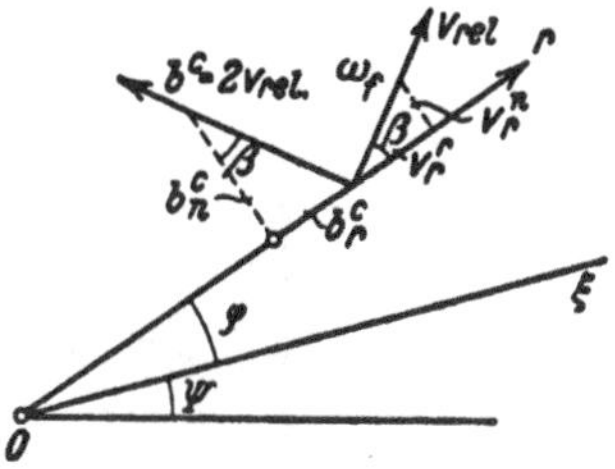

Abb. 44.

Denn zerlegt man den Vektor $b^c = 2\,v_{\text{rel}} \cdot \omega_f$ in eine radiale und in eine tangentielle Komponente, so ist

$$b_r^c = -b^c \cdot \sin\beta = -2\,v_{\text{rel}} \cdot \omega_f \cdot \sin\beta$$

und

$$b_n^c = b^c \cdot \cos\beta = 2\,v_{\text{rel}} \cdot \omega_f \cdot \cos\beta.$$

Da

$$v_{\text{rel}} \cdot \sin\beta = v_n^r = r\,\dot{\varphi} \quad \text{und} \quad v_{\text{rel}} \cdot \cos\beta = v_r^r = \dot{r}$$

ist, so ist

$$b_r^c = -2\,r\dot{\varphi}\,\omega_f = -2\,r\dot{\varphi}\,\dot{\psi} \quad \text{und} \quad b_n^c = 2\,\dot{r}\,\dot{\psi},$$

d. s. aber die Glieder, deren Deutung noch ausstand. Es ist also

$$\bar{b}^a = \bar{b}^r + \bar{b}^f + \bar{b}^c.$$

c) Die Corioliskraft.

Da für das ruhende Koordinatensystem die Newtonsche Gleichung $m\bar{b}^a = \bar{P}$ gilt, wobei $\bar{P}$ die resultierende äußere Kraft bedeutet, so ist für das bewegte Koordinatensystem, weil

$$\bar{b}^r = \bar{b}^a + (-\bar{b}^f) + (-\bar{b}^c),$$
$$m\,\bar{b}^r = \bar{P} + (-m\,\bar{b}^f) + (-m\,\bar{b}^c).$$

Diese Zusatzglieder $-m\bar{b}^f$ und $-m\bar{b}^c$ können demnach als Scheinkräfte angesprochen werden. Für die Richtung von $\bar{b}^c$ ist zu beachten, daß bei Festlegung des ruhenden Koordinatensystems die x-Achse in die Richtung des Daumens, die z-Achse in die Richtung des Zeigefingers und die y-Achse in die Richtung des Mittelfingers der linken Hand gelegt wurde. Dann liegt im mitbewegten Koordinatensystem die relative Geschwindigkeit (und zwar die Projektion derselben auf eine Ebene normal zur Achse ω_f) in der Richtung des Daumens und die Coriolisbeschleunigung in der Richtung des Mittelfingers der linken Hand. Die entgegengesetzte Richtung hat die Corioliskraft. Ist z. B. (Abb. 45) die Richtung der relativen Geschwindigkeit $\bar{v}_{rel}$, $\bar{\omega}_f$ die Richtung der Drehgeschwindigkeit des führenden Koordinatensystems, so ist $b^c = 2\,v'\,\omega_f$ und hat die in Abb. 45 angegebene Richtung. Die Corioliskraft ist nach der entgegengesetzten Seite gelegen.

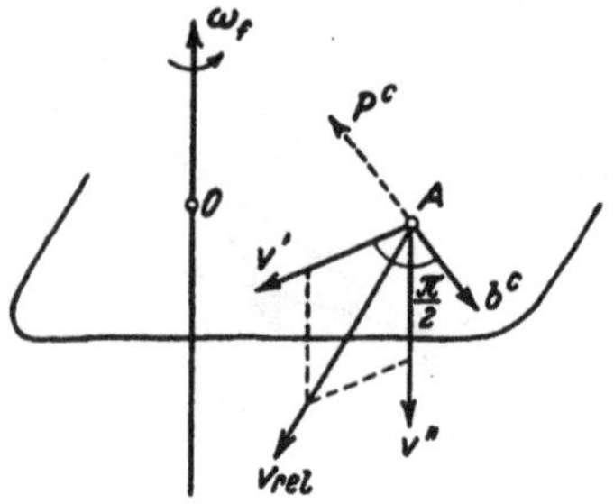

Abb. 45.

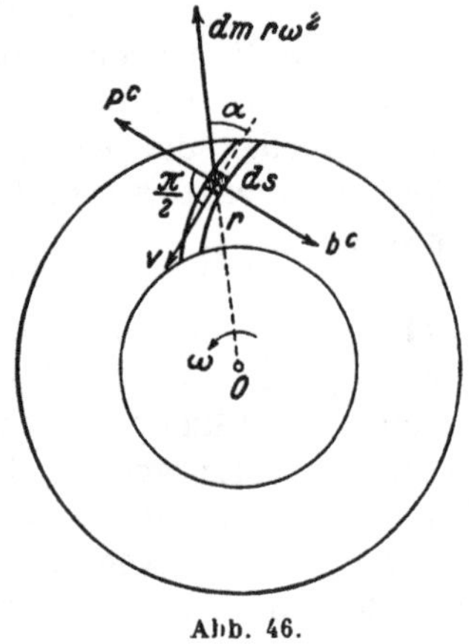

Abb. 46.

d) Die Bernoullische Gleichung für den gleichförmig rotierenden Raum. Die Eulerschen Gleichungen.

1. Für die ebene Strömung:

Auf das Massenelement des Stromfadens wirken:

1. die spezifischen Druckkräfte p und p',
2. die Scheinkraft $dmr\omega^2$,
3. die Corioliskraft dmb^c in der in Abb. 46 angegebenen Richtung.

$\bar{v}$ bedeutet die relative Geschwindigkeit. Dann ist die elementare Arbeit bei der Verschiebung um ds

$$dA = \left(-\frac{\partial p}{\partial s} f \cdot ds\right) ds - dm\,r\,\omega^2\,ds\cos\alpha.$$

Die Arbeit der Corioliskraft ist null, weil diese Kraft senkrecht auf ds steht.

Die Eulersche Gleichung lautet dann mit Berücksichtigung dessen, was über die relative Massenbeschleunigung ausgesagt wurde, für stationäre Bewegung:

$$v \cdot \frac{dv}{ds} = -\frac{1}{\mu} \cdot \frac{\partial p}{\partial s} - r\omega^2 \cos\alpha.$$

Weil $dr = -ds \cdot \cos\alpha$

$$v \cdot dv = -\frac{1}{\mu} dp + r\omega^2 dr.$$

Durch Integration folgt:

$$\frac{v^2}{2g} + \frac{p}{\gamma} - \frac{r^2\omega^2}{2g} = C.$$

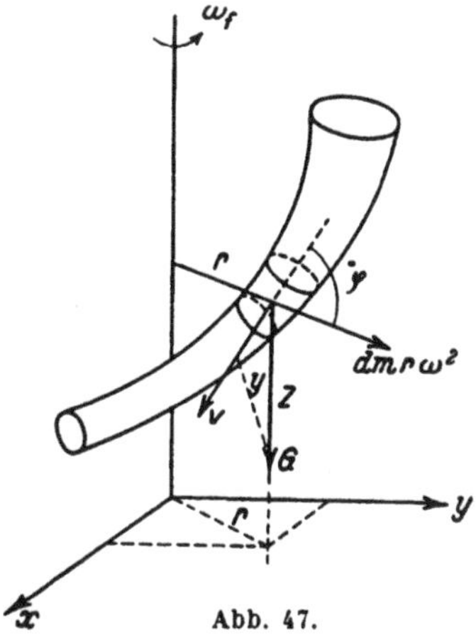

Abb. 47.

2. Für die räumliche Strömung ergibt sich, wenn $\bar{v}$ in eine Komponente senkrecht zur Achse ω_f und in eine parallel hierzu zerlegt wird, die Corioliskraft $= 2\,v'\omega_f$. Diese aber steht senkrecht auf dem Wegelement ds. Für stationäre Bewegung ist

$$v \cdot \frac{dv}{ds} = g \sin\psi - r\omega^2 \cos\varphi - \frac{1}{\mu}\frac{\partial p}{\partial s}.$$

Weil
$$ds \sin\psi = -dz,$$
$$dr \cos\varphi = -ds,$$

so folgt durch Integration

$$\frac{v^2}{2g} + z - \frac{r^2\omega^2}{2g} + \frac{p}{\gamma} = \text{konstant.} \qquad \text{(I)}$$

Bedeutet c_1 die absolute Eintrittsgeschwindigkeit, v_1 die relative Geschwindigkeit und u_1 die Umfangsgeschwindigkeit, so ist (wenn c_1 in die Ebene von u_1 und v_1 fällt) (Abb. 48)

$$v_1^2 = c_1^2 + u_1^2 - 2c_1 u_1 \cdot \cos\alpha_1$$

oder, weil $c_1 \cos\alpha = c_{u_1}$,

$$v_1^2 = c_1^2 + u_1^2 - 2\,c_{u_1} \cdot u_1; \quad . \; . \; . \quad \text{(a)}$$

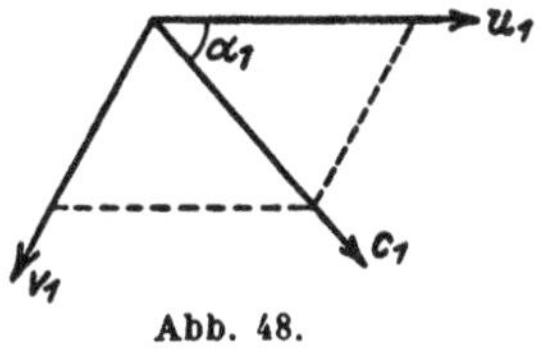

Abb. 48.

ebenso ergibt sich für den Austritt

$$v_2^2 = c_2^2 + u_2^2 - 2\,c_{u_2} \cdot u_2 \quad . \; . \; . \quad \text{(b)}$$

Aus der Momentengleichung (S. 52), welche auch hier für stationäre Bewegung beibehalten werden kann, folgt:

$$M = \gamma \cdot \frac{Q}{g}(r_1 c_{u_1} - r_2 c_{u_2}) \qquad \text{(II)}$$

und die Leistung

$$L = M \cdot \omega = \gamma \cdot \frac{Q}{g} (r_1 \omega \cdot c_{u_1} - r_2 \omega \cdot c_{u_2}).$$

Weil $r_1 \omega = u_1$ und $r_2 \omega = u_2$, ist

$$L = \gamma \cdot \frac{Q}{g} (u_1 \cdot c_{u_1} - u_2 \cdot c_{u_2}).$$

Setzt man für $u_1 c_{u_1}$ und $u_2 c_{u_2}$ die Werte aus den Gleichungen (a) und (b) ein, so ergibt sich

$$c_{u_1} \cdot u_1 = \frac{1}{2} (c_1^2 + u_1^2 - v_1^2)$$

$$c_{u_2} \cdot u_2 = \frac{1}{2} (c_2^2 + u_2^2 - v_2^2)$$

und

$$L = \gamma \cdot \frac{Q}{g} \left(\frac{c_1^2 - c_2^2}{2} + \frac{u_1^2 - u_2^2}{2} - \frac{v_1^2 - v_2^2}{2} \right).$$

Da

$$\frac{v_1^2 - v_2^2}{2g} - \frac{u_1^2 - u_2^2}{2g} + z_1 - z_0 = \frac{p_2 - p_1}{\gamma},$$

so ist

$$L = \gamma Q \left[\frac{c_1^2 - c_2^2}{2g} + (z_1 - z_0) + \frac{p_1 - p_2}{\gamma} \right] \quad . \quad . \quad . \quad . \quad \text{(III)}$$

Umgekehrt kann man aus Gleichung (I) mit Benutzung von Gleichung (a) und (b) die Gleichung (II) herleiten. Wir wollen dies für mit Reibung behaftete Strömungen durchführen. Die Gleichung (I) stellt ja die Energiegleichung für 1 kg Wasser vor. Ist Reibung vorhanden, dann muß zu den Gliedern der linken Seite noch eine der Reibung entsprechende Widerstandshöhe h_r hinzutreten. Man erhält dann:

$$\frac{v_1^2}{2g} + z_1 - \frac{u_1^2}{2g} + \frac{p_1}{\gamma} = \frac{v_2^2}{2g} + z_2 - \frac{u_2^2}{2g} + \frac{p_2}{\gamma} + h_r.$$

Daher ist

$$\frac{p_1}{\gamma} - \frac{p_2}{\gamma} = \frac{v_2^2 - v_1^2}{2g} - \frac{u_2^2 - u_1^2}{2g} + z_2 - z_1 + h_r.$$

Die in der Sekunde ein- und ausströmende Menge sei Q, das entsprechende Gewicht γQ. Demnach ist der Energieinhalt beim Einströmen

$$E_1 = \gamma Q \left(\frac{c_1^2}{2g} + \frac{p_1}{\gamma} + z_1 \right)$$

beim Ausströmen

$$E_2 = \gamma Q \left(\frac{c_2^2}{2g} + \frac{p_2}{\gamma} + z_2 \right).$$

Dazu kommt noch die durch Reibung verlorene Energie

$$E_3 = \gamma \cdot Q \cdot h_r.$$

Demnach stellt $L = E_1 - E_2 - E_3$ die an den Kanal, bzw. an das Laufrad, abgegebene Energie vor. Man erhält:

$$L = \gamma Q \left| \frac{c_1^2 - c_2^2}{2g} + \frac{p_1 - p_2}{\gamma} + z_1 - z_2 - h_r \right|,$$

d. i. aber (bis auf das Glied h_r) die nämliche Formel, die wir in Gleichung (III) erhalten haben. Setzt man den Wert für $\frac{p_1 - p_2}{\gamma}$ ein, so erhält man, weil z_1, z_2 und h_r beim Einsetzen fortfallen,

$$L = \gamma Q \left| \frac{c_1^2 - c_2^2}{2g} + \frac{v_2^2 - v_1^2}{2g} - \frac{u_2^2 - u_1^2}{2g} \right|.$$

Nun ist $v_2^2 - v_1^2 = c_2^2 - c_1^2 + u_2^2 - u_1^2 - 2\, c_{u_2} u_2 + 2\, c_{u_1} u_1$, somit

$$L = \gamma \frac{Q}{g} (c_{u_1} \cdot u_1 - c_{u_2} \cdot u_2).$$

Diese Leistung wird aus der zur Verfügung stehenden Leistungsfähigkeit der Wasseranlage entnommen. Durch die in den Lagern der Welle vorhandene Reibung wird aber der Turbine nur ein gewisser Bruchteil der Leistung L zur Ausnutzung gelangen. Die tatsächliche Leistung der Turbine ist

$$L_e = \eta_m \cdot L,$$

wobei η_m den mechanischen Wirkungsgrad bedeutet. Zufolge der Austrittsgeschwindigkeit aus dem Laufrad, welche den sog. Austrittsverlust $\gamma Q \frac{c_2^2}{2g}$ bedingt, beträgt die für den hydraulischen Motor verfügbare Leistung nur einen Bruchteil ε der verfügbaren Leistung $\gamma Q \cdot H_e$; also ist

$$L = \varepsilon \cdot \gamma Q \cdot H_e.$$

Man nennt ε den hydraulischen Wirkungsgrad. Weil

$$L = \frac{L_e}{\eta_m} = \varepsilon \cdot \gamma Q \cdot H_e,$$

so ist $L_e = \eta_m \varepsilon \gamma Q H_e$. $\eta_m \varepsilon$ wird als totaler Wirkungsgrad bezeichnet.

Im folgenden werden wir statt H_e kurz H setzen.

Weiters folgt:

$$c_{u_1} \cdot u_1 - c_{u_2} \cdot u_2 = \varepsilon g H \quad . \; . \; . \; . \; . \; . \; . \; . \; . \quad \text{(IV)}$$

Diese Gleichung heißt die Arbeitsgleichung der Turbine.

Für die günstigste Wirkungsweise des Laufrades ist notwendig, daß die Austrittsgeschwindigkeit senkrecht zur Austrittskante des Laufrades erfolgt. Dann ist aber $c_{u_1} \cdot u_1 = \varepsilon g H$.

Ist $c_{u_1} = u_1$, so heißt dieses Rad ein Normalläufer. Man sieht je größer u_1, desto kleiner ist c_{u_1}, und bei demselben Winkel α_1 wird auch c_1 kleiner. Umgekehrt, je größer c_{u_1} wird, desto kleiner wird u_1.

Nach Prof. Reichel läßt sich die kleinste Umfangsgeschwindigkeit wie folgt berechnen.

Würde die Höhe H nur zur Erzeugung der Geschwindigkeit c_1 verwendet werden, so wäre

$$u_{1\,\min} = \frac{\varepsilon g H}{\cos \alpha_1 \sqrt{2 g H}}.$$

Wird $\frac{\varepsilon}{\cos \alpha_1} = 1$ gesetzt, so ist

$$u_{1\,\min} = \frac{g H}{\sqrt{2 g H}} = \frac{\sqrt{2 g H}}{2} = \frac{c_1}{2}.$$

Dann ist, wenn D_1 den Eintrittsdurchmesser des Laufrades und n die Umdrehungszahl pro Minute bezeichnet,

$$u_{1\,\min} = \frac{n \pi D_1}{60} = 2{,}21 \cdot \sqrt{H}.$$

Demnach bedeutet hier auch n_1 die kleinste Umdrehungszahl. Für den Normalläufer ist $u_1 = \sqrt{\varepsilon g H}$, und die entsprechende Tourenzahl ergibt sich aus

$$n_2 \cdot \frac{\pi D_1}{60} = \sqrt{\varepsilon g H}.$$

Jede Tourenzahl, die größer als n_2 ist, führt zu Schnelläufern.

2. Die Bedeutung des Segnerschen Reaktionsrades für die Entwicklung der Hydromechanik. Literatur über verschiedene Turbinentheorien.

Obwohl durch die Eulersche Theorie das Laufrad einer Francisturbine nicht hinreichend bestimmt ist, zum Entwurf der Schaufel sind noch andere Annahmen notwendig, die ihre Berechtigung nur durch die praktische Erprobung erhalten, so darf doch die Bedeutung des Segnerschen Reaktionsrades und der durch Euler entwickelten Theorie nicht unterschätzt werden. Denn Euler ersetzte die bis damals in der Hydromechanik vorherrschende Bernoullische Stromfadentheorie durch das analytische Verfahren. Die früher erwähnten willkürlichen Annahmen zur Konstruktion eines Schaufelplanes sind in der ersten Auflage, S. 273 ausführlich behandelt. Die analytische Methode wurde von Prašil, Lorenz[1]), Kaplan[1]) und v. Mises[1]) in der Turbinentheorie angewendet.

---

[1]) Lorenz, Neue Theorie der Kreiselräder. Oldenbourg 1906. — Kaplan, Zeitschr. f. d. ges. Turbinenwesen 1912. — Mises, Rationelle Theorie der Wasserräder. Teubner.

Doch haben Lorenz und namentlich Löwy[1]) zuerst auf den Umstand hingewiesen, daß die Eulerschen partiellen Differentialgleichungen der klassischen Hydromechanik Stetigkeit der Druckverteilung voraussetzen, welche Annahme in den von den Schaufeln einer Turbine erfüllten Raum nicht mehr gültig sein kann. In dem Bestreben, die Schnellläufigkeit einer Turbine zu erhöhen, gelang es Prof. Kaplan, ein Laufrad zu erfinden, das von den bisher verwendeten völlig verschieden war. Wenn noch bei der Francisturbine zufolge der großen Schaufelzahl eine Verwendung der Stromfadentheorie möglich war, so ist dies bei den Kaplanturbinen, die auch vielfach als Propellerturbinen bezeichnet werden, nicht mehr statthaft. Und so haben beide Turbinen, das Segnersche Reaktionsrad und die Kaplanturbine, trotz der verschiedenartigen Konstruktion und der überragenden Wirtschaftlichkeit der letztgenannten Turbine doch eine gemeinsame Bedeutung. Gab das Segnersche Reaktionsrad Veranlassung zu einem Ausbau der Hydromechanik, so gab auch die Kaplanturbine den Anlaß zu einem bedeutenden Fortschritt in der Behandlung der Kraftwirkung strömender Flüssigkeiten auf darin befindliche Körper. Die Methoden der Flugtechnik konnten nämlich mit Erfolg zur Behandlung der Wirkung eines Kaplanlaufrades, dessen Schaufeln flügelartige Gestalt haben, herangezogen werden, wie in den nächsten Abschnitten auch gezeigt werden wird.

3. Kennziffer einer Turbine.

Es sei hier auch hingewiesen, daß aller Voraussicht nach in Zukunft die jetzt gebräuchliche Kennziffer einer Turbine, die spez. Drehzahl n_s, durch eine andere Definition ersetzt werden wird[2]). Obwohl schon auf S. 4—6 dieser Begriff ausführlich von Prof. Kaplan behandelt worden ist, seien doch noch einige ergänzende Bemerkungen hinzugefügt. Aus $N = \eta\gamma \cdot Q \cdot H$ folgt bei derselben Turbine, die einmal unter dem Gefälle H, das andere Mal unter dem Gefälle H_1 arbeitet, weil bei gleicher geometrischer Anordnung

$$Q : Q_1 = c : c_1 = \sqrt{H} : \sqrt{H_1},$$

daß

$$\frac{N}{N_1} = \frac{\sqrt{H}}{\sqrt{H_1}} \cdot \frac{H}{H_1}.$$

Bei der Gefällseinheit von 1 m wäre

$$N_1 = \frac{N}{\sqrt{H_1^3}}.$$

[1]) R. Löwy, Die Grundlagen der Lorenzschen Theorie der Kreiselräder. Zeitschr. f. d. ges. Turbinenwesen 1909, S. 197.

[2]) Vgl. auch die Bemerkung von Kaplan in der ersten Auflage, S. 7 bis 8.

Aus der Gleichung

$$c_{u_1} \cdot u_1 = c_{u_1} \cdot \frac{D_1 \pi n}{60} = \eta \cdot g H,$$

folgt für ein und dasselbe Laufrad bei verschiedenen Gefällshöhen

$$\frac{\sqrt{H}}{\sqrt{H_1}} \cdot \frac{n}{n_1} = \frac{H}{H_1}$$

oder $\frac{n}{n_1} = \frac{\sqrt{H}}{\sqrt{H_1}}$, d. h. bei einem Meter Gefälle wäre

$$n_1 = \frac{n}{\sqrt{H}} .$$

Weiters ist für $H_1 = 1$ m

$$Q_1 = \frac{Q}{\sqrt{H}} .$$

Für ähnliche Turbinenlaufräder, die bei gleichem Gefälle laufen, muß $D_1 n_1 = D n$ sein.

Weil ferner Q proportional D^2 ist, so wird

$$\frac{n}{n_1} = \frac{D_1}{D} = \frac{\sqrt{Q_1}}{\sqrt{Q}} .$$

Daraus folgt

$$\frac{n}{n_1} = \frac{\sqrt{Q_1}}{\sqrt{Q}} \cdot \frac{\sqrt{H}}{\sqrt{H}}$$

und weil $\eta \gamma Q_1 H = N_1$, $\eta \gamma Q H = N$, so ist

$$\frac{n}{n_1} = \frac{\sqrt{N_1}}{\sqrt{N}} .$$

Für die Turbine, welche 1 PS leistet, ist also

$$\frac{n_s}{n_1} = \sqrt{N_1} .$$

Man nennt n_s die spez. Drehzahl und nach Einsetzen der entsprechenden Werte erhält man

$$n_s = n_1 \cdot \sqrt{N_1} = \frac{n}{\sqrt{H}} \cdot \frac{\sqrt{N}}{\sqrt[4]{H^3}} = \frac{n \sqrt{N}}{H \sqrt[4]{H}} .$$

Demnach gibt n_s die Drehzahl jener Turbine an, welche der gegebenen Turbine (n, N) ähnlich ist und bei dem Gefälle von 1 m eine Pferdekraft leisten würde.

Mit Recht hebt Dr. Eck[1]) bei der kritischen Besprechung der spez. Drehzahl hervor, daß diese Größe, die eine Turbinenart kennzeichnen soll, gar nicht dimensionslos ist. Die von Thoma[2]) eingeführte spez. Winkelgeschwindigkeit

$$\omega_s = \frac{\omega \cdot \sqrt{N}}{H^{\frac{5}{4}} \cdot \gamma^{\frac{1}{2}} \cdot g^{\frac{3}{2}}}$$

ist zwar dimensionslos, doch schlägt Eck folgende aus dem Flugzeugbau entnommene Definition als Kennziffer vor. Als Belastungsgrad wird definiert die Größe

$$\sigma = \frac{\text{Schub}}{\text{Staudruck auf die Flügelkreisfläche}}.$$

Für eine Axialturbine wäre

$$\sigma = \frac{\gamma H}{\frac{\gamma}{g}\,\frac{1}{2}\,c_m^2} = \frac{2gH}{c_m^2}.$$

Mit Berücksichtigung der Beziehungen

$$c_m = \frac{Q}{\frac{\pi}{4}D^2}, \quad D = \frac{u}{n}\,\frac{60}{\pi}, \quad \frac{u^2 k}{g} = H$$

erhält man

$$\sigma = c\,\frac{H^3}{Q^2 n^4 k^2},$$

wobei c eine Konstante wäre oder mit Berücksichtigung der spez. Drehzahl

$$\sigma = \frac{27{,}41 \cdot 10^9}{k\,n_s^{\,4}}.$$

Der nämliche Ausdruck würde sich auch für eine Radialturbine ergeben.

4. Die Tragflügeltheorie für die Turbinenschaufel[3]).

a) Die Hauptgleichung der Turbinentheorie.

1. Die mechanischen und mathematischen Annahmen. Die Eulerschen Gleichungen der Hydromechanik gelten für reibungslose

[1]) Eck, Wasserkraftmaschinen in Forschung und Theorie. Zeitschr. f. techn. Phys. 1926, S. 18.

[2]) Thoma, Zeitschr. d. V. d. I. 25, S. 330.

[3]) Prandtl, Die neueren Fortschritte der flugtechnischen Strömungslehre. Zeitschr. d. V. d. I. 1921, S. 965. — D. Thoma, Neuere Anschauungen über die Hydrodynamik der Wasserturbine. Vorträge auf dem Gebiete der Hydromechanik. 1922. — Eck, Wasserkraftmaschinen in Forschung und Theorie. Zeitschr. f. techn. Phys. 1926. — Schilhansl, Hauptströmung und Ringwirbel. Hydraul. Probleme. 1926. — W. Spannhake, Anwendung der konformen Abbildung auf die Berechnung von Strömungen in Kreiselrädern, Z. A. M. M. 1925.

Flüssigkeiten und stehen die daraus gezogenen Folgerungen in vielen Fällen mit der Erfahrung in Widerspruch. Z. B. würde nach dieser Theorie eine Kugel bei Bewegung in einer idealen Flüssigkeit keinen Widerstand erfahren, es können ferner Wirbel weder erzeugt noch vernichtet werden, und eine Zirkulation längs einer geschlossenen Kurve könnte weder entstehen noch vergehen. (Satz von Kelvin, S. 73.)

Aber auch die Stokesschen Gleichungen zeigen keine allgemeine Übereinstimmung mit der Erfahrung. Ganz abgesehen davon, daß diese Gleichungen nur in einigen speziellen Fällen für die laminare Strömung bis jetzt integriert werden konnten, reichen sie zur Beschreibung der turbulenten Bewegung doch nicht aus. Mit Berücksichtigung des Wertes der kritischen Geschwindigkeit ergibt sich, daß die Strömung in einer Turbine turbulent sein muß. Hier lehrt nun aber die Erfahrung, daß die Geschwindigkeitsverteilung bei turbulenter Bewegung in Rohrleitungen mit Ausnahme der Stellen in der Wandnähe eine viel gleichmäßigere ist, als sie aus den Stokesschen Gleichungen für laminare Bewegung sich ergeben würde. Den Ausweg, welchen man bei der theoretischen Behandlung des Strömungsproblems gewählt hat, ist nun der folgende. Bei Flüssigkeiten mit kleiner Reibung tritt der Einfluß der Zähigkeit gegenüber dem der Beschleunigungsglieder zurück. Man kann daher in entsprechender Entfernung von der Wand die Flüssigkeitsbewegung annähernd nach den Eulerschen Gleichungen beschreiben. In der Nähe der Wand oder bei Umströmung von Körpern bildet sich in der Nähe derselben eine sog. Grenzschicht mit stark turbulenter Bewegung, welche Anlaß zur Wirbelbildung bietet. Diese Wirbel, welche dann in die Hauptströmung gelangen, bilden die Ursache sowohl für den Widerstand als auch für den dynamischen Auftrieb, den ein Körper in einer Flüssigkeit erleidet, da der Zirkulation um den abströmenden Wirbelraum eine Zirkulation von entgegengesetzter Richtung um den Körper entsprechen muß.

2. Tragflügeltheorie[1]). Ein zylindrischer Körper (Flügel) (Abb. 49) erfährt bei der Bewegung in der Richtung $-v_\infty$ (bzw. der relativen Strömung v_∞) erfahrungsgemäß einen Auftrieb A, senkrecht zur Geschwindigkeit v_∞ und einen Widerstand W in der Richtung von v_∞. Diese Richtung ist auch jene der Geschwindigkeit im Unendlichen, d. i. in der ungestörten Strömung. Die Größe dieses Widerstandes und des Auftriebes sind vom Anstellwinkel α, d. i. der Winkel, den v_∞ mit der Sehne t einschließt, der Fläche $F = l \cdot t$, wobei l die Spannweite des Flügels bedeutet, der Dichte μ der Flüssigkeit und dem Quadrate

---

[1]) A. Betz, Tragflügel und hydraulische Maschinen. Handb. der Physik. Bd. VII, S. 214. — E. Everling, Luftkräfte an Fahrzeugen. Handb. d. phys. u. techn. Mechanik. S. 569.

der Geschwindigkeit v (v_∞) abhängig. Man drückt diese Abhängigkeit durch folgende Formeln aus:

$$A = \frac{\mu}{2} \zeta_A \cdot F \cdot v^2 \quad . \ (1)$$

$$W = \frac{\mu}{2} \zeta_W \cdot F \cdot v^2 \quad . \ (2)$$

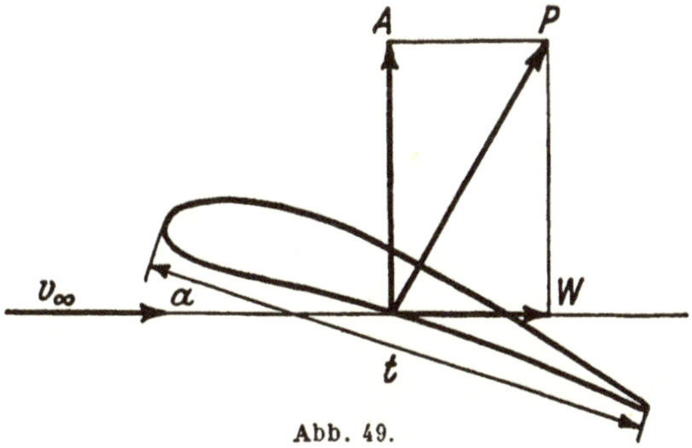

Abb. 49.

wobei ζ_A und ζ_W experimentell bestimmte (dimensionslose) Beiwerte bedeuten, welche vom Anstellwinkel α abhängig sind[1]).

Daß bei flügelartigen Körpern, d. s. solchen, bei denen der Widerstand bedeutend kleiner als der Auftrieb ist, eine quadratische Abhängigkeit von der Geschwindigkeit vorhanden sein muß, erkennt man aus folgendem Versuche. Wenn man dünne Papierblättchen oder aus dünnem Blech geschnittene rechteckige Blättchen (oder nach Lanchester[2]) auch vogelartig geschnittene Blättchen), welche mit einem kleinen Bleiknopf entsprechend beschwert sind, in Luft oder Wasser fallen läßt, so zeigt sich, falls diese Körper aus der beinahe senkrechten Lage A fallengelassen werden, daß die beschriebene Kurve so lange ein Kreis ist, bis die Geschwindigkeit die horizontale Richtung erreicht hat. Diese kreisförmige Bahn (Abb. 49a) läßt sich aus dem Vorhandensein des quadratischen Auftriebgesetzes erklären. Denn wegen der geringen Dicke des Flügels kann der tangentielle Widerstand W vernachlässigt werden, der Auftrieb A fällt also mit der resultierenden Kraft P zusammen. Dann ergibt sich aus den Bewegungsgleichungen

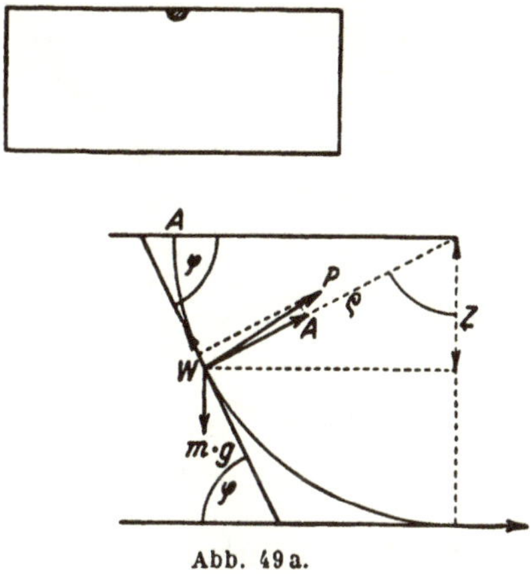

Abb. 49a.

$$m \frac{dv}{dt} = mg \sin\varphi$$

$$m \frac{v^2}{\varrho} = - mg \cos\varphi + A$$

---

[1]) Munk, Beitrag zur Aerodynamik der Flugzeugtragwerke. S. 569. Bd. II, S. 187 in Techn. Berichte der Flugzeugmeisterei.

[2]) Lanchester, Aerodynamik, Bd. II, S. 28.

unter der Voraussetzung der Gleichung (1), wobei für die weitere Rechnung $\frac{\mu F}{m} \cdot \frac{\zeta_A}{2} = k^2$ gesetzt wird,

$$v = \sqrt{2gx} = \sqrt{2g\varrho\cos\varphi} \quad \text{und} \quad \frac{v^2}{\varrho} = \frac{v^2}{2\varrho} - k^2 v^2,$$

daß $\varrho = \frac{2}{k^2}$ also konstant ist.

Der Auftrieb für einen Flügel (von der Breite oder Spannweite l) kann auch aus der Kutta-Joukowskyschen Formel (vgl. S. 76) mittels der Formel

$$A = \mu v_\infty \cdot \Gamma \cdot l \quad \ldots\ldots\ldots\ldots \quad (3)$$

berechnet werden, wobei Γ die Zirkulation bedeutet. Mit Hilfe der Auftriebsformel läßt sich die Turbinenhauptgleichung wie folgt ermitteln[1]).

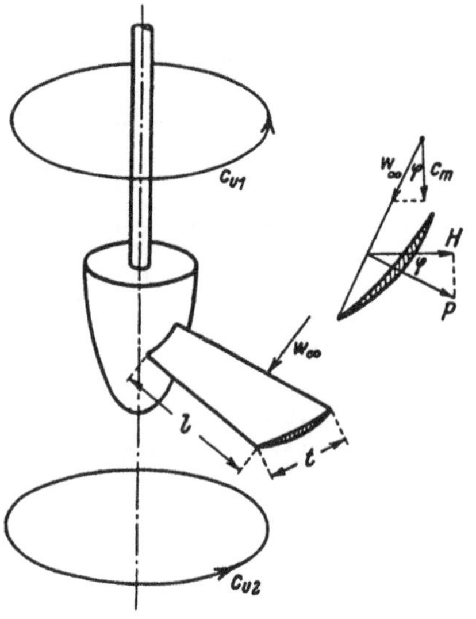

Abb. 50.

Die relative Eintrittsgeschwindigkeit gegen das Laufrad sei w_∞. Diese Geschwindigkeit sei an die Bedingung des stoßfreien Eintritts geknüpft und entspreche der relativen Strömungsgeschwindigkeit in großer Entfernung von dem Laufrad. Dieser Begriff des stoßfreien Eintrittes hängt aber nach Föttinger nicht nur von der Richtung der ungestörten relativen Geschwindigkeit, sondern auch von der Form der Schaufeln, insbesonders ihrer Dicke und Krümmung am Eintritt ab. Dann hat die Kraft auf einen Flügel die Größe

$$P_1 = \mu w_\infty \Gamma_2 \cdot l,$$

wobei Γ_2 die Zirkulation um eine Schaufel bedeutet. Die Horizontalkomponente dieser Kraft übt auf die Achse des Laufrades ein Moment von der Größe $M = \mu w_\infty \Gamma_2 \cos\varphi \frac{l^2}{2}$ aus.

Bedeutet (Abb. 50) $c_m = w_\infty \cos\varphi$ die mittlere Vertikalkomponente der Geschwindigkeit w_∞, so ist

$$M = \mu c_m \Gamma_2 \cdot \frac{l^2}{2} \cdot n$$

[1]) Vgl. auch Wasserkraft-Jahrbuch 1928/29, S. 428, dem diese Darstellung zum Teil entnommen ist. Ferner Magyar, Die Anwendbarkeit der Tragflügeltheorie auf axiale Propellerlaufräder. Z. I. u. A.-Ver., Wien 1930.

das gesamte Kraftmoment, falls n Schaufeln vorhanden sind. Die durch das Laufrad strömende sekundliche Wassermenge ist durch

$$Q = \int c_m \, df$$

gegeben, wobei df ein Flächenelement der gesamten Eintrittsöffnung in das Laufrad bedeutet. Nur im Falle c_m als ein Mittelwert angesehen werden kann, ist $Q = c_m \cdot l^2 \pi$, daher

$$M = \frac{\gamma}{g} Q \frac{\Gamma_2 n}{2\pi} \quad \ldots \ldots \ldots \ldots \quad (4)$$

Bedeutet Γ_1 die Zirkulation vor dem Laufrad, und ist dieselbe hinter demselben null, wird also senkrechter Austritt vorausgesetzt, so ist

$$\Gamma_1 = n\Gamma_2 \text{ und } M = \frac{\gamma}{g} \cdot Q \cdot \frac{\Gamma_1}{2\pi} \text{ oder } M = \frac{\gamma}{g} c_m \cdot \frac{l^2}{2} \cdot \Gamma_1.$$

Diese Gleichung stellt die Turbinenhauptgleichung vor, welche in dieser Form die Gleichungen von Euler für enge Kanäle mitenthält. Denn über dem Laufrad besteht eine Zirkulationsströmung, für welche das Geschwindigkeitsgesetz $c_{u_1} \cdot r_1 = k_1$ gilt. Für die Zirkulation gilt die Beziehung

$$c_{u_1} \cdot 2\pi r_1 = \Gamma_1 = 2\pi k_1.$$

Daher lautet die Leistungsgleichung

$$N = \frac{\gamma}{g} Q \cdot \frac{\Gamma_1}{2\pi} \omega \quad \ldots \ldots \ldots \ldots \quad (5)$$

Aus dieser läßt sich Γ_1 berechnen. Dabei bedeuten N die Leistung, ω die Winkelgeschwindigkeit. Dann ergibt sich aus

$$c_{u_1} \cdot r_1 = k_1 \quad \ldots \ldots \ldots \ldots \quad (6)$$

auch der Wert von c_{u_1} und damit die Stellung der Leitradschaufeln. Wäre hinter dem Laufrad eine Zirkulation Γ_3 vorhanden, so besteht die Gleichung

$$\Gamma_1 - \Gamma_3 = n\Gamma_2 \quad \ldots \ldots \ldots \ldots \quad (7)$$

(vgl. die spätere Abb. 55, S. 113) und

$$N = \frac{\gamma}{g} Q \frac{(\Gamma_1 - \Gamma_3)}{2\pi} \omega \quad \ldots \ldots \ldots \ldots \quad (8)$$

Weil für diese Strömung ebenfalls $\Gamma_3 = 2\pi r_2 c_{u_2}$ ist, so ergibt sich

$$N = \frac{\gamma \cdot Q}{g} (c_{u_1} r_1 - c_{u_2} r_2) \, \omega \quad \ldots \ldots \ldots \ldots \quad (9)$$

Aus Gleichung (7) und (8) folgt, daß bei gegebener Leistung N und gegebener Wassermenge Q, bei großer Winkelgeschwindigkeit, also bei hoher Schnelläufigkeit die Zahl der Schaufeln verkleinert werden muß. Je größer aber ω wird, desto kleiner muß Γ_1, also auch c_{u1} werden, d. h. die Leitradschaufeln müssen mehr radial gestellt werden, was auch bei den Leitradschaufeln der Kaplanturbine zutrifft. Zur Ausbildung der ungestörten Zirkulationsbewegung (Gleichung (6)) ist erforderlich, daß die Schaufeln des Leitapparates von der Achse der Turbine weit entfernt sind. Auch der schaufellose Raum, welchen Professor Kaplan erstmalig eingeführt hat, begünstigt den verlustfreien Verlauf der obigen Strömung. Wenn Kaplan in seinen Abhandlungen bemerkt, daß der vom Leitrad erzeugte Wirbel vom Laufrad abgebremst werden muß, so ist darunter zu verstehen, daß die Zirkulation Γ_1 (Flüssigkeitsbewegung mit vieldeutigem Geschwindigkeitspotential (welche Bewegung hier tatsächlich einen Wirbelkern einschließt) von den n Schaufeln des Laufrades aufgenommen werden muß. Sollte hinter dem Laufrad noch eine Zirkulationsbewegung Γ_3 vorhanden sein, so kann dieselbe durch ein entsprechend geformtes Saugrohr noch zum Teil zurückgewonnen werden. Spielt das Saugrohr bei den älteren Francisturbinen eine untergeordnete Rolle, so erhöht sich die Bedeutung desselben bei schnellaufenden Turbinen, weil zufolge des hohen Austrittsverlustes der Wirkungsgrad der Turbine von der möglichst vollständigen Rückgewinnung der Austrittsenergie abhängt[1]).

b) Die Theorie von Bauersfeld[2]).

1. Einleitung und elektrische Analogien. Wir betrachten zunächst die folgende Strömung, deren Geschwindigkeitskomponenten gegeben sind durch

$$v_x = v_0 - y\omega \qquad (1)$$

$$v_y = x\omega \qquad (2)$$

wobei ω eine Funktion von $r = \sqrt{x^2 + y^2}$ sein möge und v_0 konstant sei. Die Gleichungen (1) und (2) befriedigen die Kontinuitätsgleichung. Denn es ist

$$\frac{\partial v_x}{\partial x} = -y \cdot \frac{\partial \omega}{\partial r} \cdot \frac{x}{r}, \quad \frac{\partial v_y}{\partial y} = x \cdot \frac{\partial \omega}{\partial r} \cdot \frac{y}{r},$$

also ist $\operatorname{div} \bar{v} = 0$.

Somit stellen die Gleichungen (1) und (2) eine mögliche Flüssigkeitsbewegung vor. Aus den Eulerschen Gleichungen

$$v_x \frac{\partial v_x}{\partial x} + v_y \frac{\partial v_x}{\partial y} = -\frac{1}{\mu} \frac{\partial p}{\partial x}$$

$$v_y \frac{\partial v_y}{\partial y} + v_x \frac{\partial v_y}{\partial x} = -\frac{1}{\mu} \frac{\partial p}{\partial y}$$

---

[1]) Dubs, Die Bedeutung des Saugrohrs. Wasserkraft-Jahrbuch 1924, S. 437. — Bronner, Die Berechnungsarten und Durchbildung der Saugrohre. 1928, S. 385.

[2]) Bauersfeld, Die Grundlagen der Berechnung schnellaufender Kreiselräder. Zeitschr. d. V. d. I., Bd. 66, S. 461, 1922.

folgt mit Zuhilfenahme der Gleichungen (1) und (2), daß

$$v_x \cdot \frac{\partial v_x}{\partial x} = -y \cdot \frac{x}{r} \cdot \frac{\partial \omega}{\partial r} \cdot v_0 + y^2 \frac{\partial \omega}{\partial r} \cdot \frac{x}{r} \cdot \omega$$

$$v_y \cdot \frac{\partial v_x}{\partial y} = x \cdot \omega \cdot \left(-\omega - y \frac{\partial \omega}{\partial r} \cdot \frac{y}{r}\right) = -x\omega^2 - y^2 x \cdot \omega \cdot \frac{1}{r} \cdot \frac{\partial \omega}{\partial r}$$

$$v_y \cdot \frac{\partial v_y}{\partial y} = x^2 \cdot \frac{\omega}{r} \cdot y \cdot \frac{\partial \omega}{\partial r}$$

und

$$v_x \cdot \frac{\partial v_y}{\partial x} = v_0 \cdot \omega - y\omega^2 + v_0 x^2 \frac{\partial \omega}{\partial r} \cdot \frac{1}{r} - x^2 y \cdot \omega \cdot \frac{1}{r} \cdot \frac{\partial \omega}{\partial r}$$

ist. Mithin nehmen die Eulerschen Gleichungen folgende Gestalt an:

$$-v_0 \frac{xy}{r} \cdot \frac{\partial \omega}{\partial r} - x\omega^2 = -\frac{1}{\mu} \cdot \frac{\partial p}{\partial x} \quad \ldots \ldots \ldots (3)$$

$$v_0 \omega - y\omega^2 + v_0 \cdot x^2 \frac{\partial \omega}{\partial r} \cdot \frac{1}{r} = -\frac{1}{\mu} \cdot \frac{\partial p}{\partial y} \quad \ldots \ldots \ldots (4)$$

Von ω nehmen wir an, daß für $r \to \infty$, ω gegen Null abnehmen möge und für einen Bereich $r < r_0$ ω konstant sei. Die Gleichungen (1) und (2) stellen dann die Strömung um einen Wirbelfaden vor. (Vgl. auch S. 88.) Der Druck an einer Stelle der Berandung $r = r_0$, für welche ω konstant zu setzen ist, ermittelt sich aus (3) und (4). Man erhält

$$\frac{p}{\mu} = r_0^2 \frac{\omega^2}{2} - v_0 \omega \cdot y_0 - c \quad \ldots \ldots \ldots (5)$$

y_0 ist die Ordinate eines Punktes des Berandungskreises. Demnach ist die Kraft auf den Wirbelfaden in der x-Richtung

$$P_x = \mu \oint p\, ds \cdot \cos\alpha = 0,$$

denn

$$|ds \cdot \cos\alpha| = dy, \quad \oint \frac{r_0^2 \omega^2}{2}\, dy = 0$$

und

$$v_0 \omega_0 \oint y\, dy = 0.$$

Dagegen ergibt sich für die y-Richtung eine Kraft

$$P_y = \mu \oint p\, ds \cdot \sin\alpha = -\mu v_0 \omega \oint y_0\, dx.$$

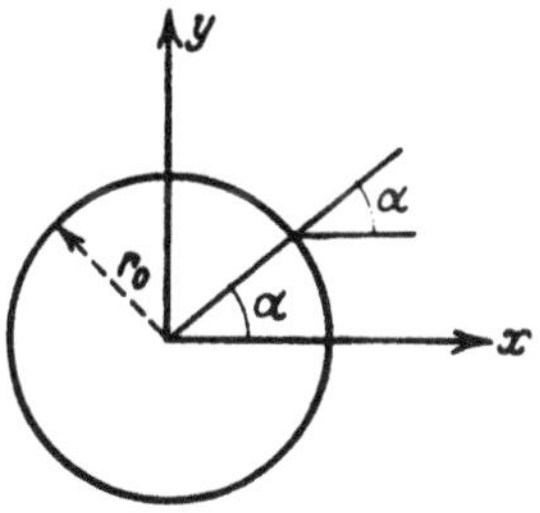

Abb. 51.

$\oint y_0\, dx$ stellt aber die ganze vom Wirbel eingeschlossene Fläche F vor. Wenn man beachtet, daß nach dem Stokesschen Satze die Zirkulation $\Gamma = \omega \cdot F$ ist, so erkennt man, daß auf einen solchen Wirbel eine Kraft im Sinne der Kutta-Joukowskyschen Formel wirkend ist. Wir können also eine Fläche auch durch einen Wirbelfaden ersetzen, dessen Achse zur Flächennormalen parallel ist.

Auf S. 89 haben wir das Gesetz kennengelernt, daß ein Wirbel in einem Punkte der Flüssigkeit die Geschwindigkeit $v = \frac{M_1}{r\pi}$ erzeugt. Dieses Gesetz hat eine elektrische Analogie. Ein vom Strom i durchflossenes Leiterelement ds beeinflußt nach dem Biot-Savartschen Gesetz (Abb. 51a) eine in der Entfernung r befindliche magnetische Masse μ mit einer Kraft dP, welche senkrecht zur Ebene von r und ds gelegen ist und durch die Gleichung

$$dP = k \cdot \frac{\mu \cdot i\, ds \cdot \sin\vartheta}{r^2}$$

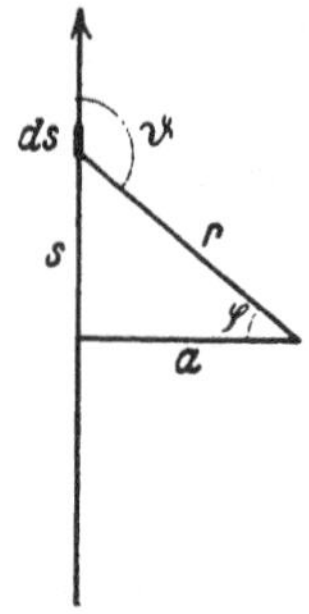

Abb. 51a.

ermittelt werden kann. Da

$$\vartheta = 90 + \varphi, \quad s = a \operatorname{tg}\varphi, \quad r = \frac{a}{\cos\varphi}$$

ist, so erhält man für die resultierende Kraft eines unendlich langen Leiters auf den Magnetpol μ den Ausdruck

$$P = \int_{-\frac{\pi}{2}}^{\frac{\pi}{2}} k\mu \cdot i \frac{a \cos\varphi}{a^2}\, d\varphi = 2\frac{k\mu i}{a},$$

d. i. aber dasselbe Gesetz für die Geschwindigkeit, wenn $2k\mu i = \frac{M}{\pi}$ und r (in der Geschwindigkeitsformel) $= a$ gesetzt wird. Über die weiteren elektrischen Analogien sei auf die angeführte Literatur verwiesen[1]).

Aus dem Ersatz einer Fläche durch einen Wirbel geht aber auch hervor, daß die ursprünglich ungestörte Strömung sowohl vor und hinter dem Wirbel abgelenkt werden muß.

2. Die Grundzüge der Originalarbeit von Bauersfeld. Wir denken uns nach Bauersfeld den Schnitt eines konzentrischen Zylinders mit den Schaufeln des Laufrades einer Axialturbine abgewickelt. Die Beschreibung der Strömung zwischen den Schaufelflächen wird sodann auf die Strömung um Wirbellinien zurückgeführt, wobei jede Schaufelfläche nach dem vorhergehenden durch einen Wirbelfaden ersetzt gedacht werden kann. In Abb. 52 stellen S_1, S_2, S_3 die Wirbelzentren vor. Jedes solche Wirbelzentrum bedingt eine Änderung der Geschwindigkeitsverhältnisse. Eine Schaufel erfährt nach Gleichung (1) S. 103 eine Auftriebskraft, nur ist hier zufolge der gegenseitigen Beeinflussung der Strömung durch die Schaufeln

---

[1]) Webster, l. c. S. 514. — Lamb, Hydrodynamik, Nr. 149. — Glauert, Grundlagen der Tragflügel- und Luftschraubentheorie, S. 113. — Bjerknes, Zur Berechnung der auf Tragflügel wirkenden Kräfte. Hydraulikertagung in Innsbruck 1922. — v. Bjerknes, Vorlesungen über hydrodynamische Fernkräfte. 1900.

$$A = \zeta_a \cdot \frac{\gamma}{g} \cdot F \cdot w_\infty^2$$

zu setzen, wobei w_∞ jene ideelle ungestörte Strömungsgeschwindigkeit bedeutet, deren Größe und Richtung sich aus dem vektoriellen Mittel von w_1 und w_2 der Parallelströmungsgeschwindigkeiten vor und hinter dem Laufrad ergibt. Falls die Schaufelteilung T groß gegen die Länge (Tiefe) t der Schaufel ist, kann der Wert ζ_a, welcher streng nur für eine Schaufel gilt, für die Gitteranordnung beibehalten werden. Der Vergleich obiger Formel mit Formel (1) (S. 103) zeigt, daß $\zeta_a = \frac{\zeta_A}{2}$ ist.

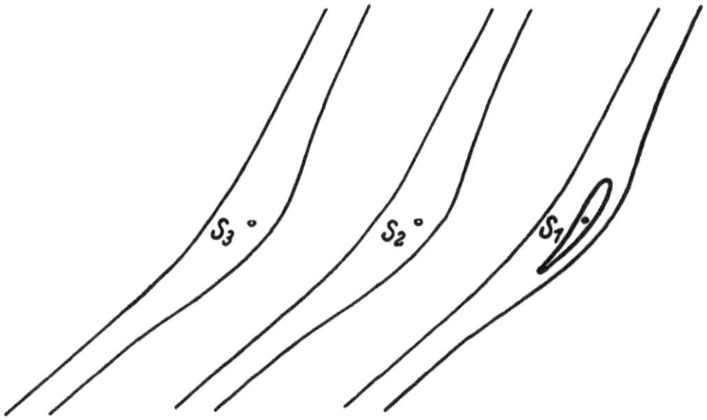

Abb. 52.

Bedeuten c_1 und c_2 die absoluten Geschwindigkeiten vor und hinter dem Laufrad, p_1 und p_2 die entsprechenden Drücke, so lautet die Energiegleichung für 1 kg Wasser

$$\frac{p_1}{\gamma} + \frac{c_1^2}{2g} = \frac{p_2}{\gamma} + \frac{c_2^2}{2g} + h_w + H', \quad \ldots\ldots \quad (1)$$

wobei h_w die Verlusthöhe zufolge der Schaufelreibung und H' die Druckhöhe, welche zur mechanischen Nutzarbeit an die Schaufeln abgegeben wird, vorstellen. Analog gilt für die relative Strömung

$$\frac{p_1}{\gamma} + \frac{w_1^2}{2g} = \frac{p_2}{\gamma} + \frac{w_2^2}{2g} + h_w, \quad \ldots\ldots\ldots \quad (2)$$

wobei w_1 und w_2 die relativen Geschwindigkeiten vor und hinter dem Laufrad bedeuten.

Die mechanische Nutzleistung für 1 m² der Laufradkreisfläche ist

$$N_1 = \gamma c_m \cdot H' \quad \ldots\ldots\ldots\ldots \quad (3)$$

Aus Abb. 53 folgt $w_2^2 = c_m^2 + (u - c_{u_2})^2$ und $w_1^2 = c_m^2 + (u - c_{u_1})^2$, woraus $w_2^2 - w_1^2 = (u - c_{u_2})^2 - (u - c_{u_1})^2$ sich ergibt. Weiters ergibt sich aus der Abbildung die Beziehung $c_{u_1}^2 - c_{u_2}^2 = c_1^2 - c_2^2$, woraus in Verbindung mit (1) und (2) die bekannte Hauptgleichung der Turbinentheorie:

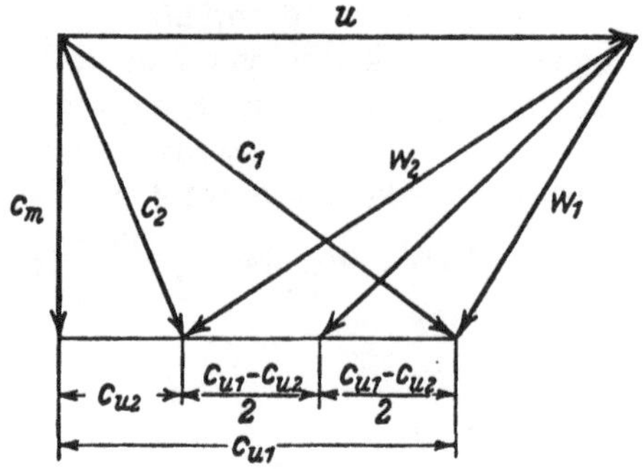

Abb. 53.

$$u\,(c_{u_1} - c_{u_2}) = gH' \quad . \quad . \quad (4)$$

folgt. u = Umfangsgeschwindigkeit.

Aus Abb. 54 folgt $\operatorname{tg} \lambda = \frac{W}{A}$ und aus Abb. 53

$$\operatorname{tg} \beta_\infty = \frac{c_m}{u - \frac{1}{2}(c_{u_1} + c_{u_2})}.$$

Für die Leistung erhält man

$$N_1 = (A \sin \beta_\infty - W \cdot \cos \beta_\infty)\, u = P \sin (\beta_\infty - \lambda)\, u$$

und in Verbindung mit (3) und (4) folgt

$$P \cdot \sin (\beta_\infty - \lambda) = \frac{\gamma}{g}\, c_m\, (c_{u_1} - c_{u_2}).$$

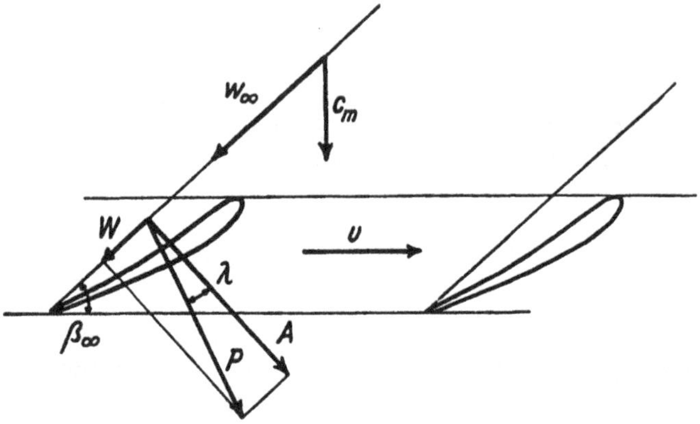

Abb. 54.

Dabei verstehen wir nach Bauersfeld unter P, A und W hier nicht die Kraft auf eine Schaufel, sondern die Kräfte auf die Gesamtzahl der Schaufeln, die in 1 m² der Laufradkreisfläche enthalten sind. Analog gilt für die Reibungsleistung

$$\gamma\, h_w\, c_m = W \cdot w_\infty.$$

Daher berechnet sich der Wirkungsgrad des Laufrades zu

$$\varepsilon_1 = \frac{N_1}{N_1 + W \cdot w_\infty} = \frac{1}{1 + \frac{W \cdot w_\infty}{N_1}}.$$

Da $P \sin \lambda = W$, so ist

$$\varepsilon_1 = \frac{1}{1 + \frac{\sin \lambda}{\sin (\beta_\infty - \lambda)} \cdot \frac{w_\infty}{u}}.$$

Da nach unserer Festsetzung

$$A = P \cdot \cos \lambda = \frac{n \cdot \zeta_a \cdot \frac{\gamma}{g} \cdot F \cdot w_\infty^2}{\text{Kreisfläche}}$$

ist, diese Kreisfläche, falls die Teilung mit T, die Schaufelzahl mit n, die Schaufeltiefe mit t und die Spannweite (Breite) mit l bezeichnet wird, durch $n \cdot T \cdot l$ ausdrückbar ist und $F = t \cdot b$, so ergibt sich

$$P \cdot \cos \lambda = \zeta_a \cdot \frac{\gamma}{g} \cdot \frac{t}{T} \cdot w_\infty^2,$$

analog erhält man

$$P \cdot \sin \lambda = \zeta_w \cdot \frac{\gamma}{g} \cdot \frac{t}{T} \cdot w_\infty^2.$$

Bezeichnet D den Außendurchmesser des Laufrades, d den Durchmesser der Nabe, so ist die Leistung der Turbine

$$N = N_1 \cdot D^2 \frac{\pi}{4} \left(1 - \frac{d^2}{D^2}\right) \frac{1000}{75}.$$

Die Beiwerte von Auftrieb und Widerstand sind nur für Flügel in Luftströmungen ermittelt worden; es fehlen noch die entsprechenden Versuche für Wasser, doch ist zu erwarten, daß die Ergebnisse nicht viel anders ausfallen werden. Weiters ist bei dem Gebrauch der Tabellen für ζ_a und ζ_w zu beachten, daß diese Werte tatsächlich für endlich breite Profile ermittelt worden sind, während die Theorie des Auftriebes eigentlich für Flügel von unendlicher Spannweite entwickelt worden ist. Man hat also nur solche Profile zu wählen, bei welchen das Verhältnis von $\frac{l}{t}$ sehr groß ist. Im übrigen sind von Prandtl auch theoretische Formeln entwickelt worden, welche die Berechnung der Beiwerte von unendlicher Breite zu ermitteln gestatten. Damit ein möglichst günstiger Wirkungsgrad sich ergibt, muß $\frac{\zeta_w}{\zeta_a}$ möglichst klein gewählt werden. Anderseits muß die Wahl für ζ_a doch so getroffen werden, daß an der Unterseite der Schaufel Kavitation vermieden wird[1]). Über die Wahl solcher Größen und die Durchrechnung eines diesbezüglichen Beispieles sei auf die Abhandlung von Bauersfeld verwiesen. Dagegen sei im folgenden Abschnitt das Verfahren von Dr. Zimmermann angeführt, welches als eine Fortsetzung der Bauersfeldschen Theorie angesehen werden kann. Der Leser findet daselbst auch ein Zahlenbeispiel durchgerechnet.

Auf eine Untersuchung von Amstutz[2]) sei noch hingewiesen. Zerlegt man nämlich die Kräfte A und W in eine horizontale und vertikale Komponente, so erhält man als Resultierende in der ersten Richtung

$$\mathfrak{H} = A \sin \beta - W \cos \beta$$

und in der zweiten Richtung

$$\mathfrak{B} = A \cos \beta + W \sin \beta.$$

Die mittlere Druckdifferenz vor und hinter dem Laufrad ist

$$\Delta p = \frac{\mathfrak{B}}{T \cdot l} = \frac{\mu w_\infty^2}{2} \cdot \frac{t}{T} (\zeta_A \cdot \cos \beta + \zeta_W \cdot \sin \beta).$$

Anderseits ist nach dem Impulssatz $\mathfrak{H} = \mu \cdot l\, T \cdot c_m \cdot \Delta c_u$, wobei $\Delta c_u = c_{u_1} - c_{u_2}$ bedeutet. Daher ist

$$\Delta c_u = \frac{\mathfrak{H}}{\mu l t c_m}.$$

Weil $c_m = w_\infty \sin \beta$, so ist

$$\Delta c_u = \frac{w_\infty}{2} \frac{t}{T} \left(\zeta_A - \frac{\zeta_W}{\operatorname{tg} \beta}\right).$$

Setzt man $k = \frac{1}{\sqrt{2gH}}$, so erhält man für den Wirkungsgrad

$$\eta = \frac{\mathfrak{H} u}{g Q H} = ku \cdot kw_\infty \frac{t}{T} \left(\zeta_A - \frac{\zeta_W}{\operatorname{tg} \beta}\right).$$

Die Kurven, die Amstutz auf Grund dieser Untersuchung erhält, besitzen eine Einhüllende, welche die empirisch gefundene Charakteristik der Kaplanturbine wiedergibt. (Vgl. hierüber den Artikel von Kaplan und Slavik S. 200.)

---

[1]) Föttinger, Untersuchungen über Kavitation und Korrosion bei Turbinen. Hydraul. Probleme. 1926.

[2]) Amstutz, Zur theoretischen Berechnung von spez. schnellaufenden Laufrädern. Festschrift für Prof. Stodola. 1929.

4. Die Methode von Dr. Zimmermann zum Entwurf der Schaufel eines Schnelläufers[1]).

Das Verfahren versucht, Messungsergebnisse und Rechnungsmethoden der Flugtechnik auf die Laufradschaufel zu übertragen, wobei diese als unendlich langer Flügel behandelt wird. Für die Rechnung wird die Strömung durch das Laufrad als achsensymmetrische Strömung behandelt. Man kann dann einen Zylinderschnitt mit dem Radius r legen, ihn in eine Ebene abwickeln und erhält eine Figur nach Abb. 55.

Es wird ferner angenommen, daß jede Schaufel durch einen geraden Wirbelfaden ersetzbar ist und der Querschnitt, welcher alle Ersatzwirbelfäden enthält, wird als Schaufelquerschnitt bezeichnet.

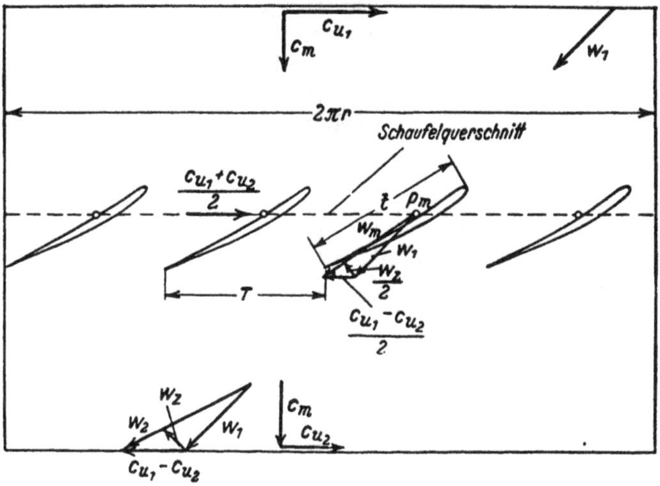

Abb. 55.

Der Druck und die relative Geschwindigkeit, welche dort vorhanden wären, wenn die Ablenkungswirkung der Schaufeln ganz gleichmäßig über den Umfang verteilt wäre (gleichbedeutend mit unendlicher Schaufelzahl) sollen als mittlerer Druck p_m und mittlere Geschwindigkeit w_m bezeichnet werden.

Nach der Tragflügeltheorie zerlegt man die Kraft auf den Flügel in zwei Komponenten: in eine, den Auftrieb, senkrecht zur Richtung der Anströmgeschwindigkeit v_∞, d. i. jene Geschwindigkeit, welche vor dem Flügel in der unbeeinflußten Strömung herrscht, und in eine, den Widerstand, parallel zu dieser Richtung. (Abb. 56.) Wird aus dem Flügel eine Stück von der Länge dl herausgeschnitten, und ist seine

[1]) Vgl. auch die Arbeit von Zimmermann im Wasserkraft-Jahrbuch 1928, S. 433.

Profiltiefe t, gemessen auf einer geeignet gewählten Sehne S an sein Profil, d. i. der Querschnitt senkrecht zu dl, so kann man für den Auftrieb und Widerstand schreiben:

$$\left.\begin{aligned} dA &= \mu \cdot \xi_A \frac{v_\infty^2}{2} t \cdot dl \\ dW &= \mu \cdot \xi_W \frac{v_\infty^2}{2} t \cdot dl \end{aligned}\right\} \quad \ldots \ldots \ldots \ldots (1)$$

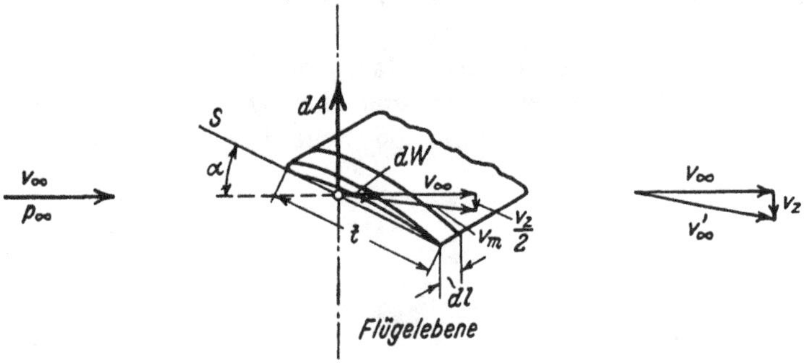

Abb. 56.

Darin bedeuten μ die spez. Masse, ξ_A und ξ_W dimensionslose Koeffizienten, welche vom Profil und vom Anstellwinkel α — dem spitzen Winkel zwischen der vorhin erwähnten Sehnenrichtung und der Anströmrichtung — abhängen. Der Auftrieb kann auch mit Hilfe der Joukowskyschen Formel berechnet werden. Man erhält

$$dA = \mu \cdot \Gamma \cdot v_\infty \cdot dl \quad \ldots \ldots \ldots \ldots (2)$$

Γ = Zirkulation. Weiters wird angenommen, daß der Flügel die Geschwindigkeit v_∞ verdreht, und zwar so, daß v_∞ in der Flügelebene — jener Ebene, welche den Ersatzwirbelfaden enthält und senkrecht auf v_∞ steht — bereits in die Richtung von v_m und im Unendlichen hinter dem Flügel in v'_∞ abgelenkt worden ist (Abb. 56), wobei die Beziehungen gelten:

$$v_m = v_\infty + \frac{v_z}{2}, \quad v'_\infty = v_\infty + \bar{v}_z,$$

wobei v_z die durch den Flügel hervorgerufene, senkrecht zu v_∞ stehende Zusatzgeschwindigkeit ist, welche als klein gegen v_∞ angenommen werden kann. Bei der Übertragung dieser Begriffe auf die Turbinenschaufel hat man zu beachten, daß $v_\infty = w_1$, $v_z = w_z$ und $dl = dr$ ist. Der Unterschied der Strömung im Laufrad gegen jene beim Tragflügel ist der, daß w_1 bei der Schaufel nicht bloß gedreht, sondern auch vergrößert wird, weil das Wasser durch jeden Turbinenquerschnitt hindurchgepreßt werden muß, wobei die axiale Geschwindigkeitskomponente c_m bei gleichbleibendem Querschnitt, was hier angenommen wird, ebenfalls gleichbleiben muß. Es ist also $v'_\infty = w_2$ und $v_m = w_m$. Schließlich ist $\Gamma = \Gamma_2$ zu setzen (vgl. S. 104). Durch Gleichsetzen von (1) und (2) folgt

$$t\,\xi_A = \frac{2\,\Gamma_2}{w_1} \quad \ldots \ldots \ldots \ldots \quad (3)$$

Gleichung (3) sagt nur über das Produkt der beiden Kenngrößen t und ξ_A, die beide unbekannt sind, etwas aus. Um eine weitere Bedingung zu erhalten, wird festgesetzt, daß der Druck auf die Schaufel nirgends kleiner werden darf als der Dampfdruck p_D des Wassers bei der höchsten möglichen Betriebstemperatur. Damit ist auch die maximale Größe des an der Schaufeloberfläche gegen den Strömungsdruck p_m im Schaufelquerschnitt auftretenden maximalen Unterdruck $p_{u\,max}$ festgelegt durch die Bedingung

$$p_{u\,max} \leqq p_m - p_D \quad \ldots \ldots \ldots \ldots \quad (4)$$

Nimmt man an, daß der Auftrieb auf die Schaufel durch einen gleichmäßig über die Schaufeltiefe verteilten fiktiven Unterdruck p_{um} hervorgerufen wird, so kann p_{um} nach der Beziehung

$$p_{um} = \frac{dA}{t \cdot dl} = \mu\,\xi_A \cdot \frac{w_1^2}{2} \quad \ldots \ldots \ldots \ldots \quad (5)$$

berechnet werden. Setzt man ferner

$$p_{u\,max} = \varepsilon \cdot p_{um}, \quad \ldots \ldots \ldots \ldots \quad (6)$$

so wird ε ein dimensionsloser Faktor, welcher von der Profilform und dem Anstellwinkel α abhängt und im allgemeinen aus Versuchen bestimmt werden muß. Liegen keine Versuche über die Druckverteilung an der Flügeloberfläche vor, so kann man, im Falle das gewählte Profil ein Joukowsky-Profil ist, ε auch berechnen. Unter einem Joukowsky-Profil versteht man ein Profil, welches durch konforme Abbildung eines Kreises K mit dem Radius a, dessen Mittelpunkt nicht im Ursprung liegt und der den Punkt $x = -\frac{l}{2}$ am Umfang und den Punkt $x = +\frac{l}{2}$ in seinem Innern oder ebenfalls am Umfang enthält, entsteht (Abb. 57). Da eine umströmte Profilecke theoretisch eine unendliche Geschwindigkeit bedingt, stellt man für die Potentialströmung einer idealen Flüssigkeit um das Profil die Bedingung auf, daß die ideelle Zirkulation Γ_i so groß sein soll, daß im Punkte $S\left(x = \frac{l}{2},\ y = 0\right)$ des Kreises, der sich auf die rückwärtige Profilspitze S abbildet, die Geschwindigkeit verschwinden soll. Das ergibt für Γ_i den Wert[1])

$$\Gamma_i = 4\,\pi\,v_\infty \cdot s.$$

[1]) Fuchs-Hopf, Aerodynamik, S. 57, 1922.

Die Geschwindigkeitsverteilung aus der vermöge der Bernoullischen auch die Druckverteilung folgt und welche man mit Hilfe dieser Zirkulation erhält, stimmt indessen mit der Wirklichkeit schlecht überein. Gute Übereinstimmung ergibt sich, wenn man nach Betz anstatt der theoretischen Zirkulation Γ_i die Zirkulation Γ einführt, welche aus dem gemessenen ξ_A aus der Gleichung

$$\Gamma = \frac{\xi_A}{2} v_\infty \cdot t \cong 2\,\xi_A v_\infty (a - \delta),$$

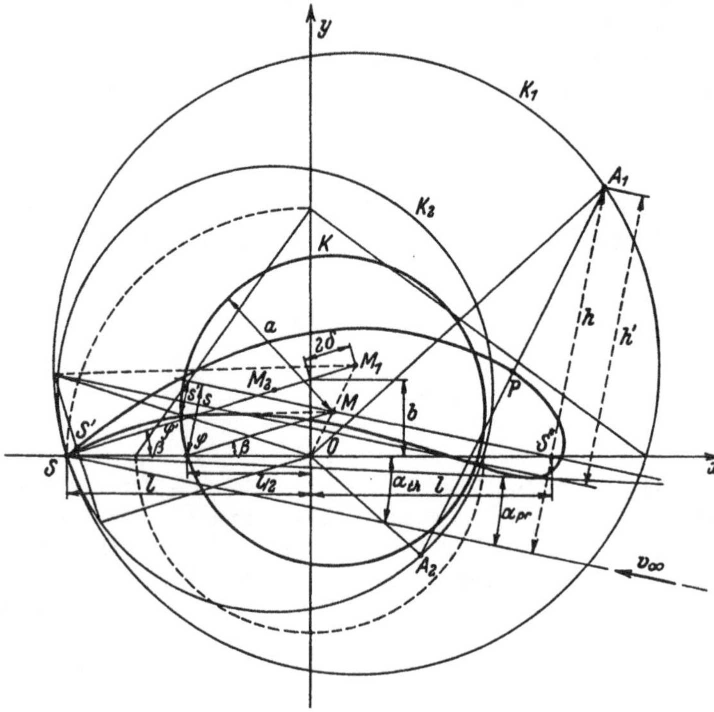

Abb. 57.

wobei δ nach Abb. 57 gegeben ist. Das zu ξ_A gehörige α — in Abb. 57 mit α_{pr} bezeichnet — muß richtig übertragen werden, d. h. auf dieselbe Sehne wie im Versuch bezogen werden. Die obige Näherung ist weiters nur bei dünnen Profilen zulässig. Aus Γ folgt als Verzweigungspunkt am Kreis K S', am Profil S', also nicht die Spitze S. Dabei ist der Abstand s' gegeben durch

$$s' = \frac{\xi_A}{2} (a - \delta).$$

Das errechnete Diagramm wird nun in der Nähe der Spitze S, aber auch in der Nähe der vorderen Spitze, falls das Profil eine solche aufweist, unrichtig. Für die Ermittlung von $p_{u\,max}$ hat man diese Bereiche, in welchem sich erfahrungsgemäß nicht der höchste Unterdruck einstellt, auszuschalten. Nach Trefftz[1]) bestimmt man die theoretische Geschwindigkeit v_i an jeder Stelle durch eine geometrische Konstruktion, welche durch folgende Gleichung definiert wird

$$v_i = v_\infty \cdot \frac{2h}{M_1 A_1} \cdot \frac{\overline{OA_1}}{A_1 A_2}.$$

Die dem gemessenen ξ_A entsprechende Geschwindigkeit v ist dann analog

$$v = v_\infty \cdot \frac{2h'}{M_1 A_1} \cdot \frac{\overline{OA_1}}{A_1 A_2}.$$

$p_{u\,max}$ ermittelt sich aus der Bernoullischen Gleichung zu

$$p_{u\,max} = \mu \frac{v^2 - v_\infty^2}{2g} = \mu \frac{v_\infty^2}{2g}\left[\left(\frac{v}{v_\infty}\right)^2 - 1\right].$$

Aus (3), (5) und (6) folgt für t die Beziehung

$$t > \mu \cdot \varepsilon \frac{w_1 \cdot \Gamma_2}{p_{u\,max}}$$

oder mit (4)

$$t > \mu \cdot \varepsilon \frac{w_1 \cdot \Gamma_2}{p_m - p_D} \quad \ldots \ldots \ldots \ldots (8)$$

In (8) ist ε und damit $p_{u\,max}$ auf den Druck p_m bezogen. ε ist ein Faktor, der aus den Druckdiagrammen von Einzelflügeln oder geraden Flügelgittern berechnet werden muß. In beiden Fällen wird man ε und daher auch $p_{u\,max}$ auf den Anströmdruck p_∞ beziehen und sagen $p_{u\,max}$ ist der maximale Unterdruck im Druckdiagramm, wenn man p_∞ als Bezugsdruck wählt. Nennt man das so berechnete ε ε_∞ und führt diesen Wert in (8) ein, so muß p_m auch durch den p_∞ entsprechenden Druck p_1 ersetzt werden. Man erhält

$$t > \mu \cdot \varepsilon_\infty \frac{w_1 \cdot \Gamma_2}{p_1 - p_D} \quad \ldots \ldots \ldots \ldots (9)$$

p_1 kann aus dem Motorgefälle H_m berechnet werden als der Druck, der sich in der Strömung vor dem Laufrad hinter dem Leitapparat am betrachteten Achsenschnittradius einstellt und sich aus

$$p_1 = p_0 + \gamma\,(H_m - H_s - H_v) - \mu\left(\frac{c_m^2}{2} + \frac{c_{u1}^2}{2}\right) \quad \ldots \ldots (10)$$

[1]) Trefftz, Graphische Konstruktion Joukowskyscher Tragflächen. Z. F. M. 1913, S. 130. — Blumenthal, Über die Druckverteilung längs Joukowskyscher Tragflächen, Z. F. M. 1913, S. 125. — A. Betz, Die wichtigsten Grundlagen für den Entwurf von Luftschrauben, Z. F. M. 1915, S. 97. — Ders., Untersuchungen Joukowskyscher Tragflächen, Z. F. M. 1915, S. 173.

berechnen läßt. In dieser Gleichung bedeuten p_0 der äußere Luftdruck, während H_s mit genügender Genauigkeit die größte Höhe eines Punktes des durch die Schaufelquerschnittsebene mit der Achsenschnittebene gebildeten Schnittkreises über den Unterwasserspiegel angibt. H_s wird nur für Turbinen mit senkrechter Achse für alle Kreispunkte gleich groß sein. H_v ist die Verlusthöhe infolge Reibung und Wirbelung bis zum selben Kreispunkt, kann aber bei jeder Turbine als konstant für die ganze Schaufelquerschnittsebene angesehen werden. Ist der Laufraddurchmesser gegenüber den Gefällshöhen der Anlage klein, so kann auch H_s als konstant angesehen werden. Wenn die Querschnittsverminderung durch die Schaufelstärken ebenfalls vernachlässigt wird, gelangt man schließlich für $p_1 - p_D$ zu einem Ausdruck von der Form

$$p_1 - p_D = \mu \left(C_0 - \frac{C_1}{r} \right), \quad \ldots \ldots \ldots (11)$$

wobei für die Umfangskomponenten die Bedingung festgelegt wird, daß $c_{u1} \cdot r = k$ ist.

C_0 und C_1 bedeuten dann

$$C_0 = \frac{p_0 - p_D}{\mu} + g\,(H_m - H_s - H_v) - \frac{c_m^2}{2g} = gH_x \quad \ldots (12)$$

$$C_1 = \frac{k^2}{2} \quad \ldots \ldots \ldots \ldots \ldots \ldots \ldots (13)$$

Das nach (9) berechnete t gibt einen Minimalwert an, der nicht unterschritten werden darf. Setzt man ihn in (3) ein, so erhält man das zugehörige ξ_A

$$\xi_A \leq \frac{2}{\varepsilon_\infty} \cdot \frac{C_0 - \frac{C_1}{r^2}}{w_1^2} \quad \ldots \ldots \ldots (14)$$

Nun kann man, wie die Messungen zeigen, den Anstellwinkel α durch eine lineare Beziehung mit ξ_A verknüpfen, also setzen

$$\alpha = \sigma \xi_A - \tau \quad \ldots \ldots \ldots \ldots (15)$$

wo σ und τ aus dem α, ξ_A-Diagramm des gewählten Profils zu entnehmende Konstante sind. Setzt man in (15) ξ_A aus (14) ein, so folgt

$$\alpha \leq \frac{2\sigma}{\varepsilon_\infty} \cdot \frac{C_0 - \frac{C_1}{r^2}}{w_1^2} - \tau \quad \ldots \ldots \ldots (16)$$

Durch die Formeln (9), (14) und (16) sind die einzelnen Schaufelschnitte bestimmt, wenn man das Profil wählt und damit ε_∞, τ und σ festlegt. Wählt man umgekehrt eine der in den Formeln angegebenen Bestimmungsgrößen, so folgt eine Aussage über die Art des Profils, da die Kenngrößen ε, σ und τ nicht mehr frei wählbar sind. Die Schwierigkeit der Auswertung der Formeln besteht darin, daß ε_∞, obwohl selbst eine Funktion von α, α mitbestimmt. Nachdem die Beziehungen zwischen ε_∞ und α durch eine Kurve gegeben sind, welche keiner einfachen mathematischen Beziehung folgt, so ist es am besten, zur Bestimmung von ε ein graphisches Verfahren zu wählen. Aus Gleichung (16) folgt sofort

$$(\alpha + \tau) = \frac{2\,\sigma}{\varepsilon_\infty} \cdot \frac{C_0 - \frac{C_1}{r^2}}{w_1^2} \qquad (17)$$

Der zweite Bruch auf der rechten Seite von (17) ist eine Funktion von r allein. Die Beziehung von $(\alpha + \tau)$ und $\frac{2\,\sigma}{\varepsilon_\infty}$ ist also für ein gegebenes r durch eine Gerade g dargestellt, und zwar geht dieselbe durch den Punkt $-\tau$ der α-Achse im α, $\frac{2\,\sigma}{\varepsilon_\infty}$-Diagramm, so daß ε_∞ für $\alpha = -\tau$ unendlich werden muß, nachdem σ eine Konstante ist. Das ist aber zu erwarten, da für den Wert $\alpha = -\tau$, ξ_A laut (15) ebenfalls verschwindet, mithin nach Gleichung (5) auch $p_{u\,m}$. Trotzdem wird ein Unterdruck $p_{u\,\max}$ gegen p_∞ bestehen, nur werden sich eben die erzeugten Druckkräfte an Ober- und Unterseite des Flügels, bezogen auf p_∞ aufheben. Daher wird ε_∞ hier tatsächlich unendlich. Der richtige Wert von ε und α ergibt sich durch den Schnittpunkt der Geraden g mit der α, $\frac{2\,\sigma}{\varepsilon_\infty}$-Kurve, und dieser Wert ist dann zur Berechnung von t zu verwenden.

Will man bei der vorliegenden Methode auch noch die Gittermethode, d. i. die gegenseitige Beeinflussung der Schaufeln berücksichtigen, so kann man dies überschlägig dadurch erreichen, daß man an Stelle von ε_∞ 1,2 ε_∞ setzt. Wie die Auswertung von Versuchen an geraden Gittern nämlich zeigt, liegen die Änderungen von ε_∞, solange das Verhältnis von Gitterteilung T (siehe Abb. 55) zur Flügeltiefe t nicht kleiner als 1 wird, in der Grenze von Null bis 0,2 ε_∞.

Berechnung eines Laufrades. Für den Entwurf der Schaufel sind gegeben:

$$H_m = 8 \text{ m}, \quad Q = 50 \text{ m}^3/\text{sec}, \quad \omega = 20/\text{sec}, \quad \text{Wassertemperatur } 15\text{—}20^0 \text{ C.}$$

Die Tourenzahl der Turbine ist somit

$$n = \frac{30}{\pi}\,\omega = 191 \text{ pro Minute.}$$

Der Dampfdruck des Wassers nach den Dampftabellen

$$p_D = 0{,}02 \text{ at.}$$

Es wird angenommen, daß für die Anlage

$$H_v = \frac{1}{2} H_{vg} = 0{,}05\, H_m, \quad \eta_T = 0{,}8, \quad \frac{r_a}{r_i} = 2{,}5, \quad k_2 = 0$$

und

$$\psi = \frac{H_m}{\frac{c_2^2}{2g}} = \frac{H_m}{\frac{c_m^2}{2g}} = 0{,}3.$$

Dabei bedeuten r_a den äußeren und r_i den inneren Laufraddurchmesser, η_T den Gesamtwirkungsgrad der Turbine. Mit η_T kann die Gesamtleistung der Turbine berechnet werden zu

$$N_e = \frac{\eta_T}{75} \cdot \gamma \cdot Q H = 4260 \text{ PS}.$$

Daher ist die spez. Drehzahl

$$n_s = n \frac{\sqrt{N_e}}{\sqrt[4]{H^5}} = 930.$$

Die Turbine ist also ein Schnelläufer, bei dem mit Kavitationsgefahr zu rechnen ist.

Mit dem gewählten ψ wird

$$c_2^2 = c_m^2 = 2 g \psi H_m = 48 \text{ m}^2/\text{sec}^2, \quad c_m = 6{,}93 \text{ m/sec}.$$

Für die Wassermenge Q gilt:

$$Q = c_m \pi (r_a^2 - r_i^2) = c_m \pi r_a^2 \, \frac{2{,}5^2 - 1}{2{,}5^2}.$$

Daraus berechnet sich

$$r_a = 1{,}65 \text{ m};$$

daher ist

$$r_i = 0{,}66 \text{ m}.$$

c_m und ψ zurückgerechnet, liefert $c_m = 7$ m/sec, $\psi = 0{,}305$. Da $k_2 = 0$, folgt aus der Hauptgleichung

$$\omega k_1 = g (H_m - H_{vg}) = 68 \text{ m}^2/\text{sec}^2.$$

Daraus folgt $k_1 = 3{,}4$ m²/sec und $\Gamma_0 = 2\pi k = 21{,}32$ m²/sec.

Nunmehr können die Umfangskomponenten der Wassergeschwindigkeit am äußersten, innersten und am mittleren Radius $r_1 = 1$ m berechnet werden. Man erhält hierfür: $c_{ua} = 2{,}06$ m/sec, $c_{u1} = 3{,}4$ m/sec, $c_{ui} = 5{,}16$ m/sec, $w_{1a} = 30{,}2$ m/sec, $w_{1i} = 10{,}6$ m/sec, $w_1 = 17{,}82$ m/sec.

Wählt man die Schaufelzahl $z = 4$, so ergibt sich die Schaufelzirkulation $\Gamma_2 = 5{,}33$ m²/sec.

Wird $H_s = 2$ m gewählt, so berechnet sich nach (12) $H_\varkappa = 12{,}35$ m, mithin $g H_\varkappa = 123{,}5$ m²/sec².

Damit erhält man den Wert des Ausdruckes $\left(C_0 - \frac{C_1}{r^2}\right)$ für die drei Radien zu 121,4, 177,7 und 110,2 m²/sec² und die Quadrate der entsprechenden Relativgeschwindigkeiten sind

$$w_{1a}^2 = 912\,\mathrm{m^2/sec^2}, \quad w_{11}^2 = 317\,\mathrm{m^2/sec^2}, \quad w_{1i}^2 = 112\,\mathrm{m^2/sec^2}.$$

Nach (17) gilt

$$\frac{\varkappa + \tau}{\frac{2\sigma}{\varepsilon_\infty}} = \frac{C_0 - \frac{C_1}{r^2}}{w_1^2},$$

welcher Ausdruck für die drei Radien die Werte: 0,133, 0,37 und 0,99 ergibt. Diese Größen sind die Tangenswerte der Neigungswinkel der in Abb. 58 eingezeichneten Geraden g_a, g_1 und g_i. Legt man dem

α	$1{,}2\,\varepsilon_\infty$	$\frac{2\sigma}{1{,}2\,\varepsilon_\infty}$
−3°	2,03	0,960
0°	1,61	1,215
3°	1,67	1,170
6°	2,22	0,895
9°	2,60	0,746

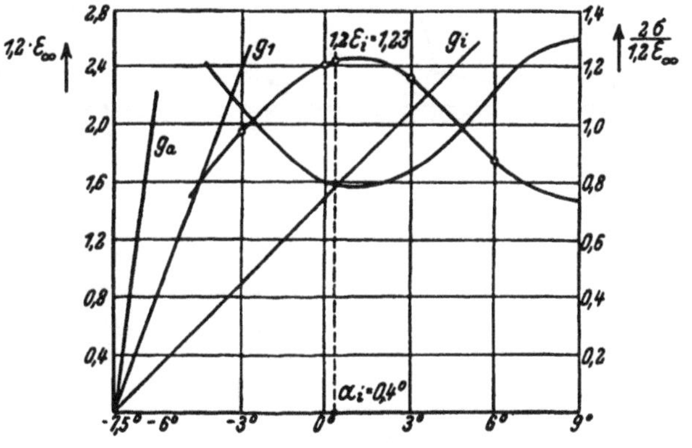

Abb. 58.

Entwurf das von Betz untersuchte Joukowsky-Profil mit den Kennwerten $\frac{\delta}{l} = \frac{1}{20}$ und $\frac{f}{l} = \frac{1}{10}$ (Abb. 59) zugrunde, so ergeben sich hierfür die Konstanten σ und τ der ξ_A, α-Linie für unendlich lange Flügel aus dem Versuch zu $\sigma = 9{,}75°$, $\tau = 7{,}5°$.

Berücksichtigt man die Gitterwirkung, so muß man an Stelle der ε_∞-Werte die 1,2fachen Werte einführen. (Tabelle in Abb. 58.) In dieser Tabelle ist auch der gerechnete Wert des ε_∞ für den Anstellwinkel $\alpha = -3°$ eingetragen, zu dessen Bestimmung die beschriebene Methode (Abb. 59) angewendet wurde. Aus der Lage der $\frac{2\sigma}{1{,}2\,\varepsilon_\infty}$-Kurve zu den Geraden g_a, g_1, g_i (Abb. 58) ersieht man, daß bereits für den Querschnitt 1 sehr große ε-Werte gelten würden, daher t sehr groß wird, so daß sich also schon in diesem Querschnitt das Erfahrungsresultat bestätigt zeigt, daß dicke Profile mit starken Krümmungen für Turbinen unbrauchbar werden, will man nicht große Schaufelabmessungen und damit starke Reibungsverluste in Kauf nehmen.

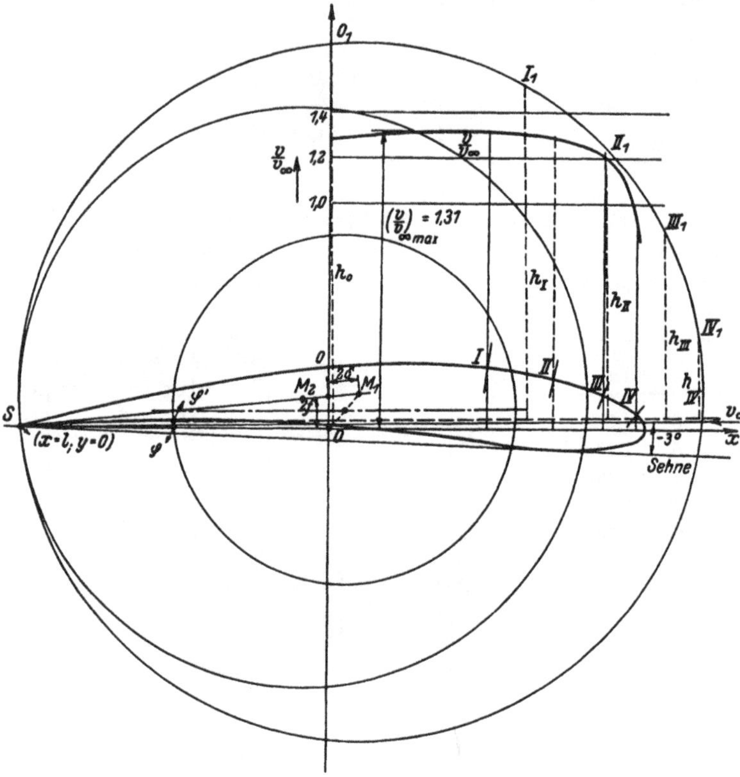

Abb. 59.

Für die äußeren Querschnitte wären demnach dünne, schwach gekrümmte Profile (Kreisbogenprofile) anzuwenden. Aus Abb. 5 erhält man für r_i, $\alpha_i = 0{,}4^0$, wobei α als Sehnenwinkel wie in Abb. 59 zu zählen ist, $1{,}2\ \varepsilon_\infty = 1{,}23$, und aus (9) und (11) folgt $t_i = 0{,}63$ m. Da $z = 4$, so ergibt sich die Teilung $T_i = 1{,}04$ m und das Verhältnis $\left(\frac{T}{t}\right)_i = 1{,}65$, also ein bei Kaplanturbinen gebräuchlicher Wert.

b) Mathematisch-geometrische Grundlagen.

I. Das Strombild.

Denkt man sich in einem Laufrad die Schaufelflächen entfernt, so entsteht ein Rotationshohlraum, der von den beiden Rotationsflächen $a\alpha$ und $b\beta$ (Abb. 60) eingeschlossen ist. Diese Rotationsflächen sind der äußeren und inneren Begrenzungsfläche des Laufrades gleichwertig. Sie entstehen durch Umdrehung der Erzeugenden $a\,\alpha$ und $b\beta$ um die Turbinendrehachse zz. Um eine Loslösung der Strömung an Stellen starker Krümmung (X Abb. 60) zu vermeiden, empfiehlt es sich, den Krümmungshalbmesser ϱ so groß als möglich zu wählen und von der bisher üblichen starken trichterförmigen Erweiterung (Laufraderweiterung) abzusehen. Der Übergang von der Wulstfläche W zum Saugrohr R findet also durch ein kreiszylindrisches Rohr K (Abb. 60) statt. Zeichnet man das Stromlinienpaar 1, 2 und 1', 2', so muß die Kontinuitätsgleichung gelten. Soll durch diesen Teilkanal in der Zeiteinheit die für alle Teilkanäle gleichbleibende Wassermenge $\varDelta Q$ hindurchfließen, so muß

$$\varDelta Q = \varDelta n\, \varDelta n_1\, c_m = \text{konst}, \quad . \quad . \quad (1)$$

wenn unter $\varDelta n_1$ die Dimension des Teilkanals in der Umfangsrichtung verstanden wird.

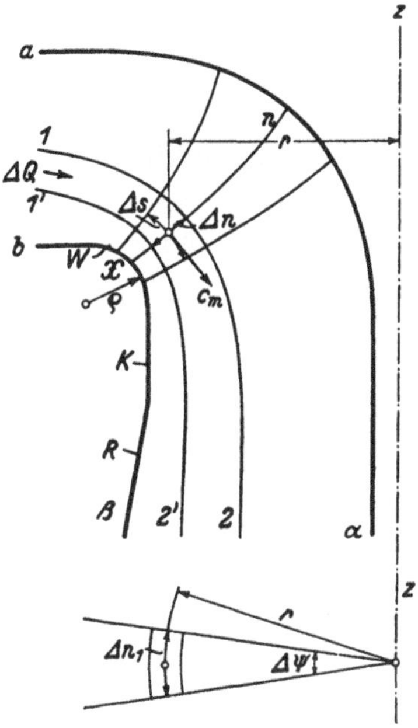

Abb. 60.

Für einen von parallelen Ebenen begrenzten Krümmer gilt[1]) $c_m = \frac{A}{\varDelta s}$, wobei A eine Konstante vorstellt. Durch Einführung dieser Beziehung geht Gleichung (1) über in

$$\varDelta Q = \frac{\varDelta n\, \varDelta n_1\, A}{\varDelta s} = B \quad . \; . \; . \; . \; . \; . \; . \; . \; . \; . \quad (2)$$

Dabei ist $\varDelta n_1$ durch die Beziehung $\varDelta n_1 = r\,\varDelta\psi$ an den Halbmesser geknüpft.

Mithin wird
$$\varDelta Q = \frac{\varDelta n\, r\, \varDelta\psi\, A}{\varDelta s} = B \quad . \; . \; . \; . \; . \; . \; . \; . \; . \; . \quad (3)$$

wobei r als veränderlich anzusehen ist, weil sich die Durchflußgeschwin-

[1]) Siehe auch Zeitschr. f. d. ges. Turbinenwesen 1912, Heft 34 bis 36, und Seite 65 dieses Buches.

digkeit durch die in Abb. 60 gezeichnete Stromröhre im umgekehrten Verhältnis mit dem Halbmesser ändern muß. Vom Winkel $\Delta\psi$ wird nur verlangt, daß er innerhalb des ganzen Strömungsbereiches konstant sein, also für den ganzen Hohlraum die Größe 2π besitzen muß.

Faßt man in Gleichung (3) die konstanten Glieder zu einer neuen Konstanten zusammen, so bleibt

$$\frac{r\,\Delta n}{\Delta s} = C \quad \ldots\ldots\ldots\ldots (4)$$

Es genügt daher, den Strömungsverlauf in einem Meridianschnitt zu untersuchen (meridionales Strombild), um über den Verlauf der freien Strömung im ganzen Hohlraum unterrichtet zu sein.

Soll daher das meridionale Strombild der Bedingung einer freien Strömung entsprechen, so müssen die aus den Strom- und Normallinien gebildeten Kurvenvierecke der Bedingung entsprechen, daß längs einer Normallinie (n) der Ausdruck $\frac{r\,\Delta n}{\Delta s}$ einen konstanten Wert besitzt. Die absolute Größe des letzteren ist belanglos und kann beim Übergang auf eine andere Normallinie jeden beliebigen, aber konstanten Wert annehmen.

Zur leichteren Übersicht sei an Hand der Abb. 61 die zeichnerische Gewinnung des meridionalen Strombildes eines Turbinenschnelläufers mit Leitradraum und Saugrohr erläutert.

In genügender Entfernung von der Turbinenwelle verlaufen die den Ringhohlraum des Leitrades durchsetzenden s-Linien radial. Mithin ist dortselbst r und Δs konstant, daher nach Gleichung (4) unter Voraussetzung von n Teilkanälen und einer gesamten Kanalbreite t

$$\Delta n = \text{konst} = \frac{t}{n} \quad \ldots\ldots\ldots\ldots (5)$$

Einen weiteren Aufschluß über die Lage der Stromlinien gibt das Saugrohr, dessen unteres Ende absichtlich konisch erweitert wurde. Die n-Linien müssen daher konzentrische Kreisbögen sein, deren Mittelpunkt in der Kegelspitze S liegt.

In genügender Entfernung von der oberen Saugrohrkrümmung wird wieder c = konst., daher auch Δs = konst., und aus Gleichung (4) folgt nunmehr:

$$r\,\Delta n = \text{konst} \quad \ldots\ldots\ldots\ldots (6)$$

Auf den erwähnten Kreisbögen sind daher n-Werte derart zu bestimmen, daß obiger Gleichung genügt wird. Durch die erhaltenen Punkte lassen sich nunmehr die Stromlinien vorderhand gefühlsmäßig einzeichnen und zu diesen die Orthogonaltrajektorien ziehen.

Aus Gleichung (4) wird für ein bestimmtes Kurvenviereck der Wert der Konstanten C bestimmt, dessen Größe für sämtliche Kurvenvierecke der gleichen n-Linie den gleichen Wert haben soll. Ist das nicht der Fall, so sind die n- und s-Linien so lange zu verschieben, bis obige Gleichung erfüllt ist. Das auf diesem Wege gewonnene meridionale Strombild kann nunmehr zur Konstruktion der Schaufel für reibungslose Flüssigkeiten benutzt werden.

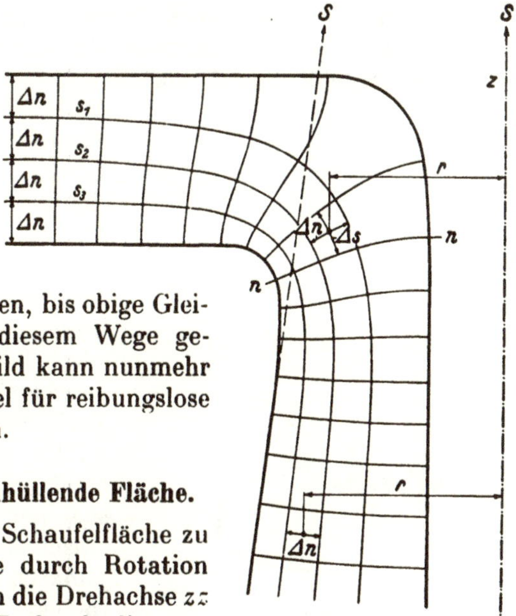

Abb. 61.

II. Die Schaufelfläche als einhüllende Fläche.

Um die Entstehung der Schaufelfläche zu erklären, denkt man sich die durch Rotation der Stromlinien s (Abb. 61) um die Drehachse zz entstandenen Stromflächen R durch die perspektivische Skizze (Abb. 62) dargestellt. Dann läßt sich auf jeder dieser Flächen eine stetig gekrümmte Linie a, a', b, b' usw. zeichnen (Schaufelprofile). Die einhüllende Fläche aller dieser

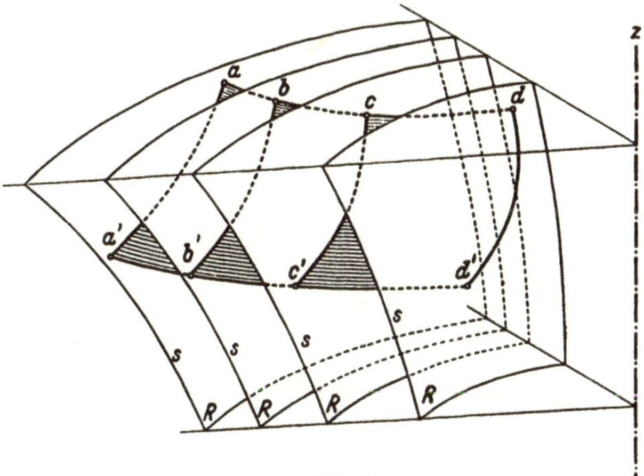

Abb. 62.

Schaufelprofile ist nun die Schaufelfläche. Unsere Aufgabe besteht zunächst darin, auf den Stromflächen R die Schaufelprofile einzuzeichnen. Wie aus Abb. 62 ersichtlich, sind die Stromflächen nicht abwickelbar;

wir müssen daher eine andere Darstellungsweise zu Hilfe nehmen. Dies geschieht mittels der konformen Abbildungen in der Weise, daß die vom Verfasser eingeführten »Fehlerdreiecke« entsprechende Verwendung finden[1]), wie dies aus der perspektivischen Skizze Abb. 63 entnommen werden kann. Auf einer Stromfläche R sei eine stetig gekrümmte Linie so einzuzeichnen, daß dieselbe an ihrem oberen Endpunkte a mit dem Parallelkreis p den Winkel β und an dem unteren Ende α mit dem Parallelkreis p_6 den Winkel δ einschließt. Denkt man sich die Bildebene mit einem Liniennetz von Meridianen (m) und Parallelkreisen (p) erfüllt, also von einem Netz sich senkrecht schneidender Geraden, so läßt sich ein ideelles Schaufelprofil derart einzeichnen, daß es an seinen Endpunkten a, α mit den zugehörigen Parallelkreisen die Winkel β und δ einschließt (Abb. 64) und eine möglichst sanfte Krümmung aufweist. Dann gelingt es, mittels der Fehlerdreiecke f_1 bis f_6 diese Stromlinie $a\alpha$ in die Stromfläche R zu übertragen. Wir beginnen mit dem ersten Fehlerdreieck f_1, indem wir im Auge behalten, daß eine Kathete einem Meridian (m) und die andere einem

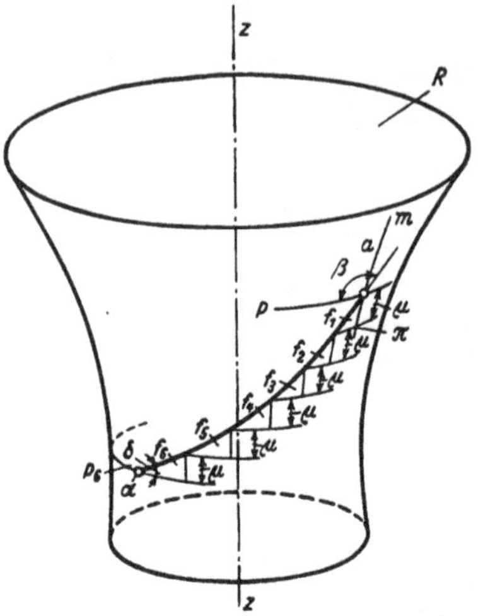

Abb. 63

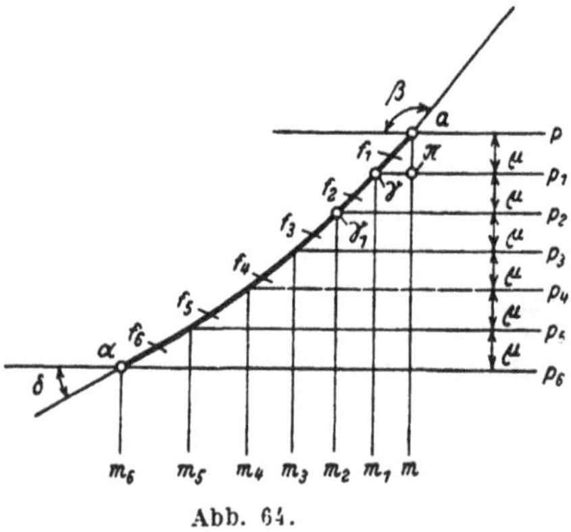

Abb. 64.

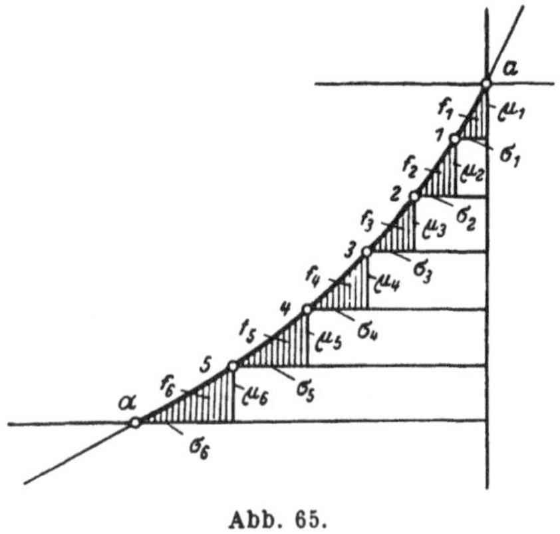

Abb. 65.

Parallelkreise (p) angehört. Legen wir also durch den Anfangspunkt a einen Meridian (m) und einen Parallelkreis (p), so läßt sich das Fehlerdreieck flächen- und winkeltreu in die Stromfläche in der Weise über-

[1]) Vgl. 1. Aufl., S. 63 u. f.

tragen, daß die Länge einer Kathete (μ) vom Punkte a auf einem Meridian nach abwärts aufgetragen wird. (Punkt π Abb. 63.) Vom Punkte π wird auf dem zugehörigen Parallelkreis p die Länge der anderen Kathete übertragen. Man erhält dadurch Punkt γ, also den ersten Punkt der übertragenen Stromlinie oder auch das erste Fehlerdreieck. Dieses Verfahren, vom Punkte γ aus mit der Übertragung des Fehlerdreieckes f_2 wiederholt, ergibt Punkt γ_1. Dieses Verfahren wird so lange fortgesetzt, bis der andere Endpunkt α der Stromlinie $a\alpha$ auf die Stromfläche R übertragen ist. Das hier in perspektivischer Ansicht angegebene Verfahren läßt sich nun in Umfangs- bzw. orthogonaler Projektion verwirklichen.

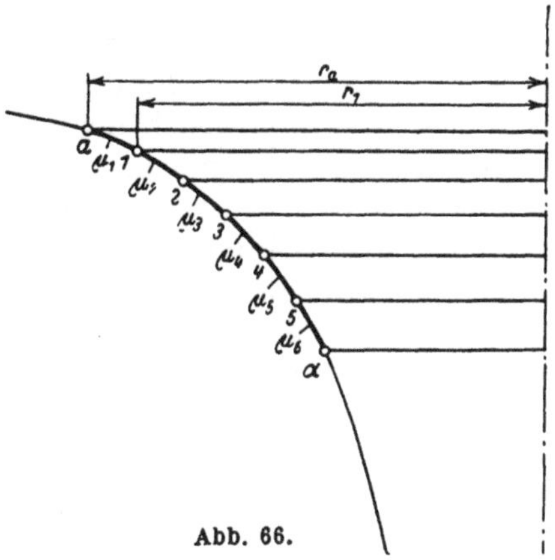

Abb. 66.

Soll beispielsweise ein in der Ebene dargestelltes Profil ($a\alpha$, Abb. 65) in Umfangsprojektion und Grundriß winkeltreu übertragen werden, unter der Voraussetzung, daß das räumliche Profil mit den Parallelkreisen der Stromfläche R (Abb. 63) die gleichen Winkel δ und β einschließt, so kann auf folgende Weise vorgegangen werden:

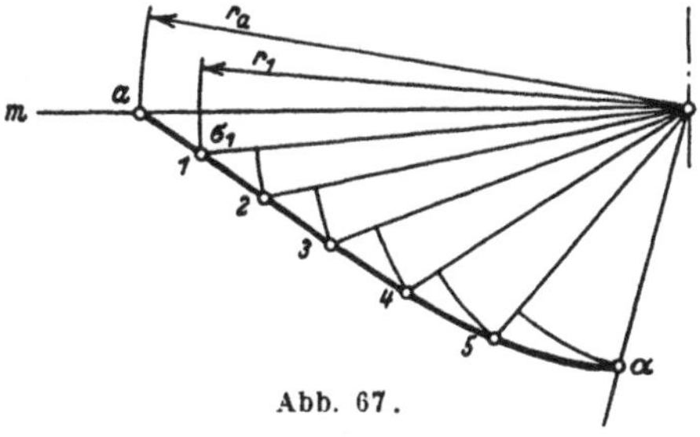

Abb. 67.

Zunächst entwerfe man in der Abb. 65 die Fehlerdreiecke f_1 bis f_6 und übertrage dieselben der Reihe nach in die Umfangsprojektion und den Grundriß. Dabei ist zu bemerken, daß die eine Kathete derselben (μ) in der Umfangsprojektion (Abb. 66) und die andere (σ) im Grundriß (Abb. 67) in natürlicher Größe erscheint. Man beginne die Übertragung von einem beliebig gewählten Meridian (m) aus, indem man im Grundriß die Projektion der Kathete μ_1 durch Ziehen eines Kreisbogens vom Halbmesser r_1 bestimmt und von innerem Endpunkt aus die andere Kathete σ_1 als Kreisbogen mit dem Halbmesser r_1 aufträgt. Man erhält dadurch Punkt 1. Die gleiche Konstruktion wird vom Punkte 1 an wiederholt. Man erhält Punkt 2, bis man durch weitere Wiederholung zum Endpunkt α gelangt. Die Verbindungslinie der Punkte a bis α gibt die auf der Stromfläche R liegende räumliche Profillinie $a\alpha$ an, welche unter den Winkeln β und δ die zugehörigen Parallelkreise schneidet.

Will man statt der umfangreichen theoretischen Erörterungen einfach die nüchterne Überlegung sprechen lassen, so läßt sich kurz folgendes aussagen: Wir wollen eine ebene Stromlinie winkeltreu so übertragen, daß die räumliche Linie zu der ebenen Linie »konform« abgewickelt ist. Schneidet man sich aus Papier die sog. Fehlerdreiecke und klebt dieselben so auf die Stromfläche, daß die Hypothenusenendpunkte der Fehlerdreiecke zusammenfallen und die beiden Katheten mit den Meridianen und Parallelkreisen der Stromflächen sich decken, so ergibt die Verbindungslinie sämtlicher Hypothenusenendpunkte die gewünschte räumliche Stromlinie. Es ist leicht einzusehen, daß dieselbe mit ihrer ebenen Erzeugenden bei genügender Zahl von Fehlerdreiecken praktisch gleichlang ist. Wird das hier zuerst angegebene Verfahren benützt, um auf den übrigen Stromflächen die räumlichen Profillinien zu bestimmen, so gibt die Einhüllende aller dieser Profillinien eine Schaufelfläche. Angenommen, wir hätten sämtliche Profillinien auf den Stromflächen bestimmt, so darf die Forderung nicht außer acht gelassen werden, daß die Schaufelfläche auch senkrecht zu den Schaufelprofilen stetig und sanft verläuft. Diese Forderung wird durch das sog. Winkelbild aufrechterhalten.

III. Das Winkelbild.

Die in der Ebene entworfenen Schaufelprofile (Abb. 65) sollen »Winkellinien« genannt werden. Alle zur Kennzeichnung der Schaufelfläche bestimmten Winkellinien lassen sich zu einer gemeinsamen Darstellung vereinigen, indem man zweckmäßig ihre dem Schaufeleintritt entsprechenden Anfangspunkte zusammenfallen läßt. Die so gewonnene Darstellung ist das »Winkelbild« der Schaufelfläche. Aus der Lage der einzelnen Winkellinien des Winkelbildes in bezug aufeinander läßt sich ein Schluß auf die räumliche, gegenseitige Stellung der Profile ziehen. Ein stetiger Verlauf der die Austrittspunkte im Winkelbild verbindenden Kurve und die Abwesenheit sprunghafter Krümmungsänderungen von Winkellinie zu Winkellinie lassen auch einen stetigen Verlauf der räumlichen Schaufelfläche erwarten, wogegen eine regellose Verteilung der Austrittspunkte im Winkelbild auf unstetige Krümmungen der Schaufelfläche quer zu den Profilen deutet.

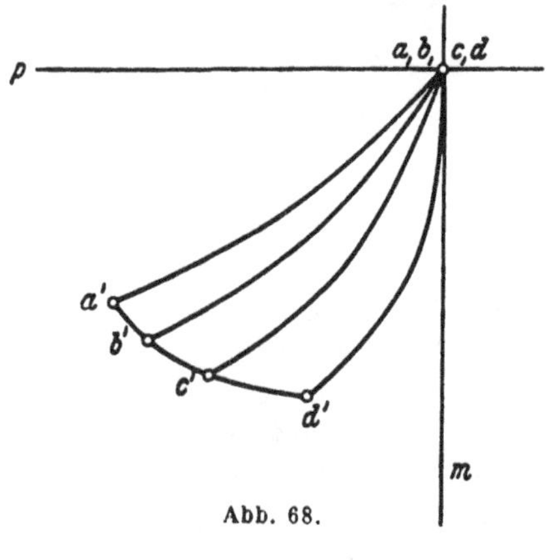

Abb. 68.

Abb. 68 zeigt zur Erläuterung des Gesagten ein Winkelbild der in Abb. 62 perspektivisch dargestellten Schaufelfläche. Die Winkellinien *a*, *a'*, *b*, *b'*, *c*, *c'* und *d*, *d'* sind so zusammengelegt, daß — unter Beibehaltung aller Winkel — die Eintrittspunkte *a*, *b*, *c* und *d* zusammenfallen. Die Austrittspunkte *a'*, *b'*, *c'* und *d'* lassen sich dann — falls die Schaufelfläche den erwünschten stetigen Verlauf besitzt — zwanglos durch eine stetige Kurve verbinden[1]).

So bietet das Winkelbild beim Entwurf der Schaufelfläche ein einfaches Mittel, um den Verlauf derselben zu überprüfen und — wenn erforderlich — eine angemessene Berichtigung der Schaufelprofile vorzunehmen.

---

[1]) Ausführlicher ist das Winkelbild in der ersten Auflage dieses Buches behandelt.

D. Die praktische Anwendung der zweidimensionalen Turbinentheorie.

Die hier mitgeteilten hydraulischen und geometrischen Grundlagen sind nicht unmittelbar geeignet, eine technische Anwendung zum Entwurf von Schaufeln für Schnelläufer zu ermöglichen. Dazu bedarf es einer Vereinfachung der Grundformeln, um beispielsweise den Bedürfnissen der Schnelläufigkeit und der Forderung möglichst geringer Reibungsverluste Rechnung zu tragen. Schließlich ist eine Vereinfachung des Berechnungsvorganges erwünscht, weshalb auf die zeichnerische Darstellung des Entwurfes entsprechende Rücksicht genommen werden soll. Wir besitzen ausgezeichnete Theorien über die Strömungsvorgänge in den Turbinenrädern, ohne daß es ihnen jedoch gelungen wäre, in die Praxis des Turbinenbaues Eingang zu finden[1]). Der Turbineningenieur steht der mehrdimensionalen Turbinentheorie geradeso fremd gegenüber, wie der Theoretiker den Bedürfnissen des praktischen Turbinenbaues. Über die beiden in sich abgeschlossenen Gebiete eine Brücke zu schlagen, soll der Zweck dieses Abschnittes sein. Dem Fachmann soll gezeigt werden, daß sich viele durch mehrdimensionale Betrachtungen vorausgesagte Strömungszustände im praktischen Betriebe wirklich einstellen, dem Theoretiker soll gezeigt werden, daß die Anforderungen des Turbineningenieurs mit den Wünschen und Bedürfnissen eines wirtschaftlichen Betriebes parallel laufen. Der in der Praxis stehende Turbineningenieur hat leider keine Zeit, sich viel mit wissenschaftlichen Untersuchungen zu beschäftigen. Für ihn ist die Zeitdauer der Schaffung wirtschaftlicher Turbinen eine Lebensfrage.

In den folgenden Abschnitten soll gezeigt werden, welche Vereinfachungen noch zu gestatten sind, um mit möglichst geringem Zeitaufwand an die Herstellung wirtschaftlicher Schnelläuferbauweisen schreiten zu können.

---

[1]) Vgl. Kucharski, Strömungen einer reibungsfreien Flüssigkeit. Verlag Oldenbourg 1918. — Oertli, Untersuchungen der Wasserströmung durch ein rotierendes Kreiselrad. Diss. Zürich 1923.

a) Die Turbinenhauptgleichung[1]).

Ist AB (Abb. 69) die Horizontalprojektion einer auf einer Stromfläche liegenden absoluten Strombahn des Flüssigkeitselementes L von der Masse:

$$dm = \frac{\gamma}{g}\, r\, d\varphi \cdot dr\, dz$$

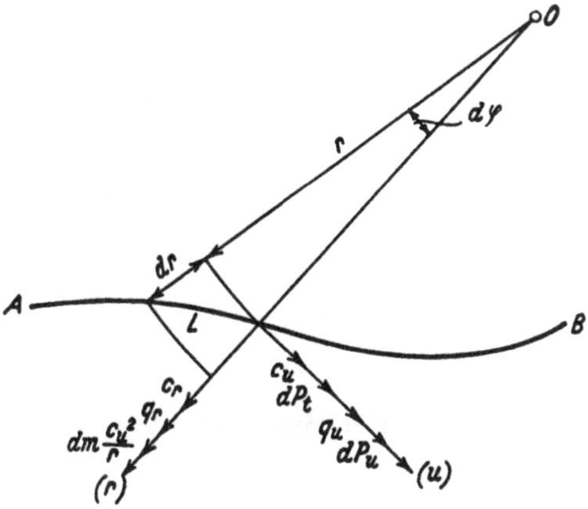

Abb. 69.

und befindet sich dasselbe unter der Einwirkung von äußeren Kräften, deren in die »u«-Richtung fallende Komponente durch dP_u gegeben ist, so wird dieselbe teils zur Druck-, teils zur Geschwindigkeitsänderung verwendet. Gleichzeitig entsteht in der u-Richtung durch die Änderung von c_u eine Tangentialkraft dP_t, welche ebenfalls von den äußeren Kräften überwunden werden muß. Mithin besteht die Beziehung:

$$dP_u = \frac{dc_u}{dt}\, dm + \frac{\partial p}{r\,\partial\varphi}\, r\,\partial\varphi\, dr\, dz + dP_t \quad . \; . \; . \; . \quad (1)$$

Nach Abb. 69 ist die in der Zeiteinheit durch die Kraft $dm\,\frac{c_u^2}{r}$ geleistete Arbeit gegeben durch $dm\,\frac{c_u^2}{r} \cdot \frac{dr}{dt}$. Der gleiche Betrag an sekundlicher Arbeit mußte von der Rotationsbewegung aufgenommen bzw. abgegeben werden. Mithin

$$dm\,\frac{c_u^2}{r} \cdot \frac{dr}{dt} = dP_t\, r\,\frac{d\varphi}{dt}$$

oder

$$dm\,\frac{c_u^2}{r} \cdot c_r = dP_t\, c_u,$$

woraus folgt

$$dP_t = dm\,\frac{c_u\, c_r}{r} \quad . \; . \; . \; . \; . \; . \; . \; . \; . \; . \quad (2)$$

Setzt man diesen Wert in Gleichung (1) ein und teilt dieselbe durch dm, so wird, wenn für $dP_u = dm\, q_u$ gesetzt wird:

$$q_u = \frac{dc_u}{dt} + \frac{g}{\gamma} \cdot \frac{\partial p}{r\,\partial\varphi} + \frac{c_u\, c_r}{r} \quad . \; . \; . \; . \; . \; . \; . \; . \quad (3)$$

---

[1]) Vgl. die Abhandlung des Verfassers: »Die zweidimensionale Turbinentheorie usw.« Zeitschr. f. d. ges. Turbinenwesen 1912, Heft 34, 35, 36 und S. 110 dieses Buches. Ferner Lorenz, Neue Theorie und Berechnung der Kreiselräder, Verlag Oldenbourg 1906, S. 8.

Ähnliche Überlegungen hätten auch in der »r«- und »z«-Richtung zu Gleichungen geführt, welche der Vollständigkeit halber hier angeschrieben sind:

$$\left.\begin{aligned} q_r &= \frac{d c_r}{d t} + \frac{g}{\gamma} \cdot \frac{\partial p}{\partial r} - \frac{c_u^2}{r} \\ q_z &= \frac{d c_z}{d t} + \frac{g}{\gamma} \cdot \frac{\partial p}{\partial z} \end{aligned}\right\} \quad \ldots \ldots \ldots \quad (3\text{a})$$

Diese Gleichungen ergeben sich auch aus den Ausführungen auf Seite 91. Laut Gl. (2) und (4) ist $v_x = v_r \cos \varphi - v_n \sin \varphi$ und

$$v_y = v_r \sin \varphi + v_n \cos \varphi.$$

Daher

$$b_x = \left(\frac{d v_r}{d t} - \frac{v_n^2}{r}\right) \cos \varphi - \left(\frac{v_r \cdot v_n}{r} + \frac{d v_n}{d t}\right) \cdot \sin \varphi,$$

woraus sich unter Benutzung der Koordinatentransformation 6, Seite 92 ergibt, daß

$$b_r = \frac{d v_r}{d t} - \frac{v_n^2}{r}, \quad b_n = \frac{v_r \cdot v_n}{r} + \frac{d v_n}{d t}.$$

Durch Einsetzen in die Eulerschen Gleichungen erhält man

$$\frac{d v_r}{d t} - \frac{v_n^2}{r} = q_r - \frac{1}{\mu} \frac{\partial p}{\partial r} \quad \text{und} \quad \frac{d v_n}{d t} + \frac{v_r \cdot v_n}{r} = q_n - \frac{1}{\mu} \frac{\partial p}{r \partial \varphi}.$$

Aus diesen Formeln folgen die Gleichungen (3), (3a), wenn $v_r = c_r$, $v_n = c_u$ und $\mu = \frac{\gamma}{g}$ gesetzt wird.

Von diesen in Zylinderkoordinaten dargestellten hydrodynamischen Grundgleichungen ist im besonderen Gleichung (3) zur Beurteilung der äußeren Arbeitsleistung heranzuziehen. Dieselbe läßt noch eine Vereinfachung zu, wenn für

$$c_r = \frac{d r}{d t}$$

gesetzt wird. Durch Multiplikation mit $r\,dm$ geht diese dann über in:

$$\begin{aligned} dm\, q_u\, r &= dm \left(r \frac{d c_u}{d t} + c_u \frac{d r}{d t} + \frac{g}{\gamma} \cdot \frac{\partial p}{\partial \varphi}\right) = \\ &= \frac{dm}{dt} d(r c_u) + dm \frac{g}{\gamma} \cdot \frac{\partial p}{\partial \varphi} = r\, d P_u \quad \ldots \ldots \quad (4) \end{aligned}$$

In dieser Gleichung stellt $r\,d P_u = dM$ das elementare Drehmoment der äußeren Kräfte in bezug auf die Turbinenwelle und $\frac{dm}{dt} = \varrho$ die in der Zeiteinheit durch die Stromröhre hindurchtretende Flüssigkeitsmasse vor, weshalb auch geschrieben werden kann:

$$dM = \varrho\, d\,(r\,c_u) + \frac{dm\,g}{\gamma} \cdot \frac{\partial p}{\partial \varphi}.$$

Aus dem Drehmoment bestimmt sich die äußere Arbeitsleistung durch Multiplikation mit der im Turbinenbetrieb als konstant anzunehmenden Winkelgeschwindigkeit ω, weshalb unter Beachtung, daß $r\omega = u$ die Umfangsgeschwindigkeit des Laufrades im Abstand »r« bedeutet, folgt:

$$\omega\,dM = dL = \varrho\,\omega\,d\,(r\,c_u) + \omega\,\frac{dm\,g}{\gamma} \cdot \frac{\partial p}{\partial \varphi} = \varrho\,d\,(u\,c_u) + \omega\,\frac{g\,dm}{\gamma} \cdot \frac{\partial p}{\partial \varphi} \qquad (5)$$

Da es sich im Wasserturbinenbetriebe um eine technisch unzusammendrückbare Flüssigkeit handelt und auch das Durchschnittsbild der Strömung als stationär angesehen werden kann, so folgt $\varrho =$ konst. Dennoch bietet die Integration der Gleichung (5) so lange unüberwindliche Schwierigkeiten, als über den Druckverlauf längs eines Parallelkreises der Rotations-(Strom-)fläche keine Annahme gemacht wird. Die einfachste Möglichkeit, diesen Schwierigkeiten zu begegnen, ist wohl die, von der Veränderlichkeit des Druckes längs eines Parallelkreises überhaupt abzusehen, also

$$\frac{\partial p}{\partial \varphi} = 0 \quad \ldots \ldots \ldots \ldots \qquad (6)$$

zu setzen. Dann ist Gleichung (5) integrierbar, und es folgt:

$$L = \varrho \int_{u_2 c_{u_2}}^{u_1 c_{u_1}} d\,(u\,c_u) = \varrho\,(u_1 c_{u_1} - u_2 c_{u_2}) \quad \ldots \ldots \ldots \qquad (7)$$

In Gleichung (7) stellten u_1 bzw. c_{u_1} die Umfangsgeschwindigkeit des Laufrades bzw. die Rotationsgeschwindigkeit des Wassers beim Laufradeintritt, u_2 bzw. c_{u_2} die diesbezüglichen Geschwindigkeiten beim Wasseraustritt vor. Würde es gelingen, sämtliche dem Wasser innewohnende Energie in äußere Arbeit umzusetzen, so wäre der Wert für L auch gleich zu setzen $g\varrho H$, wenn $g\varrho$ das Gewicht der sekundlich die Höhe H herabfallenden Wassermenge bedeutet. Wegen der Reibungswiderstände und des »Austrittsverlustes« ist die nutzbare Leistung kleiner, weshalb bekanntlich zu setzen ist:

$$\varrho\,(u_1 c_{u_1} - u_2 c_{u_2}) = \varepsilon\,g\,\varrho\,H \quad \ldots \ldots \ldots \qquad (8)$$

unter ε den hydraulischen Wirkungsgrad verstanden. Durch Reduktion folgt aus Gleichung (8)

$$u_1 c_{u_1} - u_2 c_{u_2} = \varepsilon\,g\,H = L_1 \quad \ldots \ldots \ldots \qquad (9)$$

Diese Gleichung wird mit Recht die Turbinenhauptgleichung genannt, weil sie sowohl für radiale und axiale Überdruckturbinen, als auch für Francisturbinen gültig ist. Durch eine geometrische Beziehung läßt sie sich auch zeichnerisch darstellen, wenn beachtet wird, daß im

Falle guter Energieausnützung weder ein positiver noch ein negativer Wirbel[1]) im Saugrohr vorhanden sein darf. Es muß also im Saugrohr $c_{u_2} = 0$ sein, dann vereinfacht sich obige Gleichung in:

$$u_1 c_{u_1} = \varepsilon g H \quad . \; . \; . \; . \; . \; . \; . \; . \; . \; . \; . \; . \quad (10)$$

Diese Gleichung läßt eine einfache geometrische Darstellung[2]) zu, wie die Abb. 70 erkennen läßt.

b) Der Turbinenhauptkreis.

Jenen Kreis mit dem Halbmesser $r = \sqrt{\varepsilon g H}$, der es gestattet, den Strömungszustand im Turbinenlaufrad zeichnerisch festzustellen, nennt man den Turbinenhauptkreis (Abb. 70).

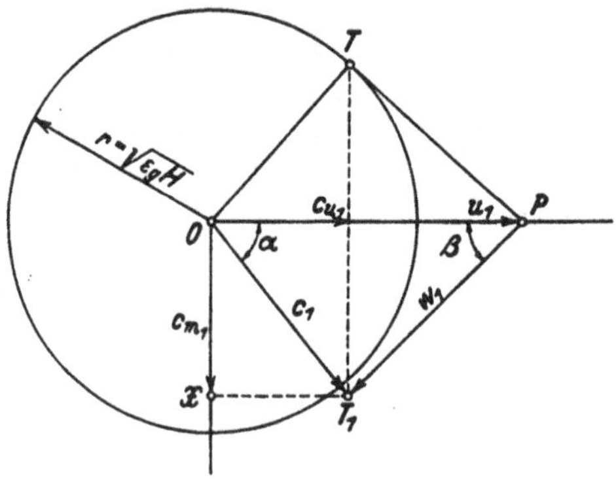

Abb. 70.

Trägt man vom Kreismittelpunkt O aus, der auch als Ursprung eines Koordinatensystems betrachtet werden kann, auf der u-Achse den Wert von $u_1 = \frac{D \pi n}{60}$ ab (Punkt P), so ergibt die von P an den Kreis gezogene Tangente einen Berührungspunkt T. Die Meridiangeschwindigkeit c_{m_1}, welche aus der bekannten Gleichung (1) (S. 123) ermittelt werden kann, wird von O aus nach abwärts aufgetragen (Punkt X) und durch X eine Parallele zur Abszissenachse $\overline{OP}$ gezogen. Der Schnittpunkt T_1 dieses Parallelstrahles mit der durch T gezogenen Ordinate gibt die Größe und Richtung der benötigten Eintritts-Geschwindigkeiten und Winkel an (w_1, c_{u_1}, c_1, α, β).

Man erkennt aber auch, daß der Halbmesser r die mittlere geometrische Proportionale zwischen u_1 und c_{u_1} vorstellt, daß also $r^2 = u_1 c_{u_1} = \varepsilon g H$, eine Konstruktion, die zur Turbinenhauptgleichung (10, S. 134) hinführt.

Um die Austrittsgeschwindigkeiten und Winkel zu erhalten, trägt man von O aus nach abwärts die nach Formel (1) (S. 123) berechnete

[1]) Ein positiver Wirbel entsteht durch Rotation des im Saugrohre enthaltenen Wasserkernes, wenn dieselbe gleichsinnig mit dem Laufrad verläuft. Beim negativen Wirbel erfolgt die Rotation des Wirbels gegensinnig mit dem Laufrade.

[2]) Diese Konstruktion rührt von Prof. Escher her (vgl. Escher, Die Theorie der Wasserturbinen, Berlin 1908).

Meridiangeschwindigkeit c_{m_2} auf (Abb. 71). Aus dem Geschwindigkeitsdreieck $O X_1 P_1$ ist schließlich zu entnehmen, daß durch diese Darstellung sowohl die Relativgeschwindigkeit w_2 als auch der Laufradaustrittswinkel δ bestimmt ist. Aus den zweidimensionalen Betrachtungen ist ersichtlich, daß die Geschwindigkeits- und Winkelverhältnisse längs der Ein- und Austrittskanten verschieden sind. Es empfiehlt sich daher, eine Schar von Stromflächen zu entwerfen und auf jeder derselben ein Schaufelprofil (vgl. S. 137 u. f.) festzulegen, wie dies noch beim Entwurf des Schaufelplanes gezeigt werden wird.

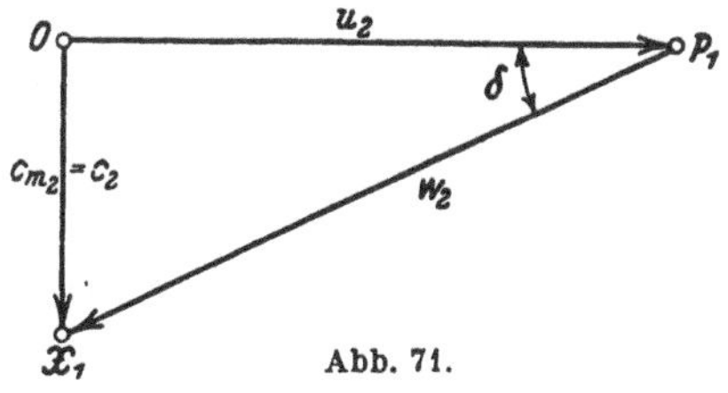

Abb. 71.

Die nach Formel (9) gebildete Turbinenhauptgleichung

$$u_1 c_{u_1} - u_2 c_{u_2} = \varepsilon g H$$

gibt auch noch wichtige Anhaltspunkte zur Ermittlung der Schaufelfläche, wie aus folgenden Betrachtungen entnommen werden kann.

c) Die äußere Arbeitsleistung.

Multipliziert man die Turbinenhauptgleichung beiderseits mit $m = \frac{Q\gamma}{g}$, so ergibt sich

$$\frac{Q\gamma}{g}(u_1 c_{u_1} - u_2 c_{u_2}) = Q\gamma H \varepsilon \quad \ldots \ldots \ldots (11)$$

Der Ausdruck $Q\gamma H$ stellt die Leistung des Wassers in mkg/sec vor, welche durch das Herabfallen von $Q\gamma$ kg/sec von der Höhe H m gewonnen wird. Wir können daher auch schreiben:

$$L = \frac{Q\gamma}{g}(u_1 c_{u_1} - u_2 c_{u_2}) \quad \ldots \ldots \ldots (12)$$

Ist daher allgemein der Energieinhalt des Wassers beim Eintritt ins Laufrad an der in einer Meridianebene liegenden Eintrittskante M gegeben durch

$$L_1 = \frac{Q\gamma}{g}(u_1 c_{u_1})$$

und jener beim Austritt an der gleichfalls meridionalen Austrittskante durch

$$L_2 = \frac{Q\gamma}{g}(u_2 c_{u_2}),$$

so ist in einem beliebigen, zwischen Ein- und Austritt befindlichen Meridianschnitt der Schaufel der Energieinhalt gegeben durch

$$L = \frac{Q\gamma}{g}(u\,c_u) \quad . \quad . \quad . \quad . \quad . \quad . \quad . \quad . \quad . \quad . \quad . \quad (13)$$

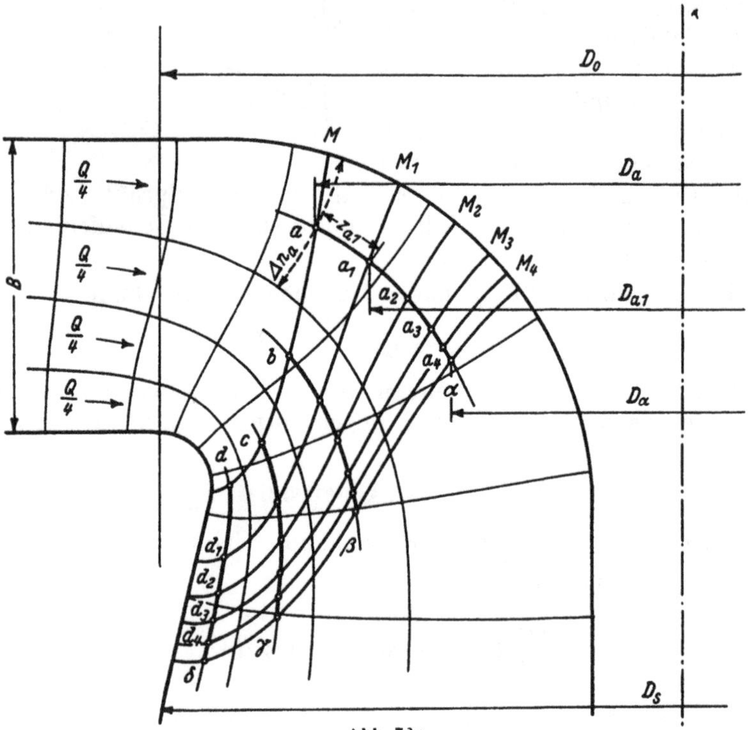

Abb. 72a.

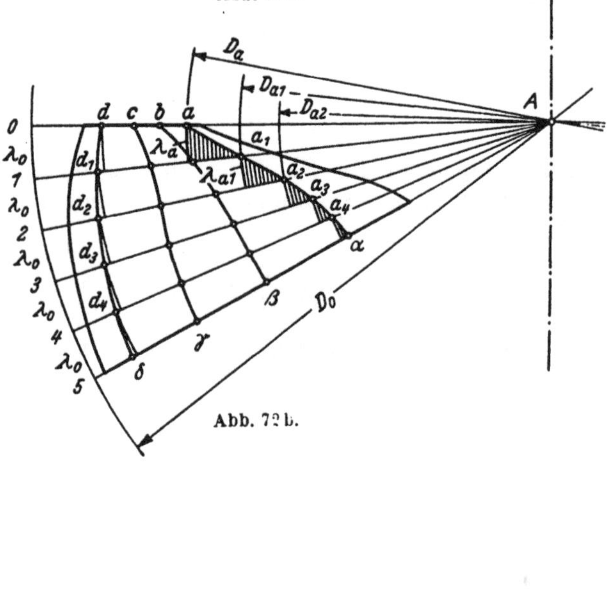

Abb. 72b.

Setzt man der Einfachheit halber

$$M = \frac{Q\gamma}{g} = 1,$$

so wird $L = u c_u = \varepsilon g H = r^2$, wobei r bekanntlich den Halbmesser jenes Kreises bedeutet, der für die auf S. 134 angegebene Kreiskonstruktion vorteilhaft Verwendung finden kann (Turbinenhauptkreis, Abb. 70)[1]).

Um weitgehende Erörterungen zu vermeiden, sei hier vorausgesetzt, daß das auf S. 134 angegebene Verfahren zunächst für den Punkt a angewendet wurde. (In Abb. 72—75 sind die diesbezüglichen

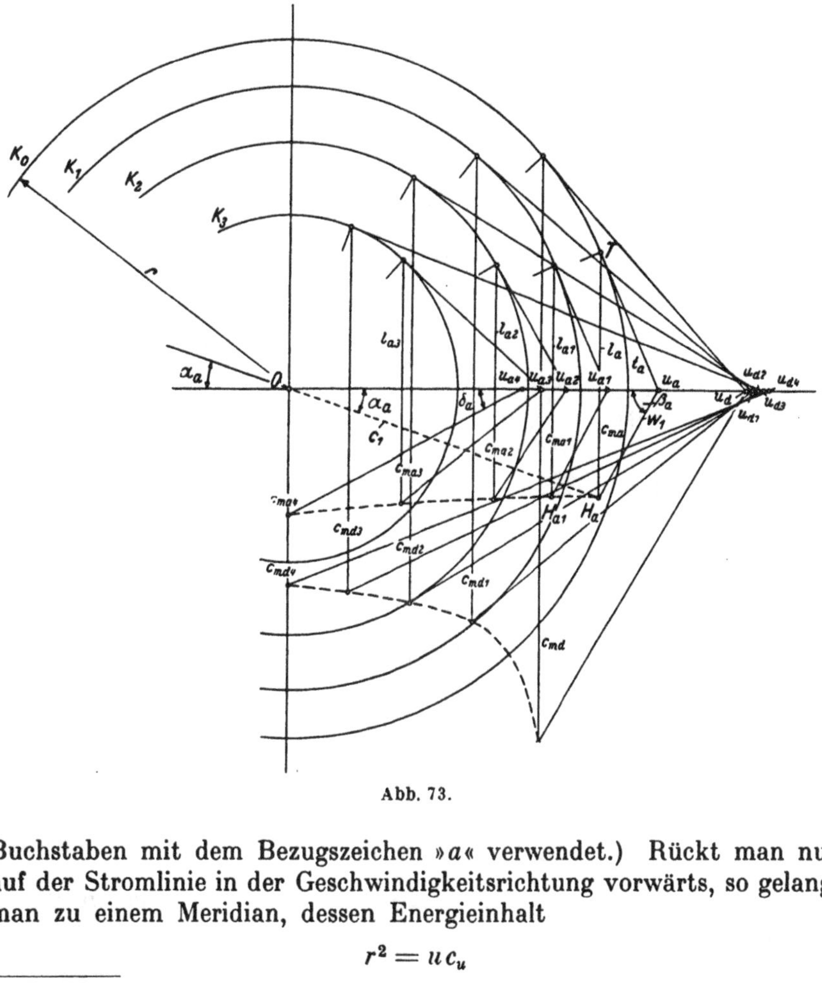

Abb. 73.

Buchstaben mit dem Bezugszeichen »a« verwendet.) Rückt man nun auf der Stromlinie in der Geschwindigkeitsrichtung vorwärts, so gelangt man zu einem Meridian, dessen Energieinhalt

$$r^2 = u c_u$$

[1]) Vgl. auch Zeitschr. f. d. ges. Turbinenwesen, Jahrg. 1912, Heft 34, 35 u. 36.

gegeben ist. Bezeichnen wir also den Energieinhalt bei der Laufradeintrittskante mit L_1, so können wir schreiben:

$$L_1 = u_1 c_{u_1} = r_1^2,$$

wobei r_1 den Halbmesser des Turbinenhauptkreises vorstellt.

Angenommen, wir wollten eine Schaufel derart entwerfen, daß der Energieinhalt, der innerhalb eines Meridianschnittes M (Abb. 72a) mit der Schaufelfläche konstant ist, jedoch beim Übergang auf die in der Strömungsrichtung folgenden Meridianschnitte in n gleichen Stufen abnehme, um in dem letzten Meridianschnitt (M_4), der mit der Austrittskante benachbart ist, den Wert 0 zu erhalten, so ist die Arbeit, welche zwischen der Eintrittskante und dem $x$ten Meridian an die Schaufelfläche übertragen wurde, gegeben durch

$$\Delta L = L_1 - L = \frac{x}{n} L_1 = r_1^2 - r^2, \quad (14)$$

wenn unter x die laufende Nummer eines der auf die Eintrittskante folgenden Meridianschnitte verstanden wird.

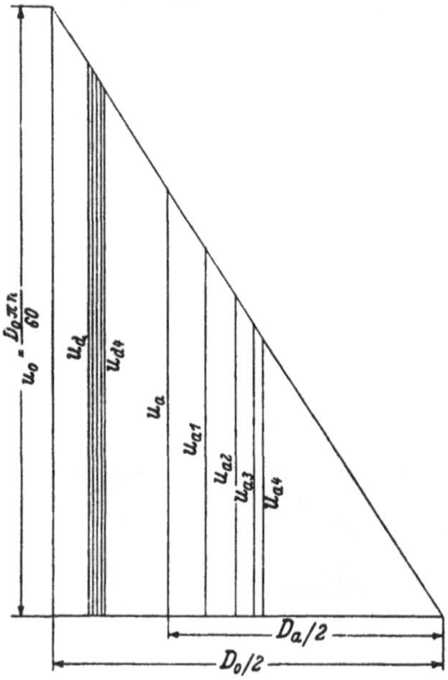

Abb. 74.

Daraus folgt

$$r^2 = r_1^2 - \frac{x}{n} L_1;$$

da aber $L_1 = r_1^2$, können wir auch schreiben

$$r^2 = r_1^2 - \frac{x}{n} r_1^2 = r_1^2 \left(1 - \frac{x}{n}\right)$$

und somit

$$r = r_1 \sqrt{1 - \frac{x}{n}} \quad . \; . \; . \quad (15)$$

Setzen wir daher beispielsweise für $n = 4$ und für x der Reihe nach 1 bis 4, so wird für

$$x = 1 \; . \; . \; . \; . \; . \; \Delta L = {}^1/_4 L_1 \text{ und } r = r_1 \sqrt{1 - {}^1/_4} = 0{,}866\, r_1 = 242{,}5 \text{ mm}$$
$$x = 2 \; . \; . \; . \; . \; . \; \Delta L = {}^2/_4 L_1 \text{ und } r = r_1 \sqrt{1 - {}^2/_4} = 0{,}707\, r_1 = 198{,}0 \text{ mm}$$
$$x = 3 \; . \; . \; . \; . \; . \; \Delta L = {}^3/_4 L_1 \text{ und } r = r_1 \sqrt{1 - {}^3/_4} = 0{,}500\, r_1 = 140{,}0 \text{ mm}$$
$$x = 4 \; . \; . \; . \; . \; . \; \Delta L = {}^4/_4 L_1 \text{ und } r = r_1 \sqrt{1 - {}^4/_4} = 0{,}000 \;\; = \;\; 0{,}0 \text{ mm.}$$

Die letzte Kolonne, enthaltend die in mm ausgedrückten Werte, ist so entstanden, daß für r_1 jener Wert eingesetzt wurde, der sich aus $r_1 = \sqrt{\varepsilon g H}$ bei $H = 1$ m und bei einem Zeichnungsmaßstabe von 1 : 10 ergibt, nämlich $r_1 = 280$ mm.

Da bei allen Berechnungen die Verhältnisse der Übersichtlichkeit halber auf $H = 1$ m bezogen werden und der hydraulische Wirkungsgrad ε mit 0,80 angenommen werden kann, so folgt für $r_1 = \sqrt{0{,}80 \cdot 9{,}81} = 2{,}8$ m und in dem üblichen Maßstabe von 1 : 10 der oben angegebene Wert.

Zieht man nun mit dem Mittelpunkt O (Abb. 73) solche Kreise, welche den oben angegebenen Halbmesser besitzen, so ist der abnehmende Energieinhalt zeichnerisch dargestellt. Man erkennt, daß mit

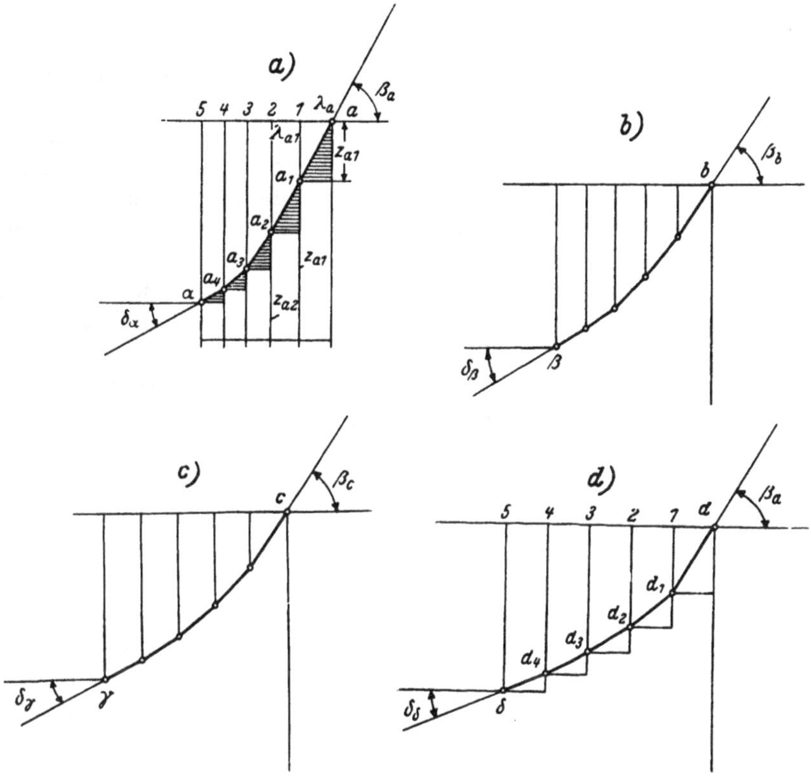

Abb. 75.

abnehmendem Energieinhalt der Flüssigkeitsströmung auch der Halbmesser abnimmt, bis er schließlich für den Meridian M_4, in welchem die ganze Strömungsenergie an die Schaufelfläche übertragen wurde, überhaupt verschwindet. In der gleichen Weise verringert sich, wie aus Abb. 73 ersichtlich, die c_u-Komponente, die im Meridian M_4 schließlich den Wert 0 erreicht. Das Wasser tritt rotationslos aus der Schaufel, wie es die Voraussetzung eines guten Wirkungsgrades bedingt. Die zeichnerische Darstellung des abnehmenden Energieinhaltes bildet ein wichtiges Hilfsmittel zur zweidimensionalen Ausbildung der Schaufelfläche. Es handelt sich aber nicht darum, eine Schaufelfläche nach den hier angegebenen hydrodynamischen Grundlagen zu schaffen, sondern diese Schaufel muß auch den praktischen Anforderungen des Wirkungsgrades entsprechen. Zu diesem Behufe sollen noch vor dem Entwurfe von Schaufelplänen die Grundlagen der zweidimensionalen Reibungstheorie eingeschaltet werden.

d) Die zweidimensionale Reibungstheorie.

Die Erfahrungen, welche vom Verfasser im Turbinenlaboratorium[1]) der Brünner Deutschen Technischen Hochschule gewonnen wurden, mahnen zu besonderer Vorsicht in der rein analytischen Behandlung des Strömungsproblems einer wirklichen Naturströmung. Tatsächlich zeigt der Versuch, daß die theoretisch vorausgesetzten Strömungserscheinungen in Wirklichkeit nicht auftreten oder durch Nebenumstände (Zähigkeit, Reibungs- und Wirbelerscheinungen) so getrübt werden, daß es oft große Schwierigkeiten bereitet, den Kern der geforderten Erscheinungen wirklich herauszuschälen. Als eine der wichtigsten und gefährlichsten Begleiterscheinungen ist die Flüssigkeitsreibung anzusehen, die bewirkt, daß ein Teil der erzeugten Energie wegen der Reibungs- und Widerstandsverluste unwiederbringlich verlorengeht. Dies hat zur Folge, daß die wirklich erzeugte mechanische Leistung L_e kleiner ist als die rechnerisch ermittelte Leistung L_i, so daß wir auch hier mit einem Wirkungsgrad η rechnen müssen, der das Verhältnis $\frac{L_e}{L_i}$ anzeigt. Also ist:

$$\eta = \frac{L_e}{L_i} < 1 \quad \ldots\ldots\ldots\ldots \quad (16)$$

Das Bestreben des neuzeitlichen Turbinenbaues geht darauf hinaus, den Wirkungsgrad der Einheit stetig zu nähern, also die Widerstandsverluste möglichst auszuschalten. Mit diesem Bestreben hat sich der Verfasser seit einer Reihe von Jahren beschäftigt und seien hier die Wege kurz angegeben, damit der ernste Leser wenigstens die Richtung erkennt, wo ein neuer technischer Fortschritt zu suchen ist.

Den Ausgangspunkt bildete die Bielsche Gleichung, welche in folgender Form geschrieben werden kann:

$$h_r = \frac{c^2 l}{R}\left(\alpha + \frac{f}{\sqrt{R}}\right) \quad \ldots\ldots\ldots\ldots \quad (17)$$

Diese Untersuchungen haben den Verfasser zur Erkenntnis geführt, daß im Kreiselmaschinenbau den Reibungs- und Widerstandserscheinungen erhöhte Aufmerksamkeit geschenkt werden muß, wenn diese

[1]) Vgl. S. 176 und S. 214 dieses Buches.

Maschinen mit hoher Geschwindigkeit und gutem Wirkungsgrade arbeiten sollen. Zunächst ist das meridionale Strombild mit Rücksicht auf die Wandreibung zu entwerfen[1]). Derartige Strombilder zeigen, wie nicht anders zu erwarten war, eine Geschwindigkeitsabnahme in Wandnähe, verbunden mit einer angenäherten Potentialströmung in größerer Wandferne. Um den Zusammenhang zwischen benetzter Schaufelfläche und Schnelläufigkeit zu ergründen, wurde vom Verfasser die Größe des Reibungsverlustes in Zellenlaufrädern ziffernmäßig festgestellt[2]). Wenn es durch entsprechende Umformung der Bielschen Formel auch gelang, die rechnerisch erhaltenen Ergebnisse mit den Versuchsergebnissen solcher Zellenräder in leidlich gute Übereinstimmung zu bringen, so versagte das gleiche Verfahren bei Flügelrädern vollständig.

Ein Blick auf S. 141 läßt die Gründe dafür erkennen. Die von den Profilendpunkten normal zu den Stromlinien *s* gezogenen Trajektorien (*n*, Abb. 76) grenzen eine Laufradzelle derart ab, daß innerhalb derselben der hydraulische Radius *R* ohne besondere Schwierigkeit bestimmt werden kann. Ist jedoch das Laufrad mit flügelartigen Schaufeln versehen, so läßt sich der hydraulische Radius nicht oder wenigstens nur mit sehr unsicheren Annahmen bestimmen. Alle Versuche, durch Näherungsformeln dem Reibungswiderstand näherzukommen, blieben erfolglos. So konnten die von Dr. Wagner veröffentlichten Propellerversuche[3]) auf den Turbinenbau keine Anwendung finden, da aus diesen der Druckhöhenverlust nicht zu entnehmen war. Einige Aufschlüsse boten eigene im Turbinenlaboratorium vorgenommene Versuche, die sich auf die Reibung von Hohlzylindern und Kreisscheiben bezogen. Durch Abänderung der Versuchseinrichtung konnte der überragende Einfluß der Reibung des äußeren Laufradkranzes festgestellt werden. Zu diesem Zwecke wurde ein ringförmiger Außenkranz so hergestellt, daß derselbe, mit den Flügelenden verlötet, als äußere Laufradbegrenzung verwendet und abgebremst werden konnte. Nach diesen

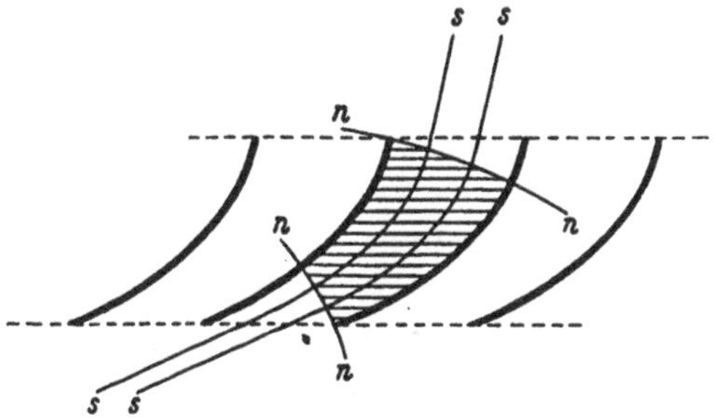

Abb. 76.

[1]) Ansätze dazu finden sich in der Veröffentlichung: Die zweidimensionale Turbinentheorie usw. Zeitschr. f. d. ges. Turbinenwesen, Jahrg. 1912, Heft 34 bis 36. — Vgl. auch: Die Gesetze der Flüssigkeitsströmung usw. Zeitschr. d. V. d. I. 1912, S. 1578.

[2]) Näheres darüber: »Die Berechnung der Flüssigkeitsreibung in Saugrohren usw.« Zeitschr. f. d. ges. Turbinenwesen 1912, S. 83.

[3]) Jahrbuch der Schiffbautechn. Gesellschaft, Jahrg. 1906, S. 20.

Bremsversuchen folgten jene, bei welchen der Außenkranz entfernt, also das Rad nur von den freien Flügelenden begrenzt wurde. Die Wirkungsgradunterschiede schwankten je nach der Schnelläufigkeit um 5—10%, so daß sich der Verfasser entschloß, die Flügelenden frei, also ohne Laufradkranz, auszubilden[1]). Nach diesen Untersuchungen folgte die Aufstellung einer Reibungsformel für flügelartige Propellerräder, welche in funktioneller Form folgende Gestalt erhielt:

$$h_r = F(c, \lambda, z, h, \alpha, f, D) \quad \ldots\ldots\ldots \quad (18)$$

In dieser Formel bedeutet h_r den Druckhöhenverlust, c die Geschwindigkeit, λ die mittlere Schaufellänge, h die mittlere Schaufelhöhe, z die Schaufelzahl, α den Bielschen Grundfaktor, f den Rauhigkeitsfaktor und D den Laufraddurchmesser. Aus dieser Formel lassen sich folgende Ergebnisse ableiten:

1. Wird die Schaufelzahl vergrößert, die Schaufellänge aber im gleichen Verhältnis verkleinert, so wächst der Reibungsverlust mit der vergrößerten Schaufelzahl.
2. Bei zunehmendem Laufraddurchmesser verkleinert sich der Reibungsverlust.
3. Bei abnehmender Beaufschlagung vergrößert sich der Reibungsverlust in geringerem Maße, als der Austrittsverlust abnimmt.

Dazu seien nachfolgende Bemerkungen hinzugefügt:

Was den Aufbau der Formel (18) anbelangt[2]), so mußte der Verfasser vom sog. »Reibungswert« ausgiebigen Gebrauch machen. Es ist dies jenes Verhältnis, welches sich auf die Größe der benetzten Schaufelfläche zum Rauminhalt des Laufrades bezieht. Durch Einführung des Reibungswertes fallen die Schwierigkeiten der Bestimmung des hydraulischen Radius weg, und man erhält einfache und übersichtliche Gleichungen, die sich wie folgt auslegen lassen:

ad 1. Zunächst konnte festgestellt werden, daß zur Erreichung einer bestimmten spezifischen Drehzahl ein gewisses Mindestmaß F an benetzter Schaufelfläche unter allen Umständen vorhanden sein muß. Dieses Mindestmaß F ist unter der Voraussetzung

$$z_2 \cdot f_2 = F = \text{konst} \quad \ldots\ldots\ldots \quad (19)$$

derart aufzuteilen, daß die Summe der benetzten Schaufelflächen f_2

[1]) Ein Patent auf solche außenkranzlose Räder wurde in Hinblick auf das Pohl'sche Patent D.R.P. 175194 nicht mehr erteilt, obwohl der geschilderte Zweck bei Francisrädern nicht eintraf.

[2]) Durch die von der Firma Allis Chalmers in Milwaukee hervorgerufene schwierige Rechtslage sieht sich der Verfasser gezwungen, Formel 18 in obiger Fassung mitzuteilen, mit dem Vorbehalt, diese in der üblichen Form bekannt zu machen, wenn die amerikanische Rechtslage geklärt ist.

mit der gesamten benetzten Schaufelfläche F zusammenfällt[1]). Wünscht man eine große Schaufelzahl z_2, so muß die Schaufelfläche f_2 nach Gleichung (19) klein sein. Dessenungeachtet ist dieser Weg nicht zu empfehlen, da nach 1. auch die Reibungsverluste groß sind. Viele Schaufeln vermehren auch den Kantenstoß. Diese Erwägungen führten den Verfasser mit Rücksicht auf die Laufschaufelregelung zur Festlegung von vier Schaufeln, durch welche auch eine nur unerhebliche Spaltvergrößerung bei guter Drehzapfenlagerung bewirkt werden kann.

ad 2. Diese bekannte Tatsache hat durch mannigfache Bremsversuche ihre Bestätigung gefunden. So konnte beispielsweise die Versuchsturbine, deren Laufraddurchmesser 184 mm betrug, nicht über $\eta = 84\%$ gebracht werden. Dagegen betrug bei einem ähnlichen, von der Firma Verkstaden ausgeführten Laufrad von 5800 mm Durchmesser (Lilla Edet) der Wirkungsgrad über 92%. Auch andere größere Laufradausführungen der Firma Verkstaden in Kristinehamn zeigen die geschilderte Wirkungsgraderhöhung bei wachsendem Laufraddurchmesser. (Vgl. S. 258.)

ad 3. Es unterliegt keinem Zweifel, daß bei abnehmender Beaufschlagung, die mit einer Winkelverkleinerung verbunden ist, eine Reibungsvergrößerung eintritt. Anderseits wird bei abnehmender Beaufschlagung der Austrittsverlust verkleinert. Da der Wirkungsgrad ε von der Beziehung

$$\varepsilon = 1 - (\Sigma h_r + \Delta)$$

abhängt, so findet eine Vergrößerung von ε dann statt, wenn der Ausdruck $(\Sigma h_r + \Delta)$ klein wird. Bei richtiger Wahl der Schaufeldrehzapfenlage und gutem Saugrohrwirkungsgrad kann der Fall eintreten, daß nicht nur die Reibungshöhe h_r, sondern auch der Saugrohrrückgewinn so stark anwächst, daß der Klammerausdruck bei halber Beaufschlagung kleiner ist als bei voller Beaufschlagung. In einem solchen Falle nähert sich die Q/η-Linie in einer ansteigenden Kurve der Achse, um etwa bei ⅓ Beaufschlagung steil abzufallen[2]). Die im Abschnitt I abgebildeten Q/η-Linien geben über diese Tatsache genügende Auskunft. Diese Formel findet noch aus dem Grunde Erwähnung, weil ihr der Verfasser die Entstehung der Höchstschnelläufer verdankt. Dabei mögen hier die Erwägungen mitgeteilt werden, die den Verfasser beim Entwurf eines Höchstschnelläufers leiteten.

Bekanntlich waren zu Beginn des Jahrhunderts nur Francisschnelläufer im Betriebe, deren größte spezifische Drehzahl etwa $n_s = 350$ betrug. Der Wirkungsgrad konnte nicht viel über 80% gebracht werden. Rechnet man mit einem uneinbringlichen Austritts-

---

[1]) Vgl. ö. P. 104583.

[2]) Diese theoretischen Überlegungen wurden durch nachträgliche praktische Versuche bestätigt. Vgl. Abb. 149, S. 249.

verlust von etwa 3%, so läuft dieses Rad bei einer Drehzahl n mit einem Reibungsverlust von 17%. Dabei waren diese Räder bei Drehzahländerungen recht empfindlich und erreichten bei Teilbeaufschlagung einen schlechten Wirkungsgrad. Wurde die Drehzahl erhöht, so machte sich dies durch eine Leistungsverkleinerung und einen nicht unerheblichen Wirkungsgradabfall bemerkbar. Da die Widerstände mit der Drehzahl quadratisch wachsen, so müssen diese Verluste bei der doppelten Drehzahl $(2n)$ oder $n_s = 700$ rund den vierfachen Wert, also $4 \cdot 17 = 68\%$ betragen. Abgesehen von den Stoß- und Austrittsverlusten könnte ein solches Rad kaum

$$100 - 68 = 32\%$$

erreichen. Also ein Wirkungsgrad, der für die Praxis als unbrauchbar bezeichnet werden muß. Wie kann nun dieser schlechte Wirkungsgrad behoben werden? Darüber gibt ebenfalls Formel (18) Aufschluß. Da die Widerstände quadratisch mit der Schaufelfläche wachsen, so muß offenbar bei einem Schnelläufer mit $n_s = 700$ ein Mindestwert an benetzter Schaufelfläche vorhanden sein, der den vierten Teil der benetzten Francisschnelläuferfläche nicht überschreitet. Diese Überlegungen (vgl. auch die Ausführungen auf S. 180) brachten den Verfasser zur Überzeugung, daß die bisherigen, für Schnelläufer verwendeten Schaufelflächen viel zu groß sind. Sie führten ihn zwanglos zu den nach D.R.P. Nr. 300591 geschützten flügelartigen Schaufeln. Die endgültige Einführung in die Praxis war jedoch mit außerordentlichen Schwierigkeiten[1]) verbunden, die sich noch in dem Maße verstärkten, als die Versuchsergebnisse die hohe Schnelläufigkeit bestätigten. Hier setzten dann die Patentprozesse ein, die den Gesundheits- und Vermögensstand des Verfassers in der Weise untergruben, daß es fast eines Jahrzehntes bedurfte, bis er sich wieder hergestellt fühlen durfte.

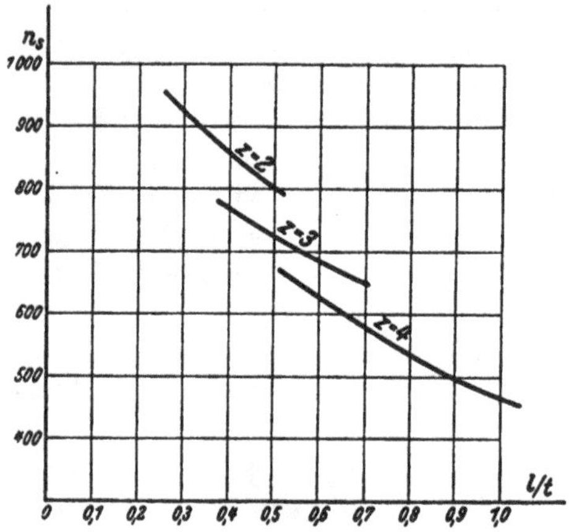

Abb. 77.

Die durch die Reibungsformel (18) abgeleiteten Ergebnisse wurden noch einer versuchsmäßigen Prüfung unterzogen, wobei im Schaubild Abb. 77 die mit verschiedenen Teilungsverhält-

[1]) Viele Fachleute sprachen den kurzen »Säbeln« überhaupt jeden Erfolg ab, andere sagten höchstens 40% Wirkungsgrad voraus. Die meisten blieben aber so zurückhaltend, daß sie über ein ungläubiges Kopfschütteln nicht hinauskamen und vom Verfasser in ungestümer Weise die Preisgabe seiner theoretischen Untersuchungen forderten (vgl. darüber Abschnitt E c I).

nissen erreichten spezifischen Drehzahlen dargestellt sind. Das Teilungsverhältnis l/t gibt die Beziehung an, welche zwischen der mittleren Schaufelprofillänge l und der mittleren Schaufelteilung t besteht und ist auf der Abszissenachse aufgetragen. Dort, wo $l/t = 1$, haben wir noch verhältnismäßig breite Schaufeln und ist dies der Grenzwert, wo die »flügelartigen« Schaufeln beginnen.

Das Schaubild Abb. 77 wurde in der Weise gewonnen, daß eine bestimmte Schaufelform zunächst in einem vierschaufligen und dann in einem drei- bzw. zweischaufligen Laufrad benützt wurde. Hierauf wurde die Schaufel durch Zuschneiden verschmälert und abermals in der Anzahl von 4, 3 und 2 ausprobiert, welcher Vorgang nach wiederholter Verschmälerung der Schaufel jedesmal wiederholt wurde. Als Ordinate erscheint stets jene spezifische Drehzahl aufgetragen, bei der sich für das betreffende Laufrad das Wirkungsgradmaximum ergab.

Wie aus den Kurven für die Laufräder mit den Schaufelzahlen $z = 4$, 3 und 2 ersichtlich, steigt die beim Höchstwirkungsgrad erreichte Drehzahl n_s mit abnehmendem Teilungsverhältnis l/t, und die Erreichung hoher spezifischer Drehzahlen macht eine Verkleinerung des Teilungsverhältnisses unbedingt erforderlich[1]).

Allerdings darf das Teilungsverhältnis nicht beliebig weit verkleinert werden, da sonst die Wasserführung und der Wirkungsgrad leiden könnten. Besonders bei höheren Gefällen ist Vorsicht am Platze, da die Gefahr besteht, daß sich Hohlraumbildungen (Kavitationen) ergeben, welche den geordneten Strömungszustand vollständig zerstören können[2]).

Faßt man das Ergebnis der bisherigen Untersuchungen kurz zusammen, so läßt sich folgender für alle Turbinenschnelläufer gültige Satz aussprechen:

Jedes Laufrad ist mit einem Mindestwert an benetzter Schaufelfläche auszubilden, der groß genug ist, um das Arbeitsmittel im Laufrad so zu führen, daß Wirbel- und Hohlraumbildungen vermieden werden. Jede bestimmte spez. Drehzahl setzt bei gutem Wirkungsgrad einen gewissen Mindestwert an benetzter Schaufelfläche voraus, der mit steigendem n_s abnimmt, um an der Grenze der höchst erreichbaren spez. Drehzahlen zu endigen.

---

[1]) Die von Fachzeitschriften beschriebene „Propellerturbine" kann daher wegen des großen Teilungsverhältnisses ($l/t > 1$) die gewünschte Höchstschnellläufigkeit nicht erreichen.

[2]) Vgl. die Ausführungen S. 146, sowie die Veröffentlichung des Verfassers »Kavitationserscheinungen bei Turbinen mit großer Umlaufgeschwindigkeit« im Wasserkraft-Jahrbuch 1924, S. 421 u. f. — H. Föttinger, Untersuchungen über Kavitation und Korrosion bei Turbinen. Hydr. Probleme. V. D. I. Verlag 1926. — Schilhansl, Kavitation und Korrosion. Wasserkraft 1925. S. 55—59.

e) Die Hohlraumbildung (Kavitation).

Diese im Turbinenbau erst in neuester Zeit durchforschte Strömungsart ist dadurch gekennzeichnet, daß sich an Stellen starker Krümmung ein Unterdruck einstellt, der Luftabscheidung und Strahlloslösung von den Wänden bewirken kann. Solche Erscheinungen treten um so

Abb. 78.

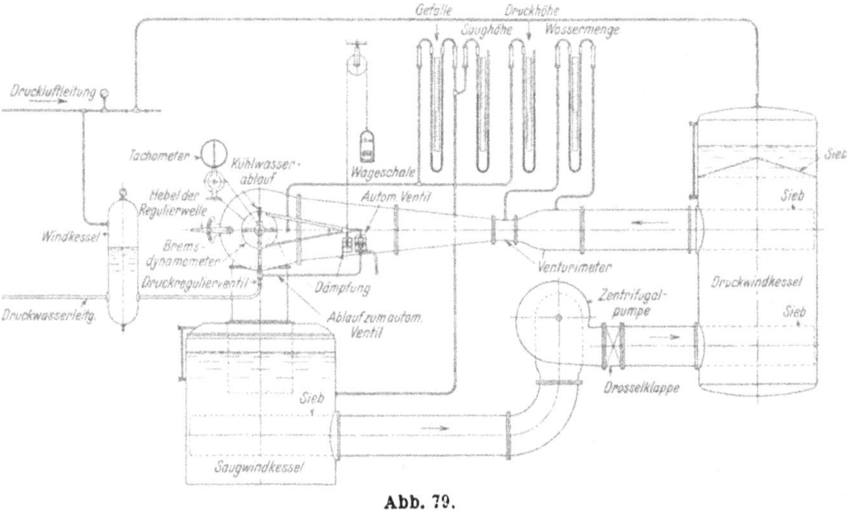

Abb. 79.

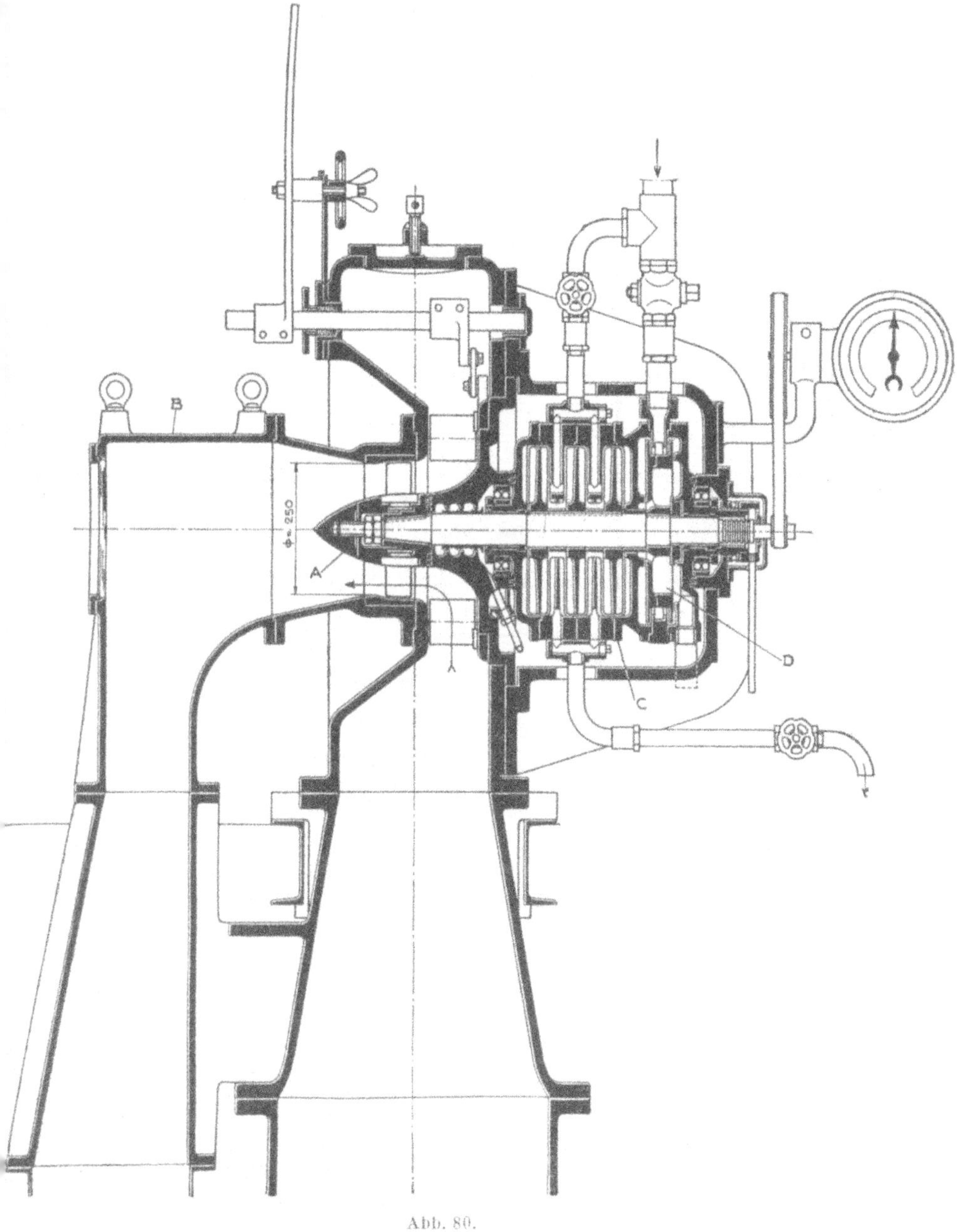

Abb. 80.

stärker auf, je größer Gefällshöhe, Saugsäule und Schaufelkrümmung sind und je kleiner das Teilungsverhältnis ist. Außerordentlich groß waren die geistigen und materiellen Aufwendungen, die zur Behebung der Kavitationserscheinungen aufgewendet werden mußten. Die schwedische Lizenzfirma Verkstaden in Kristinehamn hat zu diesem Behufe mit großem Kostenaufwand ein Kavitationslaboratorium (Abb. 78, 79,

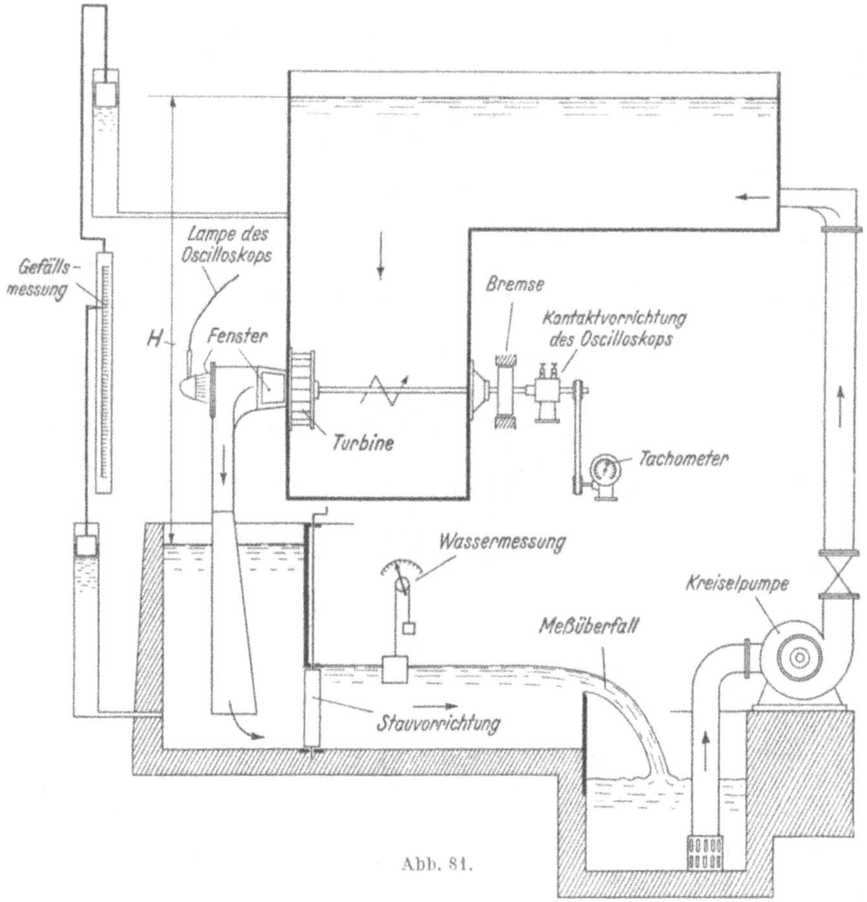

Abb. 81.

80) eingerichtet. Diesem Beispiele folgten die übrigen Lizenzfirmen nach. Die Abb. 81 zeigt eine auf der Ausstellung zeitgenössischer Kultur in Brünn 1928 vorgeführte Versuchseinrichtung zur Sichtbarmachung der Hohlraumbildung. Durch die als Fenster ausgebildete Ablenkungswand des Saugkrümmers und durch einen gläsernen Stutzen hinter dem Laufrad kann mit Hilfe des Oszilloskopes der Schaufelrücken trotz der großen Laufraddrehzahl als stillstehend betrachtet

werden, weil die Oszilloskoplampe bei jeder Laufradumdrehung nur einen Lichtblitz liefert, also ein vollständiger Synchronismus zwischen der Laufradbewegung und der blitzartigen Beleuchtung herrscht. Der Beginn der Kavitation kann durch die Bildung eines Luftfilmes beobachtet werden. Bei Steigerung des Gefälles oder der Drehzahl beginnt das Abschwimmen von Luft- und Wasserdampfblasen, und bei noch weiterer Drehzahlsteigerung tritt eine Zerstörung des Strombildes ein. Das Wasser folgt nicht mehr den vorgeschriebenen Strombahnen. Ein starker Wirkungsgradabfall, verbunden mit knatternden Geräuschen, ist die weitere Folge der Hohlraumbildung, die auch Korrosionen am Laufrad hervorbringen kann[1]). Dank der unermüdlichen Untersuchungen in den einzelnen Kavitationslaboratorien konnte die Ursache dieser rätselhaften Kavitationserscheinungen doch ergründet werden. Damit waren auch die Mittel zur Behebung derselben gegeben. Heute bereitet die Behebung derselben keine Schwierigkeiten mehr, wie dies schwedische Anlagen mit einem Gefälle von 20 m und mehr bestätigen. (Munkfors, vgl. S. 258.) Auch die Firma Storek hat in dieser Hinsicht Großes geleistet. (Wiesenberg, $H = 18$ m.)

---

[1]) Es gibt leider immer noch Fachleute, die von den Vorteilen einer solchen Strömung überzeugt sind und allen Ernstes sogar die Maßnahmen zur Hervorbringung einer solchen Strömung zum Patente angemeldet haben.

E. Allgemeine Leitsätze zum Entwurfe von Schnellläufern.

Die als Maß der Schnelläufigkeit abgeleitete Formel (S. 4) für die spezifische Drehzahl n_s lautet:

$$n_s = n_1 \sqrt{N_1} \quad \text{. . . . . (8)}$$

Wir erkennen, daß schnellaufende Turbinen ein hohes n_s besitzen müssen. Formel (8) gibt den Weg an, der zu hoher Schnelläufigkeit führt. Es muß also nicht nur n_1, sondern auch N_1 groß sein. Große Drehzahlen n_1 erfordern hohe Umlaufgeschwindigkeiten u_1. Die letzteren werden durch kleine Schaufelwinkel bewirkt, wie dies aus der Betrachtung der Abb. 70 (S. 134) hervorgeht. Diese Abbildung ist der zeichnerische Ausdruck der im Abschnitt D, a) abgeleiteten Turbinenhauptgleichung, welche die Form besitzt:

$$u_1 c_{u_1} = \varepsilon g H \quad \text{. . . . . (10)}$$

Man erkennt, daß große Umlaufgeschwindigkeiten u (Abb. 70) kleine Werte von β und δ und große Werte von α bedingen. Wäre diese Geschwindigkeit unendlich groß, so müßten δ und β gleich 0 und α gleich 90° sein. Wir hätten also die Schaufelfläche als ebene Fläche auszubilden, die auf der Drehachse senkrecht steht. Natürlich könnte ein derartiges Rad den gestellten Anforderungen schon wegen der Reibungswiderstände nicht entsprechen. Diese Überlegungen geben jedenfalls den für den Schaufelentwurf wichtigen Anhaltspunkt, daß schnellaufende Turbinen sanft gekrümmte und wenig geneigte Schaufeln besitzen müssen. Daß der Leitradaustrittswinkel α sich in diesem Falle dem Werte von 90° nähert, ist ebenfalls ein kennzeichnendes Merkmal für schnellaufende Turbinen. Größere Sorge bereitet die Forderung eines großen Wertes von N_1. Zu diesem Zwecke ist ein großes Q_1 erforderlich. Bei gleichem Laufraddurchmesser verarbeitet eine Turbine um so größere Wassermengen Q_1, je größer die obere Saugrohrgeschwindigkeit c_s bzw. der Austrittsverlust Δ ist. Wir haben es also bei hochwertigen Schnelläufern mit großen Austrittsverlusten zu tun, die anderseits wieder den Wirkungsgrad und die Schnelläufigkeit verschlechtern, falls sie nicht durch einen entsprechenden Saugrohrrückgewinn hereingebracht werden können. Hohe Schnelläufigkeit steht und fällt also mit der guten Hereinbringung des Saugrohrrückgewinnes. Die zu diesem Zwecke verwendbaren Düsen und Saugkrümmer[1]) lassen die Hoffnung berechtigt erscheinen, daß in der endgültigen Bauweise derselben noch nicht das letzte Wort gesprochen ist, so daß ein weiterer Fortschritt in der Erzielung hoher Drehzahlen zu gewärtigen ist.

Was die geometrische Ausbildung der Schaufelfläche anbelangt, so darf dieselbe weder zu lang noch zu kurz sein und soll aber auf alle Fälle einen Mindestwert an Widerständen besitzen. Schließlich sei auf S. 161 u. f. verwiesen, wo der Nachweis erbracht wird, daß hohe Schnellläufigkeit die Ausbildung axialer Schaufelräume bedingt, wogegen radiale Schaufelräume zu vermeiden sind. Jedenfalls soll die arbeitende Schaufelfläche eine stetig gekrümmte Fläche sein, wie dies an Hand des Winkelbildes (Abb. 68) gezeigt wurde. Trotz sorgfältigsten Entwurfes des Schaufelplanes hört man nicht selten klagen, daß die geforderte hohe spezifische Drehzahl nicht erreicht werden kann. Erfahrungsgemäß darf nicht immer dem Laufrad die Schuld am Mißlingen einer voraus berechneten Schnelläufigkeit beigemessen werden. Vielmehr kann die Schuld an unrichtiger Leitradausführung oder unzweckmäßiger Düsenanordnung liegen. Faßt man schließlich jene Vorkehrungen zusammen, welche auf gute Schnelläufigkeit von Turbinen hinzielen, so ist vor allem die Turbine so auszubilden, daß der Strömungsvorgang durch dieselbe sich unter möglichster Vermeidung aller Wirbel-, Widerstandsverluste und Hohlraumbildungen abspielt.

Es ist nicht uninteressant zu ersehen, daß die Stahlhütte Storek in Brünn (vgl. S. 241), die sich obige Leitsätze zu eigen machte, auf dem Gebiete des Schnelläuferbaues führend ist, wie dies der Einbau zweier Höchstschnelläufer mit einer spezifischen Drehzahl von $n_s = 1400$ in die Cotonificio Triestino Brunner S. A. in Görz (Italien) zeigt. Es läuft also dort nach Wissen des Verfassers die schnellste Turbineneinheit der Welt (vgl. Abb. 143, 144).

a) Mittelschnelläufer.

Darunter sind nach dem Abschnitt B solche Schnelläufer zu verstehen, deren spezifische Drehzahl zwischen $n_s = 250$ bis 350 liegt. Diese Schnelläufer, welche aus dem Francislaufrad entstanden sind, waren schon zu Beginn des Jahrhunderts im Betriebe. So wie die Francisturbine kamen auch sie aus Amerika und waren durch eine nicht unbeträchtliche Laufraderweiterung gekennzeichnet[2]). Der Neigungswinkel der äußeren Laufradbegrenzung gegen die Laufradachse

[1]) Vgl. Abschnitt G.

[2]) Vgl. die Ausführungen S. 115 bis 187 in der 1. Auflage.

betrug nicht selten 45° und mehr (vgl. Abb. 82). Diese Erweiterung verfolgte offenbar den Zweck, den sekundlichen Wasserverbrauch zu vergrößern. Es liegen jedoch dem Verfasser Versuchsergebnisse vor, welche dieser Ansicht widersprechen. Erfahrungsgemäß folgt das Wasser keinesfalls einer solchen Erweiterung. Unter Wirbelbildung *W* erfolgt eine Loslösung des Strahles, wodurch auch der Energierückgewinn leiden muß[1]). Durch den schlechten Wirkungsgrad, den mangelhaften Energierückgewinn und die Reibungswiderstände erfolgte eine beträchtliche Verminderung der spezifischen Drehzahl, so daß von einem Schnelläufer in obigem Sinne nicht gesprochen werden kann. Höhere spezifische Drehzahlen lassen sich bei geringerer Neigung des äußeren Laufradkranzes erzielen. Noch vollkommener wird die Energieumsetzung bzw. die Schnelläufigkeit, wenn der äußere Laufradkranz in der gestrichelten Weise ausgeführt wird, weil durch diese Bauweise ein axialer Schaufelraum *R* gebildet wird, dessen Vorteile im Abschnitt E, b auseinandergesetzt sind. Der Grund, weshalb solche Bauweisen nicht gut über $n_s = 350$ gebracht werden können, liegt auch in der großen benetzten Schaufelfläche, welche erhebliche Widerstände hervorbringt, worunter nicht nur der Wirkungsgrad, sondern auch die spezifische Drehzahl leiden muß. Dazu kommt noch der Umstand, daß eine erheblichere Saugrohrerweiterung wegen der anfangs einsetzenden Wirbelbildung nicht vorgenommen werden kann. Aus diesem Grunde war es auch nicht zweckmäßig, den Austrittsverlust über $\Delta = 0{,}15$ zu steigern, weil man solche Werte auch als Wirkungsgradverluste buchen mußte. Die durch die eindimensionale Theorie entwickelte Schaufelfläche hatte nicht selten doppelt gekrümmte Schaufelprofile zur Folge, die zu dem Zwecke gewonnen wurden, um die in der Nähe der Austrittskante befindliche Fläche als arbeitsfreie Schaufelfläche auszubilden. Durch die Anbringung solcher arbeitsfreier Schaufelflächen wurde die Schaufel viel zu lang und erhielt noch eine unzulässige doppelte Krümmung, welche neuerliche Widerstandsverluste hervorbrachte. Die mit Hilfe der eindimensionalen Turbinentheorie bestimmten Austrittswinkel wurden gegen die Laufradachse zu groß, wodurch ein positiver Wirbel gegen

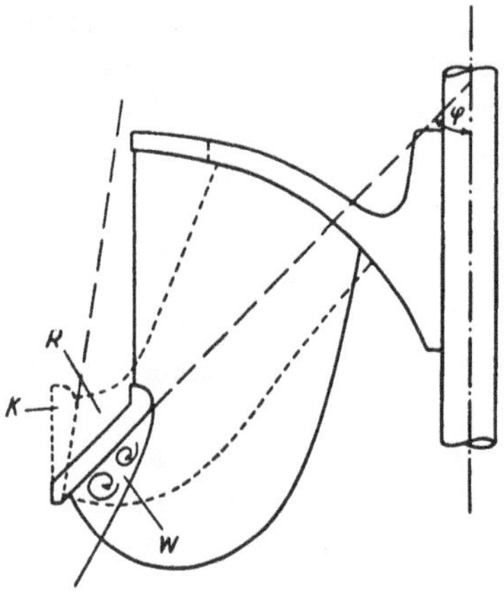

Abb. 82.

[1]) Aus den gleichen Gründen können bei Francisturbinen Saugrohre mit großer Erweiterung nicht verwendet werden.

dieselbe nicht zu vermeiden war. Diese Erwägungen führten den Verfasser zu der Ansicht, die bisher zum Entwurfe von Schnelläufern benützte eindimensionale Theorie ganz fallen zu lassen und die erforderliche Schaufelfläche auf zweidimensionalem Wege zu bestimmen. Immerhin soll nicht geleugnet werden, daß solche nach der Stromfadentheorie entwickelte Schnelläufer vielfach noch heute im anstandslosen Betriebe stehen, also die ihnen übertragene Aufgabe mit gutem Erfolge erfüllen, was der gute Wirkungsgrad von über 80% zum Ausdruck bringt.

I. Entwurf des Schaufelplanes für Mittelschnelläufer.

Nach diesen Vorarbeiten soll an den zweidimensionalen Entwurf des Schaufelplanes eines Mittelschnelläufers geschritten werden. Nach den Erfahrungen des Verfassers sind zeichnerische Methoden zur Gewinnung des Schaufelplanes weit übersichtlicher als die rechnerische Behandlung, wie diese in der Zeitschrift für das gesamte Turbinenwesen 1912, Heft 34 u. f. vom Verfasser angegeben wurde. Die dortselbst angeführten Grundlagen sowie die in diesem Werke enthaltenen mathematisch-geometrischen und hydraulischen Untersuchungen (Abschnitt C) seien als bekannt vorausgesetzt, damit ohne weitere Erklärungen an den Entwurf des Schaufelplanes geschritten werden kann. Die rechnerische Methode setzt das Endergebnis voraus und untersucht lediglich die Frage, ob der betreffende Meridianschnitt der Schaufel den hydraulischen und geometrischen Bedingungen entspricht. Das zeichnerische Verfahren verläßt den Boden einer unsicheren Wahl der Meridianschnitte und geht mit großer Genauigkeit dem Entwurfe des Schaufelplanes nach. Während nach dem rechnerischen Verfahren noch beliebig viele Schaufelformen möglich sind, kennt das zeichnerische Verfahren nur eine Form, welche durch das Gesetz der Energieabgabe bestimmt ist. Freilich könnte man dem rechnerischen Verfahren das gleiche Gesetz zugrunde legen. Die Lösung der Aufgabe wäre jedoch so verwickelt, daß in der Praxis kaum jemand Zeit fände, einen solchen Entwurf zu rechnen. Wir wollen daher an dieser Stelle nur das zeichnerische Verfahren anwenden und haben unter Beachtung der Abb. 72 bis 75 folgenden Vorgang einzuhalten:

Zunächst wähle man den Meridianschnitt eines Schnelläufers, wobei zu beachten ist, daß die Laufradeintrittskante (*a*—*d*) einen wenigstens angenähert axialen Verlauf der der äußeren Laufradbegrenzung benachbarten Schaufelräume zulassen soll[1]). Ein solcher Achsenschnitt ist für Mittelschnelläufer sehr geeignet, da er die Umsetzung von Geschwindigkeit in Druck erheblich vermindert.

Nunmehr entwerfe man das Strombild nach dem im Abschnitt CbI angegebenen Verfahren, wodurch die Stromflächen $a\alpha$ bis $d\delta$ erhalten

[1]) Vgl. auch S. 152.

werden. Ferner ziehe man die Laufradeintrittskante a bis d unter Beachtung des Umstandes, daß die Anordnung axialer Schaufelräume die Schnelläufigkeit fördert. Man wird daher die Eintrittskante in der Weise krümmen, daß sie bei d ungefähr radial beginnt und sich gegen a hin stetig der axialen Richtung nähert. Selbstverständlich soll diese Vorschrift nicht wörtlich genommen werden, sondern es genügt, wenn der angegebene Verlauf wenigstens angenähert eingehalten wird. Die endgültige Form und Lage der Eintrittskante hängt von dem später zu entwickelnden Winkelbild ab, und es kann die ursprüngliche Wahl nachträglich noch eine Berichtigung erfahren.

Nunmehr beginne man mit dem Entwurf des Schaufelrisses $a\alpha$. Dazu benötigen wir die zeichnerische Darstellung der Umfangsgeschwindigkeit u_a, die aus Abb. 74 entnommen werden kann. Überträgt man den Halbmesser $\frac{D_a}{2}$ jenes Kreises, auf welchem Punkt a gelegen ist, in das Schaubild Abb. 74, so ergibt die Strecke u_a die Größe der Umfangsgeschwindigkeit. Diese überträgt man nunmehr vom Ursprung O des Turbinenhauptkreises (Abb. 73) nach rechts und findet in bekannter Weise durch Ziehen der Tangente t_a und des Lotes l_a den Punkt H_a, der von der Abszissenachse um das Maß der Meridiangeschwindigkeit c_{ma} entfernt ist. Man berechnet sich diese aus der Gleichung

$$c_{ma} = \frac{\Delta Q}{D_a \pi \Delta n_a},$$

wobei für $\Delta Q = \frac{Q}{4}$ zu setzen ist, und trägt den erhaltenen Wert als Ordinate nach abwärts auf (Punkt H_a). Die Verbindungslinie $H_a O$ ergibt die Größe und Richtung der absoluten Eintrittsgeschwindigkeit c_1, die Strecke $H_a u_a$ Größe und Richtung der Relativgeschwindigkeit w_1. Ebenso sind durch die beiden Strahlen $u_a H_a$ bzw. $O H_a$ die Winkel α_a bzw. β_a bestimmt.

Jetzt müssen wir uns noch klar werden, welche Energieverteilung wir vorsehen wollen. Vorausgesetzt, daß der gesamte Energieentzug durch die Schaufel (wie in Abschnitt D, c) gezeigt) in vier Stufen vor sich gehen soll, so können wir dies zeichnerisch wie folgt ausdrücken:

In entsprechender Entfernung vom Laufradmittel A (Abb. 72) schlagen wir einen Kreis vom Durchmesser D_0 und tragen vom Ausgangsmeridian 0 kleine, aber gleich große Teile λ_0 bis zum Punkte *5* auf; von diesen Teilen entsprechen jedoch nur die Abschnitte λ_a jenen Längen, die an der Stromfläche $a\alpha$ vorhanden sind. Die Länge λ_a wird auf einen Horizontalstrahl von a aus übertragen (Punkt 1, Abb. 75a). Von diesem Punkte wird ein Lot z_{a_1} errichtet. Legt man nunmehr durch den Punkt a (Abb. 75a) einen Parallelstrahl zu $u_a H_a$, so schneidet derselbe auf dem Lote z_{a1} einen Punkt a_1 ab, welcher Punkt in den

Grund- und Aufriß zu übertragen ist (Abb. 72a u. 72b). Dieser Vorgang ist ähnlich jenem, wie er für die Übertragung des Winkelbildes angegeben wurde (vgl. S. 126). Zunächst ist die eine Kathete z_{a_1} in wahrer Größe in den Aufriß zu übertragen (Punkt a_1). Hierauf ist der Durchmesser D_{a_1} zu bestimmen und mit $\frac{D_{a_1}}{2}$ vom Mittelpunkte A aus im Grundriß der Punkt a_1 abzuschneiden. Gleichzeitig ergibt sich auch die Länge λ_{a_1} des neuen Fehlerdreieckes, welches Maß in gewohnter Weise in die Abb. 75a zu übertragen ist, so daß sich der Punkt 2 ergibt.

Nun wenden wir uns der Abb. 73 zu. Da der Voraussetzung gemäß die Energieübertragung an die Schaufel in vier gleichen Stufen vor sich gehen soll und der Kreis K_0 dem vollen Energieinhalt des Wassers entsprach, so muß der nächstfolgende Kreis K_1 einem Energieinhalt von $^3/_4$ des ursprünglichen Wertes entsprechen. Unter Beachtung des auf S. 138 Gesagten können wir diesen neuen Energiekreis K_1 entwerfen.

Für die weitere Konstruktion ist zu beachten, daß auf dem Schaufelstück zwischen der Eintrittskante und dem Meridian *1* eine Energieabgabe nicht stattfindet, weshalb der Energieinhalt im Meridian *1* jenem der Eintrittskante gleichgesetzt wird. Praktisch wird allerdings diese Annahme schon wegen der stetigen Krümmung der Schaufelprofile nicht vollkommen zutreffen, daher in Wahrheit auch das Schaufelstück kein vollständig »arbeitsfreies« sein.

Setzen wir aber den Beginn der energieübertragenden Schaufel im Meridian *1* voraus, so muß dem folgenden Meridian *2* der Energiekreis K_1 zugehören, und wir können nunmehr den Verlauf des Schaufelprofiles zwischen den Meridianen *1* und *2* ermitteln. Zu diesem Behufe wird im Wesen die vorstehend durchgeführte Konstruktion wiederholt.

Da der Abstand des Punktes a_1 von der Laufradachse bekannt ist, so läßt sich aus dem Schaubild Abb. 74 auch die Größe der Umfangsgeschwindigkeit u_{a_1} ermitteln, die sinngemäß in Abb. 73 zu übertragen ist. Desgleichen kann in bekannter Weise auch die Meridiangeschwindigkeit c_{ma_1} bestimmt werden, und damit sind alle Bestimmungsgrößen gegeben, um die Konstruktion nach Abb. 73 unter Benützung des Energiekreises K_1 zu ermöglichen.

Man zieht in Abb. 75a durch a_1 eine Parallele zum Strahl $u_{a_1} H_{a_1}$ bis zum Schnitt mit dem Lot z_{a_2} und erhält so den Punkt a_2, der wie früher in den Auf- und Grundriß zu übertragen ist.

Das angegebene Verfahren wird nun so lange wiederholt, bis der Halbmesser des Energiekreises auf Null zusammenschrumpft. Dann vereinfacht sich die Konstruktion nach Abb. 73 auf das bloße Einzeichnen der Hypothenuse eines rechtwinkligen Dreieckes, dessen Katheten u_{a_4} und c_{ma_4} in bekannter Weise bestimmt wurden. Das letzte Schaufelelement ist dann parallel zu dieser Hypothenuse.

Was die Größe der Meridiangeschwindigkeiten c_m anbelangt, so werden dieselben nach der Formel

$$c_m = \frac{\Delta Q}{D \pi \Delta n} \quad \text{. . . . . (20)}$$

berechnet. Man kann sich aber für praktische Zwecke die Vereinfachung gestatten, daß nur die Meridiangeschwindigkeiten beim Eintritt und bei dem vorerst nur schätzungsweise festgelegten Austritt berechnet und in die Abb. 73 übertragen werden (c_{ma} und c_{ma_4}). Zieht man dann die Verbindungslinie $H_a c_{ma_4}$, so ergeben die jeweiligen Schnittpunkte mit den Loten l_a bis l_{a_3} mit praktisch genügender Genauigkeit die Größe der c_m-Werte. Dieses Verfahren erweist sich aber nur in jenen Stromflächen als zweckmäßig, in welchen eine starke Änderung der c_m-Werte nicht stattfindet, also etwa bei $a\alpha$ bis $b\beta$. Trifft diese Voraussetzung nicht zu (also beispielsweise bei $d\delta$), dann wird man zweckmäßig die erhaltenen c_m-Werte durch die Formel (20) überprüfen.

Die erhaltenen Winkellinien ($a\alpha$ bis $d\delta$) geben ein übersichtliches Bild über die Krümmungsverhältnisse der Schaufel. Sie können zu einem Winkelbild vereinigt werden, und es sind zur Beurteilung der Schaufelfläche die auf S. 128 u. f. angeführten Bemerkungen in Berücksichtigung zu ziehen. Wie aus der besprochenen Konstruktion hervorgeht, liegen sowohl die Eintrittskante als auch die Austrittskante in je einer Meridianebene. Die Schaufelkrümmung verläuft, wie die Winkelbilder zeigen, hinreichend sanft, so daß die Gefahr der Loslösung der Strömung vom Schaufelrücken nicht zu befürchten ist[1]). Wir verdanken dies der Maßnahme, daß die Laufradeintrittskante soviel als möglich der Laufradachse genähert wurde.

Vergleicht man den mit der eindimensionalen Theorie erhaltenen Schaufelplan mit jenem durch die besprochenen Figuren auf zweidimensionaler Grundlage gewonnenen, so findet man, daß sich die Laufradeintrittswinkel β stärker verkleinern, als dies bei eindimensionaler Behandlung möglich ist. Aber auch die Austrittswinkel δ weisen geringere Werte auf als jene, welche nach eindimensionalem Verfahren ermittelt wurden. Dies ist in der Verschiedenheit der Strombilder begründet. Das auf zweidimensionaler Grundlage gewonnene meridionale Strombild zeigt in der Nähe der äußeren Laufradbegrenzung größere Geschwindigkeiten als in der Nähe der Laufradachse, und dies hat die geschilderte Winkeländerung zur Folge. Vergleichsversuche, welche vom Verfasser im hiesigen Turbinenlaboratorium[2]) ausgeführt wurden, haben

---

[1]) Nach den neueren Erfahrungen läßt sich eine Loslösung der Strömung vom Schaufelrücken bei großen Gefällen nicht vermeiden, wenn die Schaufelkrümmung stark und die benetzte Schaufel klein ist.

[2]) Vgl. beispielsweise Zeitschr. d. Öst. Ing. u. Arch.-Vereins, Jahrg. 1917, Heft 33 bis 35.

eine Wirkungsgraderhöhung des nach zweidimensionalen Erwägungen gebauten Rades ergeben, weshalb sich die Verwendung des geschilderten Verfahrens überall dort empfiehlt, wo auf hohen Wirkungsgrad Gewicht gelegt wird.

II. Ausführungsbeispiel.

Die Abb. 72—75 entsprechen einem Schaufelplan, den Verfasser für eine schweizerische Turbinenfabrik entworfen hat. Für das Laufrad waren folgende Bestimmungsgrößen gegeben:

$$Q = 1{,}35 \text{ m}^3/\text{sec},$$
$$H = 17{,}6 \text{ m},$$
$$n = 600/\text{min}.$$

Das Rad war einem bereits bestehenden Turbinengehäuse anzupassen, wobei der Eintrittsdurchmesser des Saugrohres $D_s = 570$ mm und die Leitradhöhe $B = 155$ mm betrugen.

Nachstehend der Berechnungsgang.

Die spezifische Drehzahl $n_s = n_1 \sqrt{N_1}$ ergibt sich wie folgt:

$$n_1 = \frac{n}{\sqrt{H}} = \frac{600}{\sqrt{17{,}6}} = 143 \text{ min},$$

$$Q_1 = \frac{Q}{\sqrt{H}} = \frac{1{,}35}{\sqrt{17{,}6}} = 0{,}322 \text{ m}^3/\text{sec}.$$

N_1 (unter Annahme eines Wirkungsgrades $\eta = 0{,}78$) $= \dfrac{1000 \cdot 0{,}322 \cdot 0{,}78}{75}$ $= 3{,}35$ PS, so daß $n_s = 143 \sqrt{3{,}35} = 258$, also in die Gruppe der Mittelschnelläufer gehörig (siehe S. 151).

Der Austrittsverlust Δ für den im vorliegenden Fall vorgeschriebenen Saugrohreintrittsdurchmesser läßt sich aus der Saugrohraustrittsgeschwindigkeit berechnen, die gleich ist

$$c_s = \frac{4\,Q}{D_s^2\,\pi} = \frac{4 \cdot 1{,}35}{0{,}57^2 \cdot 3{,}14} = 5{,}3 \text{ m/sec},$$

$$\Delta H = \frac{c_s^2}{2\,g} = \frac{5{,}3^2}{19{,}6} = 1{,}43 \text{ m},$$

$$\Delta = \frac{1{,}43}{17{,}8} = 0{,}0804 \doteq 8\%,$$

demnach ein für Mittelschnelläufer brauchbarer Wert.

Nach Annahme der Erzeugenden der das Laufrad begrenzenden Drehflächen und darauffolgender Konstruktion des Strombildes wurde die in der Meridianebene M liegende Eintrittskante eingezeichnet, welche von den mittleren Strombahnen der vier Teilkanäle in den Punkten a, b, c und d getroffen wird.

Zum Entwurf der Abb. 74 wurde die Umfangsgeschwindigkeit u_0 der in der Entfernung $\frac{D_0}{2} = 0{,}285$ m von der Achse entfernten Punkte bestimmt und hierbei vorausgesetzt, daß alle Konstruktionen unter Zugrundelegung eines Gefälles $H = 1$ m durchgeführt werden sollen. Dann ist

$$u_0 = \frac{D_0 \pi n_1}{60} = \frac{0{,}57 \cdot 3{,}14 \cdot 143}{60} = 4{,}28 \text{ m},$$

welcher Wert in einem geeigneten Maßstab in das Schaubild Abb. 74 eingetragen wurde, aus welchem nun alle übrigen u-Werte abgenommen werden können.

Die Turbinenhauptkreise K_0 bis K_3 (siehe S. 137) mit den Radien 2,8 m, 2,425 m, 1,98 m und 1,4 m, entsprechend einem angenommenen hydraulischen Wirkungsgrad von $\varepsilon = 0{,}80$, wurden in dem gleichen Maßstab wie die Umfangsgeschwindigkeiten in Abb. 73 eingetragen.

Zwecks Bestimmung des Schaufelprofiles $a\alpha$ wurde zunächst die Umfangsgeschwindigkeit u_a aus dem Diagramm Abb. 74 abgegriffen, in die Abb. 73 übertragen, die Tangente t_a gezogen, ihr Berührungspunkt mit dem Kreis K_1 bestimmt und die Vertikale l_a gezogen. Die auf dieser abzutragende Meridiangeschwindigkeit c_{ma} folgt nach der Kontinuitätsgleichung aus Abb. 72a:

$$c_{ma} = \frac{\Delta Q}{D_a \pi \Delta n_a} = \frac{0{,}805}{0{,}402 \cdot 3{,}14 \cdot 0{,}074} = 0{,}86 \text{ m}.$$

Die Eintragung hat in gleichem Maßstab zu erfolgen wie bei den andern Geschwindigkeiten und liefert den Punkt H_a und damit in bekannter Weise den Eintrittswinkel β.

Hierauf wird die Wahl der Teile λ_0 im Grundriß der Abb. 72b vorgenommen und die weitere Konstruktion so durchgeführt, wie dies auf S. 154 beschrieben ist.

Die Anzahl der Laufradschaufeln wurde mit $z_2 = 10$ gewählt.

III. Bremsergebnisse.

Das nach vorstehend entwickeltem Schaufelplan gebaute Laufrad wurde einer Bremsprobe unterzogen und ergab die folgenden Resultate:

$H = 18{,}07$ m	$Q = 1{,}32$ m³/sec	$n = 610$
18,09 »	1,25 »	600
18,48 »	0,95 »	610
18,91 »	0,67 »	610
$Q_1 = 0{,}311$ m³/sec	$n_1 = 143{,}5$	$\eta = 86\%$
0,294 »	141	85%
0,221 »	142	82%
0,154 »	140	80%

b) Hochschnelläufer.

Die Hochschnelläufer, deren spezifische Drehzahl über n_s 300 liegt und n_s 600 beim Höchstwirkungsgrad nicht überschreitet, sind aus dem Turbinenlaboratorium der Deutschen Technischen Hochschule in Brünn hervorgegangen und konnten sich dank ihrer guten hydraulischen Eigenschaften und ihrer leichten Herstellbarkeit in erstaunlichem Maße entwickeln. Soweit dem Verfasser bekannt ist, haben sich zuerst amerikanische Ingenieure diese Bauweise zu eigen gemacht und sind heute schon derartige Laufräder bis zu den größten Ausführungen im Betriebe.

Alle derartigen Schnelläufer haben das Kennzeichen gemein, daß bei ihnen eine Leitradanordnung Verwendung findet, wie dieselbe in den D.R.P. 293591 bzw. 325061 ausführlich beschrieben wurde. In der beifolgenden Abb. 83 ist die Skizze einer solchen Hochschnelläuferturbine dargestellt, wobei der schaufellose Raum zwischen Leit- und Laufrad mit R_0 bezeichnet ist. Nach einer zeitgemäßen Auffassung des Strömungsproblems vollzieht sich der Strömungsvorgang folgendermaßen:

Durch die Leitschaufeln wird der Flüssigkeit eine bestimmte Ablenkung unter dem Winkel α vorgeschrieben. Es entsteht sonach ein Wirbel, der den ganzen leitschaufellosen Leitradraum R_0 erfüllt[1]). Die Laufradeintrittswinkel sind so zu bemessen, daß die Flüssigkeit in geordneter Strömung in den Laufradschaufelraum R_2 eintreten kann. In diesem Raume wird der Wirbel teils vollkommen, teils unvollkommen abgebremst, je nachdem der Austritt aus dem Laufrad axial oder zur Achse geneigt erfolgt. Angenommen, es ströme die Flüssigkeit in axialer Richtung in das Saugrohr, so besteht die Forderung, der Flüssigkeit den letzten Teil ihrer Geschwindigkeitsenergie durch geeignete Düsenanordnungen möglichst vollkommen zu entziehen. Diese theoretischen Forderungen mit den praktischen Mitteln zu verwirklichen, darin liegt das Geheimnis des technischen Fortschrittes.

Zunächst haben wir einen Axialwirbel nach dem Gesetz $r c_u =$ konst zu erzeugen[2]). Als geeignetes Hilfsmittel dazu ist eine Sonderausführung des Leitrades, wie dieselbe bei Francisturbinen gebräuchlich ist, verwendbar, also ein Leitapparat mit im Wesen radialer Zuführung des Wassers zum Leitradraum R_0, wie durch Abb. 83 dargestellt[3]). Zweckmäßig erscheint noch die Verlängerung der Leitschaufeln nach innen (D.R.P. 293591), da der Veränderung der Winkelwerte dadurch Rechnung getragen wird. In einem solchen Falle kann das Drehbolzen-

[1]) Im Sinne der Ausführungen auf S. 105 bedeutet dies eine Bewegung mit nicht verschwindender Zirkulation.

[2]) Vgl. S. 105.

[3]) Vgl. Die theoret. Begründung auf S. 106.

mittel M der Laufradachse so weit genähert werden, daß die Schaufelverdrehung ohne Aufwendung großer Regulierkräfte erfolgt. Die Forderung eines geordneten Eintrittes der Strömung in den Laufradschaufelraum R_2 (Abb. 83) wird dann erfüllt sein, wenn alle Bestimmungsgrößen der Verschaufelung aus dem Turbinenhauptkreisverfahren

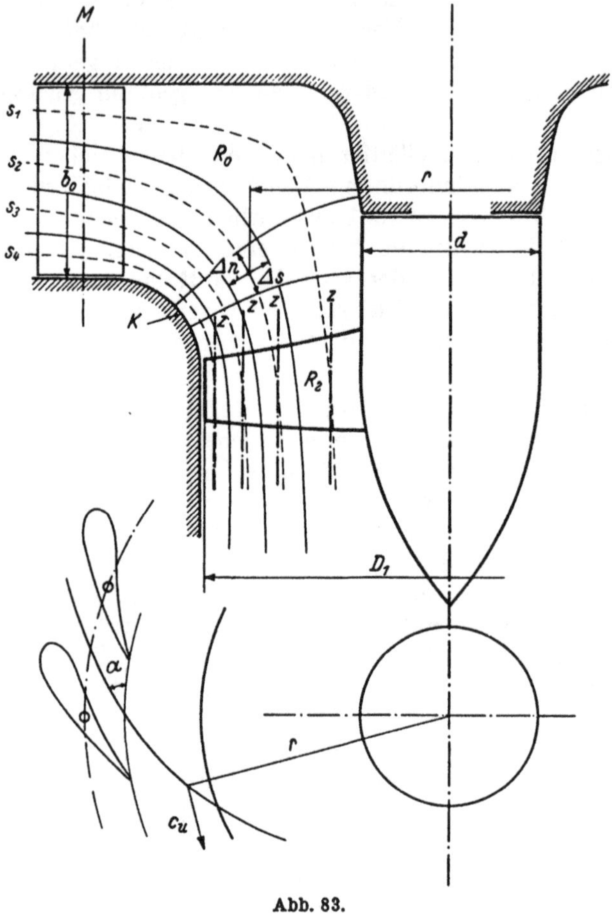

Abb. 83.

bestimmt sind. Wir wollen auch hier das Winkelbild, welches die Stetigkeit der Schaufelkrümmung zu beurteilen gestattet, verwenden, und wie dabei vorgegangen wird, soll im nächsten Abschnitt gezeigt werden. Wie vorstehend erwähnt, hat die Schaufel den Zweck, den durch den Leitapparat erzeugten Wirbel möglichst vollkommen abzubremsen. Beim Eintritt der Strömung in das Laufrad befolgt dieselbe das Gesetz $r c_u =$ konst. Beim Austritt aus demselben muß die Rotationsgeschwindigkeit des Wassers c_u gleich Null sein und daher auch $r c_u = 0$. Ist die Schaufel so geformt, daß sie wirklich den ganzen Wirbel abbremst, dann hat sie ihre Aufgabe erfüllt. Es muß sonach an allen Punkten der Austrittskante das Wasser axial ausfließen. Der Verfasser hat mittels Hanffahnen die Richtigkeit dieser Anschauung nachgeprüft und gefunden, daß das Fahnenbild[1]) nur dann die axiale Lage anzeigt, wenn wirklich der höchste Wirkungsgrad erreicht ist. Wird durch das Laufrad der Wirbel nicht vollständig abgebremst, so muß noch ein Teil der Rotationskomponente (c_{u_2}) vorhanden sein. Es rotiert der Wasserkern im Saugrohr in gleichem Sinne wie der durch das Leitrad eingeleitete Wirbel[2]). Mit dieser Erscheinung ist eine Verschlechterung des Wirkungsgrades verbunden. Es kann jedoch auch der Fall eintreten, daß nicht nur der eingeleitete Wirbel gänzlich abgebremst wird, sondern die Schaufelfläche selbst einen Gegenwirbel erzeugt. Zur Erzeugung dieses Gegenwirbels ist aber ein Energieaufwand erforderlich, der nur wieder aus der mechanischen Energie der Schaufel entnommen werden kann[3]). Auch dieser Gegenwirbel hat eine Wirkungsgradverminderung zur Folge und ist durch geeignete Ausbildung der Schaufelfläche zu vermeiden. Man könnte versucht sein zu glauben, daß die Energie solcher Wirbelbildungen noch mühelos durch eine genügende Saugrohrerweiterung zurückgewonnen werden kann. Die Versuchserfahrungen lehren jedoch, daß ein Rückgewinn nur bei ganz besonderer Ausgestaltung des Saugrohres erzielt wird, weshalb auf dessen richtigen Ausbau ein Augenmerk zu richten ist. (Vgl. Abschnitt F.) Nach diesen Vorbesprechungen wollen wir an den Entwurf des Schaufelplanes eines Hochschnelläufers schreiten. Von Interesse ist es, die Bedeutung eines radial durchflossenen Schaufelraumes versuchsmäßig festzustellen. Nach den Erfahrungen des Verfassers treten die Eigenschaften, welche sich aus unserer Turbinentheorie für derlei Schaufelräume ableiten lassen, auch praktisch auf. So beispielsweise die Vergrößerung des Spaltdruckes h_p, also der Ausdruck

$$h_p = \frac{u_1^2 - u_2^2}{2g}.$$

Wird die Drehzahl n auf den k-fachen Wert vergrößert, so werden sowohl u_1 als auch u_2 auf den k-fachen Wert erhöht. Es bildet sich ein Überdruck h_p, der sich aus obiger Beziehung wie folgt berechnen läßt:

$$(h_p) = \frac{k^2 u_1^2 - k^2 u_2^2}{2g} = k^2 h_p$$

[1]) Vgl. Zeitschr. d. Öst. Ing. u. Arch.-Vereins, Jahrg. 1911, Heft 17.

[2]) Wir sprechen dann von einem positiven Wirbel.

[3]) Ein solcher Wirbel wird negativer Wirbel genannt.

oder in Worten ausgedrückt: Wird die Drehzahl auf das k-fache erhöht, so steigt der neue Spaltdruck auf das k^2-fache. Es nimmt also dieser Druck mit wachsender Drehzahl erheblich zu und erreicht bei einer Drehzahl n_k die gleiche Größe wie der Gefällsdruck H. In diesem Falle könnte kein Wasser durch die Turbine strömen, und es müßte daher auch die Leistung auf Null sinken.

Stellen wir einen derartigen Versuch an einer wirklichen Radialturbine an, so kommen noch verschiedene Einflüsse in Betracht, die in der obigen einfachen Rechnung nicht berücksichtigt sind. Es sei nur daran erinnert, daß bei Veränderung der Drehzahl die Schaufelwinkel nicht mehr stimmen und demzufolge die geordnete Strömung gestört wird. Wir können daher auch keine genaue Übereinstimmung des praktischen Versuches mit der obigen theoretischen Überlegung erwarten. Dennoch zeigt aber der Versuch, daß bei wachsender Drehzahl die durch das Radialrad verarbeitete Wassermenge erheblich absinkt. Nun ist bekanntlich die spezifische Drehzahl $n_s = n_1 \sqrt{N_1}$ (vgl. S. 4) und nimmt demnach mit sinkendem N_1 ebenfalls ab. Da die Radialräder mit wachsender Drehzahl eine Abnahme der Wassermenge aufweisen, so ist die Erreichung hoher spezifischer Drehzahlen schon aus diesem Grunde unmöglich, sie sind als Hochschnelläufer nicht geeignet[1]).

Aber nicht nur der geringe Wasserverbrauch sondern auch die mit der Anordnung radialer Schaufelräume verbundenen großen Reibungswiderstände stempeln deren Anwendung zu einer für Hochschnelläufer ungeeigneten Maßnahme. Diese Übelstände wurden in neuerer Zeit durch Abbremsung einer Finkturbine mit radialem Schaufelraum im hiesigen Turbinenbaulaboratorium auch versuchsmäßig bestätigt. Es ergab sich folgende Abhängigkeit von Q_1, n_1, η und h_s:

n_s =	47,3	62,5	76,3	84,3	87	74
Q_1 l/s =	46	45	44	42	39	37
η =	0,57	0,65	0,69	0,65	0,57	0,47
n_1 =	80	100	120	140	160	180

Hier zeigt sich recht deutlich die mit n_1 abnehmende Wassermenge Q_1, die ein steiles Anwachsen von n_s verhindert.

Diese Überlegungen haben den Verfasser dazu geführt, bei Hochschnelläufern radiale Schaufelräume gänzlich zu vermeiden, also das Laufrad nur mit axialen Schaufelräumen auszustatten[2]). Die deutschen Patentschriften D.R.P. 293591 und 325061 geben darüber Bericht.

---

[1]) Daher können alle Nachahmungen meiner Patente, die einen wenigstens angenähert radialen Schaufelraum vorsehen, den gewünschten Zweck nicht erfüllen.

[2]) Vgl. auch S. 180.

I. Entwurf des Schaufelplanes für Hochschnelläufer.

Der Entwurf des Schaufelplanes für Hochschnelläufer erfolgt ähnlich jenem für Mittelschnelläufer (S. 153), doch können wir uns einige Vereinfachungen gestatten.

Zunächst wird die Radialprojektion der Turbine nach Abb. 83 entworfen. Dabei ist die Leitradhöhe B_0 ungefähr gleich $\frac{1}{3}$ bis $\frac{1}{2}$ D_1 zu wählen. Von großem Werte ist eine sanfte Abrundung der Laufradkammer K (Abb. 83). Durch diese Maßnahme wird das Schluckvermögen und damit auch die spezifische Drehzahl erhöht[1]). Besondere Aufmerksamkeit ist dem Nabendurchmesser zu schenken. Derselbe darf nicht zu klein sein, da er die richtige Ausbildung der Schaufelprofile erschwert und im Falle der Regelbarkeit der Drehschaufeln einen zweckmäßigen Entwurf nicht zuläßt. Nach den bisherigen Versuchserfahrungen des Verfassers hat es sich als vorteilhaft erwiesen, den Nabendurchmesser mindestens gleich einem Drittel des Laufraddurchmessers zu wählen, also $d = \frac{1}{3} D_1$. Bei größerem Nabendurchmesser können zwar unter der Nabe Wirbelerscheinungen auftreten, die jedoch durch eine Doppeldüse vermieden werden können. (Vgl. D.P.R. 323084, Patentanspruch 2.)

Nach diesen Vorbesprechungen soll an den eigentlichen Entwurf des Schaufelplanes geschritten werden.

Gegeben sei Q, H und n. Zunächst ist der Austrittsverlust zu bestimmen. Erfahrungsgemäß wird derselbe durch die Größe der benetzten Schaufeloberfläche beeinflußt. Ist dieselbe sehr groß, so sind die durch das Laufrad fließende Wassermenge Q bzw. der Austrittsverlust sehr klein und umgekehrt. Nach den Versuchserfahrungen des Verfassers kann gesetzt werden[2]).

$$\Delta = \varphi(F) + \text{const} \quad \ldots \ldots \ldots \ldots (1)$$

Durch diese Gleichung läßt sich der Austrittsverlust mit der benetzten Schaufeloberfläche in Einklang bringen, wenn berücksichtigt wird, daß die benetzte Schaufelfläche als Funktion der Schaufellänge l und der Teilung t ausgedrückt werden kann. Maßgebend ist also das Verhältnis l/t. Wird l/t gleich 1, so verbraucht das Laufrad eine gewisse normale Wassermenge Q_n, die versuchsmäßig bestimmt werden kann. Ist $l/t < 1$, so verbraucht das Laufrad eine Wassermenge $Q_1 > Q_n$, und für $l/t > 1$ wird $Q_2 < Q_n$. Entsprechend der Wassermenge muß sich natürlich auch der Austrittsverlust Δ ändern. Wir erhalten sonach einen Austrittsverlust Δ, der je nach der Größe der spezifischen Drehzahl n_s von $\Delta = 0{,}1$ bis $0{,}25$ schwankt. Die zum Entwurfe des Schaufelplanes erforderlichen Bestimmungsgrößen sind aus obigen An-

[1]) Sanfte Abrundungen ergeben wirbelfreien Eintritt in die Saugdüse.

[2]) Vgl. Wasserkraft-Jahrbuch 1925/26, S. 209, Formel 2. Aus den auf S. 142 angeführten Gründen ist die funktionelle Form der Gleichung gewählt worden.

gaben und aus jenen der S. 154 zu entnehmen. Aus Formel (4) S. 4 ergibt sich der Saugrohrdurchmesser, der abzüglich des Spaltes dem Laufraddurchmesser D_1 gleichzusetzen ist. Da es sich empfiehlt, den Nabendurchmesser und die Laufradhöhe als Funktionen des Laufraddurchmessers darzustellen, so sind alle Bestimmungsgrößen zum Entwurfe des Schaufelplanes gegeben. In diesem Entwurfe wird nunmehr das meridionale Strombild[1]) im Rotationshohlraum eingezeichnet, wobei sich die Stromlinien s_1 bis s_4 ergeben. Wichtig ist es, für die weitere Winkelbestimmung den Verlauf der Meridiangeschwindigkeiten sowohl bei der Laufradeintritts- als auch bei der Austrittskante zu bestimmen. Wie aus der Betrachtung der Abb. 83 hervorgeht, sind die auf der Schaufelfläche liegenden Stromflächen keinesfalls koaxiale Zylinderflächen. Durch diesen Umstand wird die Adjustierung der Schaufeln mittels Schablonen erschwert. Dieser Nachteil kann jedoch beseitigt werden, wenn schon beim Entwurf des Schaufelplanes darauf Rücksicht genommen wird und die nicht abwickelbaren Stromflächen s durch die abwickelbaren Zylinderflächen z ersetzt werden. Dazu ist es jedoch erforderlich, dem Turbinenhauptkreis jene Geschwindigkeiten zuzuordnen, welche für die in den Zylinderflächen z (Abb. 83) liegenden Schaufelprofile tatsächlich in Frage kommen. Bei der Verwendung koaxialer Zylinderflächen ergibt sich eine Vereinfachung durch die Unveränderlichkeit der Umfangsgeschwindigkeiten innerhalb eines jeden der Zylinderfläche zugehörigen Schaufelprofiles.

Der Entwurf der Turbinenhauptkreise geschieht zweckmäßig Hand in Hand mit der Entwicklung des Schaufelplanes.

Ist das meridionale Strombild nach der zweidimensionalen Theorie unter Berücksichtigung der Formel $\frac{r\Delta n}{\Delta s} =$ konstant ermittelt worden, so können die Umrisse der Laufradschaufel eingezeichnet werden. Zweckmäßig entwirft man, vorbehaltlich einer späteren Berichtigung, die Ein- und Austrittskante in Meridianebenen und beginnt den eigentlichen Entwurf der Schaufelfläche von der Eintrittskante aus, indem man in erster Annäherung von der Ermittlung des Winkelbildes und der Winkellinien Gebrauch macht (S. 137 u. f.). Dies hat den Zweck, die nach der zweidimensionalen Theorie verlangte Lage der Eintrittskante in einer Meridianebene durch Einfügung arbeitsfreier Schaufelenden einhalten zu können.

Ferner ermittle man die Schaulinie der Umfangsgeschwindigkeiten u nach der auf S. 154 angegebenen Weise. Ebenso benötigt man noch den Turbinenhauptkreis (Abb. 70), dessen Halbmesser aus der Gleichung $r_1 = \sqrt{\varepsilon g 1}$ zu berechnen ist. Der weitere Vorgang ist ähnlich dem auf S. 154 u. f. dargestellten.

[1]) Vgl. S. 123.

Besondere Aufmerksamkeit ist jenen Schaufelprofilen zu schenken, die der Laufradnabe benachbart sind. Bei diesen Schnitten kann es vorkommen, daß $u = c_u = r$ wird. Dann fällt die Tangente mit dem Lot zusammen, und wir erhalten daher den Eintrittswinkel von $\beta = 90^0$. Zieht man unter diesem Winkel den Parallelstrahl im Schaufelkreis, so kann der Nachbarmeridian durch diesen Strahl nicht geschnitten werden. Hier versagt also die zweidimensionale Theorie. Man muß durch dreidimensionale Betrachtungen über diesen Sonderfall hinwegkommen, oder man kann sich dadurch helfen, daß man den Nabendurchmesser entsprechend vergrößert, so daß die der Nabe benachbarten Profile noch als Schnelläuferprofile auszubilden sind[1]).

Bei besonders kleinem Nabendurchmesser[2]) kann aber auch der Fall eintreten, daß in der Nähe der Nabe ein ausgesprochenes Langsamläuferprofil zu entwerfen ist, wenn der zweidimensionalen Theorie Genüge geleistet werden soll. Allerdings kann dann die Bedingung des konstanten Energieinhaltes längs eines Meridianschnittes der Schaufelfläche nicht mehr erfüllt werden. Es liegt hier in der Theorie ein Widerspruch. Praktische Versuchsergebnisse haben gezeigt, daß die Lage der Laufradeintrittskante von erheblicher Bedeutung ist. Der Verfasser hat sich in der Weise geholfen, daß er den Nabendurchmesser so groß angenommen hat, daß die vorerwähnte Profilform noch nicht auftritt. Schließlich wurde auch vom arbeitsfreien Schaufelende ausgiebiger Gebrauch gemacht.

Hat man in der geschilderten Weise die Schaufelprofile entworfen, so ist noch die Aufgabe zu lösen, dem Schaufelplan das richtige Verhältnis l/t vorzuschreiben. Zu diesem Behufe sind die Angaben auf S. 145 zu beachten. Im allgemeinen kann gesagt werden, daß einer großen spezifischen Drehzahl ein kleines Teilungsverhältnis l/t entspricht und umgekehrt. Da wir es im vorliegenden Falle mit mittleren spezifischen Drehzahlen zu tun haben (n_s bis 600), so wird man im allgemeinen das Auslangen mit $l/t > 1$ finden. Um einen Einblick in die auftretenden Strömungserscheinungen und die zu erwartenden Reibungswiderstände zu gewinnen, empfiehlt es sich noch, je zwei Schaufelprofile in die Ebene abzuwickeln (vgl. Winkellinien S. 126), wo sich die gegenseitige Lage der Schaufeln besser beurteilen läßt.

Als weitere Vereinfachung bei der Verwendung axialer Schaufelräume ist noch der Umstand anzusehen, daß eine Darstellung der Stromlinien in radialer Projektion und im Grundriß nicht erforderlich ist, da zur Anfertigung des Schaufelmodells die Zylinderschnitte vollständig ausreichen. Zu diesem Behufe werden Blechschablonen angefertigt,

---

[1]) Auch hier kommt die Theorie, den Wünschen des Schaufelkonstrukteurs vorteilhaft entgegen.

[2]) Für den Anfänger sieht eine solche Nabe recht sympathisch aus. Erst die späteren Untersuchungen zeigen, daß diese ein rechtes Sorgenkind ist.

die an der oberen Seite nach einer Profilkurve (z. B. $a\alpha$) zugeschnitten und als Zylinderflächen mit dem zugehörigen Durchmesser (z. B. $D_a/2$) gebogen sind. (Abb. 84.) Wird jeder der kreisförmigen Schlitze des Grundbrettes mit der entsprechenden Schablone versehen, so erhält man das Gerippe der Schaufelfläche. Letztere selbst wird durch Vergießen der Schablonenzwischenräume mit Gips oder nach einem ähnlichen Verfahren hergestellt. In ähnlicher Weise kann das Modell auch zur Anfertigung der materiellen Schaufel verwendet werden. Die hier beschriebene Herstellung des Schaufelklotzes ist einfacher und über-

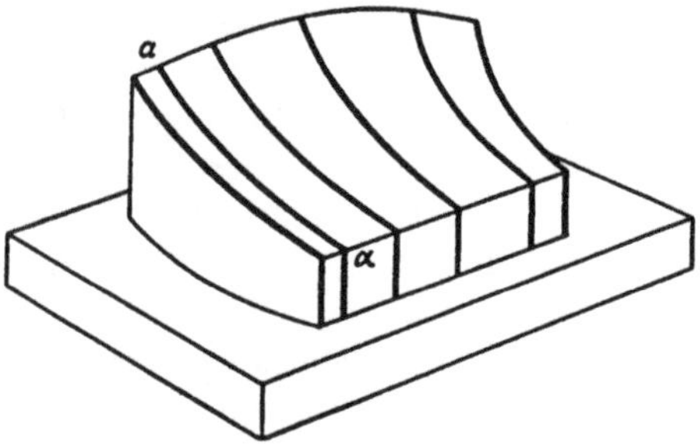

Abb. 84.

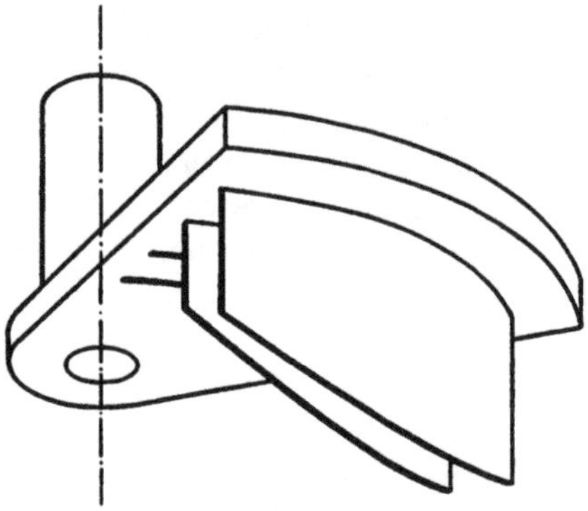

Abb. 85.

sichtlicher als das bisher übliche Verfahren. Es empfiehlt sich, für die Fertigbearbeitung der Schaufel eine zweite Reihe derartiger Blechschablonen anzufertigen und sie in ein mit kreisförmigen Schlitzen versehenes Prüfbrett einpaßbar zu machen (Abb. 85). Die fertig gegossene oder gepreßte Schaufel wird durch derartige Prüfschablonen auf die Richtigkeit ihrer Winkel und Profilkrümmungen kontrolliert (adjustiert), und es werden die in der Regel noch erforderlichen Nacharbeiten vorgenommen. Es ist nämlich praktisch kaum möglich, die Schaufelfläche ohne jede Nacharbeit so herzustellen, daß die Krümmungen und Winkel[1]) genau mit jenen des Schaufelplanes übereinstimmen, was aber mit Rücksicht auf gute hydraulische Eigenschaften erforderlich ist.

II. Bremsergebnisse.

Abb. 86 zeigt die Bremsergebnisse eines Hochschnelläufers der vorstehend beschriebenen Bauart, welche mit einem Versuchsrad von

---

[1]) Gegenüber einer unrichtigen Winkelstellung ist das Laufrad sehr empfindlich. Es genügt eine Winkeländerung von 1°, um schon eine merkbare Wirkungsgradänderung hervorzubringen. Daher ist die richtige Vorausbestimmung der Radwinkel unerläßlich.

184 mm Laufraddurchmesser gewonnen wurden. Das Rad besitzt sechs Schaufeln und ein Teilungsverhältnis von $\frac{l}{t} \approx 1{,}2$ an den äußeren Schaufelenden. Die spezifische Drehzahl beim Wirkungsgradmaximum beträgt ca. $n_s = 560$. Das Laufrad macht hierbei $n_1 = 730$ Umdr./min und verarbeitet eine Wassermenge von $Q_1 = 0{,}0515$ m³/sec, entsprechend einem Austrittsverlust von $\Delta = 19{,}3\%$. Der erreichte Höchstwirkungsgrad beträgt über 85%.

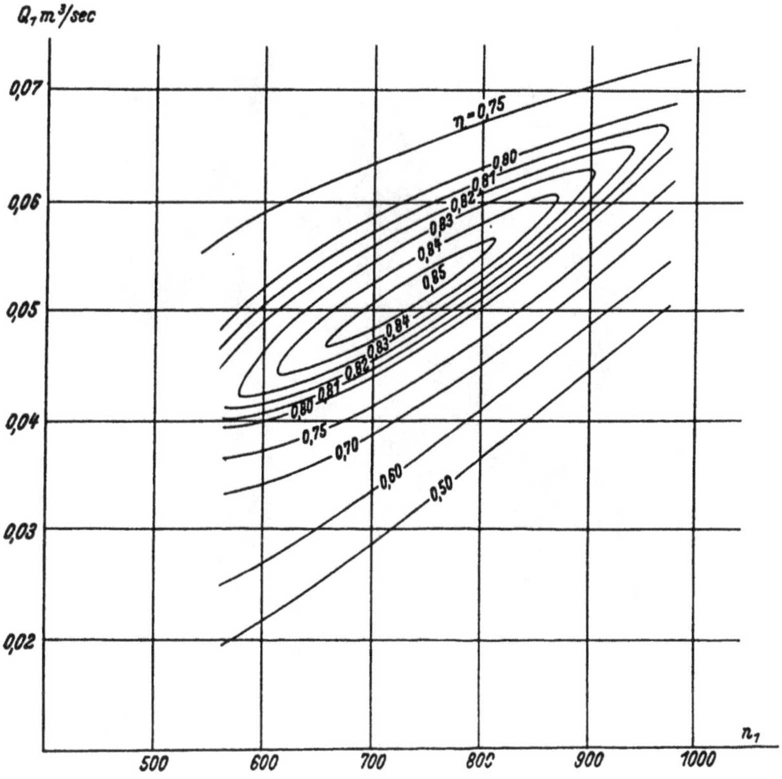

Abb. 86.

III. Ausführungsbeispiele.

Praktische Ausführungen von Hochschnelläufern sind in den Abb. 87 u. 88 dargestellt. Abb. 87 ist ein achtschaufliges Rad für eine finnländische Anlage, gebaut von der Firma Verkstaden, Kristinehamn. Die Schaufeln sind mit der Laufradnabe aus einem Stück gegossen. Man erkennt deutlich die noch vorhandene, wenn auch schon geringe »Überdeckung« der Schaufeln an ihren freien Enden sowie die verhältnismäßig steilen Eintrittswinkel nächst der Laufradnabe. Die Austrittskanten liegen in Meridianebenen, wogegen bei den Eintrittskanten von dieser Bedingung abgegangen wurde.

Abb. 87. Kaplan-Propeller-Laufrad.

Abb. 88 zeigt eines der von J. M. Voith, Heidenheim, gebauten Laufräder für das Kraftwerk Kachlet an der Donau. Das Laufrad hat einen Durchmesser von 4600 mm und leistet bei $H = 7{,}65$ m 7500 PS. Die sechs Laufradschaufeln sind getrennt hergestellt und mit der Laufradnabe verschraubt. Unterhalb des großen Rades sind zwei kleinere Modellräder zu sehen, mit welchen die Laboratoriumsproben durchgeführt wurden.

Abb. 88. Kaplan-Propeller-Laufrad, Donaukachlet.

c) Höchstschnelläufer.

Darunter seien Laufräder verstanden, deren spezifische Drehzahl die Grenze von $n_s = 600$ überschreitet. Aus vielen Versuchen, die der Verfasser im Turbinenlaboratorium der Deutschen Technischen Hochschule in Brünn durchführte, hat derselbe entnommen, daß mit dem üblichen Teilungsverhältnis $l/t > 1$ eine Erhöhung der spezifischen Drehzahl wesentlich über $n_s = 800$ bei guten Wirkungsgraden nicht erreicht werden kann[1]). Dagegen war dies ohne erhebliche Schwierigkeiten möglich, als das Teilungsverhältnis l/t kleiner als 1 gewählt wurde. Macht man also nach Vorschrift des D.R.P. 300591 die Schaufelprofillänge l kleiner als die in der gleichen Stromfläche gemessene Schaufelteilung t, so wird durch eine solche Maßnahme im Zusammenhang mit einer geeigneten Ausbildung der Schaufelflächen die höchste spezifische Drehzahl erreicht. Um den Unterschied zwischen der bisher üblichen »Zellenform« des Laufrades und der »Flügelform« desselben klar hervorzuheben, wurde in Abb. 89 die Umfangsprojektion der linken Hälfte eines Axiallaufrades dargestellt und es wurde die Stromfläche ss durch die Zylinderfläche zz ersetzt (vgl. S. 164). In

[1]) Daher sind alle Patentumgehungen durch sog. Propellerturbinen vollständig zwecklos, weil sie der Forderung einer höheren spezifischen Drehzahl nicht entsprechen können.

den Abb. 90 u. 91 sind die Schnitte der Schaufelflächen S mit den Zylinderflächen zz in die Ebene ausgebreitet. Zieht man nunmehr von den Profilendpunkten die den Stromlinien ss zugehörigen Normaltrajektorien (nn, Abb. 90, 91), so ist ersichtlich, daß diese in Abb. 90 das Nachbarprofil schneiden und demnach einen kanalförmigen Raum abgrenzen, der als »Laufradzelle« anzusprechen ist. Diese Laufradzelle ist durch Schraffierung gekennzeichnet. In Abb. 91 dagegen findet kein Schnitt der Normaltrajektorien mit dem benachbarten

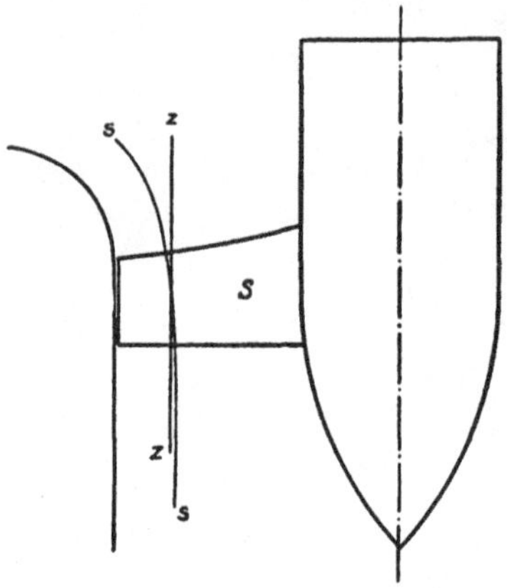

Abb. 89.

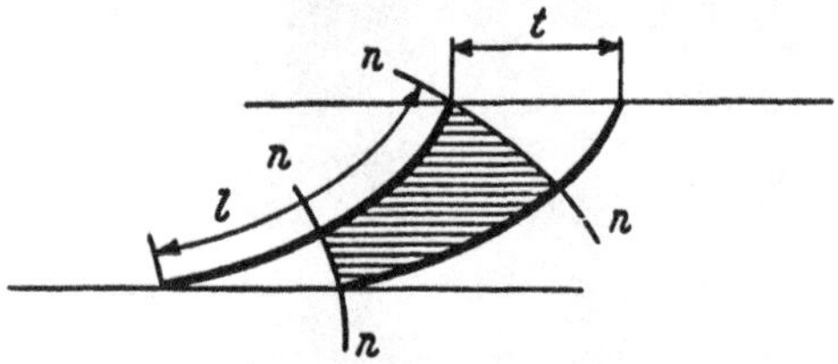

Abb. 90.

Schaufelprofil statt, so daß sich auch keine »Zelle« abgrenzen läßt. Es sei diese Form einer Verschaufelung als »Flügelform« bezeichnet. Spürt man der Ursache der Zellenlosigkeit nach, so läßt sich erkennen, daß die Schaufelprofillänge l sowie die zugehörige Schaufelteilung t von bestimmendem Einfluß sind. Wird die Schaufelteilung t so gewählt, daß sie

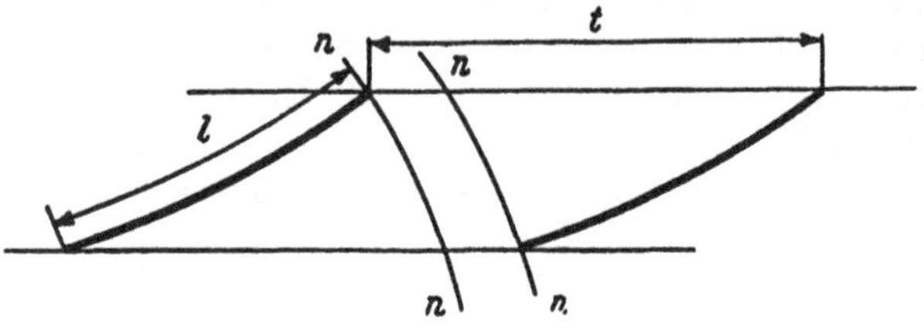

Abb. 91.

größer ist als die Profillänge l, wie dies in Abb. 91 dargestellt wurde, dann besitzt für den Fall, als die Profile flachgekrümmt sind und eine geringe Neigung gegen die Umfangsrichtung haben, das Laufrad eine »Flügelform«. Dagegen wird die übliche »Zellenform« überall dort zu erwarten sein, wo die Schaufelteilung t kleiner ist als die Profillänge l (Abb. 90).

Die Flügelform des Laufrades bietet nun gewisse Vorteile, die sich in einer Verringerung der Reibungswiderstände sowie in einer Unempfindlichkeit des Wirkungsgrades gegen Drehzahländerungen bemerkbar machen. Diese Vorteile erlauben eine Erhöhung der spezifischen Drehzahl um mehr als das Dreifache der bei Francisturbinen üblichen Werte. Anderseits ist aber die Regulierung derartiger Laufräder mit Nachteilen verbunden. Eine Untersuchung der Strömungsvorgänge beim Laufradaustritt hat gezeigt, daß bei abnehmender Beaufschlagung Wirbelbildungen in der Laufradmitte auftreten, die einen geordneten Strömungszustand unmöglich machen[1]). Der normale Durchgangsquerschnitt und die normalen Radwinkel sind bei abneh-

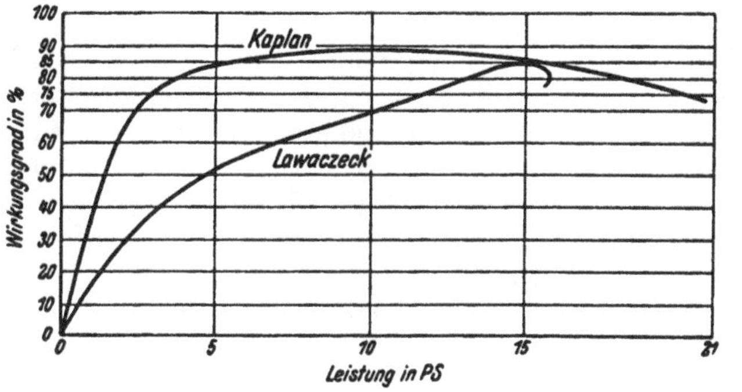

Abb. 92.

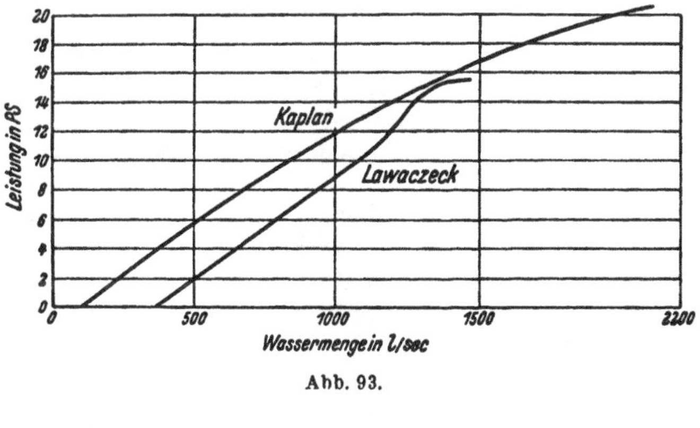

Abb. 93.

mender Beaufschlagung zu groß. Beide Nachteile lassen sich aber durch eine Verdrehung der Laufradschaufeln vermeiden[2]). Man kann daher den Satz aussprechen, daß bei einer wirtschaftlichen Regelung von Turbinen mit höchster Schnelläufigkeit nicht nur die Leitschaufeln, sondern auch die Laufschaufeln verdreht werden müssen, um den auftretenden schädlichen Wirbel wirksam zu zerstören. In den erwähnten

[1]) Über die Ursache der Wirbelbildung, vgl. S. 202.

[2]) Nach DRP. 289667.

Patenten ist das Gesagte an Hand des Turbinenhauptkreises gezeigt und in den Abb. 92, 93 auch versuchsmäßig nachgewiesen[1]).

Diese beiden Abbildungen, welche von der staatlichen technischen Versuchsanstalt in Lilla Edet (Schweden) stammen, geben ein übersichtliches Bild über die Regulierfähigkeit von Laufrädern mit festen und mit beweglichen Schaufeln. Bei diesen Bremsungen handelte es sich darum, für das staatliche Kraftwerk Lilla Edet gewisse Wirkungsgradgarantien abzugeben, die mit Lawaczeckturbinen mit festen Schaufeln und mit Kaplanturbinen mit drehbaren Schaufeln erreicht werden sollten. Des besseren Vergleiches wegen wurden diese Bremsungen bei gleichem Laufraddurchmesser (950 mm) und gleichem Saugkrümmer vorgenommen. Bemerkenswert ist der Unterschied im Verhalten der beiden Räder gegen Belastungsschwankungen. Der Vorteil drehbarer Schaufeln ist aus den Schaulinien deutlich ersichtlich. Während das Kaplanrad bei einem Drittel der Normalleistung (d. i. bei 5 PS) noch 84% Wirkungsgrad gibt, zeigt das Lawaczeckrad nur mehr 51%. Diese Bremsergebnisse stimmen auch mit Laboratoriumsversuchen gut überein und beweisen, daß die Regelfähigkeit von Rädern mit festen Laufschaufeln bei wachsender spezifischer Drehzahl abnimmt. Bei $n_s = 800$ tritt der schlechte Wirkungsgrad von 60% schon bei halber Beaufschlagung auf. Turbinen, die bei halber Wassermenge nur mehr ¼ der theoretischen Leistung abgeben, können zumeist nicht in Frage kommen. Es wird das Wasser in unnützen Wirbelbildungen gerade zu einem Zeitpunkt vergeudet, wo man die sparsame Wasserverwendung am dringendsten benötigen würde (Zeit der Wasserklemme). Das Gesagte ist aus der Schaulinie der Leistungen (Abb. 93) ersichtlich. Man erkennt, daß bei ¼ Beaufschlagung eine Leistung überhaupt nicht mehr gewonnen werden kann, wenn das Laufrad mit festen Schaufeln ausgestattet ist. Bei ⅓ Beaufschlagung leistet die Kaplanturbine rund dreimal so viel als eine Lawaczeckturbine. Schließlich ist auch noch die Überlastungsfähigkeit eine gute Eigenschaft der Laufschaufelregelung. Man kann die Schaufelform derart bestimmen, daß eine Überlastung von 30 bis 50% der Normalleistung erzielt werden kann. Derartige Anlagen haben im gegenwärtigen Zeitpunkt erhöhte Bedeutung, weil die »Belastungsspitzen« ohne Zuschaltung einer Reserveturbine lediglich durch Überlastung der gleichen Kaplanturbine bewältigt werden können[2]). Es darf aber nicht vergessen werden, daß

[1]) Die von den Fachleuten verbreiteten Einwände (vgl. Die Wasserwirtschaft 1927, Heft 22, S. 489 usw.) über die angebliche Nichtneuheit sind nicht stichhaltig. Siehe Entscheidung des deutschen Patentamtes vom 5. XI. 1920, K 56491 NAI 56a/1920.

[2]) Vgl. die Veröffentlichung des Verfassers: Die Entwicklung der Laufschaufelregelung, Die Wasserwirtschaft Wien 1927, Heft 22, S. 489 u. f., weiters Ing. Slavik, »Kaplanregulierung« 1928, Heft 21/22.

unsere Betrachtung nur dann voll gerechtfertigt ist, wenn wir es mit einer einzigen Turbine zu tun haben. Ist ein Kraftwerk mit mehreren Turbinen vorgesehen, so läßt sich durch Abschalten einiger derselben die normale Beaufschlagung der übrigbleibenden, arbeitenden Turbinen erzielen und damit ein steiler Abfall des Wirkungsgrades mehr oder weniger vermindern. Es darf aber nicht übersehen werden, daß das Abschließen einzelner Turbinenkammern mit Nachteilen verbunden ist, weil es die Bedienung des Werkes erschwert und unter Umständen die automatische Regulierung in Frage stellen kann.

Auf Grund der mitgeteilten Erfahrungen empfiehlt es sich, die Laufradschaufeln drehbar anzuordnen, obwohl diese Anordnung notwendig mit einer Erhöhung der Kosten infolge der konstruktiven Komplikationen verbunden ist. Bei einer wirtschaftlichen Nachrechnung wird man aber in der Regel finden, daß die Preiserhöhung der Turbine durch die wirtschaftlichen Vorteile weitaus aufgewogen wird.

Die bauliche Ausgestaltung der Kaplanturbine überhaupt und der Laufschaufelregulierung im besonderen ist nach Überwindung anfänglicher nicht geringer Schwierigkeiten heute schon zu einer hohen Stufe gelangt. Die mit ihrem Bau beschäftigten Lizenzfirmen haben unter Verwertung der gemachten Erfahrungen Normalkonstruktionen herangebildet. Wenn auch die Kaplanturbine in allen ihren wesentlichen Teilen durch Patente geschützt ist, so gibt es doch eine große Anzahl praktischer und theoretischer Erkenntnisse, die, durch mühevolle Arbeit gewonnen und zum Baue höchstwertiger Maschinen unentbehrlich, sich nicht durch Patente schützen lassen. Der Leser wird es daher wohl begreiflich finden, wenn ich im folgenden nicht alles preisgebe, was unter großen Mühen und Kosten im Laufe der Jahre gefunden worden ist und was unbefugten Nachahmungen Tür und Tor öffnen würde. Meine Ausführungen mögen daher nicht als Anleitung zum Bau hochwertiger Schnelläufer aufgefaßt werden, sondern nur als ein Weg, der zum Verständnis der neuen Schnelläufer führt. Auch er wird für den ernsten Leser gewinnbringend sein, weil er Gelegenheit bietet, neben den erfolgreichen auch die Irrwege kennenzulernen, deren Beschreitung nicht lohnend ist, deren Kenntnis die Versuchsarbeit aber wesentlich erleichtert.

I. Die Entwicklung der Kaplanturbine.

(Unter Benützung der Veröffentlichungen des Verfassers »Wie die Kaplanturbine entstand« und »Die Entwicklung des Kaplanlaufrades« im Wasserkraft-Jahrbuch 1925/26. S. 296 u. f. und 1927/28, S. 414 u. f.)

Über die Entstehungsgeschichte der Kaplanturbine finden sich einige Angaben in meinem im Ingenieur- und Architekten-Verein im Jahre 1917 gehaltenen Vortrag[1]), doch waren die Angaben über die

[1]) Zeitschr. d. Öst. Ing. u. Arch.-Vereins, Jahrg. 1917, S. 549 u. f.

Form und Wirkungsweise meiner Turbine mit Rücksicht auf die ungeklärten Patentverhältnisse noch recht lückenhaft. Eine genaue Beschreibung der Versuche über Gewinnung hochwertiger Schnelläufer zu geben, hieße aber den Erfindungsgedanken herauszuschälen, wodurch den Nachahmungen Tür und Tor geöffnet worden wäre. Im gegenwärtigen Zeitpunkte, wo die meisten Patentschriften über die Kaplanturbine veröffentlicht sind und die sog. »Nacherfindungen« nur in der Umgehung meiner Patentschriften bestehen, dürfte die Beschreibung der Versuche schon aus dem Grunde zweckmäßig sein, weil es so der Urteilskraft des Lesers überlassen bleibt, den technischen Fortschritt von der bloßen Nachahmung zu unterscheiden.

Die folgenden Zeilen haben daher die Frage zu beantworten: Durch welche Maßnahmen kann die Schnelläufigkeit einer Turbine erhöht werden? Um das Maß der Schnelläufigkeit ziffernmäßig festzustellen, hat sich der Begriff der spezifischen Drehzahl eingeführt, d. i. bekanntlich jene Drehzahl, die eine Turbine besitzt, welche bei einem Gefälle von 1 m die Leistung einer PS abgibt. Vor ungefähr 25 Jahren, als ich noch Ingenieur in der Maschinenfabrik von Ganz & Co. in Leobersdorf war, kam man mit der spezifischen Drehzahl n_s nicht viel über 200 hinaus. Es waren daher immer kostspielige und teure Übersetzungsgetriebe vorgesehen, die den Nachteil hatten, störende Geräusche und Erschütterungen zu verursachen. Besonders häufig sah man diese Übersetzungsgetriebe bei vertikalen Turbinen, da es aus wirtschaftlichen Gründen unmöglich war, die einfache Turbine durch eine Mehrfachturbine zu ersetzen. Das Übersetzungsverhältnis war 1 : 3 oder 1 : 4, so daß also die Transmissionswelle eine drei- bis viermal so hohe Drehzahl aufwies als die Turbinenwelle. Solche Drehzahlen ließen sich auch durch die Turbinenwelle erzielen, wenn das Rad eine spezifische Drehzahl von 600 bis 800 aufgewiesen hätte. Das konnte man aber von einer Francisturbine beim besten Willen nicht verlangen, wenn auch zu dieser Zeit die abenteuerlichsten Formen von »Schnelläufern« auftauchten. Diese Bauweisen kamen aus Amerika und wurden auf rein empirischem Wege versuchsmäßig gefunden. Diese Laufräder haben sich in Europa nicht bewährt, wie dies beispielsweise aus dem Versuchsberichte Prof. Pfarrs[1]) hervorgeht. Da aber begreiflicherweise ein Bedürfnis nach Schnelläufern vorlag, so sah man um die Wende des Jahrhunderts viele Turbinenfabriken mit der Schaffung eines »Schnelläufers« eifrig beschäftigt. Ich habe mich um die gleiche Zeit an dieses Problem herangewagt, und da wir leider keine Versuchsanstalt besaßen, so mußten häusliche Gebrauchsgegenstände für die Versuche herhalten. Ein geheizter eiserner Ofen ergab den erforderlichen Luftzug nach oben und ein Rädchen mit papierenen Schaufeln bildete die

[1]) Zeitschr. d. V. d. I., Jahrg. 1903, S. 639.

Grundlage zu den Forschungen über die Schnelläufigkeit. Vielleicht erinnert sich der Leser noch des Spielzeuges mit der papierenen Schlange, die, vom steigenden Luftzug am Ofen angetrieben, sich langsam in Bewegung setzte. Von einem »Schnelläufer« war hier wohl keine Rede. Ich brachte dies mit der geringen spezifischen Schaufelbelastung und dem großen Reibungswiderstand in Zusammenhang. Vielleicht war der Gedanke fruchtbar, die Schaufelfläche möglichst zu verkleinern und so den spezifischen Schaufeldruck zu erhöhen und die Widerstände zu vermindern. Eine Nähnadel mit einem oben verschlossenen Glasröhrchen bildete das Spurlager und ein Flaschenkork die erforderliche Nabe. Mittels Kupferdrahtes wurden die Papierschaufeln an der Nabe befestigt, so daß sie ausgewechselt werden konnten. Nun kam das erste Frage- und Antwortspiel an die Natur.

Meine Frage lautete: Wird sich das Rad schneller drehen, wenn ich schmale oder breite Schaufeln verwende? Die Natur sagte mir: Nimm schmale Schaufeln, wenn du eine große Drehzahl wünschest und breite Schaufeln, wenn du alle Widerstände überwinden willst. Die letztere Antwort fiel mir zwanglos in den Schoß, da ich eigentlich keine Vorbereitungen zur Erfüllung obiger Bedingung traf. Das kleine Spurlager ging aber herzlich schlecht und blieb infolge der großen Reibungswiderstände stehen, aber nur dann, wenn ich das Rad mit schmalen Schaufeln versah. Die breiten Schaufeln verursachten genügend große Umfangskraft, um die Reibungswiderstände zu überwinden. Jetzt fiel ich wieder ins Extrem und fertigte ein Rad an, dessen Schaufeln sich in weitgehendem Maße überdeckten. Dieses Rad sollte eine große Umfangskraft und mithin große Schnelläufigkeit besitzen. Aber keine dieser Eigenschaften war versuchsmäßig vorhanden. Dies zwang mich zu folgenden Überlegungen:

Bekanntlich wachsen die Widerstände mit der Fläche und werden um so größer, je mehr das Rad die übliche »Zellenform« aufweist. Dagegen wird die spezifische Umfangskraft um so kleiner, je sanfter die Schaufelfläche gekrümmt ist. Nun richtete ich an die Natur noch folgende Frage: Durch welche Maßnahmen kann ich beim Versuchsrädchen mit schmalen Schaufeln die höchsten Drehzahlen erzielen? Ist dazu eine bestimmte Schaufelform oder Neigung erforderlich? Leider blieben die Versuche hinter den Erwartungen zurück. Ich konnte keine auffallende Geschwindigkeitssteigerung erzielen, also durch keine Schaufeleigenschaften ein Rad herausgreifen, das ein merkbares Ergebnis lieferte. Jedenfalls waren die Meßvorrichtungen zu ungenau, um mit Sicherheit eine Antwort von der Natur zu erhalten. Inzwischen erfolgte meine Ernennung zum Konstrukteur an der Deutschen Technischen Hochschule in Brünn. Die mir durch meinen Chef, Herrn Hofrat Professor Musil, gebotene Zeit nützte ich gerne mit wissenschaftlichen Untersuchungen aus, die in den Veröffentlichungen in der Zeitschrift für das gesamte Turbinenwesen ihren Abschluß fanden[1]). Den Mangel eines Turbinenlaboratoriums fühlte ich recht schmerzlich, da ich für viele meiner theoretischen Untersuchungen die praktische Bestätigung vermissen mußte. Ich trat daher an Hofrat Musil mit dem Vorschlage heran, eine der Kellerräumlichkeiten unseres Neubaues als Turbinenlaboratorium einrichten zu dürfen. Viele Widerstände mußten überwunden werden, bis es endlich gelang, aus freiwilligen Unterstützungen der Industrie ein brauchbares Laboratorium zu schaffen[2]), das für ernste Forscherarbeit geeignet war. Da nunmehr mein Lieblingswunsch erfüllt war, wandte ich mich mit Eifer den Versuchen zu. Zunächst wurden nach ein- und zweidimensionaler Theorie Francislaufräder gebaut und diese dann Versuchen unterworfen, deren Ergebnisse in verschiedenen Fachzeitschriften veröffentlicht wurden. Schon damals war mein Bestreben danach gerichtet, die spezifische Drehzahl nach Möglichkeit zu erhöhen. Zu diesem Zwecke stellte ich folgende Untersuchungen an, die ich, ohne mich in mehrdimensionalen Erörterungen zu verlieren, in folgende nüchterne Überlegungen kleidete:

Die spezifische Drehzahl n_s ist bekanntlich gegeben durch

$$n_s = n_1 \sqrt{N_1} \quad \ldots \ldots \ldots \ldots (1)$$

Um n_s groß zu machen, muß nicht nur n_1, sondern auch N_1 groß sein. N_1 wird groß, wenn Q_1 groß wird. Also habe ich mit großen Austrittsverlusten zu rechnen. Große Austrittsverluste erfordern gewisse Saugrohrsonderausführungen, die keinesfalls mit den üblichen Saugrohrkrümmern zu verwechseln sind. Man sieht also, daß das Problem der hohen Schnelläufigkeit mit der guten Hereinbringung der Austrittsverluste steht und fällt. Viele »Nacherfinder«, besonders die Amerikaner, glauben in der sklavischen Nachahmung des Kaplanlaufrades das Heil der Schnelläufigkeit erblicken zu dürfen, wo doch durch Einbau eines gewöhnlichen Saugrohrkrümmers nur ein Höchstwirkungsgrad von 60% erzielt werden kann! Diese Tatsache wurde von mir den Lizenzfirmen versuchsmäßig nachgewiesen. Ebenso wurde auch gezeigt, daß durch Einbau einer geeigneten Düse der Höchstwirkungsgrad der Kaplanturbine beim gleichen Laufrad auf 84% und mehr hinauf-

---

[1]) Jahrg. 1905, S. 113, Jahrg. 1906, Heft 1 bis 17, Jahrg. 1907, Heft 5, Jahrg. 1907, Heft 12 bis 13, Jahrg. 1907, Heft 15, Jahrg. 1912, Heft 6 bis 9 und Jahrg. 1912, Heft 34 bis 36.

[2]) 2 Kreiselpumpen wurden von der Brünn-Königsfelder Maschinenfabrik, 2 Elektromotoren von der Firma Doczekal in Brünn, diverse Behälter und der Turbineneinbau von Ignaz Storek in Brünn, diverse Glassaugrohre von der Firma Reich in Gaya kostenlos zur Verfügung gestellt, weshalb den genannten Firmen nochmals der aufrichtigste Dank ausgedrückt werden soll. (Näheres darüber Zeitschr. d. Öst. Ing. u. Arch.-Vereins 1912, S. 257.)

getrieben werden kann[1]). Nicht jeder Krümmer ist zur Energieumsetzung geeignet, vielmehr muß jeder Krümmer dem Laufrad angepaßt sein. Erst dann ist es möglich, den Wirkungsgrad um mehr als 10% zu erhöhen. Den geeigneten Krümmer zu finden, war das Ziel meiner langjährigen und mühevollen Arbeit[2]). Um ohne großen Zeitaufwand zum richtigen Ziele zu gelangen, mußte wieder ein wichtiges Hausmöbel herhalten, nämlich ein Waschtisch und eine Badewanne. Aus Weißblech lötete ich mir die verschiedenen Krümmerformen, die aus einer Krümmertheorie hervorgegangen und im Lichtbild Abb. 94 dargestellt

Abb. 94.

sind. Beim Austrittsquerschnitt fühlte ich mit der Hand die Stärke der Strömung, und nach Herstellung und Erprobung von etwa 100 Krümmermodellen konnte ich die Vermutung aufstellen, daß nun endlich der richtige Krümmer gefunden worden sei. Die hiesige Blechfabrik Austria kam meinen Bestrebungen insofern entgegen, als sie mir einen nach den in der Badewanne gemachten Erfahrungen ausgeführten Versuchskrümmer herstellte, der nur noch an das Laufrad anzupassen war[3]).

Aus Formel (1), S. 176, haben wir entnommen, daß große Werte von n_s große Werte von Q_1 erfordern. Auch darüber ist scharfsinniges Denken am Platze. Vergrößert man die Schaufelzahl, so lassen theore-

[1]) Heute sind schon Kaplanturbinen mit einem Wirkungsgrad von fast 95 vH im Betriebe. Vgl. S. 268 u. S. 284.

[2]) Vgl. S. 218.

[3]) Vgl. die theoretischen Grundlagen, ausgedrückt im DRP. Nr. 319780 und 323084, sowie auch S. 218 u. f. dieses Buches.

tische Untersuchungen erkennen, daß sich damit die Austrittsverluste verkleinern[1]). Das gleiche ist auch bei einer Vergrößerung der benetzten Schaufelfläche der Fall. Diesen Umstand habe ich schon mehrfach versuchsmäßig nachgewiesen. Wünscht man dieses Naturgesetz in Buchstaben auszudrücken, so läßt sich auch schreiben:

$$\Delta = \varphi(F) + \text{konst} \quad . \; . \; . \; . \quad (2)$$

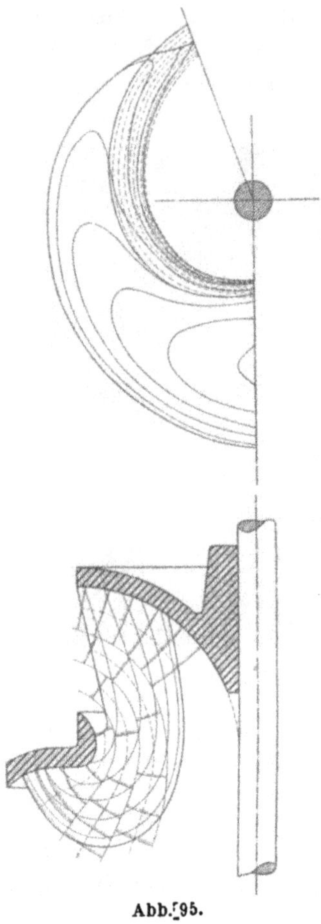

Abb. 95.

Es heißt dies, daß weder der Austrittsverlust Δ, noch die spez. Drehzahl frei wählbar sind, sondern daß die durch die Turbine fließende Wassermenge bei gegebener Drehzahl und Neigung der Schaufelfläche durch die Größe der letzteren eindeutig bestimmt ist. Einer besonderen Eigenschaft muß ich noch gedenken, die den Zusammenhang von Q und n ausdrücken soll. Es ist leicht einzusehen, daß die Geschwindigkeitsverhältnisse mit der Meridiangeschwindigkeit c_m in einem solchen Zusammenhange stehen, daß große Werte von u bzw. n großen Werten von Q und Δ entsprechen. Dieser Nachweis läßt sich auch versuchsmäßig erbringen. Also es ist

$$Q = \psi(n) + \text{konst} \quad . \; . \; . \; . \quad (3)$$

Bei Schaufeln, welche geordnete Strömungsverhältnisse zulassen, ist also bei großem n auch Q groß[2]). Dieser Umstand ist für die spezifische Drehzahl von erheblicher Bedeutung. Große Einheitsdrehzahlen entsprechen großen Einheitswassermengen. Es wird sonach durch die besagte Bauweise der großen spezifischen Drehzahl Tür und Tor geöffnet, wenn die Radwinkel so geformt sind, daß sie der Bedingung (3) entsprechen. Hat man daher bei großem n_1 auch ein großes Q_1, so wird auch N_1 groß. Große Werte von n_1 und N_1 ergeben nach Formel (1) hohe spezifische Drehzahlen. Damit war also der Schlüssel zur Gewinnung hoher n_s gefunden! Wie soll aber der Hebel angesetzt werden? Sollen schwach gekrümmte oder wenig geneigte, kurze oder breite Schaufeln Verwendung finden? Soll das Hauptgewicht auf die

[1]) Vgl. S. 163.

[2]) Bei radialen Laufradschaufelräumen (Zentripetalturbinen) trifft diese Voraussetzung nicht zu. Daher ist die Francisturbine als Schnelläufer ungeeignet.

Ausbildung eines radial durchflossenen Schaufelraumes gelegt werden? Alle diese Fragen sollten nun von der Natur beantwortet werden. Wie ich dies schon in meinem Wiener Vortrag erwähnte[1]), hatte ich ein Laufrad entworfen, das sich durch eine starke Laufraderweiterung und durch geringe Schaufelneigung auszeichnete. Abb. 95 zeigt den Schaufelplan, Abb. 96 das Lichtbild dieses Laufrades. Die Bremsung ergab einen Mißerfolg. Geringe durchfließende Wassermenge und kleiner Wirkungsgrad waren die Hauptnachteile. Das Erkennen der Fehlerquellen war in diesem Falle außerordentlich schwierig, denn die Fahnenbilder[2]) zeigten eine wirbelbehaftete Strömung in der Nähe der äußeren Laufradbegrenzung, so daß die Vermutung nicht von der Hand zu weisen war, daß sich an jener Stelle eine richtige Energieumsetzung nicht einstellen konnte. Damit war wohl auch die geringe ver-

Abb. 96.

Abb. 97.

Abb. 98.

arbeitete Wassermenge erklärlich. Es handelte sich darum, dem strömenden Wasser an der äußeren Laufradbegrenzung die geringmöglichste Ablenkung zuzumuten, da ich schon aus früheren Saugrohrversuchen erkannt hatte, daß das strömende Wasser sich bei allzustark erweiterten Saugrohren von deren Wandungen loslöst. Auch hier durfte ich mit einer solchen Ablösung rechnen, da mir die Natur in ihrer schwer verständlichen Sprache derartige Andeutungen machte. Nach vielem und eifrigem Nachdenken kam ich auf den Gedanken, die äußere Laufradbegrenzung zu entfernen und durch einen axial durchflossenen Schaufelraum zu ersetzen[3]). In einem solchen Raum findet keine Loslösung der Strömung statt, da man denselben so sanft als möglich krümmen kann. Dieser Gedankengang hatte zur Folge, daß ich mit großem Eifer an die Herstellung des Schaufelplanes schritt. Dieses Laufrad ist durch das Lichtbild Abb. 97 dargestellt. Ein Vergleich desselben mit Abb. 96

[1]) Zeitschr. d. Öst. Ing. u. Arch.-Vereins 1912, Heft 17.
[2]) Ditto.
[3]) DRP. 293591, 325061, 344131; P. 74388, 74722 und 86511.

zeigt den durch die Ausschaltung der äußeren Laufradbegrenzung gebildeten axialen Schaufelraum. Die Bremsung ergab eine gute Übereinstimmung der Drehzahl und Wassermenge mit den berechneten Größen, doch zeigte sich in der Laufradmitte ein Wirbel, der durch keine der üblichen Maßnahmen beseitigt werden konnte. Offenbar war der radiale Schaufelraum nicht in Ordnung, da ein Wirbel gerade von dieser Stelle seinen Ausgang nahm. Auch darüber sollte ich mir durch mehrere Wochen den Kopf zerbrechen, bis mir eine zufällige Beobachtung der Strömungserscheinungen Aufklärung brachte. Zunächst stellte ich fest, daß sich die Geschwindigkeit erheblich verminderte, wenn die Fahnen in den Bereich des radialen Schaufelraumes gelangten. Es mußte daher das den radialen Schaufelraum durchströmende Wasser erhebliche Widerstände gefunden haben[1]). Eine reibungstheoretische Untersuchung bestätigte auch meine Vermutung, so daß ich mich kurz entschloß, den ganzen radialen Schaufelraum fortzulassen und das Rad nur mit radial gestellten Flügeln auszustatten. Langsam tastend schritt ich vorwärts, jedesmal die Natur durch den Versuch befragend, bis ich von den zellenförmigen Laufradschaufeln zu den Laufrädern mit flügelartigen Schaufeln nach DRP. 300591 kam. Dieses Rad wurde nun eingehenden Versuchen unterzogen. Es zeigte sich im Gegensatz zur Francisturbine eine mit wachsender Drehzahl steigende Wassermenge, also eine günstige Aussicht auf hohes Anwachsen der spezifischen Drehzahl n_s.

In den Lichtbildern Abb. 96 bis 98 ist diese Entwicklungsreihe bildlich dargestellt. Abb. 98 zeigt ein Laufrad mit radialen Flügeln, welche sich gegenseitig noch überdecken. Die Abbremsung ergab eine spezifische Drehzahl von $n_s = 300$ bis 400 bei hohem Wirkungsgrad. Da mein Bestreben darauf hinausging, die spezifische Drehzahl bei gutem Wirkungsgrad zu erhöhen, versuchte ich, die Schaufelfläche durch radiale Schnitte zu verkürzen, und das wichtigste Ergebnis dieser Versuche war ein stetiges Ansteigen der durchfließenden Wassermenge bei steigender Drehzahl, also Eigenschaften, welche die Schnelläufigkeit fördern. Leider mußte ich aber mit wachsender Schnelläufigkeit ein Absinken des Wirkungsgrades feststellen. Die Untersuchung mit Hanffahnen zeigte eine Mitrotation des im Saugrohr befindlichen Wasserkernes an. Es war also der durch den Leitapparat erzeugte positive Wirbel nicht vollständig abgebremst. Eine mehrdimensionale Untersuchung der Austrittsverhältnisse ergab die Tatsache, daß der mittlere

[1]) Radiale Schaufelräume sind daher nicht nur wegen der mit steigender Drehzahl abnehmenden Wassermenge, sondern auch wegen des hohen Reibungsverlustes für den Schnelläuferbetrieb unbrauchbar. Daraus ist erklärlich, daß die Amerikaner selbst aus den abenteuerlichsten Formen ihrer Schnelläufer nichts herausbringen konnten. Das Gleiche gilt auch von den radialen Schaufelräumen der Propellerturbinen.

Abb. 99.

Stromfaden unter einem größeren Austrittswinkel das Laufrad verlassen müsse, als dies bei rotationslosem Wasseraustritt zulässig ist. Um der Sache auf den Grund zu kommen, verbog ich die kupfernen Schaufeln derart, daß die Laufradaustrittswinkel eine nicht unerhebliche Verkleinerung erfuhren. Die Bremsergebnisse zeigten die Richtigkeit des angedeuteten Weges. Nach mehrfachen Versuchen gelang es mir, den Laufradaustrittswinkel δ derart zu verkleinern, daß die spezifische Drehzahl bis über $n_s = 800$ ohne erhebliche Wirkungsgradverluste gesteigert werden konnte. Es waren dies die ersten Versuche, nach denen ich mir einen Ruhepunkt zur Sammlung und Verwertung der gewonnenen Ergebnisse für mehrdimensionale Betrachtungen gönnen konnte. Das erste Versuchsrad, das mit der erwähnten spezifischen Drehzahl von $n_s = 800$ arbeitete, ist durch das Lichtbild Abb. 99 dargestellt.

Ich konnte im Turbinenlaboratorium noch folgende Vorteile feststellen:

1. Hohe spezifische Drehzahl bis über $n_s = 800$,
2. guter Wirkungsgrad,
3. große Unempfindlichkeit gegen Drehzahl bzw. Gefällsschwankungen. Dieser Umstand ist bei Hochwassergefahr wertvoll.
4. Große Unempfindlichkeit gegen Verunreinigungen des Wassers durch Sand, Schlamm, Laub, Äste usw.
5. Leichte Herstellbarkeit, gute Transportmöglichkeit.

Diese neue Laufradserie wäre jedoch noch nicht geschaffen worden, wenn es nicht gelungen wäre, die Grundgesetze der Turbinentheorie mit den Versuchsergebnissen in Einklang zu bringen. Zunächst schien der Laufradaustrittswinkel δ auf den Betrieb der Turbine von großem Einfluß zu sein. Wird dieser Winkel zu klein, so erhält man große Drehzahlen n_1 und kleine Q_1. Die Fahnenbilder überzeugten mich, daß im Saugrohr offenbar Gegenrotation vorhanden sei. Der vom Leitrad erzeugte Wirbel wird durch das Laufrad nicht nur abgebremst, sondern sogar durch dasselbe ein Gegenwirbel erzeugt, der den Wirkungsgrad schädigt. Wird der Austrittswinkel zu groß, so erhält man kleine Drehzahlen n_1 und große Wassermengen Q_1. Es findet im Saugrohr eine Mitrotation statt. Der erzeugte Wirbel wird also durch das Laufrad nicht vollständig abgebremst. Wir haben in beiden Fällen eine Wirkungsgradabnahme zu erwarten. Nun gibt es eine, aber nur eine Mittelstellung, die den Leitradwirbel vollständig abbremst, also einen axialen Durchfluß des Wassers durch das Saugrohr gewährleistet. Dieser Winkel darf aber keineswegs mit der eindimensionalen Theorie berechnet werden, sondern es sind zu dessen Bestimmung mehrdimensionale Erwägungen maßgebend. Hat man diesen Winkel bestimmt, so wird die Hanffahne in axialer Lage verharren und der Strömungszustand weder durch Wirbel noch durch Gegenwirbel zerstört werden. Bei dieser Drehzahl und Wassermenge wird der beste Wirkungsgrad erzielt, wie ich das durch Tausende von ernsten, gewissenhaften Versuchen bestätigt fand.

Wie schon mehrfach erwähnt, hat mir die mehrdimensionale Turbinentheorie wertvolle Dienste zur Gewinnung dieser Austrittswinkel geleistet. Sie ist gewissermaßen ein verfeinertes Verfahren, das bei roher Annäherung an die »Zellenform« der Laufräder wieder auf die eindimensionale Betrachtungsweise zurückführt. Anschließend an das DRP. 300591 wird der Austrittswinkel ganz allgemein

$$\delta = F(l, t, \beta) \quad \ldots \ldots \ldots \ldots \quad (4)$$

Es ist sonach der Austrittswinkel δ sowohl von der Schaufellänge l als auch von der Schaufelteilung t und dem Laufradteintrittswinkel β abhängig. Genaue Versuche haben ergeben, daß die Werte von n_1 und Q_1 aus obiger Formel für jeden beliebigen praktischen Fall berechnet werden können, soferne die spez. Drehzahl $n_s = 800$ nicht wesentlich überschreitet. Bei $n_s = 900$ findet die gewünschte Übereinstimmung nicht mehr statt, und alle Versuche, Räder mit n_s über 900 zu bauen, waren von keinem Erfolge begleitet. Es war $n_s = 800$ gewissermaßen ein toter Punkt, über den ich trotz aller eifrigen Versuche nicht hinwegkommen konnte.

Ich habe versucht, durch Verbiegen der Schaufeln die verschiedensten Winkel herauszuholen und habe selbst die Schaufelfläche verändert, doch war alle Mühe vergeblich. Die Fahnenbilder zeigten eine ungeordnete Strömung an, welche allen Leitschaufelstellungen eigentümlich war. Auch ein Verbiegen der Leitschaufeln nach anderen theoretischen Grundlagen hatte keinen Erfolg. Schließlich habe ich noch versucht, eine günstige Energieumsetzung zu bewirken. Hierher gehören Saugrohrversuche mit trichterförmigem Verteilapparat und verschiedenen Saugrohrneigungen (Abb. 100), die meine Vermutung nur bestärkten, daß die Ursache des Mißerfolges nicht in der Zu- und Abführungsvorrichtung, sondern in der Schaufelfläche des Laufrades selbst zu suchen ist[1]). Da erinnerte ich mich, daß ich schon zu Beginn der Laufradversuche den Strömungsvorgang sichtbar machen wollte. Die Erfahrungen, die ich damals sammelte, sollen in folgenden Zeilen erzählt werden:

Die Einführung von schwimmenden Fremdkörpern (Kreidestaub, Farblösungen usw.) hatte keinen Erfolg. Es konnte wohl die ungefähre Stromrichtung festgestellt werden, doch zeigte sich im Hinblick auf die Turbulenz der Strömung ein Vermischen der Fremdkörper in unregelmäßigen Bahnen. Auch durch die Einführung von Luftbläschen konnte keine Klarheit geschaffen werden. Schließlich verfiel ich auf den Gedanken, durch Einführung von Teertropfen die Strombahnen auf den

Abb. 100.

Laufradschaufeln gewissermaßen durch die Strömung selbst aufzeichnen zu lassen. Die dazu benützte Vorrichtung bestand aus einer Glasdüse, die einen fein verteilten Regen von Teertropfen in den Laufradschaufelraum abführte. Man stelle sich einen Sprühregen vor, der auf die Fensterscheiben prasselt. Auch in diesem Falle erkennt man durch die abschwimmenden Regentropfen die Richtung des abfließenden Regens. In ähnlicher Weise wird auch in unserem Versuchsfalle eine Schar von Stromlinien erhalten, die wenigstens zum großen Teile die Strombahnen des Wassers aufzeichnen. Als ich damals den Teerversuch an Laufrädern bis etwa $n_s = 800$ durchführte, so fand ich die Strombahnen

[1]) Die Verwendung besonderer Metallegierungen bietet für die Schnelläufigkeit die besten Aussichten.

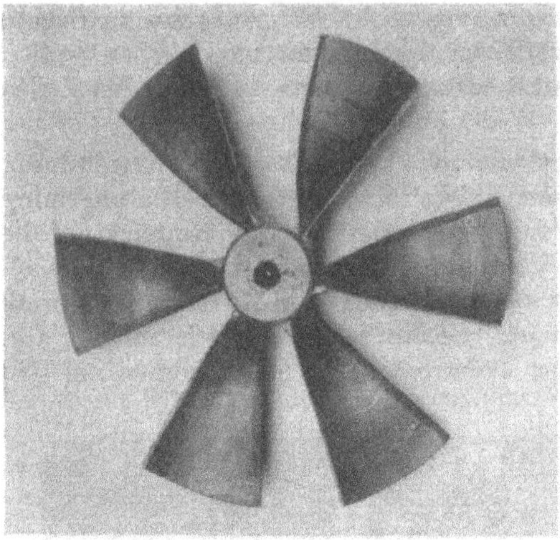

Abb. 101.

mit seltener Deutlichkeit am Schaufelrücken aufgezeichnet. Abb. 101 ist ein Lichtbild dieses Laufrades. Ich zog aus diesem Versuche die Berechtigung, die in mathematischer Form aufgestellten Naturgesetze verwenden zu dürfen. Als ich jedoch später ein Laufrad für $n_s = 900$ versuchte, fand ich an der der Austrittskante zugehörigen Schaufelrückenhälfte keine Strombahnen aufgezeichnet vor. Auch alle anderen Versuche führten zum gleichen Ergebnis. Es schien darin der Schlüssel zum Geheimnis zu liegen, das ich vorderhand nur dadurch feststellen konnte, daß Räder über $n_s = 900$ keinen guten Wirkungsgrad gaben. Offenbar fand eine Strahlablösung an der unteren Schaufelhälfte statt, an deren Behebung ich viele Monate zu forschen hatte. Es war die Schaufel zu kurz und ihre Krümmung zu scharf. Anderseits haben die bisherigen Versuche gezeigt, daß nur durch kurze Schaufeln hohe spezifische Drehzahlen mit gutem Wirkungsgrad erreicht werden können. Es wird die Leser jedenfalls überraschen, daß ich in den nächsten Tagen die Anordnung gab, ein solches Propellerrad mit sich überdeckenden Schaufeln auszuführen. Noch größer wird die Überraschung sein, wenn ich mitteile, daß weder meine Herren Assistenten, noch meine Lizenzfirma sich an die Herstellung eines solchen Propellerrades wagen wollten. Da meldete ich kurz entschlossen die neue Laufradform zum Patente an und hatte später die Genugtuung, durch eigene Versuche und durch jene der Firma Verkstaden zu erreichen, daß dieses Rad keine Strahlablösungen zeigte und auch bei größerem Gefälle noch kavitationsfrei lief, wo Räder mit schmalen Schaufeln schon längst ihren Dienst versagten. Die große Schaufelfläche verursacht kleine Austrittsverluste und daher geringe spezifische Drehzahlen, weshalb derartige Räder bei Mitteldruckanlagen Verwendung finden können, wie ich dies im Wasserkraft-Jahrbuch 1924, S. 421 gezeigt habe. Es scheint sich sonach vom Totpunkte $n_s = 900$ der Weg zu gabeln. Den einen Weg zur Erreichung großer Gefällsausnutzung haben wir schon beschritten; nun sei noch der zweite Weg zur Erreichung großer Schnelläufigkeit bei Niederdruckanlagen aufgezeigt.

Ich griff auf die eingangs erwähnten Versuchsergebnisse zurück, die mich belehrten, daß die Größe der Drehzahl eines kleinen Windrädchens von der Größe der Schaufelfläche abhängig ist. Offenbar war bei kleiner Schaufelfläche und geringer Schaufelneigung die spezifische Schaufelbelastung stärker gewachsen als bei großer Schaufelfläche. Jedenfalls waren die Reibungswiderstände der Größe der Schaufelfläche proportional. Sonach war die Vermutung nicht von der Hand zu weisen, daß sich auch bei Laufrädern mit flachgekrümmten und wenig geneigten Schaufeln jene Drehzahl und Wirkungsgradsteigerung einstellen müsse, wie dies durch den Übergang von zellenförmigen auf flügelartige Schaufeln sich versuchsmäßig nachweisen ließ. Die Reibungsuntersuchungen bestätigten diese Vermutung. Meine nächste Aufgabe war, ein Laufrad anzufertigen, das den obigen Bedingungen entsprach. Dazu war die Ferienzeit zu Weihnachten ausersehen.

Das Interesse an den Versuchen wuchs mit den Versuchserfolgen. Konnte ich doch zu Ferienende auf Schnelläufer über $n_s = 1000$ zurückblicken, wo mir noch vor Weihnachten die Erreichung von $n_s = 900$ unmöglich geschienen war.

Die hier mitgeteilten Versuchsergebnisse sind Naturgesetze, die durch viele Versuche gewissenhaft gefunden und kontrolliert wurden. Jetzt galt es nur noch, diese Gesetze mathematisch so abzubilden, daß dieselben zum Entwurf eines Schaufelplanes brauchbar sind. Zu diesem Behufe mußte schrittweise vorgegangen werden und seien hier noch kurz die Ergebnisse einer Laufradbremsung für $n_s = 1200$ geschildert. Zunächst war also die normale Schaufellänge und Schaufelkrümmung zu ermitteln, die Winkelverkleinerung zu bestimmen und mit dieser die ganze Schaufelfläche in Einklang zu bringen. Wie schon in meinen Patenten angegeben, ist eine entsprechende Abrundung der Eintrittskanten empfehlenswert, und es wurden aus dem Schaufelplan die Blechschablonen hergestellt, auf einem Modellbrett adjustiert, der Schaufelklotz aus Gips modelliert und in der üblichen Weise eine Matrize gegossen. Diese Gipsformen wurden dann der Stahlhütte Storek zur Herstellung einer Schaufelpresse übergeben. In dieser Presse erfolgte die Anfertigung der kupfernen Schaufeln ohne besondere Schwierigkeiten. Der nächste Weg war die Verlötung an einer Laufradnabe, welche Arbeit mich einen Tag beschäftigte. Dann wurden mittels Prüfschablonen noch die Laufradprofile kontrolliert und die Flügelenden genau adjustiert. Hierauf kam das Rad ins Laboratorium und konnte gebremst werden. Nicht selten zeigte sich ein unerklärlicher Abfall des Wirkungsgrades oder der spez. Drehzahl. Eine genaue Nachadjustierung der Austrittswinkel beseitigte diese Mängel. Wie empfindlich ein derartig hoher Schnelläufer auf die Schaufelwinkel ist, mag beispielsweise schon aus der Tatsache entnommen werden, daß eine Änderung des Austrittswinkels um 1^0 schon eine Änderung des Wirkungsgrades um 1 bis 2% hervorbringen kann. Diese Höchstschnellläufer (Serie III) zeigten aber noch andere Eigentümlichkeiten. Es nahm nämlich mit wachsender Drehzahl die Wassermenge ab, also ein Umstand, der im praktischen Betriebe nachdenklich stimmt[1]). Wird durch Überlastung der Turbine eine Drehzahlverminderung bewirkt, so verarbeitet die Turbine eine größere Wassermenge, als dem normalen Bedarf entsprechen würde. Es muß also die Gefällshöhe sinken und die Leistung sich verkleinern. Dadurch sinkt wieder die Drehzahl und die Folgen machen sich neuerdings in einem Gefällsabfall bemerkbar, bis schließlich die ganze Turbine »abschnappt«, also stehen bleibt.. Es war sonach die Turbine im labilen Gleichgewicht, das einen Betrieb mit geringen Belastungsschwankungen voraussetzt.

So weit waren die Ergebnisse der Laboratoriumsversuche gediehen, als sich die Gelegenheit ergab, die im Betriebe befindlichen Höchstschnellläufer mit den Versuchsergebnissen meines Turbinenlaboratoriums zu erproben. Da zeigten sich die im Wasserkraft-Jahrbuch 1924 angegebenen Erscheinungen, die als Kavitationserscheinungen (Hohlraumbildungen) anzusprechen sind[2]). Der Weg zur Behebung dieser Erscheinungen war mühsam und mit vielen zerstörten Hoffnungen verbunden[3]). Weder ich noch meine Lizenzfirmen wußten sich einen Rat, da alle Abänderungen vergeblich waren. Da fielen mir die Teerversuche ein, aus denen ich die Möglichkeit der Ablösung der Wasserströmung vom Schaufelrücken vermutete. Genaue theoretische Untersuchungen, deren Richtigkeit von meinem Kollegen Professor Lechner bestätigt wurde[4]), ergaben zwanglos das Auftreten von Hohlraumbildungen, hervorgerufen durch einen entsprechenden Saugdruck im Laufradschaufelraum. Nach verschiedenen Versuchen, diese rätselhaften Erscheinungen zu vermeiden, griff ich auf die obenerwähnten

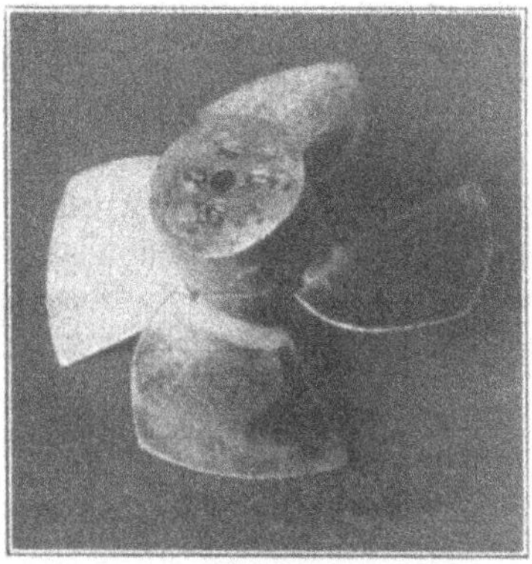

Abb. 102.

[1]) Erst einige Jahre später bin ich zur Erkenntnis gelangt, daß die Ursache dieser Erscheinung in ungeordneten Strömungsverhältnissen lag.

[2]) Vgl. die Mitteilung dortselbst: »Über Kavitationserscheinungen bei Turbinen mit hoher Umlaufgeschwindigkeit.«

[3]) Ich hatte bei diesem Anlasse eine schwere Krankheit zu bestehen, deren Folgen mein eifriges Schaffen beeinträchtigten.

[4]) In dieser schweren Zeit, wo mir meine Krankheit jedes ernste Schaffen sehr erschwerte, war es Herr Prof. Dr. Lechner, der mich in allen die Kaplansache betreffenden Angelegenheiten selbstlos und freundschaftlichst unterstützte, wofür ihm noch an dieser Stelle der wärmste Dank ausgesprochen werden soll. Auch meinen übrigen unermüdlichen Mitarbeitern Herrn Ing. Slavik, Brünn, und Herrn Dr. Gallia, Wien, sei hiemit der wärmste Dank ausgesprochen.

Teerversuche zurück, und es ist mir gelungen, durch den Entwurf der Serie II zu kavitationsfreien Schaufeln für Niederdruckanlagen zu gelangen. Aus dieser Laufradserie ist später durch Abrundung der Schaufelfläche die Serie IV entstanden, die einerseits unter das DRP. 300591 fällt, anderseits auch bei großen Gefällen noch gute Wirkungsgrade ergibt (Abb. 102). Die Bremsung eines Versuchsrades im Turbinenlaboratorium ergab folgende Wirkungsgrade bei den angegebenen spezifischen Drehzahlen n_s[1]):

1. n_s =	600	1000	1100	1200	
2. $\eta\%$ =	80,3	79,0	77,0	ca. 75	(Versuchsrad 184 mm Φ)
3. $\eta\%$ =	88	87	86	ca. 84	(Kaplanrad 1000 mm Φ)

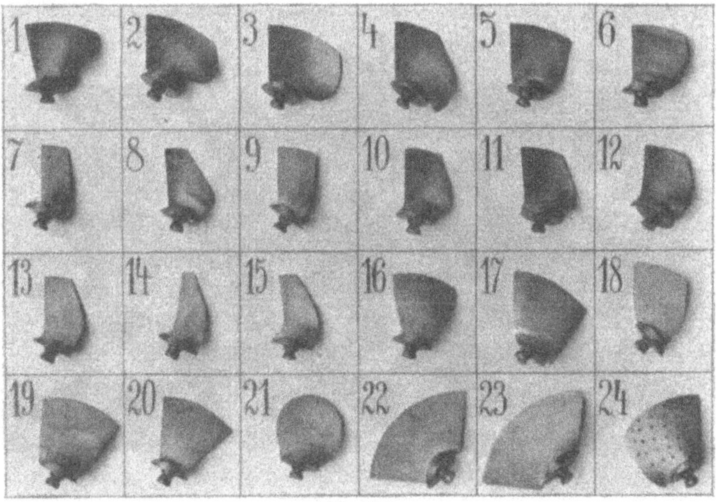

Abb. 103.

Durch die Abb. 103, 104 sei noch eine Auslese von Laufrad-Schaufelformen dargestellt, die im Laufe des Entwicklungsganges untersucht wurden.

Bevor ich meine Ausführungen in der Behebung der ersten Kinderkrankheiten abschließe, sei es mir noch gestattet, den patentrechtlichen und geschäftlichen Teil meiner Turbine kurz zu besprechen.

Als es an den flügelartigen Laufrädern nach DRP. 300591 usw. nichts mehr zu verbessern gab, meldete ich meine Turbine im Sinne

[1]) Vgl. Wasserkraft-Jahrbuch 1924, S. 430. Sowohl die hier mitgeteilten als auch die im Wasserkraft-Jahrbuch angeführten Wirkungsgrade beziehen sich auf ein Versuchsrad von nur 184 mm Durchm. Nach dem Ähnlichkeitsgesetze Prof. Camerers (Wasserkraftmaschinen) wären bei einem Laufraddurchmesser von 1000 mm die in Zeile 3 berechneten Wirkungsgrade zu erwarten. Vgl. Anlage Rötteln (Wasserkraft 1925, S. 401) und Lilla Edet (Wasserwirtschaft 1926, S. 75).

obiger Patentschriften in den meisten Kulturstaaten zum Patente an und lud hernach die maßgebenden Vertreter der in- und ausländischen Turbinenfirmen zur Bremsung meiner Turbine ein. Es erschienen: Herr J. Singrün, Leiter der Firma Singrün Frères in Epinal (Frankreich), Direktor Holm (Verkstaden), Jensen og Dahl (Kristiania), Prof. Dr. Thoma für Briegleb Hansen (Gotha), Dr. Oesterlen (für Voith in Heidenheim, Oberingenieur Dubs (Escher Wyß), Ing. Gelpke (Amme Giesecke), Ing. Schmidt von Allis Chalmers (Milwaukee). Ferner erschienen Vertreter von Piccard Pictet und Vevey sowie solche aus Rußland und Japan. Es kam die unangenehmste Zeit, nämlich die Zeit der Abfassung der Verträge. Jeder der Versuchsingenieure kam mit

Abb. 104.

einer gewissen Dosis von Mißtrauen an, das sich noch steigerte, als ich die Besichtigung des Rades ablehnte. Recht heiter stimmten mich dann die Bremsproben. Jeder Bremshebel wurde mathematisch genau gemessen und das Tachometer, die Stoppuhr, die Gefällsmessung bis auf die Nieren hinein geprüft und schließlich die ersten Bremsungen vorgenommen. Nicht selten wurde der Wunsch ausgesprochen, den Wirkungsgrad durch eigene Bremsungen zu bestimmen, den ich mit Rücksicht auf die Persönlichkeit des Vertreters erfüllte[1]). Im allgemeinen wichen auch die erhaltenen Bremsergebnisse nur wenig von meinen Bremsergebnissen ab, wie ich dies aus den noch heute in meinem Besitz befindlichen Urschriften entnehme. Je mehr sich diese Vertreter von

[1]) Einige der Herren wirken heute als Hochschulprofessoren.

der Stichhältigkeit der Kaplanturbinentheorie überzeugen ließen, um so größeren Widerständen begegnete der Vertragsabschluß, denn dem berechtigten Wunsch, das Laufrad bzw. die Patentanmeldung zu sehen, begegnete ich mit dem nicht minder berechtigten Einwande, daß ich nicht gewillt sei, die technische Neugierde irgendeiner auf dem Gebiete des Schnelläuferbaues führenden Firma zu befriedigen und so ihre Bestrebungen in dem Bau schnellaufender Turbinen kostenlos zu fördern. So ereignete es sich nicht selten, daß die Vertreter wieder unverrichteter Dinge abzogen mit der Begründung, »daß man die Katze doch nicht im Sacke kaufen wolle«. Am schnellsten gelang es, einen Vertrag mit einer französischen Firma (Singrün Frères in Epinal) unter Dach zu bringen. Dies machte mir neue Hoffnungen, und schneller als ich gedacht, kam auch der schwedische Vertrag zustande. Von diesem Vertrag erhielt ich noch eine entsprechende Anzahlung, die mir in der Kriegszeit sehr zustatten kam. Eine große Anzahl von Patenten mußte noch genommen werden, die meine Ersparnisse in erschreckender Weise aufzehrten. Die größten Schwierigkeiten hatte ich mit meinen amerikanischen Patentanmeldungen. Da ich die von meinen Patentanwälten eingereichten amerikanischen Anmeldungen wegen ihrer Unverständlichkeit zurückerhielt, mußte ich mich entschließen, die Übersetzung derselben in die englische Sprache mit Hilfe eines Dolmetschers selbst zu besorgen. Es unterliegt keinem Zweifel, daß die Anmeldezeit zu den schwierigsten und undankbarsten Zeitabschnitten im Werdegang eines Patentes vorstellt. Der Erfinder ist in den meisten Fällen gegenüber dem Patentanwalt völlig rechtlos, weil alle amtlichen Eingaben in der betreffenden Staatssprache ausgeführt werden müssen. Rechnet man nur die Anmeldung in 20 europäischen Staaten, so wird vorausgesetzt, daß man 20 europäische Sprachen nicht nur gesellschaftlich, sondern auch technisch richtig beherrscht. Kennt man nur wenige Sprachen, so bleiben doch die aus den fremdsprachigen Schriftsätzen erflossenen Bescheide ein Buch mit sieben Siegeln, dem nur durch eine gewissenhafte Übersetzung ein halbes Leben eingehaucht werden kann. Man bedenke, eine technisch nicht geschulte Kraft und die verwirrende Zahl von technischen Fachausdrücken in einer Erfindung! Es werden die Patentanwälte vor Aufgaben gestellt, die sie einfach nicht erfüllen können. So kam es, daß ich im ersten Bescheid meiner amerikanischen Anmeldung lesen mußte, die Beschreibung sei »hopeless unintelligible«, obwohl ich mir alle Mühe geben hatte, den Patentanwalt entsprechend zu informieren. Man wird mir vor Augen halten, daß es genug gewissenhafte Anwälte gebe, die, auf den Geist des Erfinders eingehend, seinen Wünschen Rechnung tragen würden. Aber solche Informationen kosten Geld und wieder Geld. So kam es, daß ich mit meinen Anwälten Pauschalpreise vereinbaren mußte, um mich materiell halbwegs behaupten zu können. Billiges Honorar schaltet aber gewissenhaftes

Arbeiten gänzlich aus, und so mußte ich mich bei meinen ausländischen Patentanmeldungen mit der bescheidenen Hilfe der verschiedenen Übersetzungsbureaus begnügen, die von dem technischen Geist der Erfindung keine Ahnung hatten. So bedeutete auch die Erledigung amtlicher Bescheide für den Patentanwalt keinen Nachteil, wohl aber für mich, da die Gefahr der Abweisung einer solchen Anmeldung drohte, wenn ich nicht kapitalskräftig genug war, um die Mehrkosten einer gewissenhaften Übersetzung, einer Fristverlängerung usw. zu übernehmen.

Warum ich alle diese traurigen Erfahrungen dem geneigten Leser mitteile? Ich möchte nämlich verhindern, daß der junge Erfinder zu optimistisch wird, angespornt durch verschiedene gewissenlose »Patentagenten«, die nur im eigenen Interesse handeln, wenn sie den Erfinder zur Patentierung seiner »epochemachenden« Erfindung im In- und Auslande veranlassen.

Da ich kurz nach der Einreichung fast alle ausländischen Anmeldungen wegen Unverständlichkeit zurückerhielt und mir die neuerlichen Kosten der Übersetzungen tief in meine Lebensführung einschnitten, so mußte ich die österreichischen Anwälte aufgeben und mich auf eigene Füße stellen[1]). Durch Empfehlung vertrauenswürdiger ausländischer Patentanwälte war es mir doch gelungen, die Anmeldungen in den meisten europäischen Staaten zur richtigen Zeit unterzubringen. In Deutschland hatte ich dem Deutschen Reichspatentamt einen Vertrauensmann namhaft gemacht und ging der ganze Briefwechsel durch die Hand dieser Persönlichkeit. Mein Berliner Vertrauensmann, Herr Lemme, der in selbstloser Freundschaft mir alle Entscheidungen des Deutschen Reichspatentamtes übersandte, war der gute Geist, dem ich die Patentierung meiner Erfindung in Deutschland zu verdanken habe. Denn die der Anmeldung folgenden Einsprüche kosteten ein kleines Vermögen, wenn ich mit Anwälten zusammenarbeitete, erreichten aber ein erträgliches Maß, wenn ich die Ausfertigung der Eingaben selbst übernahm. Jede Information an den Patentanwalt kostet ja auch dann noch Geld, wenn derselbe diese nur mit der Schreibmaschine zu vervielfältigen braucht.

Ich arbeitete also in Deutschland mit einem guten »Wirkungsgrad«, der selbst dann in gleicher Höhe blieb, als mich ein deutsch-schweizerisches Turbinensyndikat ernstlich bekämpfte. Ich habe niemals eine Arbeit gescheut und rechnete nur mit den Kosten, die mir die vielen Eingaben verursachten, welche ich mit meinen Ersparnissen in Einklang bringen mußte. Wie oft legte ich mir bei solcher Rechnungsprüfung die

---

[1]) Auf Ersuchen meines Patentanwaltes Ing. Neutra in Wien sei hiemit festgestellt, daß derselbe mit der geschilderten unsachlichen und kostspieligen Führung meiner Patentangelegenheiten nichts zu tun hatte, da derselbe die Vertretung meiner Patentangelegenheiten erst dann klaglos übernahm, als ich den früheren Patentanwälten dieselbe entziehen mußte.

Frage vor: Werde ich mit meinen Ersparnissen noch bis zur mündlichen Verhandlung durchhalten können? Wird dem Einspruch noch eine Beschwerde folgen? Werde ich von meiner schwedischen Lizenzfirma die vertraglich vorgesehenen Mittel erhalten und den Kampf im Bedarfsfalle noch fortführen können?

Von diesen Sorgen wurde ich durch das Urteil des höchsten Gerichtes in Deutschland — des Reichsgerichtes in Leipzig — befreit, das die Abweisung der Nichtigkeitsgründe bestätigte und mein Turbinenpatent in vollem Umfang zu Recht bestehend erkannte. Das gleiche war auch in Österreich der Fall. Jetzt galt es nur noch, die Verwertung meiner Patente durchzusetzen. Wie ich schon in der »Wasserwirtschaft« berichtete[1]), war es vor allem die altbekannte Stahlhütte Ign. Storek in Brünn, die nicht nur meinen Versuchen, sondern auch den Versuchsergebnissen das größte Interesse entgegenbrachte. Sie nahm daher den ihr übermittelten Antrag, ein altes Wasserrad durch eine von mir entworfene Kaplanturbine zu ersetzen, an. Nach eingehenden und eifrigen Studien und Versuchen wurde die ganze Anlage entworfen und der genannten Firma zur Ausführung übertragen. Da die Bestellung zur Zeit des Umsturzes erfolgte, waren auch wir in Mitleidenschaft gezogen und konnten die Turbine erst später zum Versand bringen. Nach der Montage erfolgte die Abbremsung derselben, die durch Professor Budau und die Ingenieure Blümel, Straßer und Steiner vorgenommen wurde. Sie ergab das in der Zeitschrift des österreichischen Ingenieur- und Architektenvereins (Jahrgang 1919, Heft 47) veröffentlichte Ergebnis, das noch in der »Wasserwirtschaft« 1917, Heft 14, durch einen kurzen Bericht des Professors Budau ergänzt wurde. Besonders erstaunt waren die Sachverständigen über den guten Wirkungsgrad bei hoher Schnellläufigkeit und starker Teilbeaufschlagung. Das gute Ergebnis hat die Firma Storek bewogen, die Fabrikation der Kaplanturbine aufzunehmen. Sie war sonach die erste Kaplanturbinenfabrik der Welt, die den Mut fand, sich ins Unbekannte hineinzuwagen[2]). Tüchtige Ingenieurarbeit trug zum Rufe der Stahlhütte Storek bei, der sich noch vergrößerte, als sich die Firma durch Erwerbung eines von den Witkowitzer Eisenwerken erbauten Versuchslaboratoriums für Kaplanturbinen von der hiesigen Versuchsanlage unabhängig machen konnte. Durch die inzwischen erschienenen Veröffentlichungen wurden die führenden deutschen und schweizerischen Turbinenfirmen auf die Kaplanturbine aufmerksam gemacht. Es fanden Verhandlungen wegen der Übernahme des Ausführungsrechtes in europäischen und amerikanischen Ländern

[1]) Die Wasserwirtschaft 1926, Heft 4.

[2]) Die erste von dieser Firma hergestellte Kaplanturbine ist auf Seite 242 bildlich dargestellt (Fig. 138).

statt, die mit der Festsetzung von Gewährbremsungen unter Zurückziehung der Einsprüche ihren Abschluß fanden[1]).

Da die St. Pöltener Firma J. M. Voith mit ihrem Stammhaus in Heidenheim in Interessengemeinschaft stand, so galt es noch, mit dieser Firma einen Vertrag zu schließen, der ähnlich wie der Konzernvertrag erst dann in Rechtskraft treten sollte, wenn die vertraglich vorgesehenen Gewährbremsungen erfüllt waren. Diese Bremsungen bezogen sich auf die Wirkungsgradhöhe von zwei Kaplanturbinen mit einer spezifischen Drehzahl von $n_s = 800$ und $n_s = 1200$, abgebremst in den Versuchsanstalten von Storek in Brünn und Briegleb Hansen in Gotha. Die Erfüllung der Gewähr hatte als unparteiischer Sachverständiger Prof. Dr. Meixner in Brünn zu beurteilen.

Nun hieß es, die Versuchsanstalt Storek betriebsfähig und »versuchssicher« zu machen, was nach langer und entbehrungsreicher Arbeit im August des Jahres 1921 gelingen sollte. Ich könnte ganze Bände schreiben über Hoffnungen und Enttäuschungen, über Erfolge und Mißerfolge, die ich mit der Versuchsanlage hatte. Endlich gelang es mir doch den Weg zu finden, der durch mein Turbinenlaboratorium vorgeschrieben war. Ich lud den Schiedsrichter Herrn Prof. Dr. Meixner zur Besichtigung der Versuchsanlage ein, der zur Kontrolle der Wassermessung noch den Einbau eines Rehbockschen Überfalles vorschlug. Da sich der Herr Schiedsrichter durch die Wassermeßkontrolle als befriedigt erklärte, so konnten nunmehr die Konzernmitglieder zur Garantiebremsung eingeladen werden. In der Zeit vom 31. Juli bis 3. August 1921 fanden diese Bremsungen statt, über deren befriedigenden Verlauf in der Zeitschrift »Elektrotechnik und Maschinenbau«, Jahrgang 1922, Heft vom 8. Januar, berichtet worden ist. Da das Sachverständigengutachten im gleichen Sinne ausfiel, so leistete der Konzern auf die Vornahme der Gewährbremsungen in Gotha Verzicht und nahm den Bau der Kaplanturbine allen Ernstes auf.

An dieser Stelle sei noch bemerkt, daß mir die Abbremsung des Rades $n_s = 1200$ (Serie II) in der Versuchsanstalt der Firma Storek viel Sorgen und Kopfzerbrechen verursachte. Den in meinem Laboratorium erreichten Wirkungsgrad von 78% konnte ich anfangs in der Versuchsanstalt nicht herausbringen, obwohl das Rad genügend groß war (Laufraddurchmesser 300 mm), um nach den Ähnlichkeitstafeln von Prof. Dr. Camerer eine Wirkungsgradverbesserung von 3 bis 4% zu erzielen. Von allen Vermutungen über diesen Mißerfolg war zunächst die erste, daß die Schaufelprofile meines Laboratoriumrades 184 mm Dmr.

[1]) Die unter dem Namen Kaplan-Turbinen-Konzern gebildete Vereinigung umfaßte folgende Firmen: J. M. Voith in Heidenheim, Briegleb Hansen & Co. in Gotha, Escher Wyß & Co. in Zürich und Ravensburg, Piccard Picted in Genf, Amme Giesecke & Konegen in Braunschweig. (Wegen der heutigen Zusammensetzung vgl. S. 261.)

mit jenen des Versuchsrades 300 mm Dmr. nicht übereinstimmen. Genaue Messungen ergaben aber nur ganz unerhebliche Abweichungen. Nun waren noch die Meßvorrichtungen zu erproben. Nach Umbau derselben konnte erreicht werden, daß sie innerhalb der üblichen Fehlergrenzen genaue Anzeigen machten. Auch zeigte die Saugsäule Luftblasen, die nach meiner Vermutung von undichten Verbindungsstellen herrührten und deren Behebung nicht vollständig gelang. Immerhin war es durch genaue Abformung der Schaufelfläche des Laboratoriumrades möglich, den Wirkungsgrad auf den Höchstwert von 77% zu bringen, der auch bei Überlastung und bei halber Beaufschlagung nicht wesentlich unterschritten wurde.

Ich habe die Schwierigkeiten der Inbetriebsetzung einer Kaplanturbine mit $n_s = 1200$ aus dem Grunde ausführlich geschildert, weil sich auch hier die Kinderkrankheiten wiederholten, die bei der Verwertung einer neuen Erfindung sich regelmäßig einstellen. Die Natur enthüllt den Schleier ihrer Geheimnisse nur widerwillig und der Weg zum ersehnten Ziele ist mit Entbehrungen und zerstörten Hoffnungen hinreichend gekennzeichnet. Von diesen Schwierigkeiten weiß der »glückliche« Nacherfinder nichts, da ihm der Weg zum Ziele vorbereitet wurde. Heute, wo ich den Werdegang meiner Turbine überblicke, wundere ich mich, daß ich den oben geschilderten Luftbläschen so wenig Beachtung schenkte. Waren sie doch, wie ich später erkannte, ein deutliches Anzeichen dafür, daß an einigen Stellen der Schaufelfläche ein solcher Unterdruck einsetzte, daß Hohlraum- und Wirbelbildungen unvermeidlich waren. In der Turbinenliteratur war darüber keine Erklärung zu finden[1]). Ebensowenig konnte ich in meinem Turbinenlaboratorium, wo ich meine Laufradversuche mit $n_s = 1200$ begann, solche Luftbläschen wahrnehmen, da die Saugsäule sehr klein war. Und so mehrten sich die Hiobsbotschaften, die von einer außerordentlich großen Luftausscheidung und einem explosionsartigen Geknatter zu berichten wußten. Weder ich, noch die Ingenieure wußten sich einen Rat. Da verfiel ich in eine schwere Krankheit, deren Spuren noch heute in meinem Gemütszustand eingegraben sind.

In dieser argen Bedrängnis erinnerte ich mich an die mitgeteilten Teerversuche und entwarf neue, abgerundete Laufradschaufeln (Serie IV), die nach den schwedischen Versuchen kavitationsfrei arbeiteten. Wenn man heute ein kavitationsfreies Laufrad besichtigt, so muß man wahrlich staunen, warum man nicht sogleich auf diese einfachen Mittel zur Behebung der Hohlraumbildung dachte. Wie bei so vielen Errungenschaften der modernen Technik gilt auch hier das alte deutsche Sprich-

[1]) Vgl. Wasserkraft-Jahrbuch 1924: Über Kavitationserscheinungen bei Turbinen mit hoher Umlaufgeschwindigkeit.

wort: »Not macht erfinderisch.« Hätte ich nicht die schmerzlichen Erfahrungen mit der »Strahlablösung« gemacht, so wäre ich sicher nicht auf den Gedanken gekommen, einen Schnelläufer für Mitteldruckanlagen zu entwerfen.

Als ich, wie erwähnt, den europäischen Ingenieuren die Bremsung eines Rades vorführte, da mußte ich eingestehen, daß alle meine Anfangsversuche, das Laufrad mit Teilbeaufschlagung bei gutem Wirkungsgrade arbeiten zu lassen, fehlschlugen. So konnte ich bei halber Beaufschlagung nur einen Wirkungsgrad von 50% erreichen[1]). Die Untersuchung der Austrittsströmung sowie theoretische Erwägungen brachten mich nach langen Irrwegen auf den Gedanken, die Radschaufeln an der Nabe drehbar anzugestalten. Durch diese Maßnahme konnte der Wirkungsgrad bei halber Beaufschlagung um 30% gehoben werden. Was eine derartige Verbesserung des Wirkungsgrades für die Industrie bedeutet, soll an einigen Beispielen noch näher erläutert werden.

Ein Elektrizitätswerk wird durch einen Schnelläufer betrieben, der gerade zur Winterszeit, also zur Zeit des größten Lichtbedarfes, einen empfindlichen Wassermangel aufweist. Es betrage die kleinste Wassermenge nur $1/4$ der normalen Wassermenge. Da aus wirtschaftlichen Erwägungen nur der Ausbau eines Schnelläufers möglich ist, so kann an den Ausbau nicht gedacht werden, weil durch derartige Turbinen mit der üblichen Leitschaufelregulierung keine Leistung erzielt werden kann. Die Turbine versagt ihren Dienst. Wird eine Kaplanturbine eingebaut, so geht zwar die Leistung auf mindestens den vierten Teil der Normalleistung zurück, aber die Turbine leistet noch willig Arbeit. Bei $1/3$ der Normalwassermenge gibt sie schon rund dreimal mehr Leistung als eine Turbine mit festen Schaufeln. Nicht unerwähnt soll bleiben, daß man derartige Turbinen mit drehbaren Schaufeln noch um rund $1/3$ ihrer Normalleistung überlasten kann, ohne daß der Wirkungsgrad erheblich sinkt. Wollte man eine Turbine mit festen Laufradschaufeln in der angegebenen Weise überlasten, so würde diese eine solche Zumutung durch einen erheblichen Wirkungsgradabfall beantworten, der so stark sein kann, daß von einer Mehrleistung nicht viel übrig bliebe. Wollte man in beiden Fällen einen wirtschaftlichen Betrieb des Elektrizitätswerkes sichern, so müßte noch eine zweite Turbine eingebaut werden. Dadurch vermindert sich die Rentabilität der Anlagen.

Im DRP. 289667 (Ö. P. 74244) ist der Gedanke, durch drehbare Laufradschaufeln gute Wirkungsgrade bei Teilbeaufschlagung zu erzielen, theoretisch entwickelt. Ich entschloß mich daher, ein Kaplanlaufrad mit drehbaren Schaufeln auszuführen. Abb. 105 zeigt ein Rad, welches im Betriebsstillstand von Hand aus eingestellt wird. Als die

[1]) Näheres in der Wasserwirtschaft Wien, Jahrg. 1919, Heft 4, S. 74.

Wirkungsweise dieser Vorrichtung die erwarteten Ergebnisse zeigte, machte ich den Versuch, die Schaufeln während des Betriebes zu verstellen. Die dazu erforderliche Vorrichtung ist in Abb. 106 dargestellt. An jede Schaufel lötete ich einen Kupferblechstreifen in der Nähe der kugelförmigen Nabe an. Dieser Streifen sollte als Kurbelarm zum Verdrehen der Schaufeln dienen. Zu diesem Behufe war das Gleitstück durch Zugstangen mit den Kurbelarmen verbunden. Bei diesem ersten Versuchsmodell waren diese Zugstangen, der Einfachheit halber, durch Messingdrähte ersetzt, wie dies aus Abb. 106 hervorgeht. Die achsiale Verschiebung des Gleitstückes wurde durch zwei Führungsstangen bewirkt, deren obere Enden aus dem Leitraddeckel hervorragten. Es war somit das ganze Regelgestänge bis auf die erwähnten Führungsstangenenden den neugierigen Blicken der verschiedenen Besucher entzogen. — Die gute Wirkungsweise dieser Laufschaufelregelung, wurde von den Besuchern eigenhändig erprobt[1]).

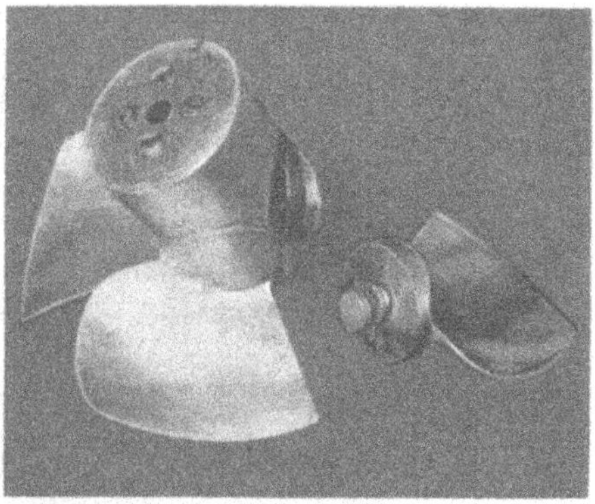

Abb. 105.

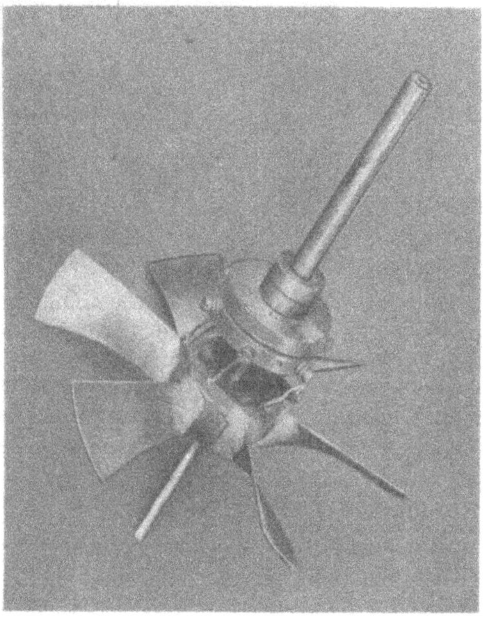

Abb. 106.

So einfach die Drehbarkeit der Laufradschaufeln ausgesprochen ist, so schwierig gestaltet sich die praktische Verwirklichung dieses Gedankens[2]). Auf der Schaufelfläche lastet nämlich der Wasserdruck, der bei größeren Ausführungen mehrere tausend Kilogramm betragen

[1]) Die ersten Bremsergebnisse der in meinem Laboratorium in Brünn versuchten Laufschaufelregelung sind in den Technischen Museen in Wien, München, Prag, Paris und Berlin ausgestellt.

[2]) Vgl. S. 200 u. f.

kann[1]). Es folgt weiters, daß der Lage des Schaufeldrehzapfens die gebührende Aufmerksamkeit geschenkt werden muß. Die Beanspruchung desselben ist sehr groß. Eine Entlastung des Drehzapfens kann in der Weise erzielt werden, daß der Schwerpunkt der Schaufel unter der Ebene der Drehzapfenmittel liegt, wie dies im DRP. 325860 und im ö. P. 82798 angegeben ist. Da die Drehvorrichtung vor Verunreinigung zu schützen ist, muß dieselbe eingekapselt werden. Zu diesem Zwecke ist mit jedem cm^2 zu sparen, nur hochwertiger Baustoff zu verwenden und die Schmierung reichlich vorzunehmen. Nach dem Zusammenbau der Reguliernabe empfiehlt es sich, dieselbe durch eine besondere Vorrichtung einlaufen zu lassen, und zwar unter dem gleichen Kräftespiel wie im wirklichen Betriebe.

Abb. 107.

Bei der Schwierigkeit des Entwurfes einer derartigen Reguliernabe ist es begreiflich, wenn jede meiner Lizenzfirmen mit Sonderausführungen zum Ziele gelangte. Die ersten brauchbaren Reguliernaben hat in zäher Arbeit meine tschechoslowakische Lizenzfirma Storek in Brünn herausgebracht. Empfehlenswert scheint mir die Sonderausführung der Reguliernabe meiner schwedischen Lizenzfirma nach dem Patente des Herrn Oberingenieur Englesson. Von besonderem Interesse ist die Mitteilung der Firma Voith[2]), wonach bei der Kaplanturbinenanlage Siebenbrunn, welche seit Sommer 1923 in angestrengtem Tag- und Nachtbetrieb steht, sich eine erkennbare Abnutzung der hoch beanspruchten Regulierungsteile im Flügelkopf überhaupt nicht gezeigt hat.

[1]) Dieser Druck beträgt bei der russischen Kaplanturbine am Swir über 1100 Tonnen! (Vgl. S. 258.)

[2]) Die Wasserwirtschaft 1926, Heft 4, S. 82.

Abb. 107 zeigt ein regelbares Kaplanrad mit 4 Schaufeln, gebaut von J. M. Voith in Heidenheim bei abgenommener Nabenhaube, wodurch die Verstellvorrichtung deutlich sichtbar ist. Offenbar ist der Entwurf nach reiflicher Überlegung und unter Berücksichtigung aller Versuchserfahrungen erfolgt. An dieser Stelle sei noch auf ein interessantes dynamisches Problem hingewiesen, welches gegenwärtig noch der praktischen Lösung harrt, nämlich die unter dem Einfluß der Fliehkraftwirkung vorzunehmende Schaufelverdrehung. Erfahrungsgemäß setzen die Schaufeln der Verdrehung einen Widerstand entgegen, der mit der Drehzahl wächst und der um so größer ist, je schneller die Schaufelverdrehung erfolgen soll. Auf die Bemessung des Regulators und der Reguliernabe dürfte das Verdrehproblem nicht ohne Einfluß bleiben. Wertvoll ist es noch, auf den Umstand hinzuweisen, daß ich bei kleinen Kaplanturbinenanlagen der Versuchung nicht widerstehen konnte, die Schaufelverdrehung auf direktem Wege erfolgen zu lassen. Ein kräftiger Achsregler mit großer Verstellkraft wurde auf die Turbinenwelle aufgebaut und die Verstellkraft der Schaufeln versuchsmäßig bestimmt. Leider traten bei der Inbetriebsetzung der Turbine Kavitationserscheinungen auf, die eine entsprechende Regulierung der Turbine verhinderten.

Vielleicht ist es hier am Platze, einen Blick auf das Regulierproblem zu werfen und von meinen Bestrebungen Mitteilung zu machen. Zunächst habe ich versucht, die Schaufelverdrehung durch eine Federkraft regelbar zu machen. Dies scheiterte an der veränderlichen Gefällshöhe der Versuchseinrichtung. Wesentlich bessere Erfolge hatte ich, als ich die Schaufelenden elastisch biegsam ausbildete. Um den bei teilweiser Beaufschlagung auftretenden Wirbelraum zu zerstören, versuchte ich die Einführung eines Stromlinienkörpers, der den Wirkungsgrad nur unwesentlich beeinflußte. Als verfehlt mußte der Versuch bezeichnet werden, die Energieumsetzung durch ein beim Laufradaustritt angebrachtes Wirbelblech zu erzwingen. Auch der gegenteilige Versuch, den Wirbel durch ein Glassaugrohr abzugrenzen, hatte keinen merkbaren Erfolg. Schließlich wurde die Leitradhöhe verändert. Es zeigte sich bei Verkleinerung derselben zwar eine Abnahme der durchfließenden Wassermenge, doch auch eine Abnahme des Wirkungsgrades. Da alle Versuche fehlschlugen, so griff ich auf Grund theoretischer Erwägungen zum letzten Auskunftsmittel, nämlich zur Verdrehung der Radschaufeln, wie ich dies in meinem ö. P. 74244 und DRP. 289667 darlegte. Die im kleinen gefundenen Versuchsergebnisse wurden bei großen Kaplanturbinenanlagen bestätigt.

Ich habe einen Abschnitt der mannigfachen Untersuchungen herausgegriffen, um dem ernsten Leser zu zeigen, daß das Regelproblem nicht ohne zeitraubende Versuche und Erwägungen abgegangen ist. Gerade so wie das Regelproblem wurden auch alle wichtigen Turbinenteile untersucht. Es würde mich aber zu weit führen, wenn ich von den übrigen Versuchen ausführlich Mitteilung machen wollte. Der Vollständigkeit halber seien diese hier nur angeführt.

a) Untersuchungen über die günstigste Laufradform (Teerversuche).
b) Untersuchungen über die günstigste Form der Laufradeintrittskante.
c) Wie groß ist die günstigste Laufradschaufelzahl?
d) Lange oder kurze Schaufelprofile?
e) Gekrümmte oder flache Schaufelprofile?
f) Ebene oder räumlich gekrümmte Austrittskanten?
g) Einfluß der Schaufeldicke.
h) Läßt sich bei Kaplanturbinen der normale Leitapparat für Francisturbinen verwenden?
i) Einfluß der Leitschaufeldicke und -krümmung.
k) Wie groß ist die günstigste Leitschaufelzahl?
l) Einfluß der Leitschaufelhöhen und Stirnkanten.
m) Kann der übliche Kreiskrümmer bei Kaplanturbinen Verwendung finden?
n) Versuche mit einer neuen Krümmerform nach DRP. 319780 und 323084 (ö. P. 77595 und 77080).
o) Düse mit großer Energieumsetzung und kleiner Baulänge.
p) Ist die sog. Laufraderweiterung nützlich oder schädlich?
r) Kann hohes n_s mit langen Schaufeln erzielt werden?
s) Versuchsergebnisse mit geneigten Schaufeln.
t) Versuchsergebnisse mit mehreren an der Nabe angeordneten Laufradschaufelreihen.
u) Günstigste Abrundung der Laufradkammer.
v) Führungsbleche im Saugkrümmer.
w) Normale Leitschaufeln für Laufräder mit beliebigem n_s.
x) Kaplanturbinen-Normalschaufel von $n_s = 400$ bis 1200.
y) Welche höchsten spezifischen Drehzahlen lassen sich praktisch erreichen?
z) Kaplanturbinen mit erweiterter und eingeschnürter Laufradkammer.

Diese und andere Versuche wurden im Laufe von etwa 10 Jahren ausgeführt. Dem am Kaplanturbinenbau nicht beteiligten Fachmann mag es vielleicht übertrieben erscheinen, wenn über geläufige Dinge ernste wissenschaftliche Untersuchungen angestellt wurden, doch zeigt die Erfahrung, daß es nicht zwecklos war. Die Mitteilung der Forschungsergebnisse an meine Lizenzfirmen hat ihre Versuchsarbeit wesentlich erleichtert.

Der Grund, warum ich mich erst heute mit der Bekanntmachung wissenschaftlicher Versuche im Turbinenlaboratorium hervorwage, ist in patentrechtlichen und vertragsrechtlichen Gründen gelegen, die darauf hinzielen, der Entwicklung der Kaplanturbine freie Bahn zu schaffen und Nachahmungen zu verhindern. Die aus Amerika aufgetauchten »Naglerturbinen«, »Propellerturbinen« usw. wurden seinerzeit von Ing. Schmidt unter dem Siegel der Verschwiegenheit in Form meiner Anmeldungen übernommen und von Allis Chalmers noch im Kriege nachgebaut[1]). Die durch den Weltkrieg geschaffene Sachlage hatte nicht nur Unsicherheit im Eigentum, sondern auch solche in Patentsachen zur Folge. Es erschien vielen Firmen als patriotische Tat, vom geistigen Eigentum vieler schwer ringender Erfinder Besitz zu ergreifen, wie dies aus der oben geschilderten »Entlehnung« meines geistigen Eigentums durch die Firma Allis Chalmers in Milwaukee hervorgeht[2]). An dem Erfolg der Kaplanturbine ist nicht mehr zu zweifeln und gerade dies führt zu dem tragischen Verhängnis jedes Nacherfinders, daß er »gerade zur selben Zeit« und »gerade auf dieselbe Weise« die gleiche Erfindung gemacht haben will, aber natürlich nur dann, wenn die ursprüngliche Erfindung einschlägt. Ich kann es nicht besser darstellen, als den 81 jährigen Benz zu Worte kommen zu lassen. Benz gibt unter dem Titel »Lebensfahrt eines deutschen Erfinders« einen Rückblick auf sein Leben und Werk und schreibt: »Hat ein Erfindungsgegenstand Fleisch und Blut angenommen, hat er in der Erfindungs- und Menschenwelt sich durchgesetzt und ist zu Ehren und Ansehen gekommen, dann finden sich aus aller Herren Länder Menschen, die sich dem berühmt gewordenen Weltbürger bald als Vater, bald als Großvater vorstellen.« Gewiß ist der Erfinder selten auf Rosen gebettet und hat mit Mißgunst und Neid, Demütigungen und Entbehrungen aller Art zu rechnen, doch niemals läßt sich der technische Fortschritt wegleugnen, den er der Natur abgerungen hat. So sei hier nur kurz auf die entbehrungsreiche Arbeit der Schaffung des Dieselmotors erinnert, an die aufmunternden Worte, die bei seiner Geburt ertönten, an die kritischen Bemerkungen der Außenseiter, die seine Erfolge und Neuheit bestritten und mißgönnten und an die traurigen Betrachtungen, welche die erklärten Gegner ihm aufs Grab legten. Aber niemals ist es gelungen, den Dieselmotor umzubringen, denn der technische Fortschritt, den derselbe erzielte, war zu groß, um durch üble Nachrede zerstört werden zu können. In diesem Sinne sind auch bei der Kaplanturbine alle Äußerungen von Außenseitern aufzufassen, die die Erfindungsneuheit und den technischen Fortschritt abzuleugnen versuchen, ohne vom inneren Wesen der Kaplanturbine und deren Zukunftsmöglichkeiten eine Ahnung zu haben.

[1]) Vgl. Zeitschr. d. V. d. I. 1921, S. 190, Wasserkraft 1921, S. 42 u. 150 und die Wasserwirtschaft 1929. H. 24, S. 437.

[2]) Vgl. die in den Techn. Museen in Wien, München, Prag, Berlin und Paris ausgestellten Urkunden.

II. Die Laufschaufelregulierung.

(Unter Benutzung der Veröffentlichung von Ing. J. Slavík »Kaplanregulierung« in der Wasserwirtschaft, Wien, Jahrgang 1928, Heft 21—22.)

Im vorangehenden Abschnitt wurde bereits erwähnt, daß es zwar durch geeignete Ausbildung der Laufräder möglich ist, die spezifische Drehzahl hinaufzusetzen, daß jedoch solche Räder einen raschen Abfall des Wirkungsgrades zeigen, sobald die Betriebsbedingungen von den normalen abweichen. Die übliche Leitschaufelregulierung reicht nicht hin, um die Turbine ohne wesentliche Wirkungsgradverschlechterung dem neuen Betriebsfall anzupassen. Diese Erscheinung macht sich um so stärker fühlbar, je höher die spezifische Drehzahl der Turbine gewählt wurde. Abb. 108 soll dies verdeutlichen.

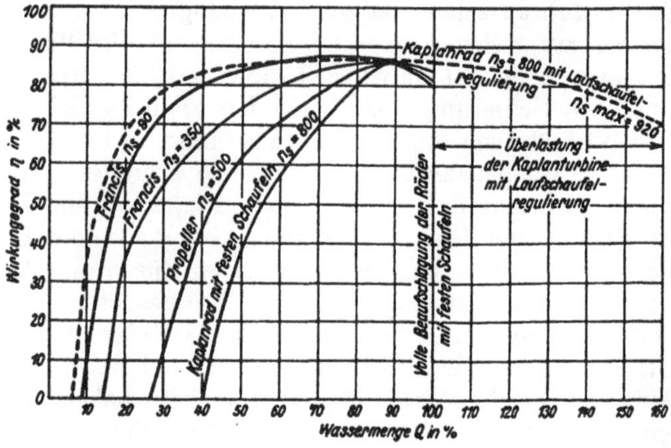

Abb. 108.

Über der Wassermenge Q als Basis ist der Wirkungsgrad η verschiedener Radtypen ausgetragen. Dabei entsprechen die vollgezeichneten Kurven durchwegs Laufrädern mit festen Schaufeln und wurden durch Regulierung mittels Finkscher Drehschaufeln im Leitapparat erhalten. Man erkennt deutlich, daß die Wirkungsgradkurven von ihrem Scheitel um so steiler abfallen, je höhere spezifische Drehzahlen das betreffende Rad aufweist. Beim Kaplanrad mit festen Schaufeln als dem raschesten der untersuchten ist der Abfall am stärksten ausgeprägt.

Durch diese Eigenschaft wird die Verwendungsmöglichkeit der Höchstschnelläufer in der Praxis stark eingeschränkt. Bei den wenigsten Anlagen ist die zu verarbeitende Wassermenge gleichbleibend. Vielfach ist sie recht bedeutenden Schwankungen unterworfen, und diesen kann ein Schnelläufer bei gutem Wirkungsgrad nicht folgen; empfindliche Leistungsverluste wären unvermeidlich. Zwar ist es möglich, die Wassermenge auf mehrere Maschinen aufzuteilen und jeweils nur so viele von ihnen in Betrieb zu halten, daß sie mit ungefähr normaler Beaufschlagung und ihrem besten Wirkungsgrad arbeiten können. Oft genug wird aber diese Lösung — abgesehen von betriebstechnischen Schwierigkeiten — an wirtschaftlichen Überlegungen scheitern müssen, denn es liegt auf der Hand, daß eine Vermehrung der Aggregatzahl auch die Baukosten der Anlage rasch erhöht.

Kehren wir nun zum Diagramm Abb. 108 zurück, das uns im Kaplanrad mit festen Schaufeln einen typischen Hochschnelläufer mit steiler Wirkungsgradkurve vorstellte. Das Bild ändert sich sofort, wenn wir die Schaufeln dieses Kaplanrades in dessen Nabe verdrehbar anordnen und sie zur Regulierung mit heranziehen. Die sich dabei ergebende Wirkungsgradkurve ist in Abb. 108 gestrichelt eingetragen. Ihr Verlauf ist ein überaus flacher und zeigt, daß das Kaplanrad mit Drehschaufeln trotz seiner höchsten spezifischen Drehzahl eine Regulierfähigkeit besitzt, die nicht einmal von jener der Francislangsamläufer erreicht wird. Es fällt in dieser Hinsicht ganz aus der Reihe der übrigen Räder heraus.

Die damit erzielten Vorteile sind augenfällig. Das Anwendungsgebiet der aus wirtschaftlichen Gründen erstrebenswerten Schnelläufer erscheint selbst auf stark veränderliche Wassermengen ausgedehnt und dabei wird das Auslangen mit ganz wenigen Aggregaten ermöglicht.

Worauf beruht diese auffallende Wirkung der Laufschaufelregulierung?

Theoretisch wäre es zweifellos möglich, auch durch Schnelläufer mit festen Schaufeln und steiler Wirkungsgradkurve eine vollkommene Ausnutzung stark schwankender Wassermengen in einer einzigen Turbine zu erzielen. Man hätte nur für jede der vorkommenden verschiedenen Wassermengen ein eigenes Rad mit festen Schaufeln zur Verfügung zu halten, das dabei eben seinen besten Wirkungsgrad gibt und hätte diese Räder bei Eintreten der verschiedenen Betriebsfälle wechselweise in die Turbine einzubauen. Beim Auftragen der Kurven nach Art der Abb. 108 erhielte man so eine Reihe nebeneinander liegender, sich überschneidender Kuppen, und die resultierende Wirkungsgradkurve der Räderreihe würde der obersten Begrenzungslinie der so entstandenen Figur entsprechen[1]). Bei genügend großer Räderzahl ginge sie in eine flache Kurve über und würde so einen hohen Wirkungsgrad bei jeder der verschiedenen Wassermengen gewährleisten.

Es ist einleuchtend, daß der hier theoretisch vorausgesetzte Radaustausch praktisch undurchführbar wäre. Bei Schnelläufern besteht jedoch die Möglichkeit, die erforderlichen Räder durch Formänderung aus einem einzigen, stabil eingebauten Rad herzustellen, wobei die

---

[1]) Vgl. S. 112 und Amstutz, Zur theoretischen Berechnung von spez. schnelllaufenden Laufrädern. Festschrift Stodola. 1929.

Formänderung eben in einer einfachen Verdrehung der starren Laufradschaufeln besteht. Sowohl die theoretische Untersuchung als auch der praktische Erfolg beweisen, daß sich durch dieses Näherungsverfahren den hydraulischen Forderungen auch bei stark schwankender Durchflußmenge bestens entsprechen läßt.

An Hand der Abb. 109 möge untersucht werden, welche Verhältnisse sich für die Verschaufelung eines Laufrades ergeben, wenn bei unveränderter Drehzahl die Wassermenge etwa auf den halben Wert der normalen sinkt. Der Einfachheit halber soll ein rein axiales Rad betrachtet werden, so daß die Umfangsgeschwindigkeit in jedem Punkte des auf einer Zylinderfläche liegenden Schaufelprofiles gleich ist. Für den normalen Betriebsfall ergeben sich in bekannter Weise das Ein- und Austrittsdiagramm, wie sie in Abb. 109 mit vollen Linien einge-

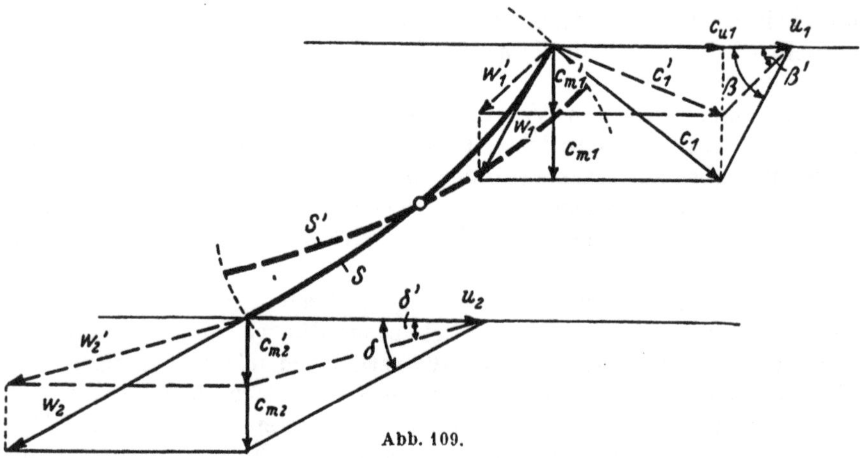

Abb. 109.

tragen sind. Sinkt die Wassermenge auf die Hälfte, so entspricht dies nach der Kontinuitätsgleichung einer Verkleinerung der Meridiangeschwindigkeiten c_{m1} und c_{m2} auf den halben Wert, das ist auf c_{m1}' und c_{m2}'. Die Umfangsgeschwindigkeiten $u_1 = u_2$ bleiben laut Voraussetzung unverändert, ebenso die Umfangskomponente c_{u1} der absoluten Eintrittsgeschwindigkeit c_1 bzw. c_1', so daß sich für den neuen Betriebsfall die gestrichelten Diagramme ergeben.

Es ist ersichtlich, daß sowohl der Eintrittswinkel β als auch der Austrittswinkel δ eine Verkleinerung auf β' bzw. δ' erfahren müssen, um wieder eine einwandfreie Energieumsetzung zu ermöglichen. Die erforderliche Winkeländerung am Eintritt ist nicht die gleiche wie am Austritt, doch ist der Unterschied nur unbedeutend und man kann mit durchaus zufriedenstellender Annäherung die neuen Winkel durch eine Verdrehung des ganzen Profiles erhalten, wie dies ebenfalls in Abb. 109 angedeutet ist.

Freilich muß beachtet werden, daß strenge genommen die Verdrehung in jeder Stromfläche um einen anderen Winkel erfolgen müßte, weil die Geschwindigkeitsdiagramme für die verschiedenen Profile der Schaufel keineswegs ähnlich sind. Aber auch hier genügt es, einen Mittelwert für den Verdrehwinkel einzuführen, zumal die der Nabe benachbarten Schaufelteile weniger von Wichtigkeit sind als die äußeren Schaufelpartien, denen der Hauptanteil der Energieumsetzung zukommt.

Die Wirkungsweise der Laufschaufelregulierung läßt sich sonach kurz dahin zusammenfassen, daß durch eine Verdrehung der Laufradschaufeln als starre Körper die Winkel und Querschnitte am Ein- und Austritt des Laufrades jeweils so eingestellt werden, daß sie mit guter Annäherung jenen entsprechen, die für die betreffende Durchflußmenge gerade erforderlich wären. Dabei müssen, um den bestmöglichen Wirkungsgrad zu erhalten, Leit- und Laufschaufeln in ganz bestimmter Abhängigkeit voneinander verstellt werden, denn es gibt streng genommen zu jeder Laufschaufelstellung nur eine einzige Leitschaufelstellung, bei der das Wirkungsgradmaximum auftritt. Aus diesem Grunde wird in der Praxis nicht selten eine zwangläufige Kupplung der beiden Regulierungen vorgesehen.

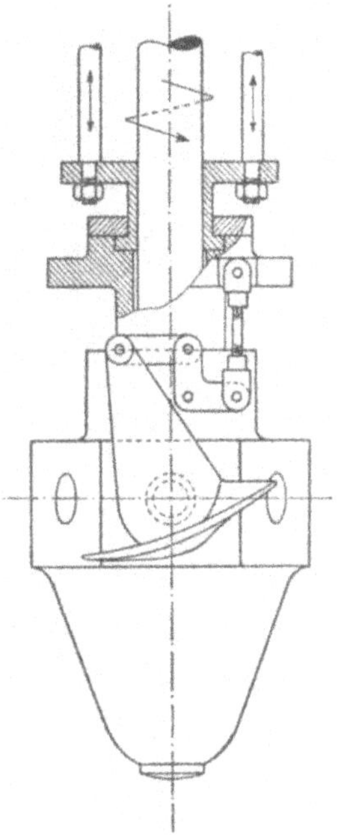
Abb. 110.

Nachdem die Richtigkeit der theoretischen Darlegungen durch die Bremsung eines kleinen primitiven Modells (Abb. 106) nachgewiesen worden war, entstand die Aufgabe, eine betriebstüchtige Konstruktion zu schaffen, um der bisherigen Laboratoriumspflanze die Möglichkeit zu geben, in der Praxis Wurzel zu fassen. Da dürfte es nicht ohne Interesse sein, meinen ersten prinzipiellen Entwurf zu betrachten, wie ihn Abb. 110 darstellt. Das Rad war noch mit sechs Schaufeln in Vorschlag gebracht worden. Bald aber zeigte sich, daß auch mit vier und weniger Laufschaufeln sehr wohl das Auslangen gefunden werden kann, ein Umstand, der dem Entwurf der Regulierräder natürlich zugute kommt.

Es ist noch gar nicht lange her, daß viele Fachleute der Laufschaufelregulierung recht skeptisch gegenüberstanden, ja ihren praktischen Wert überhaupt bezweifelten, da sie an die Möglichkeit einer befriedigenden konstruktiven Lösung nicht glaubten. Dies erscheint begreiflich, wenn man an die schwierigen Verhältnisse denkt, unter denen eine solche Regulierung zu arbeiten hat. Das Rad muß imstande sein, lange Zeit ohne jede Unterbrechung im Wasser zu laufen und ist dabei einer direkten Kontrolle entzogen. Durch die aus hydraulischen Gründen nötige Zusammendrängung des Reguliermechanismus auf einen verhältnismäßig engen Raum ergeben sich für die Verstellung kurze Wege, so daß zur Bewältigung der Regulierarbeit große Kräfte aufgewendet werden müssen, die eine starke Beanspruchung der Regulierteile zur Folge haben. Fliehkraft und Wasserdruck an den einseitig gelagerten Schaufeln bedingen hohe Belastungen ihrer Lager, und dennoch müssen diese auch bei fortgesetzter Schaufelverstellung unter Vollast jahrelang ihren Dienst versehen können, ohne einer Auswechslung zu bedürfen.

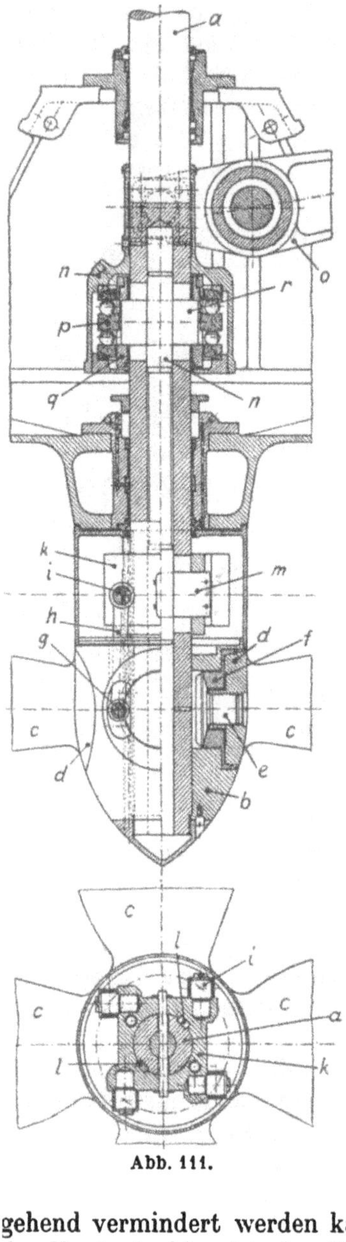

Abb. 111.

Die moderne Technik verfügt jedoch über das Rüstzeug, um auch so hochgespannte Forderungen zu erfüllen. Wohldurchdachte Bauweisen, hochwertiges Material, präziseste Arbeit, sorgfältige und zuverlässig wirkende Schmierung, Fernhaltung des Wassers und seiner Verunreinigungen von allen gleitenden Flächen und empfindlichen Teilen haben auch die Reguliernabe zu einem Maschinenteil gemacht, der volles Vertrauen verdient, und heute kann das Problem der drehbaren Laufradschaufeln auch in praktischer Hinsicht als gelöst betrachtet werden. Das beweisen zahlreiche ausgeführte Anlagen, die seit einer Reihe von Jahren anstandslos im Betriebe stehen.

Es leuchtet ein, daß derlei Turbinen wegen der erforderlichen Qualitätsarbeit teurer sein müssen als solche gewöhnlicher Bauart. Der Mehraufwand macht sich aber durch die besseren hydraulischen Eigenschaften reichlich bezahlt, indem die Energieausbeute steigt. Oft lassen sich schon in den Gesamtanlagekosten wesentliche Ersparnisse dadurch erzielen, daß die Anzahl der Aggregate weitgehend vermindert werden kann. Die ständig zunehmende Verbreitung der Kaplanturbine ist eine Folge dieser wirtschaftlichen Vorteile.

Nachstehend sollen aus der großen Zahl von Ausführungen einige typische Beispiele herausgegriffen und besprochen werden. Wir wollen dabei vorerst die Reguliernabe selbst ins Auge fassen und erst in zweiter Linie jenen Mechanismus, der zu ihrer Betätigung dient. Von der Firma Ign. Storek in Brünn, welche vor Jahren als erste die Kaplanturbine in die Praxis einführte, wurde die Bauart nach Abb. 111 mit gutem Erfolg in Anwendung gebracht. Am unteren Ende der hohlen, hier vertikal angenommenen Turbinenwelle sitzt fest der Nabenkörper *b*, in welchem die Laufradschaufeln *c* gelagert sind. Jede derselben besitzt eine scheibenförmige Erweiterung *d* und enthält eine kräftige Schraube *e*, deren tellerförmiger Kopf als Spurlager-Lauffläche ausgebildet ist. Dort werden die auftretenden Radialkräfte auf die Lagerbüchse *f* übertragen, die ihrerseits im Nabenkörper *b* eingeschraubt ist. An einer Stelle des Schaufelschaftes *d* ist ein Kurbelzapfen *g* vorgesehen, der nach innen in den Nabenkörper hereinragt, welcher an dieser Stelle ausgenommen ist. Am Kurbelzapfen *g* greift die Kurbelstange *h* an, die mit Hilfe des Bolzens *i* an einem Gleitstück *k* angelenkt ist, welches die Hohlwelle *a* umgreift und an ihr entlang der Keile *l* axial verschoben werden kann. Ein Querkeil *m*, der die Welle *a* in Schlitzen durchdringt, kuppelt das Gleitstück *k* mit einer in der hohlen Welle verschieblichen Regulierstange *n*, die zusammen mit der Turbinenwelle rotiert und durch deren axiale Verschiebung die Schaufelverdrehung bewirkt wird. Die im Wasser laufende Nabe ist mit einem Schmiermittel ausgefüllt und an den Schaufelschäften sorgsam gegen eindringendes Wasser abgedichtet. Als Baustoff für die Laufradschaufeln kommt in erster Linie hochwertiger Stahlguß in Frage, doch wurden in einzelnen Fällen auch schon Schaufeln aus Bronze verwendet.

Abb. 112 stellt eine Bauweise dar, wie sie in mancherlei Abarten von den Firmen des deutsch-schweizerischen Kaplanturbinenkonzerns verwendet wird. Das dargestellte Beispiel entspricht einer Ausführung der Firma Escher Wyß & Co., Zürich und Ravensburg. Jede Laufradschaufel *a* ist mit einem Stiel versehen, der an zwei Stellen in der Nabe gelagert ist. Zwischen seinen beiden Lagern trägt er aufgekeilt eine Kurbel *d*, die außerdem durch einen Einlegering befähigt ist, die Fliehkraftbeanspruchung der Schaufel aufzunehmen und sie auf den Innenrand des äußeren Lagers zu übertragen. Das Ende jeder Kurbel steht durch ein Laschenpaar mit dem Mitnehmerkreuz *e* in Verbindung, das am unteren Ende der in der hohlen Turbinenwelle *f* geführten und mit ihr rotierenden Zugstange *g* befestigt ist. Ähnlich wie im Beispiel Abb. 111 wird durch axiale Verschiebung der Stange *g* die Verdrehung der Laufschaufeln hervorgerufen.

Um auch bei kleinen Laufraddurchmessern, wo es auf besondere Einfachheit ankommt, eine kräftige und betriebstüchtige Konstruktion zu erhalten, kann man sich vorteilhaft des Antriebes nach der schematischen Skizze 113 bedienen. Die Kurbeln *b* der im nichtdargestellten Nabenkörper gelagerten Laufradschaufeln *a* liegen ungefähr parallel zur Laufradachse und greifen mit ihren Kurbelzapfen *c* unter Vermitt-

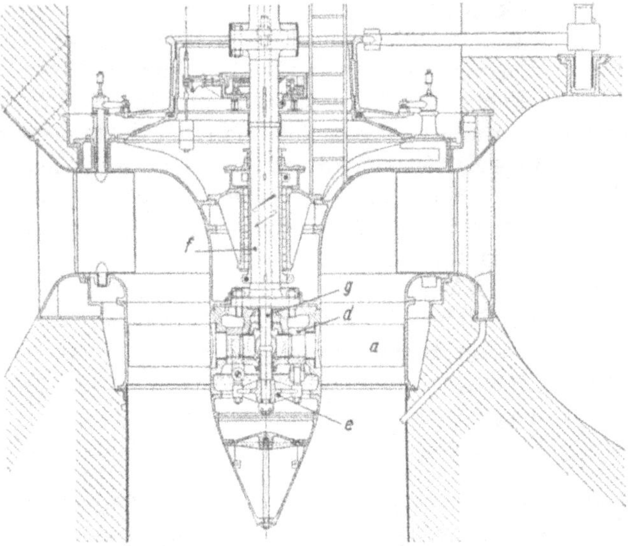

Abb. 112.

lung von Gleitsteinen *g* in Schlitze *f* eines Vierkantes *d*, der zentral im Nabenkörper geführt ist und mittels der Regulierstange *e* darin axial verschoben werden kann. Infolge der schrägen Anordnung der Schlitze *f* wird bei Verschiebung des Vierkantes *d* eine Verdrehung der Kurbeln *b* und damit die gewünschte Regulierung erreicht. Ausführende Firma J. M. Voith.

Bei allen bisher besprochenen Naben ist zur Verstellung der Schaufeln eine axiale Verschiebung der Regulierstange in der rotierenden hohlen Turbinenwelle erforderlich. Auch hierfür gibt es eine Reihe von Konstruktionen. Bei kleineren bis mittelgroßen Anlagen hat sich die Verwendung einer Lagermuffe bewährt, die an der Wellendrehung nicht teilnimmt und ihre axiale Bewegung von einem gegabelten Hebel oder sonst einem geeigneten Element erhält. Als Beispiel hierfür kann Abb. 111 gelten. Durch einen Querkeil ist dort die Regulierstange *n* mit einer Hülse *q* verbunden, die den

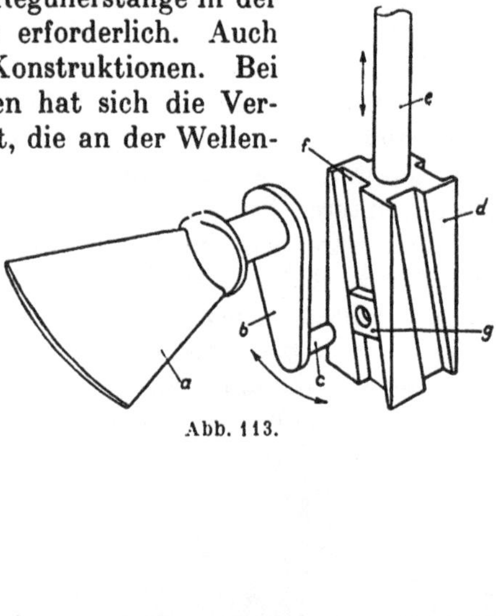

Abb. 113.

mittleren Laufring eines doppelten Kugelspurlagers trägt. Dieses ist in einer Muffe *n* eingebaut, welche durch Vermittlung eines kräftigen Hebels *o* gehoben und gesenkt werden kann. Letzterer wird durch den Servomotor des Reglers oder aber von Hand aus betätigt.

Mit wachsender Turbinengröße und bei höheren Gefällen können aber die Regulierkräfte so bedeutend werden, daß ihre Übertragung durch eine Lagermuffe schon unvorteilhaft erscheint. Wenn auch die modernen Segmentlager hohe Belastungen vertragen und die Muffe sich damit in erträglichen Größenverhältnissen herstellen läßt, so ist doch das zugehörige schwere Kraftgestänge unvermeidlich. Auch wird bei Anwendung der Muffe das Hauptspurlager der Turbine zeitweise durch die Verstellkraft mitbelastet, weshalb es bedeutend reichlicher bemessen werden muß als sonst.

Aus den erwähnten Gründen ist man dazu übergegangen, bei größeren Anlagen den Servomotor direkt mit den rotierenden Teilen der Turbine zu kuppeln und hat so Konstruktionen gefunden, welche trotz der enormen zu bewältigenden Kräfte eine elegante Lösung des Regulierproblems ermöglichen.

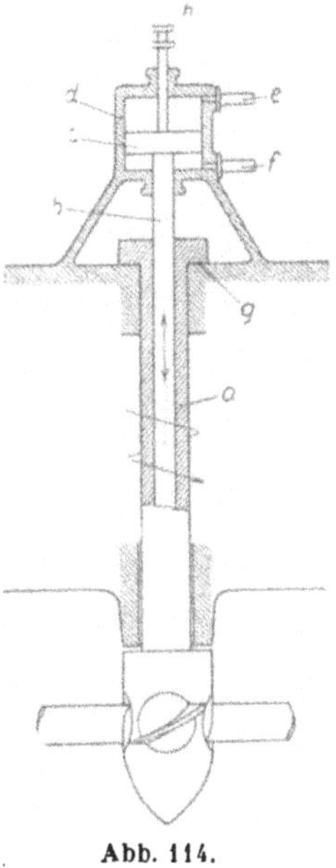

Abb. 114.

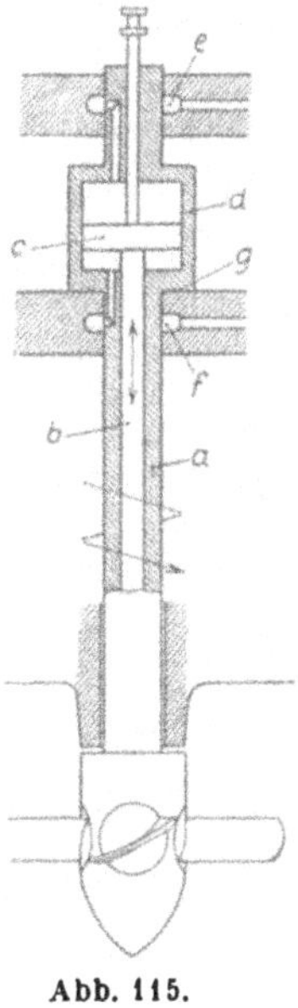

Abb. 115.

Abb. 114 und 115 zeigen in schematischer Darstellung zwei Ausführungen dieser Art, welche von Professor Dr. Thoma stammen und ihm durch Patente geschützt sind. Nach Abb. 114 ist die Regulierstange *b* des Kaplanrades mit einem Kolben *c* versehen, der in einem feststehenden Druckzylinder *d* rotiert und durch Einleitung von Druckflüssigkeit (Preßöl) bei *e* bzw. *f* in bekannter Weise betätigt werden kann. *g* stellt das Hauptspurlager der Turbinenwelle *a* vor. Von der aus dem Druckzylinder herausragenden Verlängerung *h* der Regulierstange *b* wird die Rückführungsbewegung zu den Steuerungsteilen des Reglers abgeleitet. Bei der beschriebenen Anordnung entfallen die Lagermuffe und ihr Gestänge ganz. Die Reibungsverluste der Kraftübertragung sind auf die unbedeutende Ölreibung und auf jene zwischen Kraftkolben und Zylinderwand beschränkt. Eine Fernhaltung der Regulierkraft vom Hauptspurlager der Turbine findet bei dieser Bauart allerdings nicht statt, d. h. die Verhältnisse liegen in dieser Hinsicht genau so wie bei Verstellung mittels Muffe.

In Abb. 115 ist die hohle Turbinenwelle *a* an geeigneter Stelle zu einem Druckzylinder *d* erweitert, der — im Gegensatz zu Abb. 114 — mit der Welle umläuft und den gleichfalls umlaufenden Kolben *c* mit der Regulierstange *b* enthält. Hier ergibt sich die Notwendigkeit, das Drucköl dem rotierenden System zuzuführen, was durch die beiden Kanäle *e* und *f* schematisch angedeutet ist. Darin liegt eine gewisse konstruktive Komplikation gegenüber der Bauart nach Abb. 114, doch erzielt man den Vorteil, daß die auftretenden Kräfte sich innerhalb des bewegten Systems aufheben und auf das Turbinenhauptlager *g* nicht mehr einwirken.

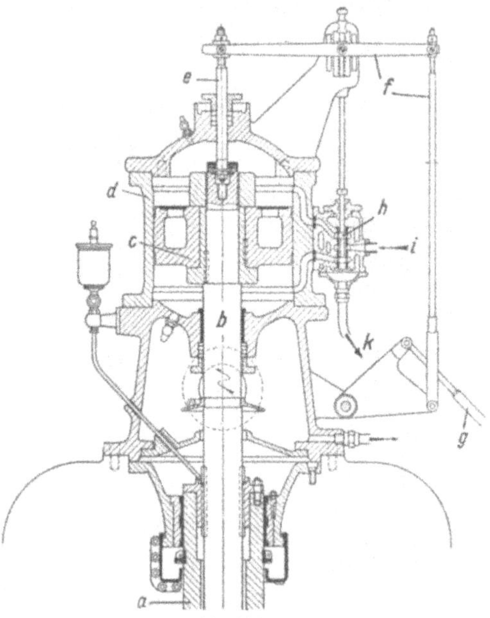

Abb. 116.

In der Regel werden vertikale Kaplanturbinen in direkter Kupplung mit elektrischen Generatoren verwendet und bei der Anordnung Abb. 114 findet der Servomotor oben am Generator Platz. Der umlaufende Zylinder nach Abb. 115 wird auch nicht selten zwischen den Kupplungsflanschen von Generator- und Turbinenwelle untergebracht.

Eine werkstattmäßige Ausführung des Schemas nach Abb. 114 zeigt Abb. 116, welche einer von der Firma Escher Wyß gebauten Kaplanturbine zugehört. Auf dem Gehäuse der Erregermaschine sitzt der feststehende Druckzylinder *d*, worin der auf der Regulierstange *b* befestigte Kraftkolben *c* rotiert und axial verschoben werden kann. Das obere Wellenende ist bei *a* ersichtlich. Vom Turbinenregler aus wird die Stange *g* bewegt und bringt den Steuerschieber *h* aus seiner Mittellage, wodurch dem bei *i* zugeführten Drucköl der Zutritt zu einer Zylinderseite freigegeben wird, während gleichzeitig die andere mit dem Auslaß *k* Verbindung erhält. Der Kolben vollführt dann seine Arbeitsbewegung und teilt dieselbe auch der Stangenverlängerung *e* mit, die über das Gestänge *f* den Steuerschieber *h* wieder in seine Mittellage zurückführt. Um die Reibung des rotierenden Kolbens im Zylinder auf ein Minimum herabzusetzen, ist er mit geringem Spiel eingepaßt, das eine metallische Berührung verhindert. Die geringe Mehrleistung der Ölpumpe zufolge der entstehenden Undichtheit fällt überhaupt nicht ins Gewicht.

Zu den vollkommensten Lösungen des Regulierproblems zählt jene nach Ing. Englesson der schwedischen Firma Verkstaden, Kristinehamn, wobei der Servomotor in die Laufradnabe selbst verlegt wurde. Abb. 117 ist ein Schema der Anordnung. Der Nabenkörper *b* trägt in besonderen Lagern die Schaufeln *c*, wobei deren Axialkräfte durch den Zapfen *i*, die Radialkräfte durch den angeschraubten Ring *k* aufgenommen werden. Kurbelzapfen stellen unter Einschaltung von Gleitsteinen *g* die Verbindung mit einem Stück *f* her, das mit dem Kraftkolben *e* und seiner Stange *d* starr verbunden ist. In der hohlen Turbinenwelle *a* führt ein Rohr *h*, dessen unteres Ende als Steuerschieber ausgebildet ist, das Drucköl der Nabe zu. Wird dieser aus seiner neutralen Lage verschoben, so tritt das Drucköl auf eine der beiden Kolbenseiten, während das entspannte Öl der anderen Seite in den Hohlraum zwischen Rohr *h* und Welle *a* abfließen kann. Der Kolben setzt sich in Bewegung, welche so lange dauert, bis Steuerschieber und Kolbenstange wieder die Anfangsstellung zueinander eingenommen haben. Es kopiert also der Kraftkolben mit einiger Verzögerung die Bewegung des Rohres *h*, welche diesem durch den Regler erteilt wird. Die Schaufeln sind mit besonderen Dichtungen versehen, um ein Austreten von Öl zu verhindern, das, unter höherem Druck als das umgebende Wasser stehend, die ganze Nabe erfüllt. Zur sicheren Schmierung aller Lagerstellen innerhalb der Nabe sind darin noch eigene Ölpumpen vorgesehen, die bei jedem Regulierhub einen Strom von Öl über die gleitenden Flächen ergießen, so daß dessen Zirkulation gewährleistet ist.

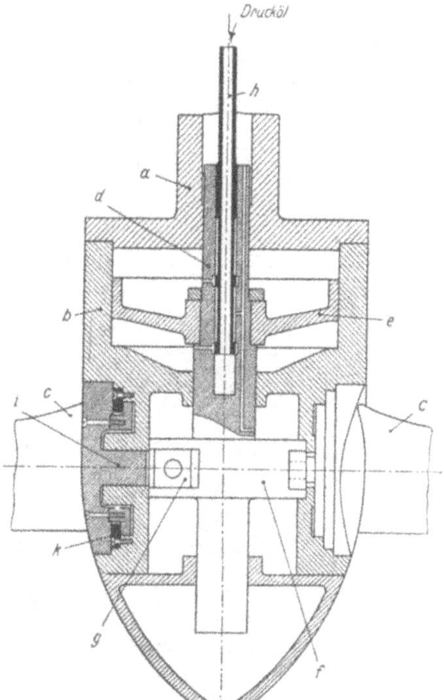

Abb. 117.

Abb. 118 läßt schematisch die Gesamtanordnung erkennen. Am oberen Ende der Turbinen- bzw. Generatorwelle *a* befindet sich eine Vorrichtung, die das bei *l* einströmende Preßöl ins Innere des Rohres *h* leitet, während das verbrauchte Öl aus der Hohlwelle in den Behälter *m* fließt, von wo es wieder der Pumpe zugeführt werden kann. Die axiale

Regulierbewegung des Rohres *h* erfolgt durch ein Kurvensegment *o*, an das sich das Rohr mittels einer Rolle anlegt und dessen Bewegung durch ein Kegelradgetriebe von der Regulierwelle abgeleitet wird. Letztere verdreht gleichzeitig in üblicher Weise die Leitschaufeln *r* und wird durch den Servomotor *s* des Reglers angetrieben. Durch geeignete Formgebung des Kurvensegmentes *o* ist es möglich, die jeweiligen Stellungen der Leit- und Laufschaufeln so miteinander in Einklang zu bringen, daß stets der höchsterreichbare Wirkungsgrad erhalten wird.

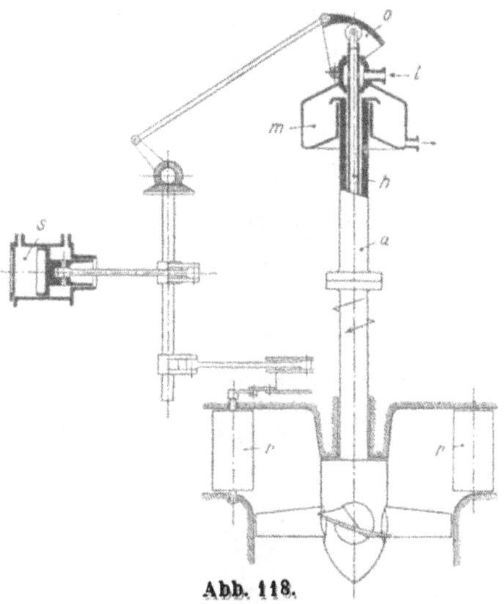

Abb. 118.

In Abb. 119 ist der Nabenkörper eines Laufrades obiger Bauart nebst einer Schaufel in der Werkstätte der Brünner Firma Ign. Storek zu sehen. Das für eine italienische Anlage bestimmte Rad hat 3200 mm Durchmesser und leistet bei 10 m Gefälle 5600 PS, wobei die Drehzahl 150 pro Minute beträgt. Um ein ungefähres Bild über die auftretenden Kräfte zu geben, sei erwähnt, daß zur Schaufelverstellung eine Kraft bis zu 85000 kg erforderlich ist und daß der Axialschub an den Schrauben des Wellenflansches 198000 kg beträgt. Der Servomotor in der Nabe arbeitet mit einem Öldruck von 12,5 at, Laufradgewicht 23000 kg.

Abb. 118 enthielt bereits eine Einrichtung für das zwangläufige und gesetzmäßige Zusammenwirken von Leit- und Laufschaufelregulierung, die beide von einem gemeinsamen Servomotor bedient wurden. In der konstruktiven Durchbildung dieser Einrichtung bei verschiedenen Ausführungsformen der Regulierung sind natürlich zahlreiche Varianten möglich, die der Anwendung von Kurvenscheiben, Führungsnuten u. dgl. weiten Spielraum bieten. Stets aber muß die Gestalt des die Zusammenarbeit vermittelnden Elementes individuell dem benützten Laufrad angepaßt sein, was an Hand von Bremsergebnissen aus dem Laboratorium geschieht.

Statt des Antriebes durch einen gemeinsamen Servomotor können auch deren zwei benützt werden, wobei der eine das Laufrad, der zweite das Leitrad verstellt. Die gesetzmäßige Abhängigkeit beider Bewegungen solcher Doppelregler wird dann durch eine entsprechende kinematische Kupplung ihrer Steuerungsteile bewirkt. Dabei ist es möglich, zur Schonung der Laufradregulierung die Zusammenarbeit der Regler so zu gestalten, daß nicht stets beide gleichzeitig wirken, sondern vorerst nur jener der Leitschaufeln, worauf erst gegebenenfalls die Laufschaufeln allmählich nachreguliert werden. Bei geringerer Abweichung von der theoretisch richtigen gegenseitigen Stellung beider Schaufelsysteme ist nämlich erfahrungsgemäß die Einbuße an Wirkungsgrad unerheblich, und sie läßt sich zugunsten der erhöhten Lebensdauer des Laufschaufelantriebes in Kauf nehmen. Es gibt aber auch Betriebsfälle, wo man

Abb. 119.

auf eine zwangläufige Kupplung beider Regulierungen überhaupt verzichten und sich damit begnügen kann, die angenähert günstigste Einstellung jeweils in größeren Zeiträumen von Hand aus vorzunehmen.

Zum Schlusse noch einige Angaben über besonders bemerkenswerte Ausführungen der Kaplanregulierung[1]).

Die derzeit größte, im Betriebe befindliche Kaplanturbine ist jene des schwedischen Kraftwerkes Lilla Edet, gebaut von Verkstaden

[1]) Siehe auch Abschnitt H.

Kristinehamn, Schweden. Das Laufrad hat 5800 mm Durchmesser und ist entsprechend dem Schema Abb. 117 ausgeführt. Verstellkraft bis zu 300000 kg bei einem Gefälle von 7 m, Laufradgewicht 62000 kg, Leistung über 14000 PS, Maximalwirkungsgrad über 93%.

Dieses gigantische Rad wird aber bald überholt sein durch die im Bau befindlichen vier Kaplanräder für das Kraftwerk Ryburg-Schwörstadt, die einen Durchmesser von ca. 7 m erhalten und rund 38000 PS pro Rad bei 11,5 m Gefälle leisten werden[1]). (Ausführende Firmen J. M. Voith, Escher Wyß & Co. und Ateliers des Charmilles, Genf.) Ferner durch 3 Kaplanräder von je 7,4 m Dmr. für eine von Verkstaden zu liefernde Anlage am Swir (Rußland).

Als Laufschaufelregulierung mit derzeit dem höchsten Gefälle ist jene der bei Verkstaden Kristinehamn im Bau stehenden zwei Turbinen für Munkfors (Schweden) zu nennen, die auf Grund eingehender Dauerversuche in Ausführung genommen wurden und bei einem Gefälle von maximal 19,4 m arbeiten werden. Leistung normal 15000 PS, Laufraddurchmesser ca. 3,7 m. In Anbetracht der immensen Schaufelbelastung ist der Bau dieser Laufschaufelregulierung eine Aufgabe, an die sich wohl nur eine Firma wagen darf, die über ganz besondere Erfahrungen auf diesem Spezialgebiet verfügt.

III. Die Schaufelzahlen bei Schnelläufern.

Die bei den Francislaufrädern gewählten Schaufelzahlen zeigen zumeist eine Zunahme mit dem Laufraddurchmesser und dem Eintrittswinkel, wodurch der Forderung einer Mindestreibung wenigstens angenähert Rechnung getragen wird. Grundsätzlich kann auch hier bemerkt werden, daß die Schaufelzahl in bezug auf die benetzte Oberfläche zumeist viel zu groß gewählt wurde, wenn auf die Erreichung hoher spezifischer Drehzahlen Gewicht gelegt wird.

Durch neuere Untersuchungen des Verfassers (vgl. S. 145) kann bei Schnelläufern die günstigste Schaufelzahl z_2 aus der ermittelten Mindestreibungsfläche ΣF_2 unmittelbar bestimmt werden durch die Gleichung

$$z_2 = \frac{\Sigma F_2}{f_2} \quad \ldots \ldots \ldots \ldots \quad (1)$$

wenn unter f_2 die benetzte Fläche eines Laufradflügels verstanden wird. Soll daher f_2 aus Regelungs- und Festigkeitsrücksichten einen bestimmten Wert besitzen, so läßt sich aus Gleichung (1) die Laufschaufelzahl bestimmen. Die diesbezüglich angestellten Versuche des Verfassers haben gezeigt, daß der Wirkungsgradabfall noch unbedeutend ist, wenn die Bedingung

$$z_2 f_2 = \text{konst} \quad \ldots \ldots \ldots \ldots \quad (2)$$

[1]) Vgl. S. 273.

eingehalten wird. In solchen Fällen kann unbeschadet anderer Erwägungen auch mit $z_2 = 2$ Schaufeln das Auslangen gefunden werden, falls der Schaufelspalt bei der Laufschaufelregelung noch in erträglichen Grenzen bleibt. Handelt es sich um regelbare Laufradflügel, so wird man behufs Durchbildung einer Normalkonstruktion die Schaufelzahl zweckmäßig mit $z_2 = 4$ festsetzen. Bei größeren Schaufelzahlen leidet die sichere Lagerung der Drehschaufeln in der Regelnabe, und es müßten unzulässig große Nabendurchmesser Verwendung finden. Die Schaufelzahl $z_2 = 4$ kann unbeschadet der Größe des Laufrades und der Schaufelwinkel beibehalten werden, falls nicht etwa besondere Rücksichten eine Abweichung hiervon bedingen. Die in Abschnitt *J* dargestellten Laufräder meiner Lizenzfirmen sind denn auch in überwiegender Zahl mit vier Schaufeln ausgerüstet.

Bei den Hochschnelläufern sind bezüglich der Laufschaufelzahl ganz ähnliche Erwägungen anzustellen wie bei den Höchstschnelläufern, wogegen sie bei Mittelschnelläufern wenig ins Gewicht fallen[1]). Die geringe spezifische Drehzahl erfordert eine große benetzte Schaufelfläche ΣF, also eine große Schaufelzahl. Gegen Änderungen der Schaufelanzahl sind derlei Räder wenig empfindlich, wenn auf eine entsprechende Winkeländerung Rücksicht genommen wird.

[1]) Aus dem Turbinenhauptkreis (S. 134) läßt sich auch der Schluß ziehen, daß die Reibungswiderstände des Außenkranzes von Mittelschnelläufern unerheblich sind, weshalb die Anbringung desselben aus Festigkeitsrücksichten gerechtfertigt erscheint.

F. Die Versuchsanstalt für Wasserturbinen an der Deutschen Technischen Hochschule in Brünn.

Gedeihliche Arbeit an der Schaffung und Weiterentwicklung schnellaufender Turbinenräder ist ohne Versuchsanstalt undenkbar. Die Energieumsetzung in einer solchen Turbine unterliegt einer derart großen Zahl verschiedenartiger Einflüsse, daß es von vornherein aussichtslos erscheinen muß, ihnen auf rein theoretischem Wege beikommen zu wollen. Nur der praktische Versuch kann hier Aufklärung bringen. Verfasser hat seit Anbeginn seiner Tätigkeit der Versuchsarbeit allergrößte Bedeutung beigemessen und war bemüht, sich die Möglichkeit zur Durchführung von Versuchen zu schaffen.

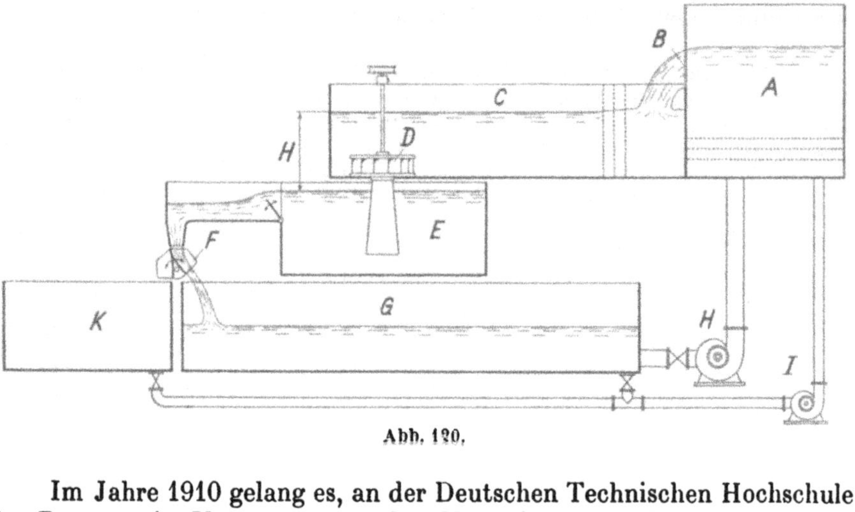

Abb. 120.

Im Jahre 1910 gelang es, an der Deutschen Technischen Hochschule in Brünn mit Unterstützung der Unterrichtsverwaltung und industrieller Kreise eine Versuchsanstalt zu errichten, die sich allerdings in Anbetracht der geringen verfügbaren Mittel mit den primitivsten Einrichtungen begnügen mußte[1]). Dennoch konnten darin schon wertvolle Ergebnisse gesammelt werden. Später wurden noch einige Abänderungen vorgenommen, und die heute bestehende Versuchsanstalt ist schematisch durch Abb. 120 dargestellt.

[1]) Siehe auch Zeitschr. d. Öst. Ing. u. Arch.-Vereins 1912, S. 257 u. f.

Das Laboratorium ist für Kreislaufbetrieb eingerichtet. Aus einem Hochbehälter *A* gelangt das Wasser durch einen Überfall *B* in der Behälterwand in den Oberwassergraben *C*, fließt durch die Turbine *D* hindurch in den Unterbehälter *E* und von da über die Schwenkrinne *F* in den Sammelbehälter *G*, von wo es durch die elektrisch betriebenen Kreiselpumpen *H* und *I* bzw. eine derselben wieder in den Hochbehälter *A* befördert wird.

Die Turbine *D* besitzt eine vertikale Welle und ist so eingerichtet, daß alle ihre hydraulisch wichtigen Teile (Leitschaufeln, Laufradkammer, Laufrad, Saugrohr) leicht ausgewechselt werden können. Der Durchmesser der Versuchslaufräder ist normal 184 mm. Zur Ermittlung der abgegebenen Leistung ist die Turbinenwelle mit einer Bremsscheibe und Pronyschem Bremszaum ausgestattet.

Die Wassermessung erfolgt durch den schon erwähnten Überfall *B*, welcher die Gestalt eines verhältnismäßig engen, vertikalen Schlitzes besitzt. Diese Form hat sich bestens bewährt und bietet den Vorteil, daß die als Maß der Wassermenge abzulesenden Überfallshöhen verhältnismäßig groß sind. Eine weitere Steigerung der Ablesungsgenauigkeit wird durch die schräge Anordnung der Glasröhre erreicht, welche mit dem Hochbehälter kommuniziert. Zur genauen Ermittlung der Abhängigkeit zwischen Überfallshöhe und Wassermenge war es erforderlich, eine Eichung des Überfalles vorzunehmen, was auf folgende Weise jederzeit möglich ist: Nach Herstellung des normalen, vorstehend beschriebenen Kreislaufes wird durch plötzliches Umlegen der Schwenkrinne *F* das Wasser nicht mehr in den Sammelbehälter *G*, sondern in das Eichgefäß *K* geleitet, und zwar eine mit der Stoppuhr zu bestimmende Zeit hindurch, worauf die Schwenkrinne wieder umgelegt und der normale Kreislauf hergestellt wird. Aus der genau ablesbaren Wassermenge im Eichbehälter *K* (der durch Zuwägen von je 10 kg Wasser und Festlegung der zugehörigen Punkte an einer kommunizierenden Glasröhre geeicht wurde) und der verflossenen Zeit läßt sich jene Wassermenge bestimmen, die bei der während des Eichversuches beobachteten Überfallshöhe durch den Überfallsschlitz geflossen ist.

Freilich hat vorstehende Messung zur Voraussetzung, daß sich die Überfallshöhe während des Versuches nicht ändert. Wird — wie dies tatsächlich der Fall ist — der Inhalt des Sammelbehälters sehr reichlich gewählt, so daß die Ableitung des in den Eichbehälter gelangenden Teiles der Gesamtwassermenge keine merkliche Änderung der Pumpenlieferung herbeiführt, so ist die Genauigkeit der Messung durchaus zufriedenstellend[1]).

---

[1]) Man kann die Meßgenauigkeit mit derartigen Schlitzüberfällen auf ca. $^1/_2$ vH schätzen, also eine Genauigkeit, die hinter großen Versuchsanstalten nicht zurücksteht.

Zur Ermittlung des Gefälles dienen Glasröhren, die mit dem Oberwassergraben und Unterbehälter kommunizieren. Die Höhendifferenz ihrer Wasserspiegel wird an einem verschieblichen Lineal abgelesen. Um ruhige Wasserspiegel zu erhalten, befinden sich im Obergraben und im Hochbehälter Drahtsiebe.

Obgleich mit Rücksicht auf die gegebenen Verhältnisse nur mit einfachen Mitteln das Auslangen gefunden werden mußte, lassen sich dennoch Untersuchungen von Turbinenlaufrädern mit hoher Genauigkeit durchführen, wie die Übereinstimmung der Ergebnisse mit jenen anderer Versuchsanstalten beweist, die mit den vollkommensten Einrichtungen moderner Zeit ausgerüstet sind. Leider ist das verfügbare Gefälle in meinem hiesigen Laboratorium nur so gering (ca. 700 mm), daß es nicht möglich ist, Kavitationsprüfungen von Laufrädern auszuführen. Ich konnte daher die entworfenen Laufräder nur auf ihre hydraulischen Eigenschaften bei diesem kleinen Gefälle untersuchen und mußte die Nachprüfung bei höheren Gefällen meinen Lizenzfirmen überlassen, von denen mir insbesondere die Firma Verkstaden in Kristinehamn wiederholt ihr Kaviationslaboratorium (siehe S. 146) zur Verfügung stellte.

Es erscheint angebracht, hier noch auf die Vorteile hinzuweisen, die eine Versuchsanstalt für so kleine Räder bietet, wie ich sie benütze. Vor allem sind dies eine wesentliche Ersparnis an Zeit und Geldaufwand. Ein Rädchen von 184 mm Durchmesser ist in kurzer Zeit und billig herzustellen. Die Schaufeln können aus Kupfer- oder Messingblech passender Stärke gebogen bzw. gehämmert und sodann aufgelötet werden. Die Nacharbeit auf genaue Form mit Hilfe von Feile und Schaber ist bei der handlichen Größe leicht und rasch durchführbar, desgleichen der Einbau der fertigen Teile in die Versuchsanstalt. Dies gilt nicht nur von den Laufrädern, sondern auch von allen übrigen Teilen, insbesondere auch von den Saugrohren und Krümmern. So kommt es, daß Versuche, zu denen große Versuchsanstalten Monate benötigen, in wenigen Tagen und mit einem geringen Bruchteil der Kosten ausgeführt werden können. Besonders dort, wo es sich um grundsätzlich neue Formen von Laufrädern, Krümmern u. dgl. handelt, ist der Versuch im kleinen Maßstab jenem im großen entschieden überlegen. Es ist auch nicht zu übersehen, daß man sich in Anbetracht des relativ geringen Zeit- und Kostenaufwandes leichter entschließt, auch solche Versuche durchzuführen, bei denen die Erzielung einer Verbesserung minder wahrscheinlich ist. In einer großen Versuchsanstalt würden derlei Versuche meist unterbleiben. Gerade sie haben aber manche Überraschung gebracht und auf Wege geführt, die andernfalls kaum so schnell beschritten worden wären.

Die in diesem Buche mehrfach angedeuteten Versuche wurden im Verlauf von etwa 10 Jahren ausgeführt. Mancher Leser dürfte über die Kürze der Zeit überrascht sein. Auch darüber soll in Folgendem Aufklärung gegeben werden. Eine rohe Überschlagsrechnung hat gezeigt, daß zur Herstellung eines großen Rades gerade so viele Monate vergehen, als ich Tage zur Herstellung meines kleinen Versuchrades (184 ⌀) benötigte. Die Montage des kleinen Rades erfordert 10 Minuten, die des großen etwa 5 Stunden, also in beiden Fällen dreißigmal so lange. Nehme ich an, daß ich nur die Hälfte der Jahre täglich das übliche Stundenmaß gearbeitet habe, so kann ich meine Arbeitszeit mit 5 Jahren abschätzen. Wollte also eine Versuchsanstalt die gleiche Versuchsarbeit bewältigen, so hätte diese $5 \times 30 = 150$ Jahre ernstlich zu schaffen. Dies ist auch der Grund, warum ich ein kleines Laboratorium einer großen Versuchsanstalt vorziehe. Durch die gewählte Kleinheit des Versuchsrades machen sich die Reibungswiderstände in ihrer vollen Größe bemerkbar, das Rad wird gegen Versuchsänderungen sehr empfindlich und so spricht die Natur eine laute Sprache, die wir alle verstehen, wenn wir derselben ehrfürchtig lauschen.

Die führenden Turbinenfirmen haben den Vorteil von Versuchen im kleinen Maßstab gleichfalls erkannt und besitzen neben einem großen Laboratorium (für Laufraddurchmesser von beispielsweise 600 mm) meist auch ein »Handlaboratorium« für Laufradgrößen von etwa 250 mm. Letzterem fallen die Untersuchungen vorbereitender Natur, ersterem die Erprobung und Ausgestaltung der aus dem Handlaboratorium hervorgegangenen Räder zu, wie auch jene Untersuchungen, die an und für sich schon eine genügende Laufradgröße voraussetzen.

G. Die Entwicklung des Saugkrümmers.

Mit fortschreitender Entwicklung der schnellaufenden Turbinen hat auch die Saugrohrfrage wachsende Bedeutung erlangt. Mit Recht kann behauptet werden, daß bei dieser Art von Turbinen eine sorgfältige Ausbildung des Saugrohres nicht minder wichtig ist als jene des Laufrades selbst. Während bei Turbinen niedriger spezifischer Drehzahl seine Aufgabe damit erschöpft ist, die Höhenlage des Laufrades von jener des Unterwasserspiegels in weiten Grenzen unabhängig zu machen, tritt mit wachsender spezifischer Drehzahl seine zweite Bestimmung immer mehr in den Vordergrund, die Rückumsetzung von Geschwindigkeits- in Druckenergie zu bewirken. Sind doch bei Höchstschnelläufern am Laufradaustritt nicht selten Wassergeschwindigkeiten vorhanden, zu deren Erzeugung 40% und mehr des Gesamtgefälles aufgewendet werden müssen, die man offenbar nicht als endgültigen »Austrittsverlust« preisgeben kann, wenn die Turbine überhaupt einen brauchbaren Wirkungsgrad aufweisen soll.

Das gerade konische Saugrohr von genügender Länge und richtiger Erweiterung ist wohl zur Umsetzung von Geschwindigkeit in Druck hervorragend geeignet und damit auch zur Herbeiführung des erforderlichen »Rückgewinnes«, seine praktische Anwendung ist aber nur in sehr beschränktem Maße möglich. Sein großer Platzbedarf und die daraus folgenden hohen Kosten, bei Horizontalturbinen auch die notwendige doppelte Umlenkung der Strömung, bringen es mit sich, daß das gerade konische Saugrohr trotz seiner hydraulischen Vorteile für sich allein nur ausnahmsweise verwendet werden kann. Es entsteht die Aufgabe, Krümmer zu bauen, die bei möglichst geringer Ausdehnung ein Maximum von Energieumsetzungsvermögen aufweisen.

Als ich vor etwa 12 Jahren die erste für die Börtelfabrik in Velm bestimmte Kaplanturbine entwarf, brachten mich die örtlichen Verhältnisse zur Ansicht, daß eine brauchbare Energieübertragung nur durch Anordnung einer wagrechten Turbinenwelle möglich sei. Dies erforderte die Anbringung eines Saugkrümmers (Abb. 121) mit einer zweifachen Knickung. Darüber lagen jedoch noch keine Versuchserfahrungen vor, so daß ich mich entschloß, die bei Kreiskrümmern auftretenden Strömungserscheinungen einer Untersuchung zu unterziehen. Da im Turbinenlaboratorium nur Turbinen mit senkrechter Welle untersucht werden konnten, so mußte zunächst im Unterwasser ein Kreiskrümmer[1]) (Abb. 122) derart angeordnet werden, daß dessen Eintrittsquerschnitt mit dem Austrittsquerschnitt der Laufradkammer *L* luftdicht angeschlossen werden konnte.

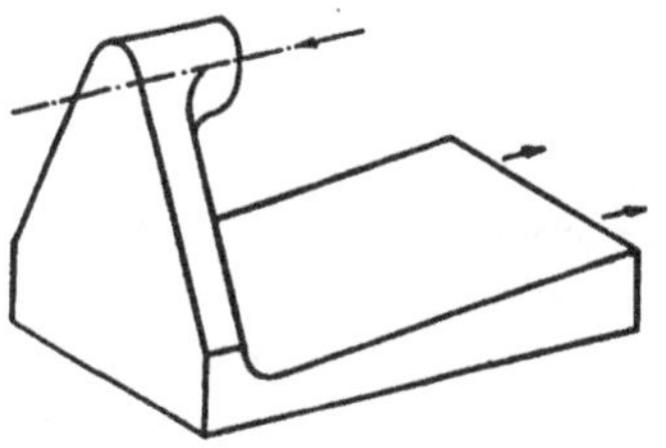

Abb. 121.

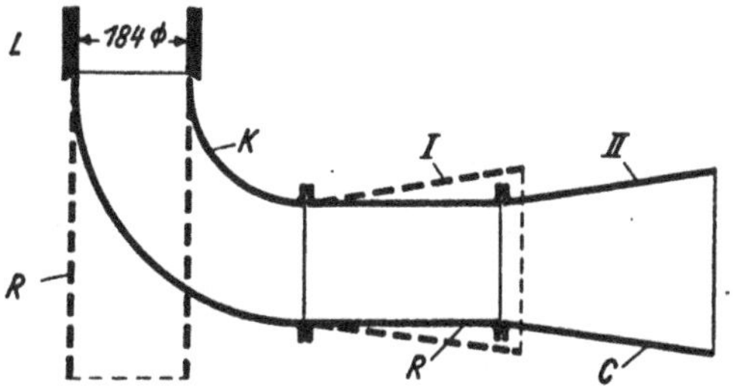

Abb. 122.

Zunächst wurden nur der Kreiskrümmer *K* und das Zylinderrohr *R* untersucht. Dann folgten Versuche mit angeschlossenem Konus ($K + C$), ferner solche mit Krümmer und zylindrischem Rohr ($K + R$) und schließlich die Verbindung aller dreier Strömungselemente ($K + R + C$). Die Versuchsergebnisse sind in folgender Tafel zusammengestellt. Zunächst sollen dieselben in ihrer Darstellungsweise als Turbinenwirkungsgrade begründet werden.

Nr.	Versuchsanordnung	Turbinenwirkungsgrad η
1	K	54—55
2	R	62—63
3	$K + C$	59—60
4	$K + R$	61—63
5	$K + R + C$	66—67

Nach meinen Versuchserfahrungen stellt das Idealbild einer wirksamen Energieumsetzung das konische Saugrohr vor, dessen Erweiterung im Hinblick auf die Eigenschaften der Kaplanturbine rund doppelt so groß ist als bei einer Francisturbine[2]). Mit solchen Saugrohren lassen sich in meinem Turbinenlaboratorium mit meinen Laufrädern Höchstwirkungsgrade bis über 85% erzielen. Diese Wirkungsgrade bilden die Grenzwerte, welche für Saugrohrkrümmer erreichbar sind.

Aus der Zahlentafel ist zu entnehmen, daß die Anordnung eines Kreiskrümmers mit Wirkungsgradverlusten verbunden ist (Nr. 1). Diese Verluste sind größer als die bei Anordnung eines kreiszylindrischen

[1]) Dieser Kreiskrümmer wurde mir in dankenswerter Weise von der Firma Brand & Lhuillier in Brünn kostenlos zur Verfügung gestellt.

[2]) Nach den neuesten Erfahrungen ist bei entsprechender Saugrohrerweiterung wegen den Kavitationsgefahren Vorsicht geboten.

Rohres (Nr. 2). Immerhin lassen sich dieselben durch Nachschaltung des Rohres R (Abb. 122) verringern (Nr. 4). Dagegen kann durch Nachschaltung eines bei senkrechter Wellenanordnung sich gut bewährenden Glaskonusses (Nr. 3) keine Wirkungsgraderhöhung erzielt werden. Wünscht man jedoch einen entsprechenden Saugrohrrückgewinn, so läßt sich ein Strömungsverlauf Krümmer—Rohr—Konus (Nr. 5) verwirklichen, wie dies in der letzten Zeile der Tafel und in Abb. 122 angegeben ist. Durch eine solche Anordnung wird die beste Wirkung erzielt, allerdings muß der Nachteil in den Kauf genommen werden, daß die Baulänge dieser Vorrichtung sehr groß ist.

Es soll nun versucht werden, die den Versuchsreihen entsprechenden Wirkungsgrade aus den Strömungsvorgängen klarzulegen. Zu diesem Behufe wollen wir den Austrittsquerschnitt des zu untersuchenden Kreiskrümmers betrachten (Abb. 123). In diesem Querschnitt zeigte sich ein eigentümlicher Strömungsvorgang, welcher dadurch gekennzeichnet ist, daß der obere Teil der Austrittsfläche f_0 als Totraum[1]) ausgebildet, wogegen der untere Teil f_u mit strömendem Wasser erfüllt ist. Der freie Austrittsquerschnitt ist kleiner geworden. Die Austrittsgeschwindigkeit und der Austrittsverlust haben sich daher vergrößert und der Turbinenwirkungsgrad auf 55% verschlechtert. Sollte diese Erklärung richtig sein, so müßte eine Verlängerung des Krümmers durch ein zylindrisches Rohr (Abb. 122) eine Wirkungsgraderhöhung hervorbringen, was auch versuchsmäßig durch Anordnung Nr. 4 nachgewiesen werden konnte. Eine Erklärung dieser überraschenden Erscheinung gibt Abb. 123, in welcher gezeigt ist, daß durch Nachschaltung eines entsprechend langen Rohrstückes R der im Krümmer sich bildende Innenwirbel W_1 wieder aufgelöst werden kann. Die Untersuchung im Austrittsquerschnitt ergab, daß derselbe in seiner ganzen Fläche vom strömenden Wasser erfüllt ist (Abb. 123). Setzt man an dieser Stelle einen Glaskonus an, so läßt sich tatsächlich ein Energierückgewinn erzielen, weil alle Voraussetzungen zu einem solchen gegeben sind. Die Versuchsanordnung 5 ergibt nach der Tafel einen Energierückgewinn von etwa 7%. Solche Überlegungen habe ich vor 11 Jahren angestellt, als es galt, den richtigen Krümmer für Velm zu entwerfen.

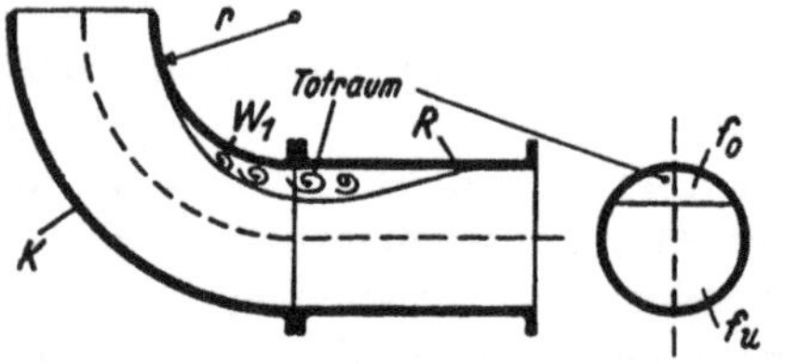

Abb. 123.

[1]) Darunter sind jene Wasserkerne verstanden, die sich in den Strömungsvorgang nicht einfügen lassen, also Wirbelkerne mit positiver oder negativer Drehrichtung, deren Winkelgeschwindigkeit sich der Null nähern kann. Jedenfalls bilden derartige Toträume nicht nur ein Strömungshindernis, sondern auch eine Verlustquelle, deren Beseitigung angestrebt werden muß.

Es soll aber nicht verschwiegen werden, daß mir einesteils der erzielte Turbinenwirkungsgrad von 60 bis 67% zu gering erschien, anderseits die Saugrohrlänge bei senkrechter Anordnung zu lang war. Solche Bauweisen erfordern teure Einbauten und sind daher nicht wirtschaftlich. Auch für das Kraftwerk Velm war die Krümmerfrage noch nicht gelöst. Auf Grund der gewonnenen Erfahrungen konnte ich jedoch solche theoretische Untersuchungen anstellen, die auch dem wirtschaftlichen Ausbau der neuen Bauweise entsprachen. Die wirtschaftlichen Anforderungen lassen sich kurz in folgende Punkte zusammenfassen:

1. Der Energierückgewinn soll groß sein.
2. Die Bauhöhe h soll klein sein (Abb. 124).
3. Die Baulänge L soll klein sein.

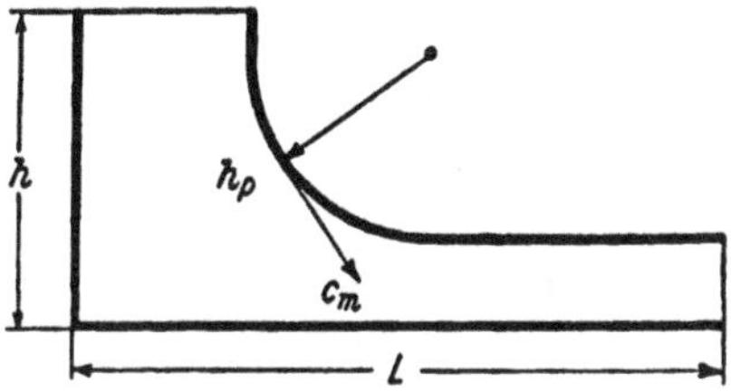

Abb. 124.

Die drei Punkte erfordern besondere Maßnahmen, die im folgenden besprochen werden sollen.

ad 1. Ein großer Energierückgewinn erfordert vor allem eine solche Strömung, die eine Ablösung der Wasserschicht an Stellen mit scharfer Krümmung verhindert.

Die Ablösungserscheinungen können auf zweierlei Wege verursacht werden, nämlich:

a) die Meridiangeschwindigkeit c_m ist sehr groß, so daß ein erheblicher Unterdruck h_p vorhanden ist, welcher die Ablösung begünstigt;

b) die Größe der Meridiangeschwindigkeit schwankt während ihres Strömungsverlaufes.

Zum Punkte a) seien zur Aufhellung des Gesagten die Druck- und Geschwindigkeitsverhältnisse eines Kreiskrümmers betrachtet. Um die Behandlung übersichtlicher zu gestalten, sei angenommen, daß die Strömung in der Zeichenebene erfolgt, so daß der Krümmer von zwei parallelen Ebenen und zwei gekrümmten Zylinderflächen begrenzt ist.

Stellt daher Abb. 125 einen derartigen Krümmer vor, so zeigt das nach dem Gesetze[1])

$$\frac{\Delta n}{\Delta s} = A \quad . \; . \; . \; . \; . \; . \; . \; . \; . \; . \; . \; . \; . \quad (1)$$

eingezeichnete Strombild, daß die Wassergeschwindigkeit an der

[1]) Vgl. die Veröffentlichung des Verfassers »Die zweidimensionale Turbinentheorie« in der Zeitschr. f. d. ges. Turbinenwesen, Jahrg. 1912, Heft 34, 35, 36 und Seite 123 dieses Buches.

Stelle J erheblich größer ist als an der Stelle A. Es ist also: $\Delta s_i \sim 3\Delta s_a$, daher ist auch $c_i \sim 3 c_a$.

Da eine Ablösung der Strömung auch dann eintreten kann, wenn die Meridiangeschwindigkeit längs einer Stromlinie ihre Größe und Richtung erheblich ändert, so zeigt die Betrachtung der Stromlinien bei der Stelle I, daß die Bedingung zur Loslösung in ausreichendem Maße vorhanden ist. Jedenfalls ergeben diese Untersuchungen gewisse

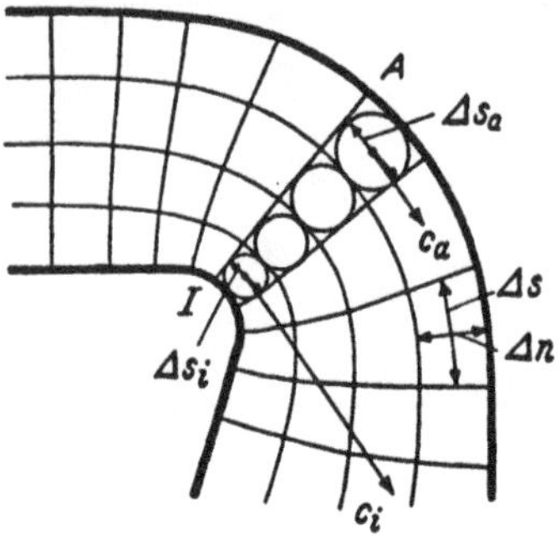

Abb. 125.

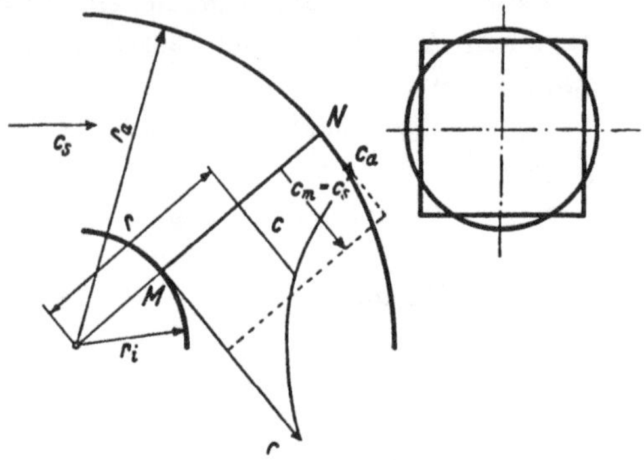

Abb. 126.

rechnerische Grundlagen, welche die Beurteilung des Strömungsvorganges gestatten. Um dieselbe übersichtlicher zu gestalten, werde zunächst die Annahme gemacht, daß im Rohrkrümmer der Kreisquerschnitt durch einen flächengleichen quadratischen Querschnitt ersetzt werde[1]). Dann ist nach Abb. 125

$$r c = k = \text{konstant} \quad \ldots\ldots\ldots\ldots (2)$$

Ist daher c_s jene Saugrohrgeschwindigkeit, welche sich nach dem Austritt des Wassers aus dem Laufrad nach der Formel

$$c_s = \sqrt{\Delta\, 2 g H} \quad \ldots\ldots\ldots\ldots (3)$$

ergibt, wobei Δ den Austrittsverlust bedeutet, dann muß auch im Querschnitt MN (Abb. 126) die Geschwindigkeit c_s als der Mittelwert der veränderlichen Geschwindigkeiten c erscheinen. Daher gilt nach Abb. 127:

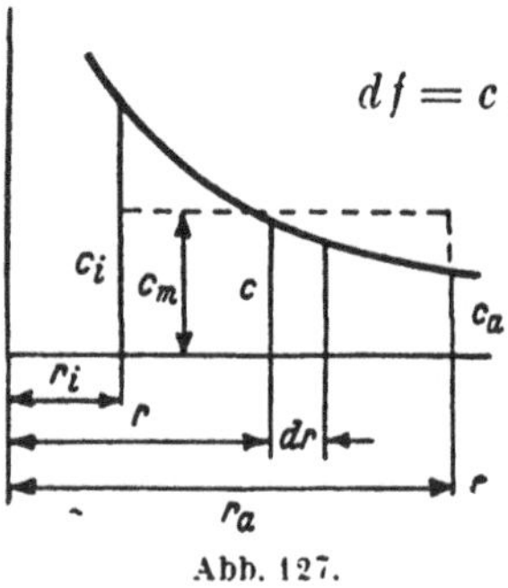

Abb. 127.

$$df = c\,dr, \quad c = \frac{k}{r}, \quad f = \int_{r_i}^{r_a} c\,dr = k\int_{r_i}^{r_a} \frac{dr}{r} = k\, l_{\text{nat}} \frac{r_a}{r_i},$$

daher wird

$$c_m (r_a - r_i) = k\, l_{\text{nat}} \frac{r_a}{r_i}$$

und weil $c_m \sim c_s$, ist auch

$$c_s (r_a - r_i) = k\, l_{\text{nat}} \frac{r_a}{r_i}.$$

[1]) Vgl. Seite 123.

Daraus bestimmt sich die Konstante k zu

$$k = \frac{c_s (r_a - r_i)}{l_{\text{nat}} \frac{r_a}{r_i}} \quad \ldots\ldots\ldots\ldots (4)$$

Der Übersichtlichkeit halber möge ein Beispiel berechnet werden: Ist durch Abb. 128 die Anordnung einer Horizontalturbine schematisch dargestellt und bedeutet H_s die mittlere Entfernung des zu untersuchenden Krümmerquerschnittes MN vom Unterwasserspiegel, so ist der größte in diesem Querschnitte mögliche Unterdruck h_p gegeben durch die statische Saughöhe H_s, vermehrt um die in diesem Querschnitt vorhandene Geschwindigkeitshöhe[1]).

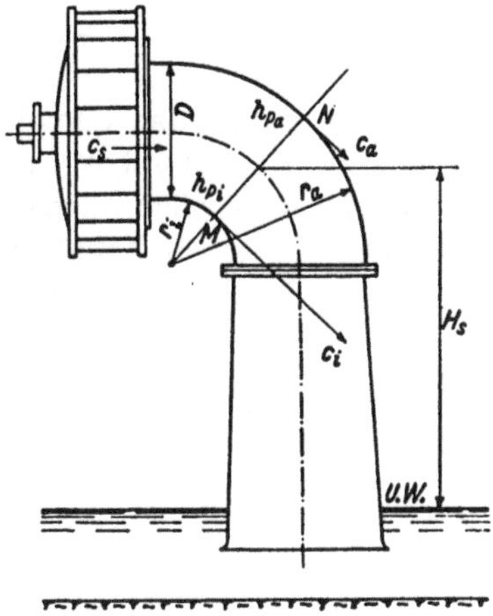

Abb. 128.

Es ist daher

$$h_{pi} = -\left(H_s + \frac{c_i^2}{2g}\right) \quad \ldots (5)$$

$$h_{pa} = -\left(H_s + \frac{c_a^2}{2g}\right) \quad \ldots (6)$$

Diese Formeln gelten unter der Annahme, daß der Einfluß der Austrittsgeschwindigkeit vernachlässigbar klein ist, also bei richtiger Saugrohranordnung. Unter diesen Voraussetzungen ergibt sich an der Stelle M und unter gewissen Einbauverhältnissen ein erheblicher Unterdruck h_{pi}, welcher Strahlablösungen und Luftausscheidungen bewirken kann.

Angenommen, wir hätten folgende Einbauverhältnisse:

$$H = 1 \text{ m}, \quad H_s = 0{,}5 \text{ m und } \Delta = 0{,}2,$$

für den Kreiskrümmer gelten folgende Maße (Abb. 128):

$$r_i = 0{,}3 \text{ m},$$
$$r_a = 1 \text{ m},$$
$$D = r_a - r_i = 0{,}7 \text{ m},$$

dann wird nach Gleichung (3)

$$c_s \sim c_m = \sqrt{\Delta\, 2gH} \sim \sqrt{0{,}2 \cdot 19{,}6} \sim 2 \text{ m/sek}$$

und nach Gleichung (4)

$$k = 2 \frac{0{,}7}{l_{\text{nat}} \frac{1}{0{,}3}},$$

[1]) Strenge genommen müßten die statischen Saughöhen der Punkte M und N statt der mittleren Saughöhe H_s eingesetzt werden.

daher

$$c_a = \frac{1,2}{1} = 1,2\,\text{m/sek},$$

$$c_i = \frac{1,2}{0,3} = 4\,\text{m/sek},$$

und nach Gleichung (5) und (6)

$$h_{pi} = -\left(0,5 + \frac{16}{19,6}\right) = -1,3\,\text{m},$$

$$h_{pa} = -\left(0,5 + \frac{1,44}{19,6}\right) = -0,57\,\text{m}.$$

Es ist daher der Saugdruck im Punkte M bei einer statischen Saughöhe von ½ m auf eine hydraulische Saughöhe von 1,3 m gestiegen.

Bei sonst gleichen Verhältnissen, aber einem Gefälle von $H = 4$ m und einer statischen Saughöhe von 2 m würde man finden:

$$h_{pi} = -5,2\,\text{m} \text{ und } h_{pa} = -2,3\,\text{m},$$

was schon an der Grenze der Zulässigkeit liegt. Schon eine Unterteilung des Gesamtgefälles in $H_0 = 1$ m Druckgefälle und $H_s = 3$ m Sauggefälle würde das Ergebnis liefern

$$h_{pi} = -6,2\,\text{m},$$

was an der Stelle M schon Luftausscheidungen zur Folge hätte. Setzt man schließlich unter sonst gleichen Verhältnissen

$$H = 9\,\text{m}, \quad H_s = 4,5\,\text{m},$$

so ergibt eine Nachrechnung

$$h_{pi} = -11,7\,\text{m},$$
$$h_{pa} = -5,15\,\text{m}.$$

Wir sehen also, daß an der Stelle M ein luftleerer Raum vorhanden ist, in welchem sich die im Wasser gelöste Luft ausscheidet bzw. das Wasser verdampft. Es treten daher Wirbelbildungen und Loslösungserscheinungen auf, die den Wirkungsgrad verschlechtern. Die geschilderte Krümmeranordnung läßt sich nur bis zu einem Gesamtgefälle von $H \sim 4$ m bei einem Saugdruck von $H_s \sim 2$ m verwenden, wobei die Verschiedenheit der im Querschnitt MN vorhandenen Geschwindigkeiten (c_a bzw. c_i) erhöhte Reibungsverluste verursacht.

Die hier für Rohrkrümmer angestellten Untersuchungen lassen sich sinngemäß auch bei Rotationshohlräumen durchführen und zeigen auch dort die Wichtigkeit einer gesetzmäßig bestimmten Krümmung der Begrenzungswände.

Wir wollen nunmehr an die Ermittlung der Krümmerkurven ohne Loslösungserscheinungen schreiten.

Ermittlung der Begrenzungswände von Rotationshohlräumen.

Im Kreiselmaschinenbau sind als Rotationshohlräume der schaufellose Leit- und Laufradraum und das Saugrohr zu verstehen, wenn für diese Räume die Laufradachse als Symmetrieachse anzusehen ist. Dabei ist jedoch zu beachten, ob in diesen Rotationshohlräumen Druck in Geschwindigkeit oder umgekehrt verwandelt werden soll, wie dies in meinem DRP. Nr. 319780 angedeutet ist. Starke Erweiterungen des kegelförmigen Saugrohres sind ebenfalls nachteilig, weil diese die Umsetzung von Geschwindigkeitsenergie in Druckenergie beschleunigen und daher eine Loslösung des Wassers von den Wänden verursachen.

In Abb. 129 ist ein Saugrohr dargestellt, welches eine besonders starke Erweiterung zeigt. Versuche haben ergeben, daß sich im schraffierten Teile Wirbel vorfinden und eine geordnete Strömung auf den gestrichelten Kegelmantel mit dem Spitzenwinkel $\alpha \sim 10^0$ beschränkt ist. Es ist daher die größte zulässige Erweiterung gegeben durch

$$D_u = D_o + \frac{L}{10} \quad . \quad . \quad . \quad . \quad (7)$$

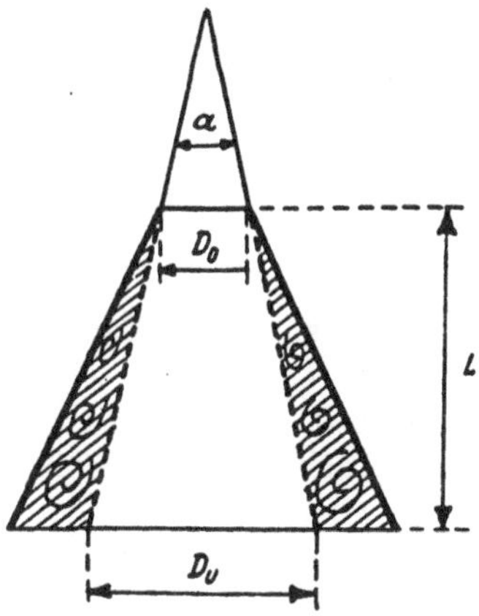

Abb. 129.

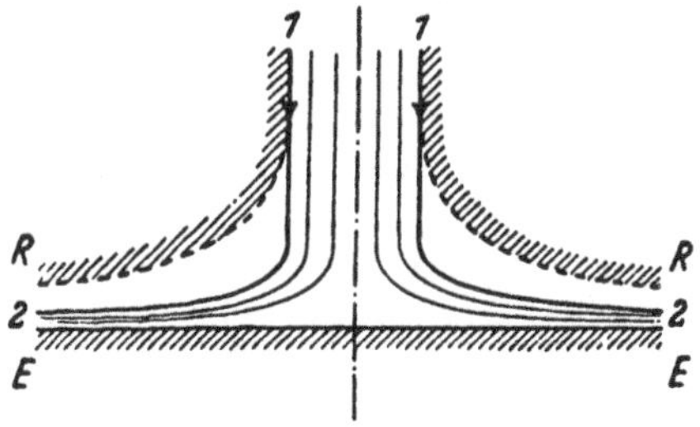

Abb. 130.

Da L bei vertikalem Saugrohr nicht länger als 6 m sein darf, so findet man besonders bei kleinem Gefälle und großem D_0 eine derart geringe zulässige Saugrohrerweiterung, daß mit großen Austrittsverlusten und daher mit schlechten Wirkungsgraden gerechnet werden muß.

Um dennoch bei geringen Saughöhen geringe Austrittsgeschwindigkeiten zu erreichen, muß die Verbreiterung des Strahles erzwungen werden. Dies kann am einfachsten so verständlich gemacht werden, daß man einen freien, runden Strahl senkrecht auf eine wagrechte Ebene strömen läßt (Abb. 130). Um die Rechnung übersichtlicher zu gestalten, sei die Annahme gemacht, daß die Schwerkraft nur vernachlässigbare Geschwindigkeitsänderungen hervorbringe. Die freie Oberfläche des Strahles bildet daher eine Drehfläche mit der Stromlinie *1*, *2* als Erzeugende. Solange diese Drehfläche eine freie Oberfläche ist, kann sich auch die Wassergeschwindigkeit längs *1*, *2* nicht ändern, weil in diesem Stromfaden keine äußeren Kräfte wirken[1]). Denkt man sich nunmehr nach der strichlierten Erzeugenden eine Rotationsfläche *R* gebildet, so wird das Wasser den freien Querschnitt darin erfüllen und damit seine Geschwindigkeit verringern, wenn die Fläche *R* so gewählt wird, daß eine allmähliche Umsetzung von Geschwindigkeit in Druck stattfindet.

Das vom Verfasser gefundene Verfahren zur Bestimmung der Erzeugenden dieser Rotationshohlräume besteht im folgenden:

Die erwähnten Strömungsverluste werden in Rotationshohlräumen dann wirksam vermieden werden können, wenn die Strömungsgeschwindigkeit des Wassers an jeder beliebigen Stelle der Erzeugenden des Rotationshohlraumes einen bestimmten vorgeschriebenen Höchstwert nicht überschreitet. So kann beispielsweise vorgeschrieben werden, daß das Wasser die Begrenzungswände des Rotationshohlraumes mit konstanter Geschwindigkeit durchfließt, wie dies im nächsten Abschnitte ausführlich gezeigt werden soll.

1. Strömung in einem Rotationshohlraume bei konstanter Meridiangeschwindigkeit c_m.

Man kann verschiedene Annahmen über die Geschwindigkeitsverteilung in diesem Rotationshohlraume machen. Denkt man sich eine Zylinderfläche *ff*, deren Achse mit der Rotationsachse *zz* zusammenfällt, so wird das Wasser senkrecht zu dieser Fläche die Geschwindigkeit c_r besitzen (Abb. 131). Im allgemeinen wird jedoch die Größe von c_r an verschiedenen Stellen des Zylinders verschieden sein. Es sei in der Folge jedoch nur der Mittelwert von c_r betrachtet, welcher sich ergibt aus

$$c_r = \frac{Q}{2 r \pi \cdot z}.$$

Die gleiche Annahme werde auch bezüglich der Geschwindigkeitsverteilung in jenen Kreisflächen *MK* (Abb. 131) gemacht, welche auf der Rotationsachse senkrecht stehen. Es ist daher die *z*-Komponente der resultierenden Geschwindigkeit c_m gegeben durch:

$$c_z = \frac{Q}{r^2 \pi}.$$

[1]) Für die im Innern liegenden Stromlinien trifft dies jedoch nicht zu, weil die Fliehkräfte Drucksteigerungen hervorbringen, die natürlich eine Geschwindigkeitsabnahme zur Folge haben. Gerade diese bewirkt die Vermeidung des früher so gefürchteten, aber vollständig unbegründeten Wasserstoßes.

Ferner soll die Wassermenge Q aus der Unendlichkeit in der r-Richtung kommen und in der z-Richtung in die Unendlichkeit abfließen. Dabei soll die Wandbegrenzung a, b so beschaffen sein, daß die resultierende Stromgeschwindigkeit in jedem Punkte von a, b konstant ist. Da die im Innern des gekrümmten Teiles des Rotationshohlraumes liegenden Stromlinien infolge der Fliehkräfte der äußeren Wasserteilchen unter größerem hydraulischem Druck stehen, so folgt, daß die resultierende Geschwindigkeit c_m an der Begrenzungswand ab am größten ist. Gegenüber allen sonstigen Annahmen über die Geschwindigkeitsverteilung hat daher die hier gewählte den großen Vorteil, daß man sicher sein kann, daß an keiner Stelle der als zulässig erkannte Höchstwert der Geschwindigkeit überschritten wird.

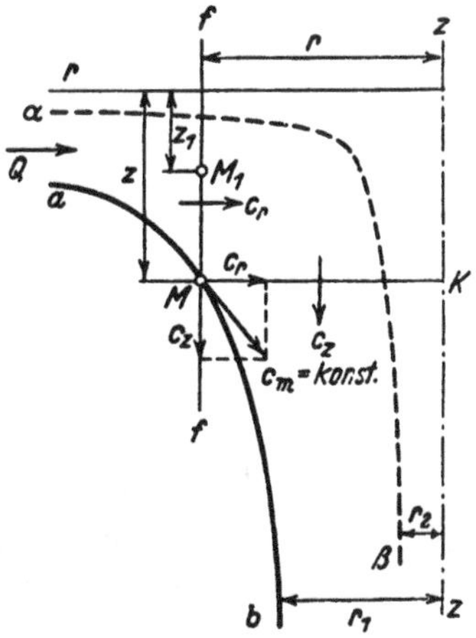

Abb. 131.

Da der Voraussetzung nach $c_m =$ konst. sein soll, so muß auch nach Abb. 131

$$c_r^2 + c_z^2 = c_m^2 = \text{konst} = \left[\frac{Q}{2 r \pi z}\right]^2 + \left[\frac{Q}{r^2 \pi}\right]^2 = k$$

sein. Daraus folgt

$$\frac{Q^2}{4 r^2 \pi^2 z^2} + \frac{Q^2}{r^4 \pi^2} = k$$

und weil Q, π und k konstante Glieder[1]) sind, so kann auch geschrieben werden:

$$\frac{1}{4 r^2 z^2} + \frac{1}{r^4} = k_1 \quad \text{oder} \quad r^2 + 4 z^2 = 4 k_1 r^4 z^2$$

$$4 z^2 (k_1 r^4 - 1) = r^2$$

$$z = \frac{\frac{1}{2} r}{\sqrt{k_1 r^4 - 1}} \quad \ldots\ldots\ldots\ldots \quad (8)$$

Zur Bestimmung der Konstanten k_1 ist zu beachten, daß für $z = \infty$ $c_r = 0$ sein soll, damit das Wasser parallel zur z-Achse abfließen kann.

[1]) Die Konstanz von Q ist so zu verstehen, daß längs der zu suchenden Kurve $(a\,b)$ Q konstant ist. Begibt man sich jedoch auf der z-Koordinate ins Innere des Rotationshohlraumes (Punkt M_1), so muß natürlich die Wassermenge Q dem Verhältnis z_1/z entsprechend abnehmen, was demnach auch für diesen Punkt auf das gleiche c_r führt. Das nämliche gilt auch von der c_z-Komponente.

An dieser Stelle hat das Rohr den Halbmesser r_1. Es gilt sonach für $z = \infty$, $r = r_1$.

Es muß sonach $k_1 r_1^4 - 1 = 0$ sein, daher

$$k_1 = \frac{1}{r_1^4},$$

weshalb Gleichung (8) übergeht in:

$$z = \frac{\frac{1}{2} r}{\sqrt{\frac{r^4}{r_1^4} - 1}} \quad \ldots \ldots \ldots \ldots (9)$$

Da r_1 sich für ein gegebenes Q und gewähltes Δ jederzeit bestimmen läßt, so ist auch der Verlauf der durch Gleichung (9) dargestellten Erzeugenden des Rotationshohlraumes bestimmt. Als die obere Begrenzung des Rotationshohlraumes kann die durch die Rotation der r-Achse entstehende Ebene angesehen werden, wenn nicht durch die Wahl eines zweiten Halbmessers (r_2, Abb. 131) eine besondere innere Erzeugende $\alpha\beta$ bestimmt wird, wobei der Halbmesser r_2 zweckmäßig dem Naben- bzw. Wellenhalbmesser gleichgemacht wird. Es ist jedoch zu berücksichtigen, daß die innere Laufradbegrenzung, welche durch α, β bestimmt wird, nicht einer Stromlinie entspricht, weil die Annahme c_m = konst nicht auch im Innern des Rotationshohlraumes gilt. Strenge genommen müßte daher erst das Strombild aus $\frac{r \Delta n}{\Delta s} = A$ bestimmt und nach einem solchen die innere Laufradbegrenzung gewählt werden. Praktisch ist jedoch der Unterschied von $\alpha\beta$ und einer wirklichen Stromlinie zu vernachlässigen. Da die Erzeugende ab sich der r-Achse stetig nähert, so ist dieselbe als Leitradbegrenzung aus baulichen Rücksichten nicht verwendbar, ebensowenig für den Auslauf des Saugrohres, weil voraussetzungsgemäß eine Geschwindigkeitsabnahme nicht stattfindet und ein Energierückgewinn daher nicht erfolgen kann. Immerhin ist die Kenntnis der Erzeugenden für c_m = konst insofern von Wichtigkeit, weil willkürliche Saugrohrerzeugende nach diesem Gesetz kontrolliert werden können.

Es unterliegt jedoch keinen Schwierigkeiten, für c_m ein solches Gesetz vorzuschreiben, welches einen entsprechenden Energierückgewinn gewährleistet. Besonders einfach gestaltet sich die Annahme

$$c_m = \frac{k}{r},$$

wie dies im folgenden gezeigt ist.

2. Strömung in einem Rotationshohlraume nach dem Gesetze:

$$c_m = \frac{k}{r}.$$

Ist nach Abb. 132 $c_m = \frac{k}{r}$, dann beginnt in der r-Richtung die Strömung im Unendlichen mit der Geschwindigkeit Null und erlangt schließlich in der z-Richtung im Unendlichen die Grenzgeschwindigkeit $\frac{k}{r_1}$. Dies hat den Vorteil, daß sich wegen der mit wachsendem r abnehmenden Stromgeschwindigkeit auch die Reibungswiderstände verkleinern. Setzt man daher

$$c_m = \frac{k}{r}$$

und wie früher

$$c_r = \frac{Q}{2 r \pi z}$$

$$c_z = \frac{Q}{r^2 \pi},$$

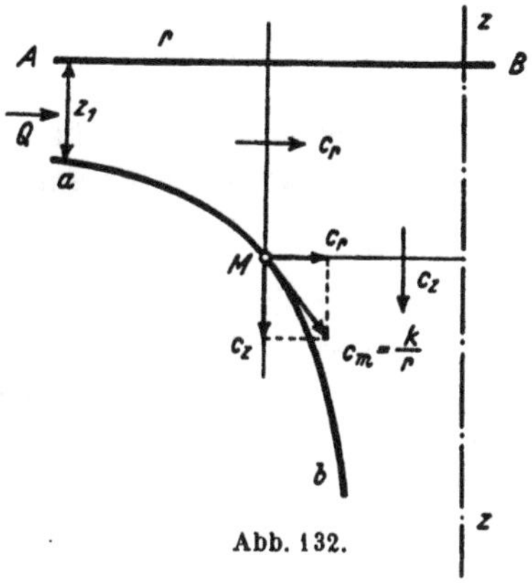

Abb. 132.

wobei c_r und c_z mittlere Geschwindigkeiten bedeuten, so wird

$$c_m^2 = c_z^2 + c_r^2 = \frac{k^2}{r^2} \quad \text{oder} \quad \frac{Q^2}{r^4 \pi^2} + \frac{Q^2}{4 r^2 \pi^2 z^2} = \frac{k^2}{r^2}$$

und $\frac{k^2 \pi^2}{Q^2} = k_1 =$ konstant. Daraus folgt

$$\frac{1}{r^4} + \frac{1}{4 r^2 z^2} = k_1, \quad z^2 (k_1 r^2 - 1) = \frac{1}{4} r^2$$

und

$$z = \frac{\frac{1}{2} r}{\sqrt{k_1 r^2 - 1}} \quad \ldots\ldots\ldots\ldots (10)$$

Die Strömung nähert sich der zylindrischen Strömung für $z = \infty$ und dort soll $r = r_1$ sein, dann muß

$$k_1 r_1^2 - 1 = 0$$

sein, daher

$$k_1 = \frac{1}{r_1^2}.$$

Bei Berücksichtigung dieses Wertes geht die Gleichung (10) über in

$$z = \frac{\frac{1}{2} r}{\sqrt{\frac{r^2}{r_1^2} - 1}} \quad \ldots\ldots\ldots\ldots (11)$$

Gleichung (11) läßt eine sehr einfache geometrische Konstruktion[1]) zu, weshalb jede analytische Berechnung entfällt.

Soll *ab* in Abb. 132 die gewünschte äußere Leit- und Laufradbegrenzung vorstellen, so bestimmt man bei gegebenem Q und H und gewähltem $\varDelta$ die Saugrohrgeschwindigkeit:

$$c_s = \sqrt{\varDelta\, 2 g H}$$

und aus

$$F_s = r_1^2 \pi = \frac{Q}{c_s}$$

den Halbmesser r_1. Nun beschreibt man mit diesem durch Punkt O einen Kreis und zieht in einem beliebigen Punkte P die Tangente t. Diese schneidet die r- und z-Achse in zwei Punkten m und n. Zieht man durch diese beiden Punkte die Parallelen zur r- und z-Achse, so ergibt sich ein Schnittpunkt T. Wird der Abstand desselben ($2z$) von der r-Achse halbiert, so ist M ein Punkt der gesuchten Leit- und Laufrad- bzw. Saugrohrerzeugenden. Das Verfahren beliebig oft für andere Punkte wiederholt, gibt schließlich den ganzen Verlauf (*ab*, Abb. 133) dieser Erzeugenden an. Die ganze Ableitung setzt voraus, daß die durch rO bestimmte Ebene gleichzeitig auch die obere Leit- und Laufradbegrenzungswand vorstellt, weil ja die z-Koordinaten von dieser Ebene aus gezählt werden.

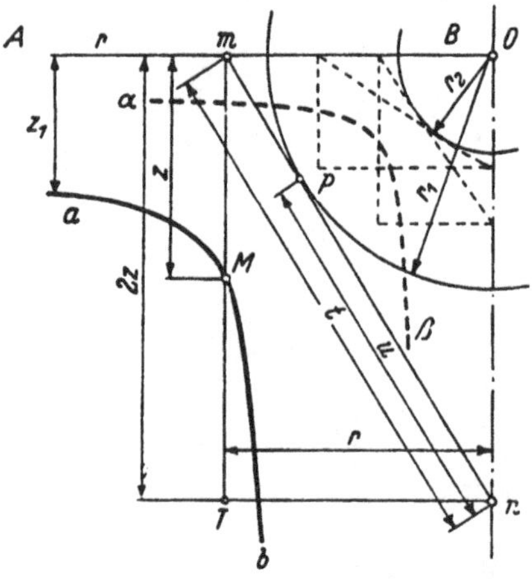

Abb. 133.

Will man für die obere Leit- und Laufradbegrenzung ebenfalls eine Rotationsfläche ausbilden, so kann das mit der für praktische Zwecke genügenden Genauigkeit durch die gleiche Konstruktion (α, β Abb. 133) geschehen, wenn der Halbmesser r_2 gleich dem Nabenhalbmesser gewählt wird.

Die Richtigkeit der angegebenen geometrischen Konstruktion ergibt sich aus folgender Betrachtung:

Es ist nach Abb. 131:

$$r^2 + 4z^2 = t^2, \quad 4z^2 = u \cdot t, \quad t = \frac{4z^2}{u}, \quad u = \sqrt{4z^2 - r_1^2},$$

[1]) Diese Konstruktion verdanke ich Herrn Prof. Dr. Lechner in Wien, Technische Hochschule.

daher

$$t^2 = \frac{16\,z^4}{u^2} = \frac{16\,z^4}{4\,z^2 - r_1^2} = r^2 + 4\,z^2;$$

$$16\,z^4 = 4\,z^2 r^2 - r^2 r_1^2 + 16\,z^4 - 4\,z^2 r_1^2$$

$$4\,z^2 (r^2 - r_1^2) = r^2 r_1^2,$$

woraus wie früher folgt

$$z = \frac{\frac{1}{2}\,r}{\sqrt{\frac{r^2}{r_1^2} - 1}} \quad . \; . \; . \; . \; . \; . \; . \; . \; . \; . \quad (11\,a)$$

Die angegebene Konstruktion liefert also tatsächlich die Gleichung (11). Es läßt sich somit durch dieselbe die Leit- und Laufradbegrenzung festlegen.

Man erkennt, daß die Leitschaufelhöhe z_1 und das Profil *ab* der Laufradkammer in einem eindeutig bestimmten Verhältnis stehen müssen und daß es also verfehlt ist, etwa die Leitradhöhe zu verändern, ohne auf die Krümmung des Kammerprofiles entsprechende Rücksicht zu nehmen, wie dies ausnahmslos bei allen Nachahmungen der Kaplanturbine geschieht. Derartige Turbinen geben besonders bei Teilbeaufschlagungen schlechte Wirkungsgrade. Nichts könnte auffälliger die Notwendigkeit von Turbinenversuchen begründen als die sprunghafte und überraschende Besserung des Wirkungsgrades bei der Anpassung der Kammerkurve an die Krümmerkurve. Die guten Erfolge einer solchen gesetzmäßigen Abrundung ließen in mir den Entschluß reifen, den Energierückgewinn ebenfalls durch solche Vorrichtungen zu erzielen. Denkt man sich daher den durch Abb. 132 u. 133 dargestellten Rotationshohlraum vom Wasser in entgegengesetzter Richtung durchflossen, so erhalten wir ein Saugrohr mit trompetenförmiger Erweiterung des Austrittsquerschnittes *ab*, der von der Sohle *A B* einen bestimmten, aber kleinen Abstand z_1 besitzt[1]). In meinem DRP. Nr. 323084 ist im Patentanspruch 4 ein Saugkrümmer geschützt, der hier wegen seiner guten Wirkungsweise ausführlicher besprochen werden soll. Durch Abb. 134 ist seine Entstehung in einer perspektivischen Skizze darge-

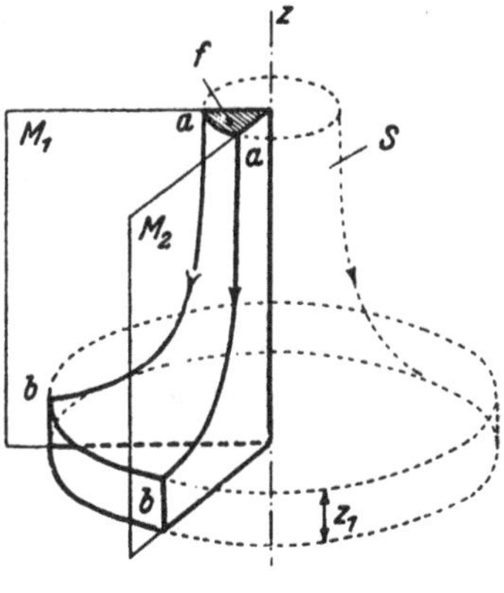

Abb. 134.

[1]) Vgl. meine DRP. Nr. 323084 und 319780, in welchen noch einige Schlußfolgerungen gezogen sind.

stellt. Unter Vermeidung schwieriger Untersuchungen soll das Entstehungsgesetz aus einer Reihe von logischen Gedankenfolgen abgeleitet werden.

Trifft ein senkrechter kreiszylindrischer Wasserstrahl auf eine wagrechte Platte, so wird er zunächst auf dieser abgelenkt und fließt schließlich in parallelen Schichten von der Platte ab. Beobachtet man den Wasserstrahl genauer, so kann derselbe als Rotationskörper dargestellt werden, dessen Erzeugende *ab* mit jener der nach Formel (3) und (5) bestimmten eine gewisse Ähnlichkeit besitzt. Wenn noch beachtet wird, daß sich der Strömungsvorgang in Meridianebenen $M_1 M_2$ vollzieht, so daß zwei oder mehrere reibungslose Meridianebenen, in die Strömungsachse *zz* hineingestellt, keine Änderung in dem Strömungsverlauf hervorbringen können, so dürfen wir je zwei dieser Ebenen (M_1 und M_2) als Seitenflächen unseres Saugkrümmers betrachten. Allerdings wäre damit unsere Aufgabe noch nicht vollständig gelöst, da wir als Eintrittsquerschnitt die Laufkreisfläche, nicht aber den schraffierten Bogenwinkel *f* zur Verfügung haben. Wir werden aber keinen großen Fehler begehen, wenn wir die beiden Meridianebenen M_1 und M_2 so lange drehen, bis diese den oberen Teil des zylindrischen Rotationskörpers *S* tangieren. Wir erhalten dadurch Krümmermodelle, wie diese durch die Formen 6—14 in Abb. 135 abgebildet sind.

Die inzwischen mit diesen Formen abgeschlossenen Krümmerversuche haben einen nicht unerheblichen Fortschritt gegenüber den Kreiskrümmern ergeben. Konnte bei der Versuchsreihe 5 mit Kreiskrümmern nur ein Wirkungsgrad von 66 bis 67% erzielt werden, so stieg derselbe bei den neueren Formen auf über 80%. Der Strömungsverlauf kam dem Idealbild eines konischen Saugrohres (Abb. 136) recht nahe.

Ich entschloß mich daher, einen solchen Krümmer für die Börtelfabrik Velm zu entwerfen. Die Herstellung des Krümmers übernahm die Firma I. Storek in Brünn, welche in ihren Werkstätten damit auch die erste Kaplanturbine fertigstellte. Aus dem Lichtbild Abb. 138, welches diese Turbine vorstellt, ist der Krümmer zu entnehmen, der in seiner eigentümlichen Form manches Kopfschütteln von Fachleuten[1]) und Patentämtern verursachte. So wurde mir in einigen Patentämtern die Erteilung eines Patentes anfänglich versagt, weil durch den auftretenden »Wasserstoß« ein technischer Fortschritt nicht zu erzielen sei. Auch wurde mir als angeblich neuheitsschädlich das sog. Prašilsche Saugrohr vorgehalten, doch konnte ich nachweisen, daß der mit meiner Anmeldung bezweckte Energierückgewinn mit einem Prašilschen Saug-

---

[1]) Vgl. beispielsweise die Äußerungen Prof. Budaus darüber in der »Wasserkraft« 1922, Heft 11, und den Beitrag aus der Geschichte der Wasserkraftmaschinen von Prof. Dr.-Ing. Reichel (V. d. I. Beiträge S. 57 u. f.).

Abb. 135.

Abb. 136.

rohr nicht zu erzielen ist. Leider ist meine Erfindung durch Indiskretion[1]) vorzeitig amerikanischen Firmen bekannt geworden, so daß sich Europa erst auf dem Umwege über Amerika mit den neuen Saugkrümmern beschäftigte.

Durch Einführung von Luft in die Turbinenstopfbüchse der Velmer Turbine konnte der Strömungsverlauf im Austrittsquerschnitt sichtbar gemacht werden, wodurch auch bei marktfähigen Turbinen die hier mitgeteilten Strömungsverhältnisse ihre Bestätigung fanden.

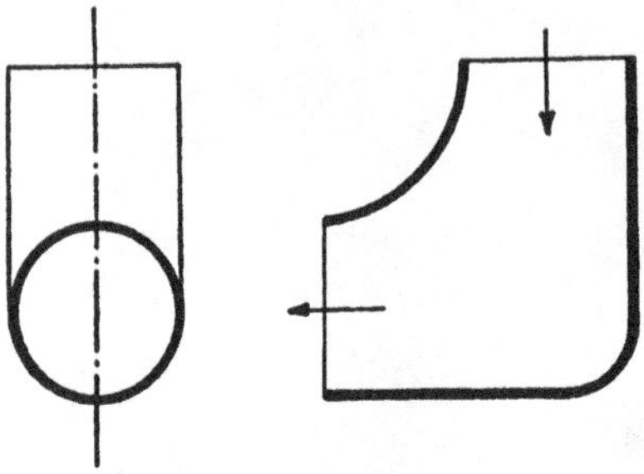

Abb. 137.

Den als zweckmäßig erkannnten Weg fortschreitend, untersuchte ich auch solche durch die Abb. 137 dargestellte Krümmer, die insofern ein bemerkenswertes Ergebnis lieferten, als sich ihre Krümmungskurve nur durch ein konstantes Glied von jener Formel (11) unterschied, die für den Saugkrümmer abgeleitet wurde. Solche Ausführungsformen waren zwar als Saugkrümmer weniger geeignet, haben jedoch den Erwartungen als Rohrkrümmer in bezug auf die Verminderung der Widerstände durchaus entsprochen und können überall dort Verwendung finden, wo es sich um Verminderung der Widerstände bei Vermeidung von Kavitationserscheinungen handelt[2]).

[1]) Vgl. beispielsweise meine Zuschrift: Francisschnelläufer und Propellerturbinen. (Die Wasserwirtschaft Wien, Jahrg. 1929, H. 24, S. 437 u. a. m.)

[2]) Vgl. DRP. Nr. 353695. — Vgl. Oesterlen, Zur Ausbildung von Turbinensaugrohren. Hydr. Probleme, V. D. I. V. 1926. S. 111.

II. Die künftige Entwicklung des Wasserturbinenbaues.

Will man das künftige Schicksal eines Bauwerkes voraussagen, so muß man die Grundlagen desselben kennen. Es ist aus der Lage des Baugrundes zu beurteilen, ob unsere Grundmauern auf Sand oder festem Gestein aufgebaut wurden. Ähnliche Verhältnisse liegen allen unseren großen Theorien zugrunde. Auch hier sind die Grundlagen für die Haltbarkeit und Standfestigkeit einer Theorie maßgebend. Jeder ernsten Theorie liegt die Möglichkeit zugrunde, gewisse Erscheinungen vorauszusagen. Liegen also bestimmte Voraussetzungen und Annahmen vor, so gestattet die Theorie, einen Blick in die Zukunft zu werfen und jene Erscheinungen vorauszusagen, die unter den obwaltenden Umständen unfehlbar eintreffen müssen. Die bis zu Beginn unseres Jahrhunderts in der Praxis benützte eindimensionale Turbinentheorie hat, bei den damals üblichen Laufradformen, die in sie gesetzten Erwartungen im großen und ganzen erfüllt, wenn wir von unerklärlichen Erscheinungen in der Wirkungsweise unserer Turbinen zunächst absehen wollen. Bei den neueren Laufradformen bereitete die eindimensionale Turbinentheorie insofern Schwierigkeiten, als aus dieser keine Maßnahmen entnommen werden konnten, um die bei der gewünschten Schnelläufigkeit auftretenden Widerstände zu berücksichtigen. Solche aus der eindimensionalen Theorie fallende Bauweisen wurden anfangs wenig beachtet, bis die Häufung solcher Fehlschläge doch zwang, die Grundlagen der eindimensionalen Theorie auf ihre Tragfähigkeit zu prüfen. Es zeigte sich beispielsweise die eigentümliche Erscheinung, daß die Einheitsdrehzahl der Räder nicht beliebig gesteigert werden konnte, ohne eine empfindliche Wirkungsgradeinbuße zu erleiden. Hier setzte die von Prašil (Zürich) erstmals aufgestellte zweidimensionale Turbinentheorie ein, welche den Nachweis erbrachte, daß die Meridiangeschwindigkeit an Stellen stärkster Krümmung am größten sei, wodurch den Krümmungsverhältnissen im meridionalen Laufradschnitt Rechnung getragen werden konnte. Dagegen blieben diese Grundlagen auf die Schaufelzahl ohne Einfluß. Da jedoch das Bedürfnis nach schnellaufenden Turbinen wuchs, so mußte der Laufradberechnung eine mehrdimensionale Theorie zugrunde gelegt werden, welche über die wirklichen Schaufelwinkel den erforderlichen Aufschluß gab. Dazu kamen noch Erwägungen über die Widerstandsverluste, die ich auf Grund von Versuchen zur Aufstellung einer mehrdimensionalen Reibungstheorie verwertete. Vom Standpunkt der ein- und zweidimensionalen Theorie waren die erhaltenen Ergebnisse auf den ersten Blick überraschend, da sowohl die stoßfreie Wasserführung als auch die gesicherte Energieumsetzung einen empfindlichen Stoß erlitten. Es war daher begreiflich, daß bei allen eindimensional eingestellten Fachleuten die flügelförmigen Propellerschaufeln nur ein mitleidiges Lächeln hervorbringen konnten und keine zünftige Turbinenfabrik das große Wagnis übernehmen wollte, solche Propeller zur Ausführung zu bringen.

Hier setzte das große Verdienst der Firma Storek ein, die, unbelastet von allen althergebrachten Theorien, sich ernstlich mit der mehrdimensionalen Reibungstheorie beschäftigte und schon im Jahre 1919 die erste Kaplanturbine der Welt in der Börtelfabrik der Firma Hofbauers Witwe in Velm zur Aufstellung brachte. Die bei der Abbremsung erhaltenen Ergebnisse entsprachen durchaus den theoretischen Erwartungen, so daß die Tragfähigkeit der aufgestellten Theorie wenigstens an einem Ausführungsbeispiel nachgewiesen werden konnte. Allerdings waren die Geschwindigkeiten in Anbetracht des geringen Gefälles noch mäßig zu nennen, doch zeigte sich schon bei größeren Gefällen ein merkbarer Wirkungsgradabfall, der weder mit der Theorie noch mit den Laboratoriumsversuchen in Einklang gebracht werden konnte. Hier zeigte sich also eine Achillesferse in der Theorie, nämlich die Kavitationserscheinung, welche bisher im Turbinenbau noch nicht bekannt war und die nur nach langwierigen und mühsamen theoretischen und praktischen Untersuchungen überwunden werden konnte. Heute ist man in der Beherrschung des Höchstgefälles so weit, daß ein Gesamtgefälle von 20 m noch zugelassen werden kann, wie dies schwedische Anlagen (Munkfors) zeigen (Abb. 160).

Schließlich galt es noch, die Tragfähigkeit der Theorie bei Höchstleistungen zu erproben. In dieser Hinsicht konnten aus der ersten 40-PS-Anlage in Velm keine weiteren Schlüsse gezogen werden. Dagegen gab ebenfalls eine schwedische Anlage (Lilla Edet) bald Gelegenheit, die Tragfähigkeit der Theorie bei einer Höchstleistung von 14000 PS zu erproben. Auch hier befanden sich die Versuchsergebnisse mit den theoretischen Erwartungen im guten Einklang ($\eta = 93\%$). Derzeit gelangen auch zwei Großkraftprojekte zur Ausführung, von welchen das eine ein deutsch-schweizerisches Großkraftwerk (Ryburg-Schwörstadt) betrifft und gegenwärtig vom Kaplanturbinen-Konzern ausgeführt wird. Dasselbe besteht aus vier Kaplanturbinen von je 38000 PS, deren Laufraddurchmesser rund 7 m beträgt.

Zum späteren Ausbau gelangt von meiner schwedischen Lizenzfirma Verkstaden das russische Großkraftwerk am Swir mit Turbinen von 7,4 m Laufraddurchmesser.

Bevor aber auf Grund dieser Erfahrungen ein Ausblick in die Zukunft unternommen werden kann, mögen noch die Herstellungsfragen und andere technische Ausführungsweisen kurz besprochen werden.

Bekanntlich ist vom Laboratoriumsmodell zur marktfähigen Turbine noch ein weiter Weg zurückzulegen. Dieser Weg ist für das Gedeihen einer Neuschöpfung von entscheidendem Einflusse. Es handelt sich nicht um die Herstellungsmöglichkeit einer neuen Bauweise allein, sondern um die Wirtschaftlichkeit des Herstellungsvorganges. Auch darüber sind in der letzten Zeit viele Erfahrungen gesammelt worden, die im Hinblick auf die Arbeitslöhne der Erkenntnis zustreben, daß die aufgewendete Arbeitszeit einen Mindestwert vorstellen muß (Ford). Wird auch noch die Rohstofffrage und die leichte Herstellbarkeit der Maschinenteile berücksichtigt, so wird man in absehbarer Zeit zu jener Idealturbine gelangen, die bei dem Mindestmaß an Kostenaufwand die Höchstausbeute an Energie verwirklicht. Der Wettbewerb der einzelnen Turbinenfabriken führt uns diesem Ziele zwanglos entgegen. Es sollen hier nur skizzenhaft jene Maßnahmen angedeutet werden, welche der praktischen Ausführung harren.

Zunächst ist die Tragfähigkeit der aufgestellten Theorien in der Weise zu prüfen, wie dies für die Kaplanturbine angegeben ist. Von allen bisher entwickelten Flügelradtheorien scheint sich jene von Dr. Bauersfeld der mehrdimensionalen Reibungstheorie am meisten zu nähern. Auch die Propellertheorie nach Dr. Lechner und Dr. Zimmermann scheint sich dem wirklichen Strömungsverlauf gut einzufügen. Dagegen kann die von Prof. Baudisch aufgestellte Theorie der Prallströmung an Saugstrahlturbinen die Wirkungsweise meiner Turbinen nicht erklären, wie dies auch versuchsmäßig bestätigt werden konnte.[1]) Die erst in jüngster Zeit aufgetauchte Propellertheorie von Pfau[2]), die teils persönlichen Mitteilungen, teils meinen Veröffentlichungen im Wasserkraftjahrbuch und den Patentschriften entstammt, trägt den Charakter einer erzwungenen Erklärung, ist also zum Entwurfe von Neuschöpfungen ungeeignet[3]). Am tiefsten schürft Dr. Schilhansl, der in seiner Schnelläufertheorie[4]) auch die jeweiligen Schaufelwinkel angibt, durch ein Verfahren, welches in übersichtlicher Weise auch auf zeichnerischem Wege gewonnen werden kann. Berücksichtigt man noch,

---

[1]) Vgl. die Wasserkraft J. 1924, S. 425 u. f.

[2]) A. Pfau, Francisschnelläufer und Propellerturbinen, Die Wasserwirtschaft 1929, Heft 8, S. 117.

[3]) Vgl. die Wasserwirtschaft J. 1929, S. 437.

[4]) Wasserkraft und Wasserwirtschaft 1929, Heft 7, S. 85. — Dr. Schilhansl, Beitrag zur Berechnung axialer Schnelläufer.

daß auch die Leitschaufelströmung von der Wahl der spezifischen Drehzahl abhängt, so sind alle jene Grundlagen gegeben, die zur rationellen Ermittlung von Schaufelplänen für hochwertige Schnelläufer erforderlich sind. Es wäre daher erwünscht, nach den hier angegebenen Theorien Propeller mit verschiedenen spezifischen Drehzahlen herzustellen und in ähnlicher Weise zu erproben, wie dies im Turbinenlaboratorium an der Deutschen Technischen Hochschule in Brünn für solche Laufräder nach dem Heftchen über die Saugstrahlturbine[1]) von Baudisch geschehen ist[2]).

Faßt man die gewonnenen Erfahrungen kurz zusammen, so läßt sich ein Blick in die zukünftige Entwicklung des Turbinenbaues werfen, von dem hier einige Leitsätze angegeben sind:

1. Jede Turbinentheorie setzt eine versuchsmäßige Behandlung des Strömungsproblemes voraus. Man verlasse sich niemals auf gefühlsmäßige Ermittlung des Strömungszustandes, weil wir das Widerstandsproblem nur unvollkommen beherrschen. Der erfahrenste Versuchsingenieur ist nicht selten vor Aufgaben gestellt, die sich nur durch beharrliche Geduld und große Selbstverleugnung lösen lassen. Fehlerquellen, die außerhalb des Versuchsgegenstandes liegen, sind sorgfältig auszuschalten.

2. Die durch Versuche gewonnenen Ergebnisse sind in den Formeln zu berücksichtigen und gegebenenfalls neue Formeln darüber aufzustellen und diese gewissenhaft zu prüfen.

3. An dem Versuchskörper darf nur eine einzige Abänderung vorgenommen und deren Wirkung bestimmt werden, weil sonst das Versuchsergebnis getrübt wird.

4. Die nach der Theorie entwickelte Versuchsturbine ist sorgfältig abzubremsen und der Wirkungsgrad zu bestimmen. Zeigen sich Fehlschläge, so muß die Ursache der Erscheinung aufgefunden werden. Begrüßenswert sind erhebliche Abweichungen von den theoretischen Voraussetzungen, weil diese Fehlerquellen am leichtesten entdeckt werden können.

5. Um die Versuchsarbeit zu verringern, sollen nicht nur Höchstleistungen, sondern auch Fehlschläge veröffentlicht werden. Zeigen diese doch die Richtung an, welche nicht gangbar ist. Viele mühsame Versuchsarbeit könnte durch freimütige Angabe der Mißerfolge erspart bleiben!

---

[1]) Die Saugstrahlturbine von Dr. Hans Baudisch, Leipzig und Wien, Franz Deuticke 1922.

[2]) Die Wasserkraft, München, Jahrg. 1924, Heft 23, S. 425 und Jahrg. 1925, Heft 8, S. 134.

Ähnliche Überlegungen sind auch bei den fertigen Turbinen anzustellen. Es empfiehlt sich aber, die Erfahrungen bei im Betriebe befindlichen Anlagen zu sammeln, weil solche Anlagen meistens im Dauerbetriebe gehalten werden und Korrosions- und Abnützungserscheinungen bald nachzuweisen sind.

Bei Beobachtung obiger Leitsätze wird man schließlich zu jener Idealturbine kommen, die auch den wirtschaftlichen Bedürfnissen Rechnung trägt. Nach meinen Erfahrungen wird in den nächsten Jahrzehnten der Schwerpunkt bei der Beobachtung der Kavitationserscheinungen und der Wirbelbildungen liegen.

Wie schon wiederholt angedeutet, folgt das Wasser keinesfalls den durch die übliche Theorie angedeuteten Strombahnen. So zeigte sich beispielsweise, daß zwei Laufräder, die mit peinlichster Genauigkeit geometrisch kongruent hergestellt wurden, keinesfalls die gleiche Einheitswassermenge bei gleicher Einheitsdrehzahl verarbeiteten. Ebensowenig ließ sich bei beiden Laufrädern die mathematisch gleiche Einheitsleistung erzielen. Es zeigte sich also tatsächlich, daß die Laufradbauweisen über die mit der eindimensionalen Theorie gezogenen Grenzen hinauswuchsen und so Strömungsverhältnisse schufen, die, vom Standpunkt der eindimensionalen Theorie betrachtet, rätselhaft erscheinen mußten.

Bei starker Umsetzung von Geschwindigkeitsenergie in Druckenergie findet eine Loslösung der Wasserströmung von den Wänden statt. Die bei einem solchen Strömungsvorgang auftretenden Wirbelerscheinungen bilden eine wichtige Handhabe zur Vermeidung überflüssiger Widerstandsverluste. Ebenso ist es eine Erfahrungstatsache, daß die an den benetzten Laufradflächen auftretenden Reibungsverluste den Wirkungsgrad verschlechtern. Macht man also die Schaufeln kurz, so treten Loslösungserscheinungen auf, macht man die Schaufeln lang, so treten Reibungsverluste auf. Hätte man daher ein Mittel, diese Reibungsverluste zu verringern oder ganz aufzuheben[1]), so könnten die Schaufeln beliebig lang ausgeführt und die Loslösungsverluste vermieden werden. Es wäre nicht aussichtslos, bei beharrlichem Fortschreiten auf dem angegebenen Wege eine solche Idealturbine in der künftigen Entwicklung des Wasserturbinenbaues zu schaffen.

Ein anderer Mangel unserer Wasserturbinen liegt in der Schwierigkeit der Anpassung an die wirkliche Wasserführung eines Gewässers. So wenig man eine Francisturbine für verschiedene Wassermengen entwerfen kann, so wenig gelingt es auch, die jeweils vorhandene Wassermenge mit günstigem Wirkungsgrade zu verarbeiten. Durch Einführung der Laufschaufelregelung ist zwar ein bedeutender Fortschritt in den

[1]) Die vom Verfasser mit Metallegierungen angestellten Versuche lassen einen solchen Fortschritt erhoffen.

letzten Jahren erzielt worden, doch läßt sich auch in diesem Falle die Turbine nur innerhalb bestimmter Grenzen wirtschaftlich regeln. Eine genaue Betrachtung des Regeldiagrammes läßt jedoch den Weg erkennen, der eine vollkommene Lösung des Regelproblems bringen kann. Die praktische Herstellung einer solchen Regelung scheitert nicht nur am Baustoff, sondern auch an der Regelvorrichtung, so daß nur angenäherte Lösungen in Betracht kommen können. Dagegen scheint eine neuartige Lösung des Krümmerproblems im Bereiche der Möglichkeit zu liegen, falls auf die dort auftretenden Strömungserscheinungen entsprechende Rücksicht genommen wird.

Es soll nicht unerwähnt bleiben, daß von den vielen in Abb. 135, S. 233, abgebildeten Versuchskrümmern nur ein Saugkrümmer vorhanden ist, der die Wirkungsweise des besten bisher bekannten konischen Saugrohres (siehe Abb. 136) noch übertrifft. Doch auch dieser Krümmer zeigt noch Unregelmäßigkeiten in der Wasserführung, welche vielleicht durch entsprechende Maßnahmen vermieden werden können.

Ein Blick in den zukünftigen Wasserturbinenbau hat uns gelehrt, daß nur durch verständnisvolle Zusammenarbeit der Turbinentheorie mit den Versuchsanstalten ein technischer Fortschritt möglich ist, der die Wasserturbinen in den Stand setzt, mit den anderen Kraftmaschinen in wirtschaftlichen Wettbewerb zu treten.

J. Ausgeführte Schnelläufer nebst Angaben aus der Praxis.

Die in der ersten Auflage abgebildeten Schnelläufer betrafen, entsprechend dem damaligen Stande des Turbinenbaues, nur schnellaufende Francisräder, wie diese in der vorliegenden Buchausgabe unter dem Abschnitt Ea besprochen wurden. Obwohl der Entwurf des Schaufelplanes im Laufe der folgenden Jahre verbessert wurde, so bieten diese wegen ihres noch ausgeprägten radialen Schaufelraumes und des damit begründeten Wirkungsgradabfalles kein erhebliches Interesse. Zur Zeit der ersten Auflage waren die in den vorhergehenden Abschnitten beschriebenen Hoch- und Höchstschnelläufer noch unbekannt. Es sollen daher diese letzteren auf Kosten der Mittelschnelläufer eine ausführlichere Beschreibung in diesem Abschnitt finden. Um den Umfang desselben nicht zu erweitern, sollen in zwangloser Auslese einige typische oder aus besonderen Gründen bemerkenswerte Ausführungen von Höchstschnelläufern Platz finden und zugleich soll ein Überblick über den derzeitigen Stand des Ausbaues mit Kaplanturbinen gegeben werden. Die angeführten Firmen — durchwegs Lizenznehmer der die Kaplanturbine schützenden Patente — sind dabei in jener Reihenfolge genannt, als sie erstmals mit Kaplanturbinen auf den Markt getreten sind.

Stahlhütte und Turbinenfabrik Ignaz Storek in Brünn.

Dieser Firma gebührt das Verdienst, die erste für praktischen Gebrauch bestimmte Kaplanturbine überhaupt gebaut zu haben. Die Turbine kam in Velm (Niederösterreich) in der Börtel- und Strickgarnfabrik M. Hofbauers Witwe zur Aufstellung und ist in Abb. 138 im Lichtbild zu sehen. Sie besitzt ein Laufrad von 600 mm Durchmesser, Leit- und Laufradschaufeln werden von Hand aus reguliert. Der Saugkrümmer zeigt die charakteristische scharfe Umlenkung und kräftige Verbreiterung des austretenden Strahles. Im Juli 1919 überprüfte Professor Budau der Technischen Hochschule in Wien die hydraulischen Eigenschaften der Turbine und erzielte bei einem mittleren Gefälle von 3 m die aus Abb. 139 ersichtlichen Ergebnisse[1]).

---

[1]) Siehe Budau, Mitteilungen über die Kaplanturbine, Wasserwirtschaft 1919, Heft 14.

Bemerkenswert durch ihr verhältnismäßig hohes Gefälle von rund 17 m ist die Kaplanturbinenanlage Wiesenberg, von der Abb. 140

Abb. 138. Die erste Kaplanturbine für praktischen Betrieb (Velm).

einen Schnitt und Abb. 141 ein Bremsdiagramm darstellen. Zur Zeit der Aufstellung dieser Turbine waren Kaplanturbinen nur bei wesentlich kleineren Gefällen in Verwendung[1]).

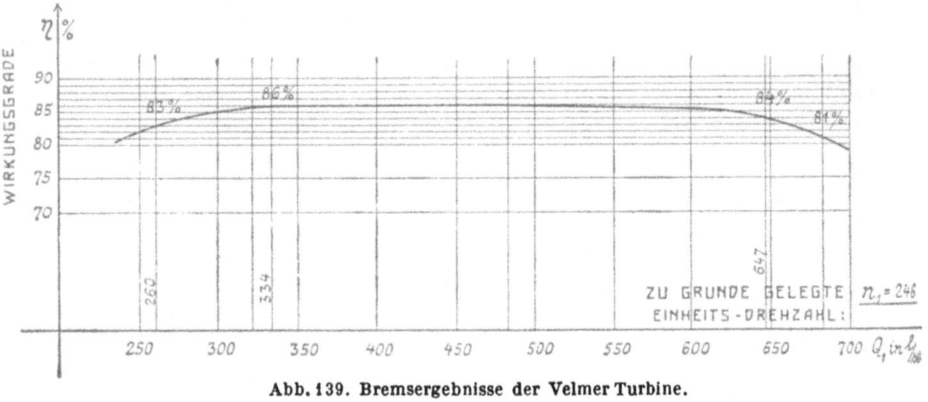

Abb. 139. Bremsergebnisse der Velmer Turbine.

Zwei Kaplanturbinen von je 2200 mm Laufraddurchmesser mit stehender Welle und Verstellung der Laufradschaufeln durch Gleitmuffe und Hebel besitzt das Elektrizitätswerk Kremsier (Abb. 142). Die spezifische Drehzahl reicht bis $n_s = 1050$.

---

[1]) Siehe Mitteilungen des Hauptvereins Deutscher Ingenieure in der Tschechoslowakischen Republik 1924, Heft 2.

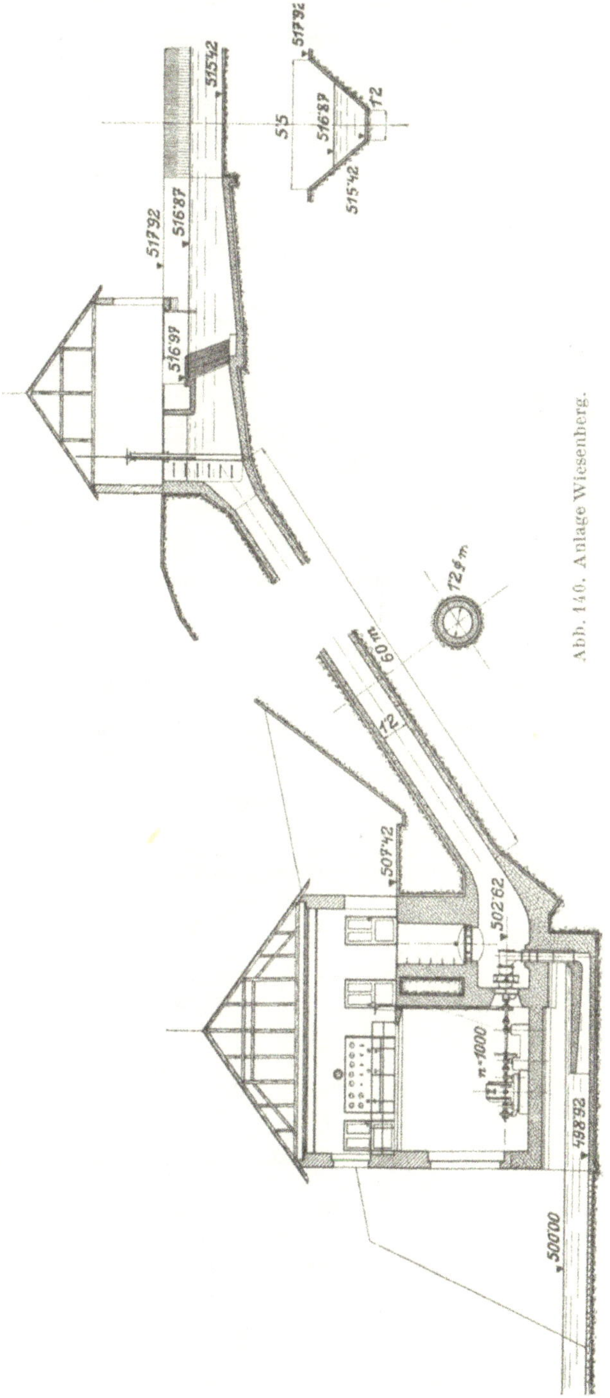

Abb. 140. Anlage Wiesenberg.

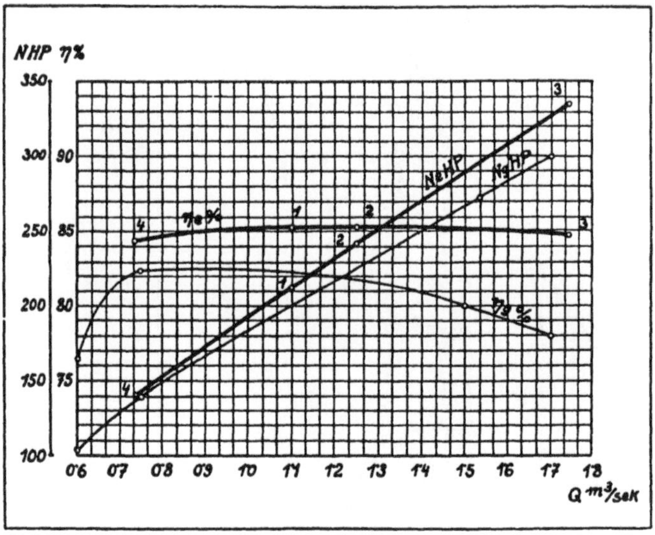

Abb. 141. Bremsergebnisse Wiesenberg.

Abb. 142. Kaplanturbine Kremsier.

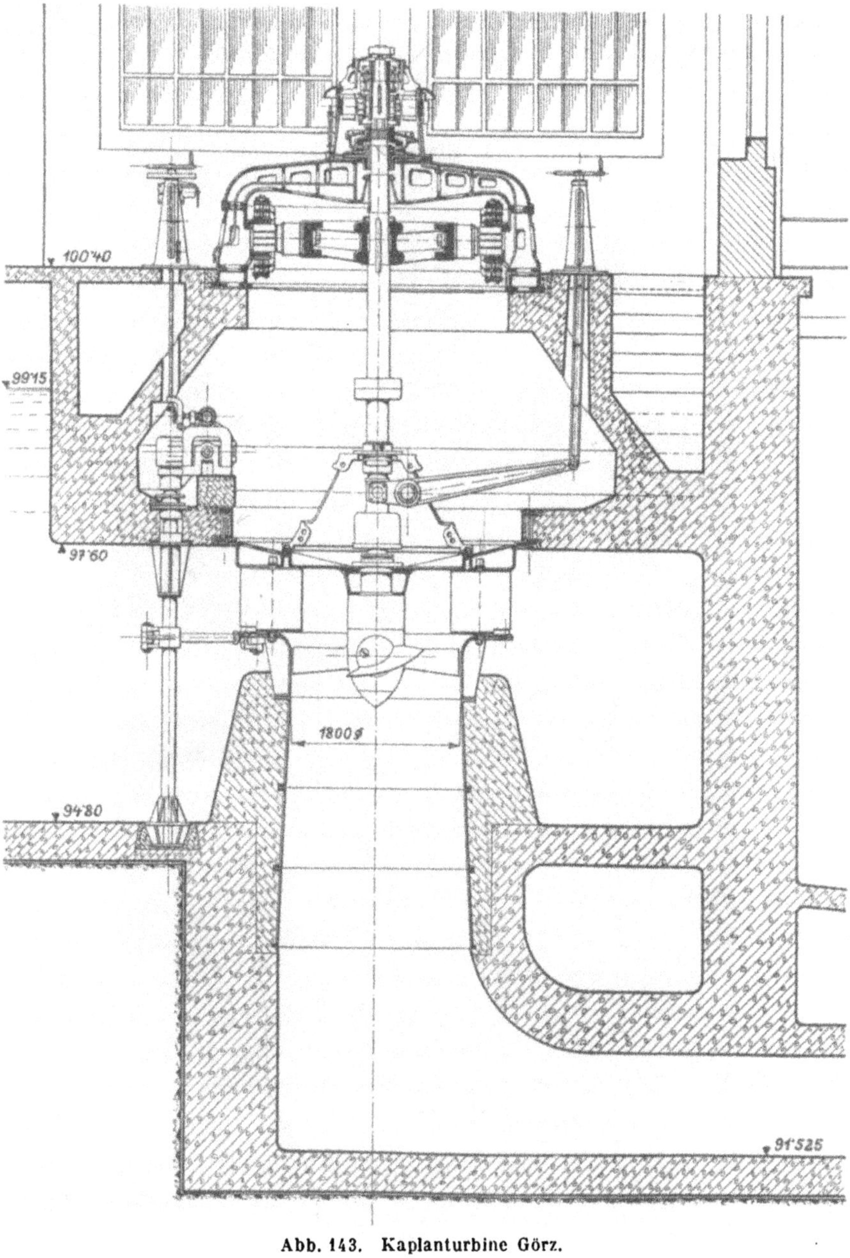

Abb. 143. Kaplanturbine Görz.

Noch höhere spezifische Drehzahlen ($n_s = 1300$ und darüber) weisen die beiden Turbinen der Anlage Görz auf (Abb. 143), deren jede 1100 PS leistet und welche damit die derzeit raschest laufenden Betriebsturbinen überhaupt vorstellen dürften. Abb. 144 ist eine Ansicht des zugehörigen Laufrades.

Abb. 144. Laufrad Görz.

Abb. 145 zeigt das Ausführungsbeispiel einer Vorrichtung, welche dazu dient, die Laufradschaufeln im Betriebsstillstand zu verstellen. Durch Drehung des inneren, im Maschinenraum auf der Turbinenwelle sitzenden Zahnkranzes mittels Schlüssel drehen sich die drei kleinen Zahnräder mit ihren als Schraubenspindeln ausgebildeten Wellen und

Abb. 145. Stellvorrichtung der Laufradschaufeln.

Abb. 146. Kaplanturbine mit Kegelradgetriebe.

letztere verschieben so eine Muffe, die durch Querkeil mit der Regulierstange in der hohlen Turbinenwelle gekuppelt ist.

Eine Kaplanturbine mit Kegelradgetriebe zeigt Abb. 146. Die Stellstange der Laufradschaufeln ist am oberen Wellenende gefaßt, und die Bewegungen der Leit- und Laufradschaufeln sind durch eine Kurvenführung zwangläufig gekuppelt.

Abb. 147.

Als Übergangsform zwischen der mechanisch betätigten Muffenverstellung und dem neuerdings vorgezogenen direkten hydraulischen Antrieb der Laufschaufelregulierung ist Abb. 147 anzusehen. Die dargestellte horizontale Turbine besitzt eine außenliegende Öldruckregulierung.

Abb. 148 zeigt eine Anlage mit Kaplanregulierung Bauart Englesson (Anlage Marienhütte der Berg- und Hüttenwerksgesellschaft), Abb. 149 die bei der Übernahmsprüfung erreichten Wirkungsgrade.

Das größte von der Firma Storek bisher gebaute Kaplanrad ist in Abb. 150 dargestellt. Es gehört der Anlage Mori an, hat einen Durchmesser von 3200 mm und leistet bei 10 m Gefälle und 150 Umdr./min maximal 7400 PS. Die Laufschaufelverdrehung erfolgt durch einen hydraulischen Servomotor in der Nabe wie bei Abb. 148.

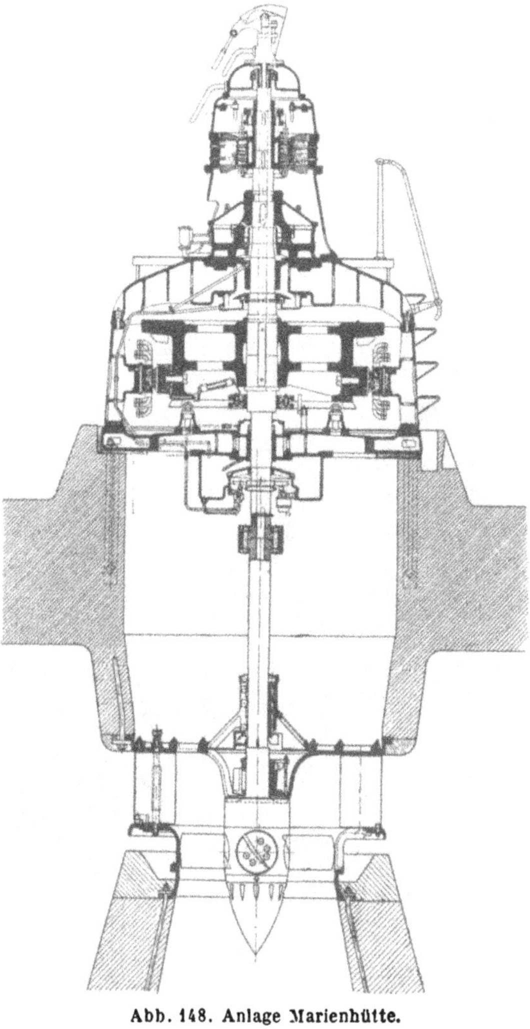

Abb. 148. Anlage Marienhütte.

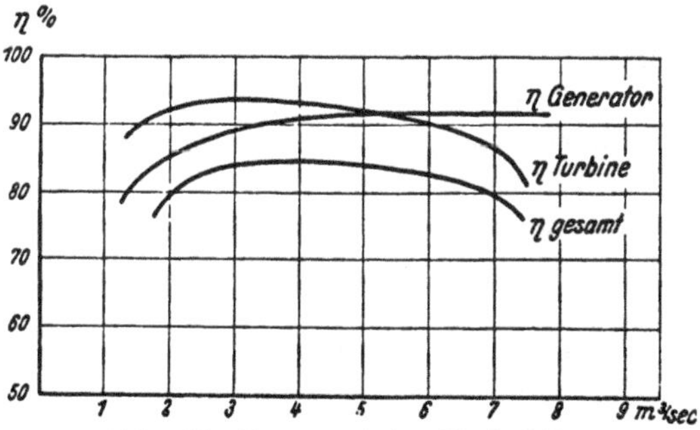

Abb. 149. Bremsergebnisse Marienhütte.

Abb. 151 gibt einen Überblick über die von der Firma Storek mit Kaplanturbinen ausgebauten Pferdestärken. Auffällig ist der plötzliche Stillstand 1922 bis 1923. Durch einige zunächst ungeklärte Fehlschläge, als deren Ursache sich später die Kavitation erwies, sah sich die Firma veranlaßt, den Bau von Kaplanturbinen bis zur völligen Aufklärung und Beherrschung dieser Erscheinungen, deren verheerende Wirkung

Abb. 150. Laufrad Mori.

hier erstmalig beobachtet worden war, zu unterbrechen. Durch Errichtung einer improvisierten Versuchsanlage für höhere Gefälle, die einem bestehenden Kraftwerk angegliedert war, wurden verläßliche Grundlagen für die Projektierung geschaffen. Es ist begreiflich, daß das Auftreten der Kavitationen ein gewisses Mißtrauen gegen die Kaplanturbine überhaupt hervorrief, welches auch dann nicht mit einem Schlage verschwand, als man dieselben schon zu meistern wußte. Das Schaubild läßt deutlich den zunächst zögernden Anstieg erkennen, dem erst nach Wiedergewinnung des Marktes ein rasches Anwachsen folgt. Auch bei den übrigen Lizenzfirmen, soweit sie sich mit dem Bau von

Kaplanturbinen damals schon befaßten, machte sich ein ähnlicher Einfluß der Kavitationserscheinungen geltend; freilich nicht in so starkem Maße wie hier, da diese Firmen durch das erstmalige Auftreten der Kavitation an von Storek gebauten Kaplanturbinen schon zur Vorsicht gemahnt waren und mit der Lieferung in größerem Maßstabe erst begannen, als die Kavitationsfrage schon abgeklärt war.

Zu der Gesamtzahl der ausgebauten Pferdestärken sei noch bemerkt, daß dieselbe zufolge der Art und Größe des begrenzten Lizenzgebietes freilich nicht an den Ausbau jener Länder heranreicht, die sich durch einen besonderen Reichtum großer Niederdruck-Wasserkräfte auszeichnen, deren rationelle Ausnützung sich auch von Staats wegen einer weitgehenden Förderung erfreut.

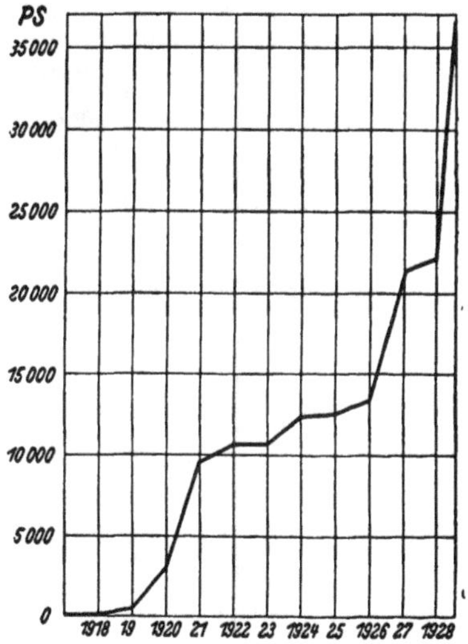

Abb. 151. Ausbau mit Kaplanturbinen der Firma Storek.

Aktiebolaget Karlstads Mekaniska Verkstad, Verkstaden Kristinehamn (Schweden).

Die größte derzeit im Betriebe stehende Kaplanturbine dieser Firma und gleichzeitig in bezug auf Leistung bei 1 m Gefälle die größte Turbine der Welt überhaupt ($N_1 = 676$ PS) ist jene des staatlichen Kraftwerkes Lilla Edet in Schweden. Abb. 152 zeigt die Nabe des Laufrades, dessen Durchmesser 5800 mm beträgt, nebst einer Schaufel. Die Firma verwendet bei ihren Konstruktionen ausschließlich den Verstellmechanismus Bauart Englesson mit hydraulischem Servomotor in der Laufradnabe (siehe S. 209).

Abb. 152. Laufradnabe und Schaufel der Turbine Lilla Edet.

Abb. 153. Leitrad Lilla Edet.

Abb. 153 ist eine Ansicht des Leitrades dieser Turbine in der Werkstatt; im Vordergrund und links die mit den Laufschaufeln zu verschraubenden Halteringe samt ihren Kurbelzapfen, durch welche die Verdrehung der Laufschaufeln erfolgt.

Abb. 154 u. 155 sind Ansichten des Laufrades der gleichen Turbine in der Werkstatt.

Abb. 154. Laufrad Lilla Edet.

Abb. 156 ist ein Blick ins Leitrad der eingebauten Turbine, gesehen von einer Laufradschaufel aus.

Abb. 157 stellt eine Ansicht des Generators und Reglers vor, wobei das zur Steuerung der Laufschaufelregelung dienende und die Bewegungen der beiden Schaufelsysteme in gesetzmäßigen Zusammenhang bringende Kurvensegment oben am Generator erkennbar ist.

Abb. 158 ist ein Schnitt durch Turbine und Generator.

Abb. 155. Laufrad Lilla Edet.

Abb. 156. Leitrad Lilla Edet, von einer Laufradschaufel aus gesehen.

Abb. 159 gibt die Resultate der offiziellen Übernahmsbremsungen der Turbine Lilla Edet wieder.

In Abb. 160 ist das Gehäuse einer der beiden 15000-PS-Kaplanturbinen für Munkfors zu sehen, die durch ihr hohes Gefälle von maximal 19,4 m besonders beachtenswert sind. Um bei allen Stellungen der Laufradschaufeln einen guten Anschluß an die umgebende Saugrohrwand zu erhalten, was zur Vermeidung von Spaltkavitationen bei derlei hohen Gefällen wichtig ist, hat die Laufradkammer eine kugelige Ausbildung erfahren.

Abb. 157. Lilla Edet, Generator und Regler.

Als Ausführungsbeispiel eines Höchstschnelläufers mit unverstellbaren Laufradschaufeln sind in Abb. 161 Leit- und Laufrad der Anlage Knislinge dargestellt. $H = 3{,}3$ m, $N = 325$ PS, $n = 214$.

Abb. 162 zeigt ein Laufrad mit verdrehbaren Schaufeln und Englessonantrieb, bestimmt für die Anlage Björkborn, samt zugehörigem Leitrad, Abb. 163 die damit erreichten Wirkungsgrade. $H = 7{,}0$ m, $N = 2300$ PS, $n = 187{,}5$.

Zwei Kaplanräder mit verhältnismäßig breiten Schaufeln sind in Abb. 164 dargestellt (Anlage Högfors, $H = 12{,}5$ m, $N = 4430$ PS, $n = 214$).

Über die Entwicklung des Ausbaues mit Kaplanturbinen der Firma Verkstaden unterrichtet das Diagramm Abb. 165.

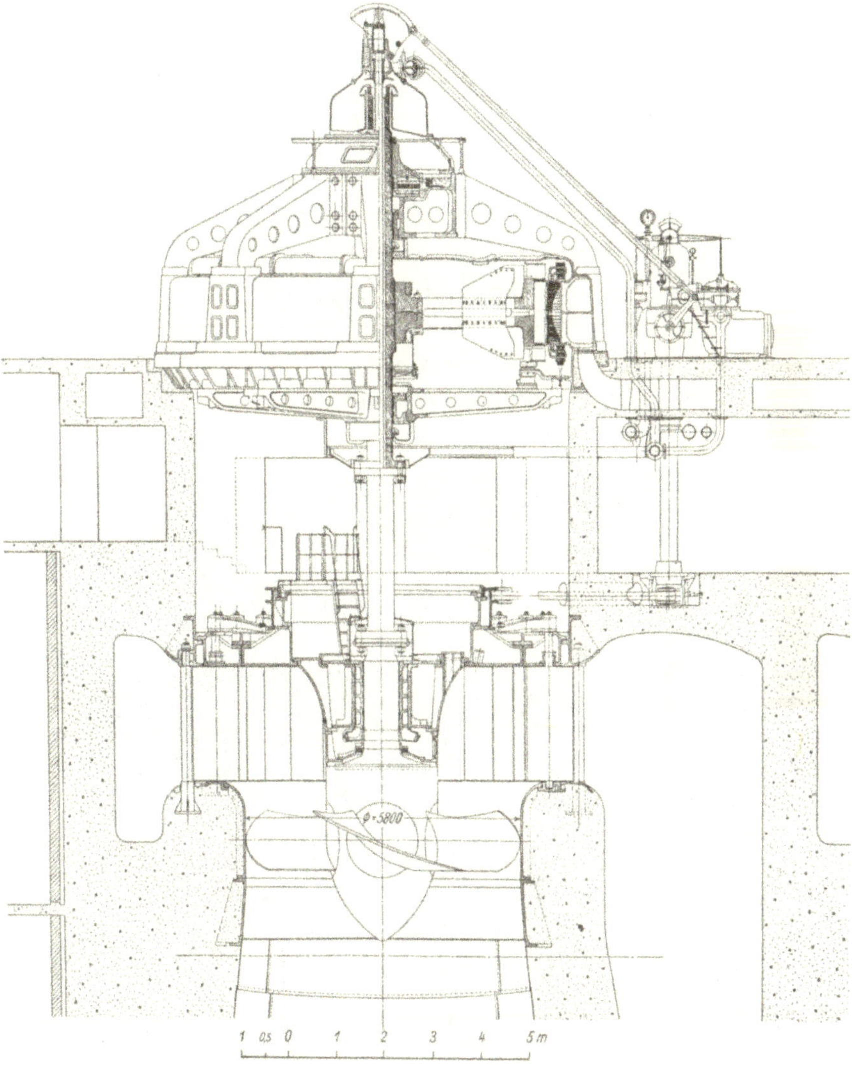

Abb. 158. Schnitt durch Kaplanturbine und Generator Lilla Edet.

Während der Drucklegung des vorliegenden Werkes ist nach einer Mitteilung der Firma die gesamte PS-Zahl der bestellten Kaplanturbinen (gerechnet nur jene mit verdrehbaren Laufradschaufeln) bis zum Jahreswechsel 1929/30 auf 265000 PS gestiegen. Darin sind auch drei Turbinen von je 37000 PS für ein russisches Kraftwerk am Swir enthalten, die mit einem Laufraddurchmesser von 7420 mm die größten Turbinen der

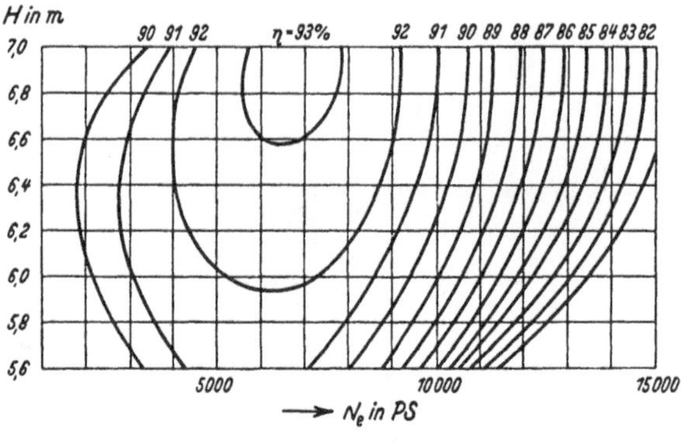

Abb. 159. Bremsergebnisse Lilla Edet.

Abb. 160. Anlage Munkfors.

Welt vorstellen werden. Das Gewicht eines solchen Laufrades wird 140 Tonnen betragen, der kleinste Wellendurchmesser 900 mm. Die Traglager werden für eine Belastung von 1130 Tonnen konstruiert.

Abb. 161. Anlage Knislinge.

Abb. 162. Turbine Björkborn.

Der Kaplanturbinenkonzern.

Die vor Kriegsausbruch geführten Verhandlungen mit den führenden Firmen Deutschlands und der Schweiz konnten zu keinem Abschluß gebracht werden. Diese Verhandlungen wurden erst nach Beendigung des Weltkrieges nochmals aufgenommen. Es zeigte sich der

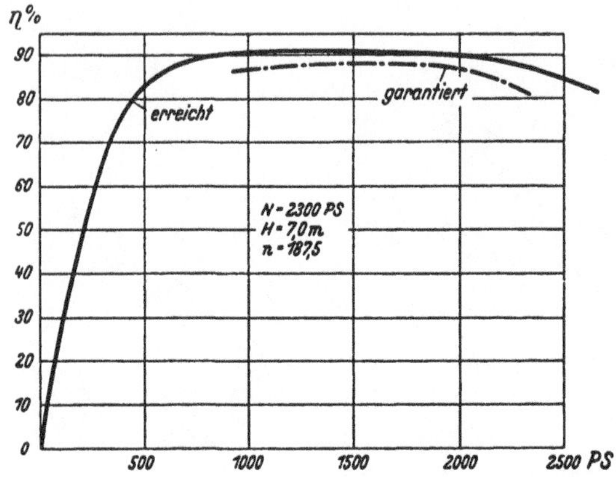

Abb. 163.

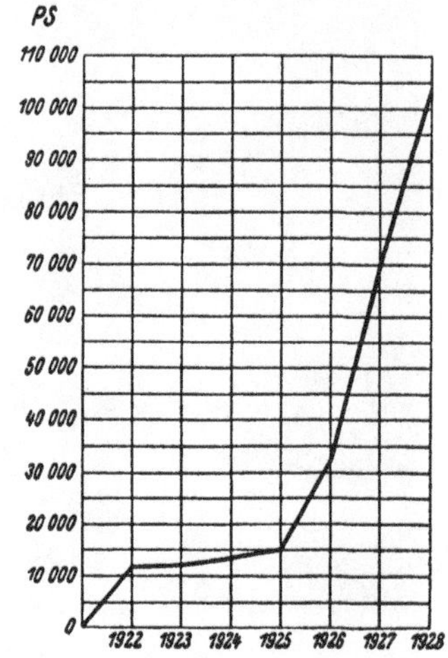

Abb. 165.

Abb. 164.

Wunsch nach Ausgleich der Interessengegensätze, der schließlich zu einer Vereinigung der führenden Turbinenfirmen (Kaplanturbinenkonzern) und zu einem Abschluß der Verhandlungen zwischen dem Konzern und dem Verfasser führte. Da derselbe außerstande war, neben seinen versuchs- und patenttechnischen Arbeiten auch noch die geschäftlichen Angelegenheiten zu erledigen, so kam ihm der Antrag des Konzerns auf Übertragung des Lizenzrechtes mehrerer Auslandsstaaten sehr gelegen, so daß heute der Konzern neben dem Ausführungsrecht einiger europäischer Staaten noch jenes der asiatischen und amerikanischen Staaten besitzt. Durch diesen großen Lizenzbereich findet auch das sprunghafte Anwachsen der mit Kaplanturbinen ausgebauten Pferdekräfte (gegenwärtig über $\frac{1}{2}$ Million PS) eine Erklärung.

Der ursprüngliche Kaplanturbinenkonzern umfaßte folgende Firmen: J. M. Voith in Heidenheim-St. Pölten; Escher Wyß in Zürich-Ravensburg; Briegleb Hansen in Gotha, Amme, Giesecke und Konegen in Braunschweig und Piccard Pictet in Genf. Nach dem Ausscheiden der drei letztgenannten Firmen trat die Firma Ateliers des Charmilles in Genf an deren Stelle. Gegenwärtig sind die vom Konzern gelieferten Kaplanturbinen in der ganzen Welt im Betriebe. Die Geschäftsstelle des Konzerns befindet sich in Berlin. Als einheitliches Ganzes bildet er ein wirksames Gegengewicht gegen die Übergriffe amerikanischer Firmen (Allis Chalmers, Milwaukee[1]), J. P. Morris & Co., Philadelphia usw.), welche, die wirtschaftliche Schwäche Europas benützend, ohne Rücksicht auf das Bestehen amerikanischer Patente den Kaplanturbinenbau unter fremdem Namen aufnahmen und so die Interessen der europäischen Firmen empfindlich schädigten. Nur dieser Umstand hat die letzteren und den Verfasser bewogen, mit der Mitteilung des Entwurfes von Schaufelplänen und Reguliernaben besonders vorsichtig zu sein[2]). Aus diesen Gründen sind in diesem Abschnitte die Werkstattzeichnungen durch Lichtbilder ersetzt worden.

Die Firmen des Kaplanturbinenkonzerns.

a) J. M. Voith, Heidenheim-St. Pölten.

Eine Reihe typischer Ausführungsformen von Kaplanlaufrädern verschiedener Schnelläufigkeit zeigen die Abb. 166, 167 u. 169.

Abb. 166 stellt zwei Räder der Anlage Boberullersdorf dar, die für ein Gefälle von 15 m bestimmt sind. Das kleinere Rad verarbeitet 12,25 m^3/sec bei $n = 300$/min und leistet 2000 PS, das größere 27 m^3/sec bei $n = 214$/min und $N = 4400$ PS. Mit Rücksicht auf das hohe Gefälle sind die Laufradschaufeln sehr breit gehalten und schon die oberfläch-

[1]) Vgl. S. 199 u. f.

[2]) Vgl. Vorwort.

Abb. 166. Laufräder Boberullersdorf.

Abb. 167. Laufrad Gratwein.

liche Betrachtung läßt eine sehr kräftige Ausbildung der Laufschaufellagerung erkennen. Die spezifischen Drehzahlen sind verhältnismäßig niedrig, sie liegen unter $n_s = 500$.

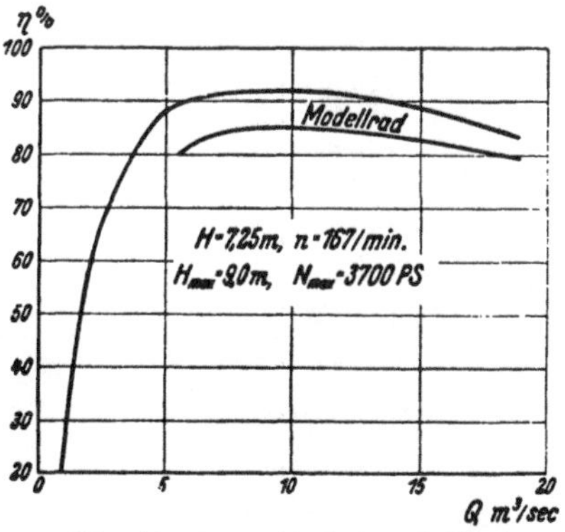

Abb. 168. Bremsergebnisse Gratwein.

Wesentlich schmäler sind die Schaufeln des in Abb. 167 gezeigten, der Anlage Gratwein zugehörigen Laufrades von 2700 mm Durchmesser,

Abb. 169. Laufrad Metrovick.

woraus auf eine höhere spezifische Drehzahl und auf ein kleineres Gefälle geschlossen werden kann. In Abb. 168 sind die Bremsergebnisse dieses Laufrades eingetragen und zum Vergleich auch jene eines geo-

Abb. 170. Laufrad Obernau.

Abb. 171. Laufrad Obernau.

metrisch ähnlichen, kleinen Modellrades, das vorher in der Versuchsanstalt geprüft wurde. Die spezifische Drehzahl beträgt bei $H = 9{,}0$ m, $n = 167/\text{min}$ und $N = 3700$ PS rund $n_s = 650$.

Abb. 172. Leitrad der Anlage Obernau.

Für noch höhere spezifische Drehzahlen ist das mit nur drei Schaufeln ausgerüstete Laufrad Abb. 169 der Anlage Metrovick bestimmt. Bei einem Nutzgefälle von 3,5 m, einer Leistung von 402 PS und einer Drehzahl von 214/min beträgt dieselbe $n_s \doteq 900$.

Abb. 170 zeigt ein Kaplanrad von 4500 mm Durchmesser bei abgenommener Nabenhaube, so daß das Armkreuz und seine Verbindung mit den Kurbeln der Laufradschaufeln zu sehen sind (Anlage Obernau der Rhein-Main-Donau A.-G.). Dieses Rad ergibt bei $H = 2{,}8$ m und $n = 68{,}2$/min eine Leistung von $N = 2040$ PS.

Abb. 171 stellt das gleiche Laufrad während der Bearbeitung, Abb. 172 das zugehörige Leitradgehäuse dar.

Eine kleinere Kaplanturbine horizontaler Bauart ist in Abb. 173 zu sehen (Anlage Costinescu, $H = 5$ m, $n = 375$/min, $N = 253$ PS).

Abb. 173. Kaplanturbine Costinescu.

Beachtenswert durch ihre konisch ausgebildeten Leiträder sind die beiden Kaplanturbinen der Anlage Rheinfelden, Abb. 174, für $H = 6$ m, $n = 107$/min und $N = 2550$ PS.

Das Leitradgehäuse einer der vier größten, derzeit beinahe vollendeten Kaplanturbinen der Welt, bestimmt für die Anlage Ryburg-Schwörstadt, zeigt Abb. 175. Nähere Angaben über diese Turbinen finden sich auf S. 273 u. f.

Als Gegenstück hierzu zeigt Abb. 176 eine Kleinturbine, wie sie, nach Bedarf mit Francis- oder Kaplanpropellerrädern ausgerüstet, vorteilhaft für Hausbeleuchtung und ähnliche Zwecke verwendet wird.

Eine Zusammenstellung der mit Kaplanturbinen der Firma Voith ausgebauten Pferdestärken bietet Abb. 177.

Abb. 174. Kaplankonusturbinen, Anlage „Rheinfelden".

Abb. 175. Leitradgehäuse einer der vier Kaplanturbinen für Schwörstadt.

Abb. 176. Kleinturbine.

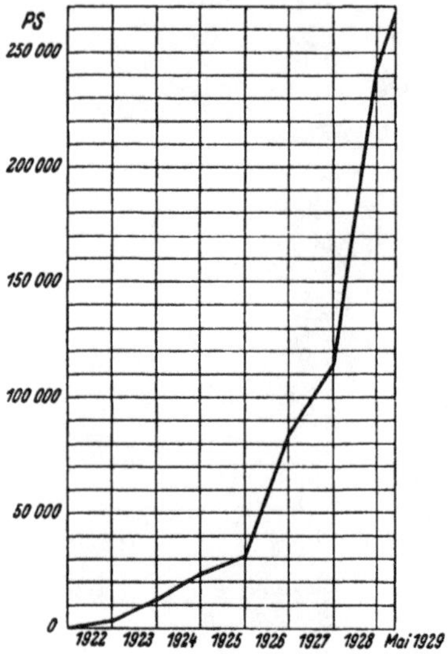

Abb. 177. Ausbau mit Kaplanturbinen der Firma Voith.

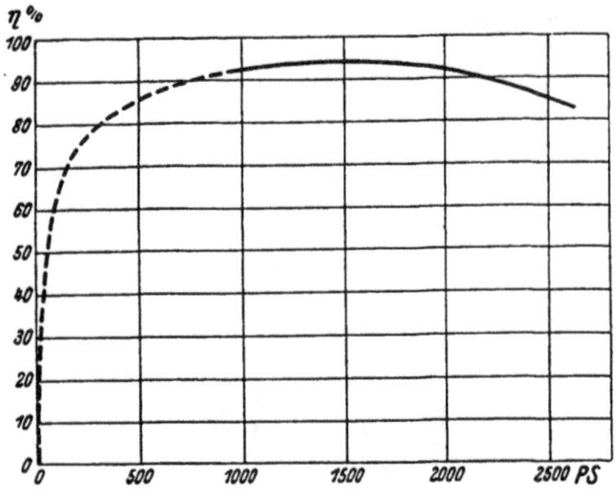

Abb. 180. Bremsergebnisse Ladenburg.

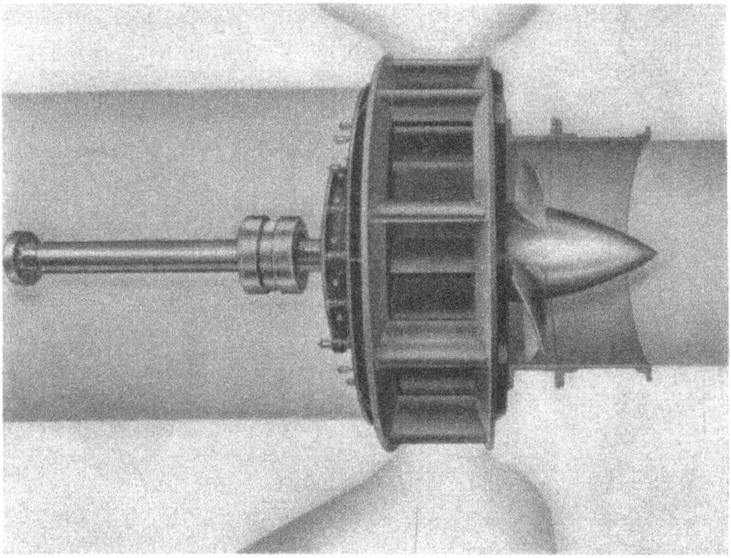

Abb. 179. Kaplanturbine Ladenburg.

Abb. 178. Laufrad Waldenburg.

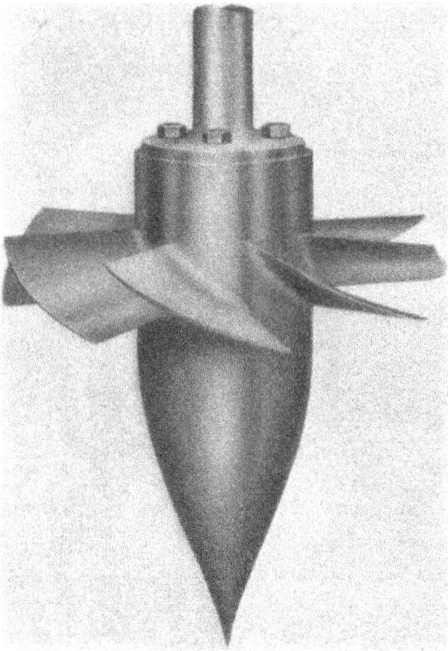

Abb. 181. Kaplanpropeller mit acht Schaufeln.

Abb. 182. Laufrad der Anlage Aarau.

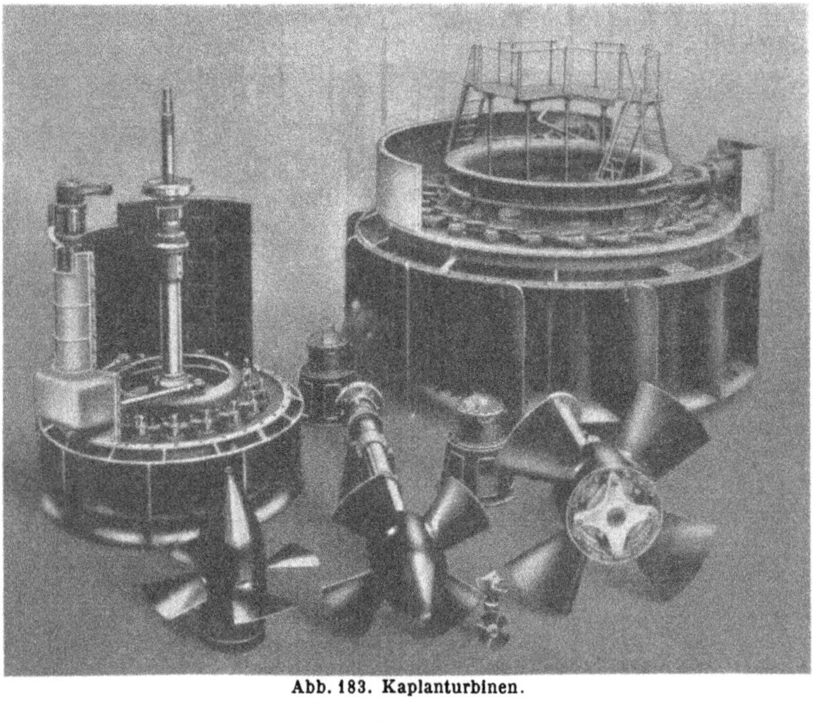

Abb. 183. Kaplanturbinen.

b) Escher Wyß & Cie., Zürich und Ravensburg.

Abb. 178 stellt das Laufrad der Kaplanturbine Waldenburg bei abgenommener Nabenhaube dar, wobei zwei verschiedene Stellungen der Laufradschaufeln angedeutet sind. Das Rad ergibt bei $H = 5{,}1$ m und $n = 150$/min eine Leistung von $N = 1135$ PS.

Abb. 179 zeigt die Kaplanturbine des Kraftwerkes Ladenburg, entworfen für $H = 8{,}2$ m, $n = 167$/min und $N = 3120$ PS, Abb. 180 das Ergebnis der offiziellen Abnahmeversuche. Dieses Bremsergebnis zeigt nicht nur bei voller Leistung, sondern auch bei der halben einen derart hohen Wirkungsgrad ($\eta = 92$ bis 95%), wie er bei den bisher gebauten Wasserturbinen noch nicht erreicht worden ist. Zweifellos ist derselbe der sorgfältigen Ausführung des Laufrades zuzuschreiben. Die richtige Anordnung des Schaufeldrehzapfens im Verein mit einem zum Laufrad abgestimmten Saugkrümmer spielt dabei eine ausschlaggebende Rolle.

Die Ansicht eines Kaplanpropellers mit acht feststehenden Schaufeln gibt Abb. 181 wieder.

Abb. 182 ist die Ansicht eines Kaplanrades mit stark abgerundeten Schaufeln und gehört der Anlage Aarau an ($H = 4{,}0$ m, $n = 93{,}8$/min, $N = 2100$ PS).

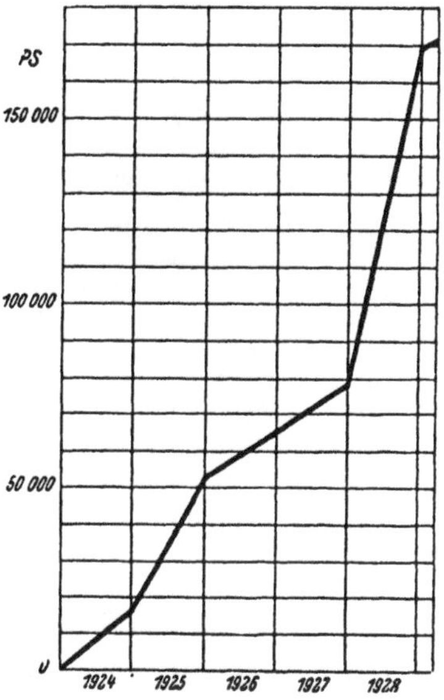

Abb. 184. Ausbau mit Kaplanturbinen der Firma Escher Wyß & Cie.

Eine Gruppe von Lauf- und Leiträdern verschiedener Größe stellt die Abb. 183 dar.

Abb. 184 zeigt die Anzahl der Pferdekräfte der von Escher Wyß & Cie. gebauten Kaplanturbinen.

c) Ateliers des Charmilles, Genf.

Abb. 185 stellt ein Versuchslaufrad von 600 mm Durchmesser dar, dessen Nabe und Schaufelverstellvorrichtung für maximal 6 Schaufeln eingerichtet sind. In der genannten Abb. sind nur 3 Schaufeln eingesetzt, hierbei beträgt die spezifische Drehzahl $n_s = 1000$.

Abb. 186 ist ein gleich großes Versuchsrad mit 6 Schaufeln, welche sich bereits ein wenig überdecken. Nach diesem Modell wird zur Zeit ein Rad von 3000 mm Durchmesser für Cize-Bolozon (Frankreich) gebaut, das bei einem Höchstgefälle von 17,45 m eine Leistung von $N = 10850$ PS abgeben soll. An dem dargestellten Versuchsrad wurden bereits Wirkungsgrade von 86 bis 87% gemessen.

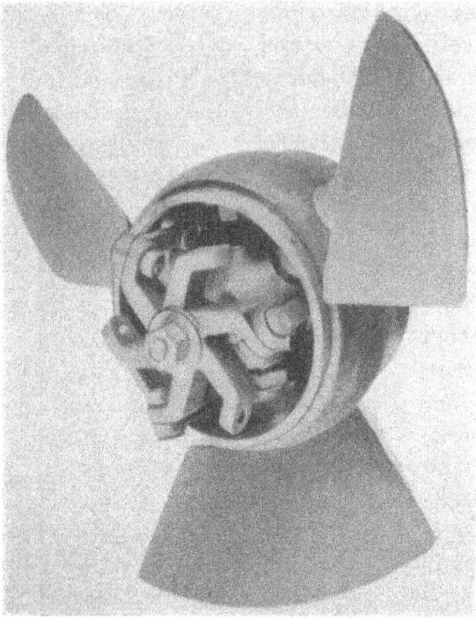

Abb. 185. Versuchs-Kaplanrad.

Abb. 186. Versuchs-Kaplanrad für höhere Gefälle.

Abb. 187. Konus-Kaplanturbine Wynau.

Abb. 187 zeigt eine Kaplanturbine mit konischem Leitapparat der Anlage Wynau, Abb. 188 u. 189 das zugehörige Laufrad in offenem und geschlossenem Zustande.

Die folgenden Abbildungen beziehen sich auf die zurzeit größten Turbinen der Welt, nämlich auf die vier Kaplanturbinen des seiner

Abb. 188. Laufrad Wynau, offen.

Abb. 189. Laufrad Wynau, geschlossen.

Vollendung entgegengehenden Kraftwerkes Ryburg-Schwörstadt am Rhein. Diese Turbinen, deren jede eine Leistung von $N = 38000$ PS bei 11,5 m Gefälle und $n = 75$/min abgeben und hierbei eine Wassermenge von 295 m^3/sec verarbeiten wird, wurden von der Turbinenarbeitsgemeinschaft Ateliers des Charmilles, Escher Wyß & Cie. und J. M. Voith gemeinsam konstruiert und ausgeführt. Es stellen dar:

Abb. 190. Schacht- und Leitstegring Ryburg-Schwörstadt.

Abb. 191. Radnabe Ryburg-Schwörstadt.

Abb. 192. Laufradschaufeln Ryburg-Schwörstadt.

Abb. 193. Einbau einer Laufschaufel Ryburg-Schwörstadt.

Abb. 194. Laufrad Ryburg-Schwörstadt, geöffnet, mit Modellrädern.

Abb. 195. Laufrad Ryburg-Schwörstadt, geschlossen.

Abb. 190 die Zusammenstellung des Leitstegringes mit aufgebautem Schachtring.

Abb. 191 eine Ansicht der Laufradnabe mit eingebauten Füllstücken, welche dazu vorgesehen sind, die Fliehkraft der einzelnen Schaufeln aufzunehmen.

Abb. 192 die Ansicht einzelner Laufradschaufeln in nahezu fertig bearbeitetem Zustande.

Abb. 193 ein Lichtbild, aufgenommen in dem Augenblick, in welchem eine Laufradschaufel mit dem Füllstück und aufgesetztem Kurbelarm in die Laufradnabe eingesetzt wird.

Abb. 196. Blick in die Laufradnabe Ryburg-Schwörstadt.

Abb. 194 das fertige Laufrad von 7000 mm Durchmesser mit ganz geöffneten Schaufeln. Im Vordergrund ein geometrisch ähnliches Versuchsrad von 700 mm Durchmesser und links vorne ein noch kleineres Versuchsrädchen von rund 200 mm Durchmesser, mit welchem die Kavitationsversuche durchgeführt wurden.

Abb. 195 das gleiche Laufrad in ganz geschlossener Stellung.

Abb. 196 das Laufrad in teilweise montiertem Zustand. Man sieht die exzentrische Ausdrehung der Laufradnabe mit der Ausnehmung für den Kurbelarm, der zusammen mit der Schaufel von außen eingesetzt wird, weiters die innere Lagerung der Schaufeldrehzapfen.

Abb. 197 die komplette Laufradnabe mit eingesetzten Füllstücken auf der vertikal aufgestellten Ausbalanciervorrichtung. Die auszubalancierenden Teile wiegen zusammen etwa 35 Tonnen. Die Nabe stützt sich unter Vermittlung einer Stahlplatte auf einer Kugel von 70 mm Durchmesser ab, welche in der Mitte des Bildes erkennbar ist und ein sehr leichtes Pendeln ermöglicht.

Abb. 197. Nabe eines Laufrades Ryburg-Schwörstadt beim Ausbalanzieren.

Zur Bearbeitung der Laufradschaufelflächen von Kaplanturbinen hat die Firma Ateliers des Charmilles eine besondere Hobelmaschine konstruiert, welche in Abb. 198 dargestellt ist. Zum besseren Verständnis sind die wichtigen Teile mit Nummern bezeichnet. Es bedeuten:

1 die zu bearbeitende Laufradschaufel,
2 das Modell der anzufertigenden Schaufel,
3 das Werkzeug,
4 den Werkzeugsupport mit Ölservomotor für die vertikale Bewegung des Werkzeuges,
5 den Fühlerstift am Schaufelmodell,
6 den Schwenkarm mit Zahnradantrieb,

7 die Gleitbahn des Schwenkarmes,
8 den Drehzapfen des Schwenkarmes,
9 den Ölantriebsmotor für die Schwingbewegung,
10 die Ölpumpe für diesen Motor,
11 die Ölpumpe für den Servomotorantrieb des Werkzeuges,
12 den Antriebsmotor für die Ölpumpen,
13 das Rückführungsgestänge zwischen Fühlerstift und Werkzeug,
14 die beweglichen Ölleitungen zwischen Pumpen, Servomotor und Antriebsmotor.

Abb. 198. Hobelmaschine für Kaplanschaufeln.

Die Firma Ateliers des Charmilles hat erst im Jahre 1929 mit der Lieferung von Kaplanturbinen begonnen und bis zum Ende Januar 1930 insgesamt 102200 PS im Betrieb, in Ausführung und in Bestellung.

Eine Studienreise, welche der Verfasser im Herbste 1930 zur Besichtigung einiger bemerkenswerter Kaplanturbinen unternahm, führte denselben über Kachlet, Uppenbornwerk nach München, wo er im Deutschen Museum das betriebsfähige Modell eines mit Kaplanturbinen betriebenen Elektrizitätswerkes besichtigen konnte. Dieses Modell, welches eine Spende der Firma J. M. Voith vorstellt, erlaubt es, durch gläserne Wände die Strömungserscheinungen deutlich zu beobachten. Die vom Verfasser in Vorschlag gebrachten Strömungsfahnen, mit welchen es demselben im hiesigen Turbinenlaboratorium gelang, wirbelfreie Strömungen zu erzielen, werden nicht nur dem Laien, sondern auch dem Turbinenfachmann ein belehrendes Bild über die Wirkungsweise der Schaufelkrümmungen und Stellungen geben. Im besondern sei auf die Tatsache aufmerksam gemacht, daß jeder beliebigen Leitschaufelstellung nur eine Laufradstellung entspricht, die einen axialen wirbelfreien Durchfluß durch das Saugrohr gestattet. Nach den im Abschnitt E c II gemachten Angaben werden bei dieser Radstellung Höchstleistungen und Höchstwirkungsgrade erzielt, wie dies aus den

Abb. 199.

Beleuchtungsverhältnissen des Versuchsmodells leicht entnommen werden kann. So läßt sich auch versuchsmäßig der Weg angeben, der den Verfasser zu den größten Ausführungen führte.

Der nächste Besuch galt der Firma J. M. Voith in Heidenheim, die den Gedankengang des Verfassers durch Schaffung einer mit allen modernen Hilfsmitteln ausgestatteten Kaplanturbinenversuchsanstalt zur Ausführung brachte. Durch Vergrößerung der Saugwirkung lassen sich Kavitationsversuche anstellen, die ein außerordentlich belehrendes Bild über die Maßnahmen zur Verhütung der Hohlraumbildungen geben. Die Richtigkeit der Strömung wird durch Einführung von Farbflüssigkeiten beobachtet.

Ein weiterer Besuch galt der Großturbinenhalle der Firma Voith. Dem Zuge der Neuzeit entsprechend werden in dieser Halle nur Turbinen bis zu den größten Abmessungen gebaut, die dazugehörigen Werkzeugmaschinen sind um mehr als das doppelte vergrößert worden. So können mit einer Karusselldrehbank Kaplanlaufräder von 20 m Dmr. bearbeitet werden. Ein solches Rad ergibt eine Einheitsleistung von rd. 10000 PS, also einen Wert, der das Schwörstadtlaufrad rd. 10mal übertrifft. Gegenwärtig wird der Ausbau eines Kraftwerkes mit Kaplanturbinen von je 80000 PS Leistung in ernstliche Erwägung gezogen.

Der nächste Besuch galt der Zentrale Donaustetten des Elektrizitätswerkes Ulm. Die Bremsergebnisse dieser Kaplanturbinenanlage sind durch Abb. 203 (S. 283) dargestellt. Auch hier zeigen sich die Vorteile der Laufradschaufelregelung, da der Wirkungsgrad von voller Beaufschlagung bis herab zur halben über 90% bleibt.

Abb. 200.

In einigen Tagen konnte der Verfasser die durch Abb. 198 (S. 279) dargestellte Hobelmaschine der Firma Ateliers des Charmilles in Genf besichtigen. Diese von Herrn Ingenieur E. Fulpius entworfene Maschine zeichnet sich durch besondere Genauigkeit in der räumlichen Herstellung der Schaufelfläche aus. Die Abb. 194, 195, 196 sowie 216 und 217 (S. 276, 277, 292) geben auch dem Leser ein anschauliches Bild über die Bearbeitungsmöglichkeit großer Schaufelflächen, wenn berücksichtigt wird, daß Hobelspäne von 20 × 5 mm Querschnitt durch einen Arbeitsgang von der Schaufelfläche abgetrennt werden können.

Von besonderem Interesse ist die Besichtigung des Elektrizitätswerkes Wynau, dessen Turbinenlaufräder vom ersten, im Jahre 1895 erfolgten Einbau an, bis zur Gegenwart, also in einem Zeitraum von 34 Jahren, noch erhalten bzw. im Betrieb sind. Abb. 199 zeigt das im

Jahre 1895 verwendete Jouvalturbinenrad, welches bei einer Drehzahl von $n = 42$ eine Leistung von $N = 750$ PS ergab. Um bei der geringen Drehzahl die Abmessungen und Preise der Generatoren in erträglichen Grenzen zu halten, wurde eine Zahnradübersetzung vorgesehen, die auch heute noch im Betriebe besichtigt werden kann. Der jährlich steigende Bedarf an elektrischer Energie führte das E.-W. Wynau zu dem Entschlusse, die alten Jouvalturbinen durch Francisturbinen zu

Abb. 201.

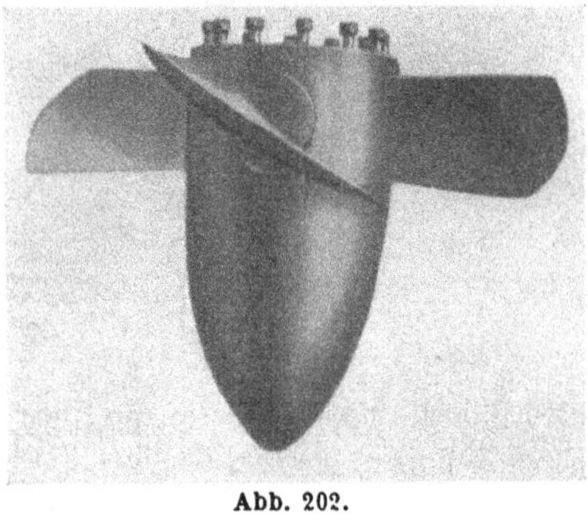

Abb. 202.

ersetzen (Abb. 200). Durch diese Maßnahme wurde eine Leistung von 840 PS erzielt, also eine Mehrleistung von 90 PS pro Turbine. Anfangs des Jahres 1929 entschloß sich der Verwaltungsrat zum Ersatz der Turbinen des alten Werkes durch Kaplanturbinen[1]), deren hohe Drehzahl ($n = 125$) eine Zahnradübersetzung entbehrlich machte und deren große Schluckfähigkeit eine Leistungssteigerung um rd. 1000 PS gestattete. Es hat sich also die Leistung einer Krafteinheit innerhalb eines

[1]) Vgl. Langenthaler Tagblatt vom 23. März 1929, Beilage zu Nr. 70.

Zeitraumes von 34 Jahren mehr als verdoppelt und die Drehzahl rund verdreifacht. Das durch die Lichtbilder (Abb. 201 und 202) dargestellte Kaplanlaufrad, welches die Schaufeln im geschlossenen (Abb. 201) und im geöffneten Zustand (Abb. 202) zeigt, läßt bei gleichen Maßstabsverhältnissen einen weiteren wirtschaftlichen Vorteil erkennen, der in den verringerten Abmessungen gelegen ist. Herr Direktor Monti hatte schließlich die Liebenswürdigkeit, dem Verfasser die gute Wirkungsweise der Laufschaufelregulierung vor Augen zu führen. Zu diesem Behufe wurde der Leitapparat einer Kaplanturbine auf etwa halbe Beaufschlagung eingestellt und das Wasser einem nach Abb. 202 geöff-

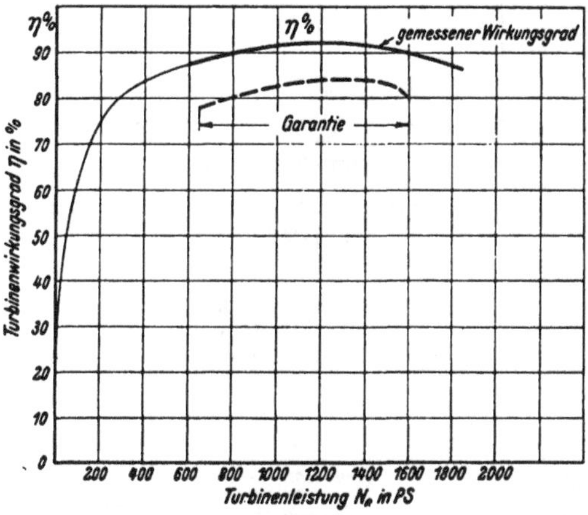

Abb. 203. Offizielle Abnahmeversuche vom 6./7. Oktober 1927 (Zentrale: Donaustetten des Elektrizitätswerks Ulm).
Konstruktionsdaten:
$H = 6{,}94$ m
$Q = 21\,500$ l/sec
$N = 1600$ PS
$n = 214$ Umdr./min.

neten Laufrad zugeführt. Die unruhige Strömung des Unterwassers ließ heftige Wirbelbildungen erkennen, welche den Wirkungsgrad bzw. die Leistungsfähigkeit beeinträchtigten. Dreht man jedoch die Schaufeln in die Richtung der Schließstellung (Abb. 201), so läßt sich eine Beruhigung des Unterwassers erkennen, also ein wirbelloser Strömungszustand vom Laufrad bis zur Saugrohrmündung, und damit nicht nur eine Verbesserung des Wirkungsgrades, sondern auch eine Leistungssteigerung erzielen.

Der Besichtigung der Versuchsanstalt der Firma Escher Wyß sowie jener der technischen Hochschule in Zürich waren die nächsten Tage gewidmet. In der ersteren werden, ähnlich wie im Versuchsraum auf der Ausstellung zeitgenössischer Kultur (1928) in Brünn, mit Hilfe des Oszilloskopes (vgl. S. 148) die Beobachtungen über Hohlraumbildungen an einem ideell stillstehenden Laufrade gemacht und die Strömungs-

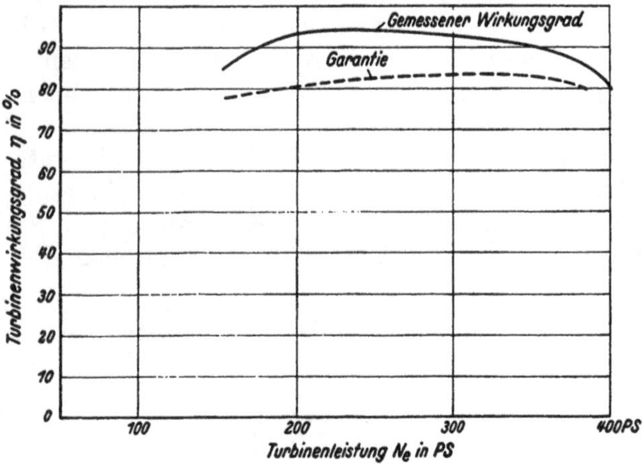

Abb. 204. Abnahmeversuche vom 29. Februar 1928 der Kaplanturbine, konstruiert für
$H = 6$ m
$Q = 6000$ l/sec
$N = 384$ PS
$n = 375$ Umdr./min.
(Zentrale: Maulburg der Spinnerei und Weberei Steinen, A.-G.)

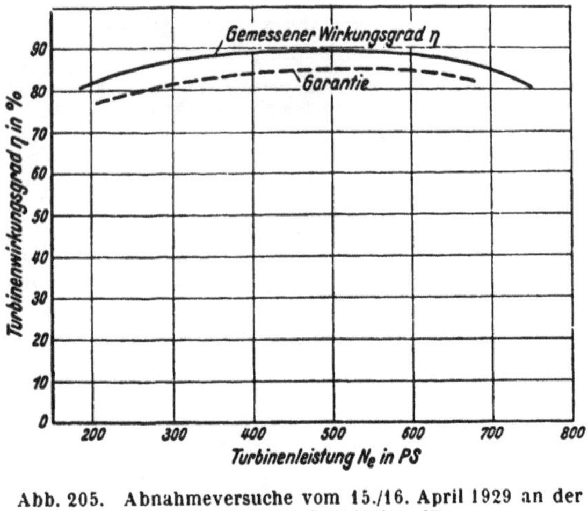

Abb. 205. Abnahmeversuche vom 15./16. April 1929 an der Kaplanturbine, konstruiert für
$H = 5{,}43$ m
$Q = 11{,}5$ m³/sec
$N = 682$ PS
$n = 250$ Umdr./min.
(Kraftwerk Niederhausen der Siemens-Schuckert-Werke, G. m. b. H., Berlin-Siemensstadt.)

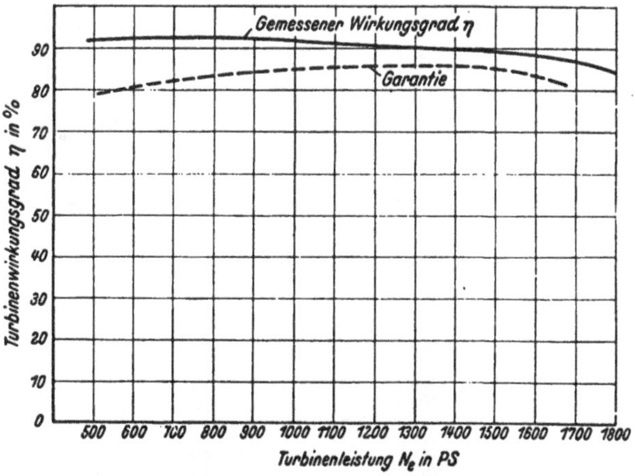

Abb. 206. **Abnahmeversuche vom 15./16. April 1929 an der Kaplanturbine, konstruiert für**

$H = 5,43$ m
$G = 28,5$ m³/sec
$N = 1680$ PS
$n = 167$ Umdr./min.

(Kraftwerk Niederhausen der Siemens-Schuckert-Werke, G. m. b. H., Berlin-Siemensstadt.)

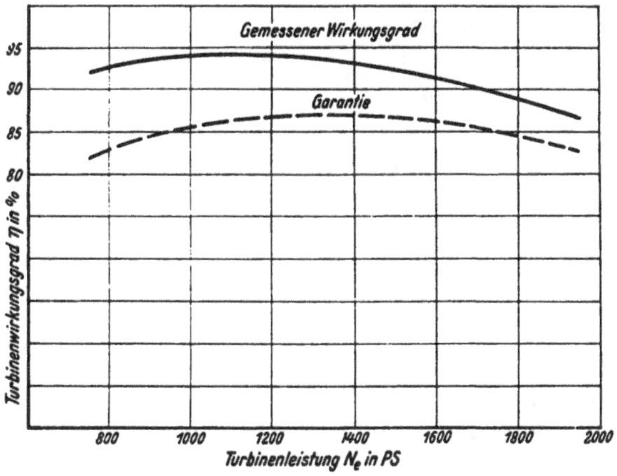

Abb. 207. **Abnahmeversuche vom 29. April 1930 bis 2. Mai 1930 an der Kaplanturbine.**

Wirkungsgrade bezogen auf die Turbinenleistung bei $H = 5,0$ m.
(Anlage: Horkheim der Neckar-A.-G. Stuttgart.)

vorgänge bei abgerundeter Schaufelfläche untersucht. Die mit der geschilderten Versuchseinrichtung erzielbaren Fortschritte in der Bekämpfung der Hohlraumbildung sind von hervorragender Bedeutung für die Turbinenindustrie, da sie Mittel und Wege angibt, um Wasserkraftanlagen von 20—30 m Gefälle in wirtschaftlicher Weise durch Kaplanturbinen auszubauen. Eine mit solchen Gefällen projektierte Rheinanlage wird in der nächsten Zeit durch Escher Wyß zur Ausführung gelangen. In den nebenstehenden Abb. 203—207 sind die garantierten und gemessenen Schaulinien der Wirkungsgrade einiger neuerer Kaplanturbinenanlagen der Firma Escher Wyß dargestellt.

Abb. 208.

Ein Vergleich der Abb. 205 mit Abb. 206 bringt das im Abschnitt E c I behandelte Vergrößerungsgesetz deutlich zum Ausdruck. Tatsächlich zeigt Abb. 206 bei Teilaufschlagung bessere Wirkungsgrade als Abb. 205, wie dies aus dem Größenunterschied der beiden Laufräder erwartet werden konnte. Ebenso zeigt ein Vergleich der Abb. 149 (S. 249) mit Abb. 207 die im Abschnitt D d besprochene Wirkungsgradvergrößerung bei Teilbeaufschlagung, die in beiden Fällen der richtigen Wahl des Schaufeldrehzapfens zuzuschreiben ist. Abb. 208 und 209 zeigen das fünfflügelige Laufrad und die Turbine der Uppenbornwerke.

Der Besichtigung der Versuchsanstalten für Turbinen- und Wasserbau wurde die nächste Zeit gewidmet. Die erstere wurde unter der

Abb. 209.

Abb. 210.

Leitung des Herrn Prof. Dubs erheblich vergrößert und verbessert, so daß mit einer Versuchskammer Laufräder für verschiedene Gefälle und Wassermengen erprobt werden können. Sehr lehrreich ist auch ein elektrisch betriebenes Modell der Regulierung einer Kaplanturbine. Im Wasserbaulaboratorium wurden unter der Leitung des Herrn Prof. Meyer-Peter die Strömungsverhältnisse des verkleinerten Modells einer betriebsfähigen Kaplanturbinenanlage für das Kraftwerk Dogern untersucht und der Rechnung unzugängliche Werte und Erfahrungen gefunden.

Abb. 211.

Schließlich führte der weitere Weg den Verfasser nach Schwörstadt, wo die im großen Maßstab angelegten Übernahmsversuche an einer der vier eingebauten Kaplanturbinen vorgenommen wurden. Über den Einbau derselben geben die Lichtbilder 210—217, welche von der »Arbeitsgemeinschaft« in dankenswerter Weise zur Verfügung gestellt wurden, in ihren Figurenerklärungen entsprechende Auskunft. An dieser Stelle sei auf die gewaltigen Abmessungen der Mündungsquerschnitte der Saugkrümmer (Abb. 211) sowie auf jene der Laufradkammer

(Abb. 212) verwiesen. Abb. 213 zeigt den Einbau des Kaplanlaufrades, welcher bei den geringen Spaltabmessungen mit großer Genauigkeit erfolgen muß. Durch Abb. 214 ist der Leitraddeckel dargestellt. Abb. 215 gibt die wuchtigen Abmessungen der hohlen Turbinenwelle wieder. Die axiale Bohrung derselben dient zur Aufnahme des Steuergestänges. In Abb. 216 ist das Polieren der Laufradschaufeln dargestellt. Durch

Abb. 212.

diesen Arbeitsvorgang werden die beim Hobeln der Schaufeln verbleibenden Unebenheiten beseitigt. Abb. 217 stellt schließlich das fertig bearbeitete Laufrad in der Schlußstellung vor. Die auf diesem versammelten Arbeiter geben ein anschauliches Bild über die Größenverhältnisse der erforderlichen Abmessungen. Von seiten des Bremsleiters, Herrn Zivil-Ing. Bütterli, wurde dem Verfasser das Bremsergebnis der ersten abgebremsten Kaplanturbine vorgelegt, welches den gestellten

Abb. 213.

Abb. 214.

Anforderungen durchaus entsprach. Zu diesem Behufe wurde mit dreißig simultanen Flügelmessungen die Wassermenge bestimmt. Die Bremsung erfolgte auf elektrischem Wege, so daß mit Rücksicht auf die simultane Gefällsmessung der Wirkungsgrad der Turbine bei verschiedenen Beaufschlagungen bestimmt werden konnte. Es ergab sich, daß die garantierten Bremswerte weitaus überschritten wurden.

Bei diesem Anlaß sei noch auf den Umstand verwiesen, daß die Wirtschaftlichkeit einer Anlage nicht durch die Erreichung eines Höchst-

Abb. 215.

wirkungsgrades bei einer bestimmten (normalen) Beaufschlagung bestimmt ist, weil bekanntlich die »normale« Beaufschlagung von den Niederschlägen abhängt, deren Regelung außerhalb des Bereiches unseres Könnens liegt. Es wird sich also auch hier darum handeln müssen, die Turbinenregelung so auszubilden, daß dieselbe in einem großen Beaufschlagungsbereich einen guten Wirkungsgrad gibt, denn nur dann ist die wirtschaftliche Anpassungsfähigkeit der Wasserkraftausnutzung an die natürlichen Niederschläge erreicht. In ähnlichem Sinne hat auch Herr Dir. Maas die Wirtschaftlichkeit von Kaplanturbinen und Francisturbinen einer Untersuchung unterzogen[1]) und ist

[1]) Vergl. Escher-Wyß-Mitteilungen, Heft 3, Juli-September 1930, S. 63.

Abb. 216.

Abb. 217.

zum Ergebnis gelangt, daß beispielsweise ein Kraftwerk von zusammen 3300 PS mit Kaplanturbinen ausgebaut um rund 40000 RM. mehr kostet, als ein mit 3 Francisturbinen ausgebautes Werk. Wenn jedoch die Vorteile der Laufschaufelregelung berücksichtigt werden, so stellt sich das ausgebaute Kraftwerk um rund 200000 RM. billiger, wenn dasselbe durch 2 Kaplanturbinen ausgebaut wird. In diesem Falle ist der Einfluß des guten Wirkungsgradverlaufes bei Teilbeaufschlagung der letzteren noch unberücksichtigt geblieben[1]).

Außer den angeführten Firmen hat in neuerer Zeit auch noch ein französisches Unternehmen die Ausführung von Kaplanturbinen für Frankreich und dessen Kolonien, ferner eine Vereinigung deutscher und amerikanischer Firmen den Bau von Kaplanturbinen für die Vereinigten Staaten und Canada übernommen. Die Zeit ist aber noch zu kurz, um über die Fortschritte des Ausbaues berichten zu können.

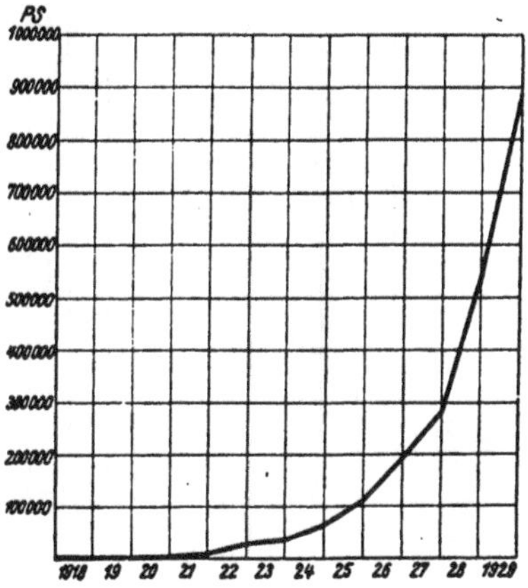

Abb. 218. Gesamtausbau mit Kaplanturbinen.

Faßt man die bei allen Lizenzfirmen gebauten und bestellten Kaplanturbinen zu einer übersichtlichen Gesamtdarstellung zusammen (Abb. 218), welche die Entwicklung des Kaplanturbinenbaues in einem Zeitraum von zwölf Jahren vorführt, so kann der aufmerksame Leser auch hier in der Schaulinie jene Schwierigkeiten eingeprägt finden, die sich der Einführung der Kaplanturbine in die Praxis entgegenstellten und auf die schon an früherer Stelle wiederholt hingewiesen wurde. Zur Zeit der Veröffentlichung dieses Buches dürfte der Gesamtausbau mit Kaplanturbinen die Zahl von 900000 PS schon überschritten haben, was wohl als Zeichen dafür angesehen werden kann, daß es gelungen ist, die unvermeidlichen Kinderkrankheiten dank dem zähen Willen aller Beteiligten endgültig zu überwinden.

[1]) Vergl. Abschnitt E c II.

Ein anschauliches Bild über die wirtschaftliche Bedeutung der Kaplanturbine gibt auch die von den Herren Dr. Hahn und Obering. Maas der Firma Voith für die Weltkraftkonferenz in Tokio ausgearbeitete Aufstellung (Abb. 219). Sie zeigt für die Jahre 1922 bis 1928 den Ausbau von Wasserkräften mit Francis- und Kaplanturbinen in Deutschland, getrennt nach kleinen, mittleren und großen Turbinen sowie nach der Anzahl der Turbineneinheit und den ausgebauten Pferdekräften. Beachtenswert ist die überragende Zunahme der großen

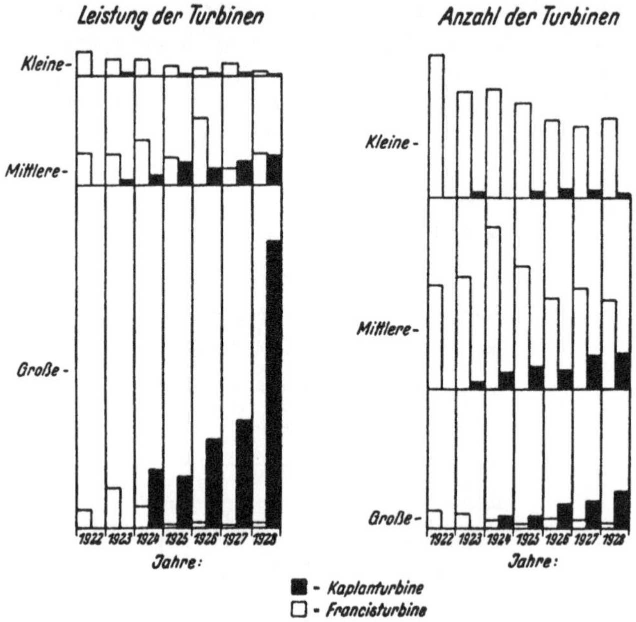

Abb. 219. Ausbau mit Francis- und Kaplanturbinen in Deutschland.

Kaplanturbinen im modernen Ausbau der Wasserkräfte, welche vor allem in der hohen spezifischen Drehzahl und in der guten Regulierfähigkeit begründet ist.

Die Entwicklung ist aber noch nicht abgeschlossen, solange die Menschheit die wirksame Ausnutzung von Energiequellen gleich bewertet wie das tägliche Brot. Es sei hier nur auf die Ausnutzung der Gezeitenenergie hingewiesen, die eine überaus reiche Energiequelle darstellt. Das geringe und veränderliche Gefälle im Verein mit einer großen zu verarbeitenden Wassermenge zeigt die Richtung an, welche zu begehen ist, um mit gutem Wirkungsgrad eine große Energieausbeute zu erzielen, nämlich zu den regelbaren Höchstschnelläufern, die auch unter solchen Verhältnissen eine gute Ausnutzung gewährleisten.

Nachtrag zu Seite 232.

(Eingelangt während der Korrektur.)

Der Weg, der versuchsmäßig den Verfasser zu diesen Krümmerformen führte, soll hier kurz angegeben werden. Form 1 zeigt einen Krümmer, dessen Wände nach der Gleichung 8, S. 227 gekrümmt sind. Die in diesen Krümmer gesetzten Erwartungen haben sich jedoch nicht erfüllt. Die Ursache des Mißerfolges lag in der großen Maulweite, welche die geforderte Voraussetzung einer gesetzmäßigen Strömung nicht erfüllte. Durch ein Befühlen mit der Hand konnte der Verfasser ähnliche Strömungszustände feststellen, wie diese durch die Abb. 123 (S. 220) dargestellt sind. Ein Wirbel *W* verhinderte die Bildung eines Unterdruckes und damit die Erreichung eines guten Wirkungsgrades. Trotz eingehender Versuche, den Wirbel auszuschalten, konnte bei dieser Form eine befriedigende Lösung nicht gefunden werden. In Abb. 94 sind jene Vorversuche dargestellt, welche das Auslöschen des Wirbels bewirken sollten, und sei besonders auf das im Hintergrund befindliche Krümmermodell aufmerksam gemacht, dessen gekrümmte Ablenkungswand *a b* (Abb. 134) entfernt werden konnte. Es war also der Strömungsvorgang sichtbar und konnte durch Horizontalschnitte (Niveauflächen, bestehend aus wagrechten Weißblechen) räumlich dargestellt werden.

Es war daher die Form und Krümmung der Naturströmung bekannt und konnte nunmehr auch die räumliche Krümmung der Krümmerwand *a b* (Abb. 134) der Naturkrümmung angepaßt werden. Einige nach dieser Methode aus Weißblech hergestellten und gelöteten Krümmermodelle sind aus Abb. 94 zu entnehmen. Auch diese Modelle zeigten die gleichen nachteiligen Folgen einer großen Maulweite, wogegen die Mündungsbreite des Krümmers beliebig vergrößert werden konnte, ohne an Saugwirkung zu verlieren. Dies führte den Verfasser schließlich zu einem entscheidenden Versuch im Turbinenlaboratorium. Form 8 (Abb. 135) zeigt einen Krümmer mit verschiebbarer Ablenkungswand. Durch Parallelverschiebung derselben konnte dem Krümmer jede beliebige Maulöffnung zugeordnet und durch Abbremsung der Wirkungsgrad bestimmt werden. Da zeigte sich die überraschende Tatsache, daß mit abnehmender Maulweite eine Wirkungsgrad**erhöhung** verbunden war, die bei einer gewissen Normalstellung ihren Höchstwert erreichte. Ein Befühlen der Strömung ließ in dieser Stellung auch ein Auslöschen des Wirbels erkennen. Aus diesen grundlegenden Versuchen läßt sich daher der Satz aussprechen, daß willkürliche Wirbelbildungen im Leitrad-, Laufrad- oder Saugrohrraum unter allen Umständen vermieden werden müssen[1]), wenn auf die Erreichung hoher Wirkungsgrade Gewicht gelegt wird. Es wäre aber unzweckmäßig, eine wirbellose Strömung durch eine große Schar von Führungswänden zu erzwingen, da auf die Widerstandsverluste dieser Wände Rücksicht genommen werden muß. (Vgl. Formel S. 140.) Die nach diesem Versuchskrümmer hergestellten Krümmerformen (6—16) haben den wirtschaftlichen Forderungen (vgl. S. 221) durchaus entsprochen. Auch haben die mit diesen Formen abgeschlossenen Krümmerversuche einen nicht unerheblichen Fortschritt gegenüber den Kreiskrümmern ergeben.

---

[1]) Der vom Leitrad eingeleitete erzwungene Wirbel fällt natürlich hier außer Betracht.

Sachregister.

Namensverzeichnis.